食品安全导论

第二版

张志健　主编

化学工业出版社

·北京·

本书从食品、质量、安全、管理等基本概念入手，在系统介绍食品生产、加工、贮藏、销售、食品添加剂、食品包装、农（兽）药、监督管理等基本知识的基础上，重点介绍了食品质量与安全问题及影响因素，食品质量与安全分析、评价与控制，食品质量与安全监督和事件管理，食品质量与安全信息及应用以及教育培训等内容。为了方便读者学习，每章前有内容提要、教学目的和要求、重要概念与名词及思考题。

　　本书可作为食品质量与安全、食品科学与工程及其他有关食品专业的教材使用，也可作为食品生产经营者、食品监督管理人员培训或自学，以及食品质量与安全知识普及教育的参考书。

图书在版编目（CIP）数据

　　食品安全导论/张志健主编. —2 版. —北京：化学工业出版社，2015.1（2024.9重印）
　　ISBN 978-7-122-22291-6

　　Ⅰ.①食…　Ⅱ.①张…　Ⅲ.①食品安全-基本知识
Ⅳ.①TS201.6

　　中国版本图书馆 CIP 数据核字（2014）第 259584 号

责任编辑：张　彦		文字编辑：李　瑾	
责任校对：吴　静		装帧设计：刘丽华	

出版发行：化学工业出版社（北京市东城区青年湖南街 13 号　邮政编码 100011）
印　　装：涿州市般润文化传播有限公司
710mm×1000mm　1/16　印张 20½　字数 460 千字　2024 年 9 月北京第 2 版第 9 次印刷

购书咨询：010-64518888　　　　　　　　　　售后服务：010-64518899
网　　址：http://www.cip.com.cn
凡购买本书，如有缺损质量问题，本社销售中心负责调换。

定　　价：79.00 元　　　　　　　　　　　　　　　　版权所有　违者必究

本书编写人员

主　　编：张志健　陕西理工学院

副 主 编(按姓名拼音排序)：

　　　　　段振华　海南大学

　　　　　李新生　陕西理工学院

　　　　　綦国红　中国药科大学

　　　　　秦礼康　贵州大学

参编人员 (按姓名拼音排序)：

　　　　　党　娅　陕西理工学院

　　　　　耿敬章　陕西理工学院

　　　　　梁引库　陕西理工学院

　　　　　秦　红　江苏常熟理工学院

　　　　　邵佩兰　宁夏大学

　　　　　汤　云　武汉商业服务学院

　　　　　王岁楼　中国药科大学

前言

食品是人类赖以生存和发展的最基本的物质基础。郦食其最早提出"王者以民为天，而民以食为天"（《汉书·郦食其传》），后来董必武应国情将其改成"国以民为本，民以食为天"，说明了民、食的重要。就当今社会而言，食品与能源、人口、环境和国防，并列为世界五大发展主题，食品工业被誉为"不败工业"或"朝阳产业"。但是，随着环境的日益恶化和新工艺、新技术、新产品的不断开发和广泛应用，食品安全问题已成为威胁人类健康的主要因素之一。目前，不论是发达国家还是发展中国家，保障食品安全已成为政府工作的重点、公众关注的焦点、企业界和科技界义不容辞的责任。食品安全是全球性公共卫生问题。"民以食为天，食以质为本，质以安为先"的理念已经形成。

为了能有效预防、控制食品质量与安全问题，强化食品质量与安全监督管理，教育部于 2001 年批准在高等院校增设食品质量与安全专业，以培养该专业的高级人才。至 2010 年经教育部批准开设食品质量与安全专业的高等院校已达 117 所，2010 年招生人数达 6500 人。该专业发展之迅速在我国高教历史上是罕见的。

教材是教学的基本条件之一。一本好的教材不仅方便教师组织本门课程的教学，而且有利于学生对本门课程的学习，从而为搞好本门课程的教学、提高教学质量奠定基础。导论类课程是大多数专业开设的一门入门课程，通过导论课程的教学，既可导引学生正确认识本专业，明确学习本专业的必要性和重要性，以及学习本专业的重要意义，巩固专业思想，提高学习的积极性和主动性，明确自己的努力方向和目标，而且可以使学生明确要从事本专业相关工作需要哪些知识和技能，以及怎么来有效地学习这些知识和技术，从而可避免学生学习的盲目性，提高学习效率。为了配合食品质量与安全专业教学，在教育部食品质量与安全教学指导委员会的指导下，我们编写了这本《食品安全导论》。

本书是在 2009 年化学工业出版社出版的《食品安全导论》的基础上修订而成。本次修订考虑到食品质量与安全专业的培养目标和要求，及本课程教学内容的实际情况，及食品安全学科的新研究成果、新发展和新认识，以及广大读者（师生）的意见和建议，对本书的框架结构作了调整，内容也有较大的增补和修改，如增加了"餐饮服务及其与食品安全的关系"、"食品质量与安全企业管理"、"食品质量与安全社会监督"、"食品质量与安全控制"、"食品安全事件管理"、"食品安全预警"、"新时期我国食品质量与安全管理的目标和任务"等内容。

本书共分 10 章，陕西理工学院张志健任主编，陕西理工学院李新生、海南大学段振华、中国药科大学綦国红、贵州大学秦礼康任副主编，各章编写分工如下：第 1 章张志健、秦礼康；第 2 章王岁楼、綦国红；第 3 章段振华、汤云；第 4 章党娅、张志健；第 5 章邵佩兰；第 6 章秦红；第 7 章耿敬章、张志健；第 8 章张志健；第 9 章梁引库；第 10 章张志健。

食品安全学是一门新兴学科，学科体系还不成熟，食品质量与安全问题又极其复杂多变，涉及面宽广，食品质量与安全相关技术的发展日新月异，国家监督管理体制及食品质量与安全管理体系还在不断探索、改革之中，加之编者水平和经验有限，书中不足之处在所难免，敬请读者批评指正。

本书既可作为食品质量与安全、食品科学与工程及其他有关食品专业的教材使用，也可作为食品生产经营者、食品监督管理人员自学或培训，以及食品质量与安全知识普及教育的参考书。

本书的编写，得到了教育部食品质量与安全教学指导委员会、化学工业出版社、陕西理工学院及参编院校等单位及有关领导、专家和编写人员的支持；陕西理工学院孙海燕博士、刘舸硕士为本书的编写做了大量基础性工作；本书在编写过程中参考了许多国内外专家、学者的研究成果，在此一并致谢！

编者
2014 年 10 月

第一版前言

"民以食为天"，食品是人类赖以生存的物质基础，食品安全既关系到人类的身体健康和生命安全，又关系到企业的效益、政府的形象、社会的稳定与发展。而近年，世界各国不断有重大食品安全事件发生，就我国来说，这几年接二连三地出现食品安全事件，如用工业酒精勾对假酒事件、大肠杆菌 O157：H7 食物中毒事件、毒蘑菇中毒事件、含"瘦肉精"猪肉中毒事件、含苏丹红的"红心咸鸭蛋"事件、"阜阳奶粉事件"，以及 2008 年发生的"三鹿毒奶粉事件"等。为了能有效预防、控制食品安全问题，强化食品安全监督管理，教育部于 2001 年批准在高校增设食品质量与安全专业，以培养食品质量与安全高级人才。自 2002 年西北农林科技大学率先招生以来，至 2007 年全国已有 88 所高等学校设置了本专业，有些院校正在申办或准备开办这个专业。

教材是教学的基础条件之一。一本好的教材不仅方便教师组织本门课程的教学，而且有利于学生对本门课程的学习，从而为提高教学质量奠定了基础。而一本好的导论课程的教材，既可导引学生正确认识本专业，明确学习本专业的必要性和重要性，以及学习本专业的重要意义，巩固专业思想，提高学习的积极性和主动性，明确自己的努力方向和目标，而且可以使学生明确要从事本专业相关工作需要哪些知识和技能，以及怎么来有效地学习这些知识和技术，从而可避免学生学习的盲目性，提高学习效率。"食品安全导论"是许多院校食品质量与安全专业的必开课程，为此，我们编写了这本《食品安全导论》教材。

本书共七章，分别介绍了食品质量与安全的基础知识（第一章和第三章部分内容）、食品质量与安全分析（第二章和第三章部分内容）、食品质量与安全技术体系（第五章）、食品质量与安全管理（第四章和第六章）、食品质量与安全教育（第七章）。在内容介绍的把握上，我们特别注意两个方面：一是导论课程的专业导引和知识导引作用，使学生明白为什么要学习本专业及主要学习哪些知识和技术；二是合理把握有关知识介绍的程度，"食品安全导论"是一门专业基础课，一般在低年级开设，这时学生缺乏相关基础知识和概念，所以加强了有关概念、作用、意义及发展的介绍，而对诸如食品质量与安全的危害因子、检测技术、控制技术、评价技术等未作深入介绍，以免与其他课程教学内容重复。

本书由张志健（陕西理工学院）任主编，李新生（陕西理工学院）、王岁楼（中国药科大学）、秦礼康（贵州大学）和段振华（海南大学）任副主编，中国农业大学原副校长、教授李里特任主审。第一章由秦礼康、孙勇（《食品科学》杂志社）编写；第二章由王岁楼、蔡国红（中国药科大学）编写；第三章由段振华、孙海燕（陕西理工学院）编写；第四章由张志健、郝贵增（河南安阳工学院）编写；第五章由秦红（江苏常熟理工学院）、罗章（西藏大学）编写；第六章由车会莲（中国农业大学）、耿敬章（陕西理工学院）编写；第七章由张志健、李新生编写。

在本书编写过程中，中国农业大学李里特教授对编写提纲和书稿进行了审阅，并提出了许多宝贵的修改意见和建议；陕西理工学院陈文强、邓百万教授给予了多方面的指导和帮助；陕西理工学院教务处给予了一定支持（陕西理工学院教改项目："食品安全导论"课程教学内容体系研究，XJG 0742）；同时参考了许多国内外专家、学者的研究成果，在此一并致谢！

本书除适合作为食品质量与安全和其他相关食品专业的教材外，也可作为对从事食品生产、加工、流通、质量监督管理人员及一般读者进行食品安全知识培训的参考书。

食品安全涉及学科面广，问题复杂多变，且随着科学技术、经济、社会及管理体制的发展，内容和要求变化迅速，加之我们水平和能力有限，书中存有疏漏和不妥之处，恳请广大读者提出宝贵意见和建议，以便择机改进。

编　者
2009 年 2 月

目录

4

食品质量与安全管理

101

5
食品质量与安全监督管理的依据　　　　　　　　　134

6
食品质量与安全分析评价　　　　　　　　　　　169

7
食品质量与安全控制

8
食品质量与安全信息及应用

9
食品安全事件管理
265

10
食品质量与安全教育
290

1

◀◀◀◀

食品质量与安全基础

内容提要

本章主要介绍食品、食品质量、食品安全和安全食品的基本概念、种类、特点（特性）、相互关系等基本知识，同时对食品安全学作了简要介绍。

教学目的和要求

1. 掌握食品的概念、功能和基本要求，熟悉食品的分类，了解食品的发展。

2. 掌握食品质量的概念、基本特性和质量特性，熟悉质量的表现形式，了解产品质量的形成规律。

3. 掌握食品安全的概念和特性，熟悉食品安全与食品质量的关系。

4. 掌握安全食品的概念和分类，熟悉食品安全与安全食品的关系，了解安全食品的产生背景。

5. 熟悉食品安全学的研究对象、任务和内容以及与相关学科的关系，了解食品安全学的产生与发展。

重要概念与名词

食品，食品营养，食品质量，食品卫生，食品安全，安全食品，无公害食品，绿色食品，有机食品，食品安全学。

思考题

1. 你对食品这个概念是如何理解的？

2. 简述食品必须具备哪些功能？对食品的基本要求有哪些？

3. 简要说明符合性质量、适用性质量和广义质量之间的差别。

4. 简述质量有哪些基本特性？

5. 举例说明什么是质量特性参数和质量特性值。

6. 简述什么是产品质量？它有哪些特性？简要说明产品质量的构成。

7. 简述什么是食品安全？它有哪些特性？

8. 试述食品安全与食品营养、食品卫生和食品质量的关系。

9. 简述什么是安全食品？我国的安全食品主要有哪几种？

10. 简要说明安全食品与食品安全的关系。

11. 食品安全学的研究对象是什么？有哪些特性？

12. 食品安全学的研究任务和内容是什么？

1.1 食品

"民以食为天"，食品是人类的第一物质需要，那么，什么是食品？它们对人体具有哪些功能？作为人类生存和发展的基本物质，它们必须符合哪些要求？食品的发展情况如何？

1.1.1 人类的基本需要与营养

(1) 人类生存的基本需要

从生物学角度来看，人类要生存，并能进行正常的生命活动，参加社会活动，除了具备一定的环境条件（如温度、湿度、空气或氧气等）外，还必须具备如下要素。

① 能量。人体进行生理活动，心、肺与其他器官运转和从事体力、脑力劳动等均需要能量。而人与绿色植物不同，不能利用太阳能，人体所能利用的能量只能是某些化学物质（如糖类、脂肪、蛋白质等）中存在的化学能。

② 建构材料。人体是由细胞、组织、器官、系统构成的有机整体。人体的生长过程实质上是构成人体物质的累积和不断更新的过程，这就需要一定的原材料（例如蛋白质、矿物质）。

③ 触媒剂。人体要从化学物质中获取能量、将简单的化学物质转化为人体组织和器官、人体内进行的其他化学反应，以及维持正常的生理机能，往往需要某些化学物质（例如维生素、酶、矿物质等）的协助。将这些化学物质称为触媒剂。

除氧气及在特殊情况（如生病）通过用药外，人体需要的物质均是通过摄入食品这一途径获取的。人体每隔几小时就需要食物来补充能量，而且每天或每半天就需要依靠特定的食品维持建构和触媒的运转。当人体需要补充能量时，会产生饥饿感的生理反应。不幸的是，人体往往要等到生病之后才知道缺乏建构或触媒所需的物质。

(2) 营养与营养学

① 营养。营养是生物机体同化外界环境物质的生物学过程。含有叶绿素和紫色素的植物和微生物等自养型或无机营养型生物能够经过根、叶或细胞膜直接从外界吸取无机化合物，并利用日光的能量来合成自身生长、发育及其他生命活动所需的有机物质，如蛋白质、脂质和碳水化合物等。而人和动物等异养型生物不能直接利用外界的无机物合成自身生命所需的有机物，必须从自养型生物或其他生物获取养料，通过代谢过程将摄取的物质转变成自身所需的蛋白质、脂质、碳水化合物等有机物。因此，就人类而言，营养就是人类摄取食物满足自身生理需要的过程。即人类从外界摄取食物，在体内经消化、吸收、转运、利用和排泄其中的某些物质，以维持其生长发育、组织更新和保持健康状态的总过程。

如我们早餐吃的馒头和牛奶经胃和小肠消化，馒头中的淀粉变成了葡萄糖，牛奶中的蛋白质和钙解离成小分子的肽和钙离子，经小肠吸收，经血液循环到达全身并加以利用，废弃物则排出体外。用馒头变成的葡萄糖来维持思维、学习和劳动对能量的需要，靠蛋白质增加肌肉、靠钙强壮骨骼等。

② 营养素。将能满足人体正常生命运动的物质称为营养素。现代营养学将营养素归纳为七大类，即糖类、蛋白质、脂类物质、维生素、矿物质、水和膳食纤维。目

前已知有 40～45 种人体必需的营养素，并且存在于食品之中。其中包括 8 种必需氨基酸、2 种必需脂肪酸、14 种维生素、6 种大量元素、8 种微量元素、1 种糖类（葡萄糖）和水。膳食纤维并不能为人体所消化吸收，但其对人体健康有着密切关系，因此，现代营养学将其列入营养素。这些营养素在人体内的功能各不相同，大致可归纳为三个方面。

a. 供给热量和能量，使身体具备生理活动和工作能力。具有这种功能的营养素包括糖类、脂肪和蛋白质。

b. 构成与修补机体组织，维持和促进生长发育。具有这种功能的营养素主要是蛋白质、脂肪、糖类、无机盐和水。

c. 调节生理机能，使身体各器官的工作正常进行。具有这种功能的营养素有酶、维生素、膳食纤维、激素等。

③ 营养价值。食品的营养价值指的是食物中所含营养素和能量能满足人体营养需要的程度。食物营养价值的高低，取决于食物中所含营养素的种类是否齐全、数量的多少及其相互比例是否适宜。

④ 营养密度。食品的营养密度是指食品中以单位热量为基础所含重要营养素的浓度。这里所说的营养素主要包括维生素、矿物质和蛋白质三大类。从目前许多发达国家仍存在能量过剩问题及其带来的危害来看，强调食品的营养密度较强调营养价值显得更为重要。

⑤ 营养平衡。膳食所提供的营养（热能和营养素）和人体所需的营养恰好一致，即人体消耗的营养与从食物获得的营养达成平衡，即为营养平衡。由于人体对各种营养素的利用程度及对人体健康的作用效果好坏受到食品中各种营养的含量及其比例的严重影响，因此，营养平衡包含所摄入的食品中各种营养素之间的平衡，主要包括氨基酸平衡、热量营养素构成平衡、酸碱平衡及各种营养素摄入量之间的平衡。

⑥ 营养失调。即人体所摄取的各种营养素与身体的生理需要之间不平衡。营养失调包括两种情况：一种是营养不良（malnutrition），即由于机体所摄取的营养素不能满足自身的需要而出现各种营养素缺乏所特有的症状与体征，是一种慢性病症，故又称为营养缺乏病（症）。营养不良是当前世界范围的主要公共卫生问题之一，对人类健康的威胁超过其他环境因素。另一种是营养过剩（overnutrition），即机体摄取的营养素超过了本身的需要，多余部分在体内蓄积并引起病理状态。当前，营养过剩造成的疾病主要包括肥胖症、高脂蛋白血症和高甘油三酯血症等。

⑦ 营养学。营养学是研究人体营养规律及其改善措施的一门学科。所谓人体营养规律是指人类在一般生活和特殊生理或特殊环境因素条件下的营养规律。改善措施包括生物科学的措施和社会性措施，既包括措施的根据也包括措施的效果评估。随着营养科学的发展和实际需要，营养学出现了许多分支学科。其中，食品营养学（food nutrition）是专门研究有关食品营养问题的学科。主要研究食物、营养与人体生长发育和健康的关系，以及提高食品营养价值的措施，是沟通生物化学和生理学的桥梁，是应用生物化学、生物学、生理学、生物统计学等手段研究营养素的生理功能、消化吸收、营养价值以及人体需要量的一门基础学科。

1.1.2 食品的概念

通俗来讲，食品是除药品外，通过人口摄入，供人充饥和止渴的物料的统称。通常将农业生产供人食用的农产品（如粮食、蔬菜、水果、肉、奶、蛋、鱼等）称为食物，而食品工业生产的产品（如罐头、饼干、面包、奶粉、火腿肠、方便面、酱油、食醋、啤酒等），以及公共食堂、餐馆、饭店所制作的饭菜称为食品。

从功能方面来看，食物和食品并无根本性差别，但从经济学和我国历史角度来看，两者是不同的。食品属于商品范畴，具有商品的属性，是用来交换的劳动产品。在我国实行改革开放前，实行的是计划经济，规定农民生产的农产品必须"统购统销"，不能作为商品随便销售，即认为它们不是商品，故将供食用、未经加工（除简单的分类、包装等外）的农产品称为食物。不过现在这两个词语通常混用。

我国《食品安全法》第99条规定："食品，指各种供人食用或者饮用的成品和原料以及按照传统既是食品又是药品的物品，但是不包括以治疗为目的的物品。"我国《食品工业基本术语》将食品定义为："可供人类食用或饮用的物质，包括加工食品、半成品和未加工食品，不包括烟草或只作药品用的物质。"这几个定义主要是从法律的角度规定了食品的范围，即哪些物品属于食品，哪些物品不属于食品，这对我们界定食品的范围具有重要意义。

国家之所以强调食品与药品的区别，是因为近年来随着人们生活水平的改善和提高，在食用品市场上出现了一类介于食品与药品之间的产品，即保健食品（health food）或功能食品（functional food）。由于保健食品生产的有关技术措施不够完善，立法滞后，加之部分生产者和销售者盲目追求高利润，混淆食品、保健食品和药品的界限，导致市场混乱，出现不少问题，如部分产品质量低劣、广告宣传名不符实、虚假夸大、审批管理混乱等，严重影响了我国保健食品市场的正常发展，危及消费者的身体健康。

1.1.3 食品的基本功能与要求

(1) 食品的基本功能

① 营养功能。即食品具有能够为人体提供所需热能和营养成分的功能。

② 感官功能。即食品能够刺激人的味觉、嗅觉、视觉、触觉，甚至听觉等感觉器官，从而具有增进食欲、促进消化吸收和稳定情绪的功能。

③ 调节功能。即能够刺激和活化处于诱病态（又称为"第三态"、"亚健康状态"）的人体潜在的生理调节功能，促进人体向健康态转变的功能。

其中营养功能和感官功能是所有食品的最基本功能，而调节功能则主要是保健食品所必须具备的功能，一般食品对此功能无要求。但从现代食品发展趋势来看，在非保健食品研制开发时，应适当考虑这一功能。

(2) 食品的基本要求

① 营养性。即含有丰富的能量物质和营养素，具有一定的营养价值。这是人们对食品的最基本要求，也是食品必须具有的最基本的功能特征，否则它们就不是食品。

食品营养价值的高低，取决于食品中所含营养素的种类是否齐全、数量的多少及其相互比例是否适宜。在自然界，可供人类食用的食品种类繁多，但是除母乳能满足4～6个月以内婴儿的全部营养需要外，没有哪一种食品含有人体所需要的全部营养素。从而便存在食品营养价值高低的问题。一般认为含有足量人体所需的营养素的物品才有营养价值，否则无营养价值。如用食品添加剂（色素、香精、甜味剂、酸味剂等）和水配制而成的所谓"饮料"是无营养价值的。而含有较多营养素且质量较高的食品，其营养价值就较高。如乳及乳制品、蛋及蛋制品、大豆及其制品等。

② 感官性。即具有良好的色、香、味、形和质构，以满足人们在消费食品时感官上的需要，使人赏心悦目。

③ 安全性。随着人类社会的进步，及人们生活水平的不断提高，人们对食品提出了更高的要求，不仅要吃饱，而且要吃好，吃得有营养，吃得卫生安全，即要求食品在为人们提供所必需的能源物质和营养素的同时，不得对人体产生任何伤害和毒害，不得存在任何潜在危害。

因此，我国原《食品卫生法》（现已被《食品安全法》替代）第 6 条规定："食品应当无毒、无害，符合应当有的营养要求，具有相应的色、香、味、形及质构等感官性状。"

1.1.4 食品的分类

(1) 根据食品的来源不同分类

① 植物性食品。即可供人食用的植物的根、茎、叶、花、果实及其加工制品。又可大致将其分为粮食及其加工品、油料及其加工品、蔬菜及其加工品、果品及其加工品、茶叶及其加工品等。

② 动物性食品。即可供人食用的动物体、动物产品及其加工品。又可大致将其分为畜肉及其加工品、禽肉及其加工品、乳及乳制品、蛋及蛋制品、水产品及其加工品等。

③ 矿物性食品。即可供人食用的矿产品及其加工品，如食盐、食碱、矿泉水等。

④ 微生物性食品。即可供人食用的微生物体及其代谢产品。如食用菌及其加工品；食醋、酱油、酒类、味精等发酵食品。

⑤ 配方食品。即并不明显以某种自然食物为原料，而是完全根据人的消费需要设计、调配、加工出来的一类食品。这类食品生产原料来源特殊或多样，具有较严格的配方，故称其为配方食品。如果味饮料、碳酸饮料、人造蛋、人造肉等。

⑥ 新资源食品。指在我国首次研制、发现或者引进的无食用习惯，或者仅在个别地区有食用习惯的，符合食品基本要求的食品。

(2) 根据加工程度和食用方便性不同分类

① 自然食品。指可供人直接食用或经加工后可供人食用的来自自然界的产品，主要是来自自然界或农林牧渔业产品，如粮食、蔬菜、果品、食用菌、鱼、虾、蟹、贝类等。它们有些可以直接食用（即生食），如某些蔬菜、果品等，但大多数均需要一定加工后方可食用。自然食品是加工食品生产的主要原料，故又称为原料性食品、食用农产品或食物。

② 初加工食品。即以自然食品为原料，经简单或初步加工后所得的产品，一般不可以直接食用，食用前还需再进一步加工。如面粉、大米、油脂、面条、粉条

（丝）、净菜、白条肉等。

③ 深加工食品。即以自然食品或初加工食品为原料经进一步加工或加工深度较大、技术含量和原料利用率相对较高的产品。如罐头、果汁、蔬菜汁、色拉油、香肠、火腿、奶粉等。

④ 方便食品。一般指经工业化加工，可供人直接食用，且食用的随意性较大，不受时间、场所限制的食品。如方便面、方便米饭、火腿肠、糖果、面包、糕点、饼干及其他小食品等，也称其为即食食品（instant food）。现在也将传统的在家庭、饭店等厨房内完成的加工工作工业化后所加工的产品称为方便食品，如冻饺、净菜等。

(3) 根据食品的原料和加工工艺不同分类

我国按照食品的原料和加工工艺不同将食品分为 28 大类 525 种。这 28 大类食品是粮食加工品，食用油、油脂及制品，调味品，肉制品，乳制品，饮料，方便食品，饼干，罐头，冷冻饮品，速冻食品，薯类和膨化食品，糖果制品（含巧克力及制品），茶叶，酒类，蔬菜制品，水果制品，炒货食品及坚果制品，蛋制品，可可及焙烤咖啡产品，食糖，水产制品，淀粉及淀粉制品，糕点，豆制品，蜂产品，特殊膳食食品及其他食品。

(4) 根据食品的功能特性不同分类

① 嗜好性食品。指不以为人体提供营养素为基本功能，而具有明显独特的风味特性，能满足人们某种嗜好的食品。如酒类（尤指白酒）、茶叶、咖啡、口香糖等。

② 营养性食品。营养性是所有食品的基本功能，但不同的食品所含的营养素的种类及其含量的多少有较大差异，自然食品和绝大多数加工食品，往往存在这样或那样的营养缺陷，不能满足人们对营养素的全面需要，或由于某种或某些营养素的缺乏，导致这种食品的整体营养价值较低。这里所说的营养性食品主要是指从营养学的观点出发，根据营养平衡原理在食品中人为添加某种或某些营养素，或将营养特性不同的几种食品按照一定比例组合搭配，而生产出的营养素种类、含量及比例更趋科学合理、营养价值更高的食品，又称为营养强化食品（nutrient fortified food）或强化食品，如目前市场上的 AD 钙奶、富铁饼干、多维食品等。

③ 保健食品。保健食品是一类新型食品，目前国际上还无统一的定义，又称为功能食品。1989 年日本厚生省将其定义为："功能食品是具有与生物防御、生物节律调整、防止疾病、恢复健康等有关功能因素，经设计加工，对生物体有明显调整功能的食品。"我国《保健食品管理法》（1996）将其定义为："保健食品系指表明具有特定保健功能的食品。即适宜于特定人群食用，具有调节机体功能，不以治疗疾病为目的的食品。"就是指除了满足食品应有的营养功能和感官功能外，还具有明显的调节人体生理功能的一类食品。

④ 特殊膳食用食品。指为满足某些特殊人群的生理需要或者某些疾病患者的营养需要，按特殊配方专门加工的食品。这类食品的成分或成分含量，应当与可类比的普通食品有显著不同。如婴儿食品、航空员食品等。

⑤ 休闲食品。即主要供人们在娱乐时间和空间、旅游途中等，不以充饥为主要目的而消费的一类食品。通常又称其为小食品（snack food），如各类瓜子、葵花子、口香糖、泡泡糖等。

(5) 根据食品包装情况不同分类

① 预包装食品。我国《食品安全法》第 99 条规定："预包装食品，指预先定量包装或者制作在包装材料和容器中的食品。"

② 散装食品。又称"裸装"食品，是指那些没有进行包装即进行零售的食品。这里所说的"包装"是指销售包装或内包装。

(6) 根据食品的安全性不同分类

根据食品的安全性不同可将食品分为常规食品、无公害食品、绿色食品和有机食品等。详见本章第 3 节。

1.1.5　食品的发展概述

人类在对食品永不满足需求的同时，也不断地促进和发展了食品的生产。在现代社会中，"食品"已不限于其本身的含义，它还蕴涵着文化和物质文明的意义。

在人类的生活实践中，人类对食品的获取可划分为两个时期，即"食物采集时期 (food-gathering period)"和"食物生产时期 (food-gathering period)"。"食物采集时期"是公元前 8000 年以前的时代，这一时期，人类通过狩猎和采集野生植物获取食物，显然这时期的食物形式主要是"原生态"的新鲜动物肉和植物组织器官；"食物生产时期"是公元前 8000 年以后，包括现代，这一时期，人类不仅通过狩猎和采集野生植物获取食物，更重要的是人类有意识地开展食物种类的选择、驯化、培育、种植和养殖，同时对所获取的食物根据需要进行必要的加工处理，而且食物的种类和生产技术随着社会技术的进步在不断发展。据文献介绍，啤酒酿造可以追溯到公元前 7000 年的古代巴比伦帝国 (Baby lonia)。早在公元前 3000 年，人类就学会了饲养家畜，生产牛奶、黄油、奶酪，盐制肉和鱼等食品生产技术。祖先的这些食品生产技术，一直延续至今。当然，现代食品种类、食品生产经营及其食用方式都体现了现代社会习俗和文明的进步。

关于现代食品的溯源问题，没有一个准确的说法。然而，在 1742～1786 年 Carl wilhelm 对氧和甘油的发现，1778～1829 年 Humphry Davy 对钾、钠、钙等元素的发现，以及 1778～1850 年 Jo seph Louis 建立起的碳、氮、氧测定方式，可说是为现代食品的生产和发展奠定了科学基础。

现代食品生产不单是通过农业生产来获取初级食品，更为重要的是利用现代科学技术和工程技术对初级食品进行加工、改造，生产出不同于初级食品的新型食品，以及利用现代新理念、新技术、新资源设计生产全新形式的食品。也就是说，现代食品工业不仅仅是农业的延续，它具有制造工业的性质。从而使现代食品的种类已远远超出"前人食谱"，新奇诱人，如利用基因工程技术可以生产出"免疫乳"；利用微生物技术，可以生产 β-胡萝卜素；利用现代食品科技知识，生产"仿生食品"；利用生命科学及相关知识，可以生产出适用于不同人群的"保健食品"，此外还有"细菌食品"、"疫苗食品"、"藻类食品"、"调理食品"、"工程食品"等等。这些食品也反映出了现代人的生活方式和特点。

现代食品的生产不限于一个单位、一个部门或一个国家，具有跨部门、跨地区、跨国界的商品经济的属性。现代科学技术的运用，如现代食品的自动化生产，适合市场的包装、运输、贮存等技术，以及现代生活方式的需求，促进了食品生产的社会化发展，也为国际食品"交流"提供了条件。现在，我国市场上有美洲、欧洲、亚洲等许多国家生产的食品，同样，在异国他乡也有中国生产的各种食品。

1.2 食品质量

民以食为天，食以质为本。食品质量是食品的根本，也是食品产业的生命。

随着世界科学技术的迅猛发展，市场竞争激烈，而竞争的核心是科学技术的竞争、质量的竞争。质量是产品进入世界市场的"国际通行证"，是社会物质财富的重要内容，是社会进步和生产力发展的一个标志。提高质量可以增强国家经济实力和满足人民物质文化生活提高的需要。质量是企业的生命，没有质量，企业就不能生存和发展。以质量求生存，以品种求发展，是现代企业经营管理的正确道路。质量是改善企业经营管理、降低成本和提高经济效益，增强企业竞争能力的重要途径，是企业参加国际商品市场交换和竞争，开辟世界市场，发展外向型经济和对外贸易的重要保证。质量问题不仅是一个经济问题、技术问题，也是一个社会问题，质量对于人民生命财产、社会安定以及一个国家在国际上的声誉都有着很大的影响。

1.2.1 质量的概念

质量又称为"品质"。质量概念随着经济的发展和社会的进步在不断地得到深化和发展，各国的质量管理专家们给质量下了不同的定义。具有代表性的质量概念主要有："符合性质量"、"适用性质量"和"广义质量"。

(1) 符合性质量

美国著名的质量管理专家菲利浦·克劳士比（Philip Crosby）认为，质量并不意味着好、卓越、优秀等等，而意味着对于规范或要求的符合。相对于特定的规范要求谈论质量才是有意义的，合乎规范即意味着具有了质量，否则自然就是缺乏质量了。

这种认识是以"符合"现行规范的程度作为衡量依据，对于质量管理的具体工作显然是很实用的，但其局限性也显而易见。规范有先进和落后之分，落后的规范即使百分之百地符合，也不能认为质量就好。同时，规范也不可能将顾客的各种需求和期望都规定出来，特别是隐含的需求和期望。仅仅强调规范、强调合格，难免会忽略顾客的要求、忽略顾客要求的变化、忽略组织存在的目的和使命，从而犯下本末倒置的错误，当今这样一个充满竞争和变化的时代，对组织来说，这种错误往往是致命的。

(2) 适用性质量

美国著名的质量专家朱兰（J. M. Juran）博士从顾客角度出发，提出了著名的质量即产品的"适用性"的观点。他指出，"适用性"就是产品使用过程中成功地满足顾客要求的程度。对顾客来说，质量就是适用性，而不是"符合规范"。最终用户很少知道"规范"是什么，质量对他而言就意味着产品在交货时或使用中的适用性。任何组织的基本任务就是提供能满足用户要求的产品。这是以适合顾客需要的程度作为衡量的依据，即从使用的角度来定义质量，认为产品质量是产品在使用时能成功满足顾客需要的程度。

这一定义有两个方面的含义，即使用要求和满足程度。人们使用产品，会对产品质量提出一定的要求，而这些要求往往受到使用时间、使用地点、使用对象、社会环境和市场竞争等因素的影响，这些因素变化，会使人们对同一产品提出不同的质量要求。因此，质量不是一个固定不变的概念，它是动态的、变化的、发展的，它随着时间、地点、使用对象的不同而异，随着社会的发展、技术的进步而不断更新和丰富。

顾客对产品的使用要求的满足程度，反映在产品的性能、经济特性、服务特性、环境特性和心理特性等多方面。因此，质量是一个综合的概念。它并不要求技术特性越高越好，而是追求诸如性能、成本、数量、交货期、服务等因素的最佳组合，即所谓的最适当。

与"符合性质量"观相比，"适用性质量"观更多地站在用户立场上去反映用户对质量的感觉、期望和利益，恰当地揭示了质量最终体现在使用过程的价值观，对于重视顾客、明确组织存在的根本目的和使命无疑具有极为深远的意义。朱兰的思想获得了世界范围的普遍认同，成为用户型质量观的一种代表性理论。

（3）广义质量

显然，只强调"质量是适用性"、"质量是使顾客满意"、"质量就是符合要求"是片面的，它们仅仅反映了质量的某些方面。此外，现在的质量工作不仅仅是要抓好产品质量或服务质量，而且还要抓好组织的质量、体系的质量、人的质量，从某种程度上来说，后者比前者更重要。于是，国际标准化组织总结质量的不同概念，归纳提出一个内涵十分丰富的质量定义。即 ISO 9000：2000《质量管理体系、基础和术语》将"质量"定义为：一组固有特性满足要求的程度。这一定义综合了符合性和适用性的含义。理解这一定义，要注意以下几个要点。

① 质量可存在于各个领域或任何事物中。此定义对质量的载体未做界定，质量的载体可以是针对产品，即过程的结果（如硬件、流程性材料、软件和服务），也可以是针对过程和体系或者它们的组合。也就是说，所谓"质量"，既可以是食品、计算机软件或服务等产品的质量，也可以是某项活动的工作质量或某个过程的工作质量，还可以是指企业的信誉、体系的有效性。因此，此定义说明质量是可以存在于不同领域或任何事物中。

② 定义中的"固有特性"。特性是指"可区分的特征"，是指事物所特有的性质。可以有各种类别的特性，如物理特性（如食品重量、密度、冰点等）、感官特性（如食品的气味、滋味、颜色等）、行为特性（如礼貌、诚实、正直）、时间特性（如准时性、可靠性、可用性）、人体工效特性（如生理的特性或有关人身安全的特性）等。要注意的是如下几点。

第一，特性可以是固有的或赋予的。"固有的"就是指某事或某物中本来就有的，尤其是那些永久的特性，如食品中蛋白质等营养素的含量、风味、滋味、颜色等特性。

"赋予特性"不是某事物本来就有的，而是因不同的要求对事物所增加的特性，如食品的价格、供货时间和运输要求、售后服务要求等特性。赋予的特性并非是事物的固有特性，不反映在质量范畴中。

第二，特性可以是定性的或定量的。定量的特性是可测量的，可通过一组数量来表示，如食品中各种营养素的含量；定性的特性通常是不能用仪器测量，没有具体的数值，而是用语言来描述，并可以用形容词如差、好或优秀来修饰。

③ 定义中的"要求"。特性满足要求的程度才反映为质量的好坏。要求包括明示

的、通常隐含的或必须履行的需求或期望。

第一，"明示的"可以理解为规定的要求。如在食品标准中规定的各项质量指标。

第二，"通常隐含的"是指组织、顾客和其他相关方的惯例或一般做法，所考虑的需求或期望是不言而喻的。如食品必须含有营养素，具有营养性等。一般情况下，相关文件中不会对这类要求给出明确的规定，组织应根据自身产品用途和特性进行识别，并做出规定。如肉类食品标准中一般不规定蛋白质含量、米面标准中不规定淀粉含量等。

第三，"必须履行的"是指法律法规要求的或强制性标准要求的。如《食品安全法》、食品安全标准中的有关规定，任何食品生产经营者都得无条件履行。

第四，要求可由不同的相关方提出，不同的相关方对同一事物的要求可能是不同的。就食品来说，顾客要求营养、安全、便宜等，社会则要求既具有较好的经济效益，又具有良好的社会效益（如不对环境产生污染）。组织在确定产品要求时，应兼顾各相关方的要求。要求可以是多方面的，当需要特指时，可使用修饰词表示，如产品要求、质量管理要求、顾客要求等。

由于顾客是产品是否接受的最终决定者，因此顾客永远是企业的上帝。企业能否取得成功的关键在于是否理解并满足顾客的要求。"要求"是判定产品是否合格的依据，所以满足顾客的要求是质量的根本问题。同时应注意，顾客的要求是不断变化的，所以质量是动态的。提高质量永无止境，质量没有最好，只有更好。

1.2.2 质量的基本特征

总体来看，质量具有经济性、广义性、时效性和相对性等基本特征。

(1) 质量的广义性

在质量管理体系所涉及的范畴内，组织的相关方对组织的产品、过程或体系都可能提出要求，且产品、过程和体系又都具有固有特性。因此，质量不仅是指产品质量，也可指过程和体系的质量。

(2) 质量的时效性

由于顾客和其他相关方对组织及其产品、过程和体系的需求和期望是不断变化的。例如，原先被顾客认为质量好的产品会因为顾客要求的提高而不再受到顾客的欢迎。因此，组织应定期对质量进行评审，不断地调整对质量的要求，相应地改进产品、体系或过程的质量，才能确保持续地满足顾客和其他相关方的要求。

(3) 质量的相对性

顾客和其他相关方可能对同一产品的特性提出不同的要求，也可能对同一产品的同一特性提出不同的要求。需求不同，质量要求也就不同，只有满足要求的产品才会被认为是质量好的产品。

(4) 质量的经济性

由于要求汇集了价值的表现，价廉物美实际上是反映人们的价值取向，物有所值，就是表明质量有经济性的特征。虽然顾客和组织关注质量的角度是不同的，但对经济性的考虑是一样的。高质量意味着最少的投入，获得最大效益。

(5) 质量的社会性

质量的好坏不仅从直接的用户，而是从整个社会的角度来评价，尤其关系到生产安全、环境污染、生态平衡等问题时更是如此。

(6) 质量的系统性

质量是一个受到设计、制造、使用等因素影响的复杂系统。质量应该达到多维评价的目标。费根堡姆认为，质量系统是指具有确定质量标准的产品和为交付使用所必须的管理上和技术上的步骤的网络。

1.2.3 质量特性

(1) 质量特性的概念

质量特性是指产品、过程或体系与要求有关的固有特性。产品的质量特性，区分了不同产品的不同用途，满足了人们的不同需要。人们就是根据产品的这些特性满足社会和人们需要的程度，来衡量产品质量的好坏优劣。

质量特性有真正质量特性和代用质量特性之分。所谓"真正质量特性"，是指直接反映用户需求的质量特性。但真正质量特性在大多数情况下，很难直接定量表示。而生产企业为了便于企业内部从事质量管理工作，评价产品质量状况，以便最大程度满足用户的质量要求，就必须把产品的适用性要求具体加以落实，并定量或定性表示。产品质量监督管理部门为了便于对产品质量实施有效监督管理，也需要对产品质量特性进行定量或定性表示。因此，就需要根据真正质量特性（用户需求）相应确定一些指标和数据或参数来间接反映它，这些数据和参数就称为"代用质量特性"。

把反映产品质量的代用质量特性以技术经济指标明确规定下来，作为衡量产品质量的尺度，就形成了产品的技术标准。因此，产品技术标准，标志着产品质量特性应达到的要求，符合技术标准的产品就是合格品，不符合技术标准的产品就是不合格品。

由于人们的认识受科学水平和各种条件的限制，加上用户的要求往往是多方面的、不断更新和发展的，而产品质量标准是相对稳定的，因此，质量标准（即代用质量特性）与实际使用质量要求（即真正质量特性）之间，存在着既相互适应，又相互矛盾的地方。明确真正质量特性与代用质量特性的区别，经常研究质量标准和使用质量要求的符合程度，并作必要的调整和修改，尽可能使质量标准符合实际使用质量要求，才能促进质量改进和发展。

(2) 质量特性指标与参数

由于顾客的需求是多种多样的，所以反映质量的特性也应该是多种多样的。因此，产品质量特性在产品技术标准中通常用一系列质量指标和质量参数来反映。就食品来说，食品的质量特性指标主要包括感官类指标、理化类指标、卫生类指标或安全类指标、保质期和（或）保存期等。

把反映产品质量特性的各项指标的数据称为质量特性值或参数。根据质量指标性质的不同，食品质量特性值（或参数）可分为计数值、计量值和定性描述三大类。

① 计数值。当质量特性值只能取一组特定的数值，而不能取这些数值之间的数值时，这样的特性值称为计数值。在食品技术标准中，微生物指标大多采用计数值。

② 计量值。当质量特性值可以取给定范围内的任何一个可能的数值时，这样的特性值称为计量值。如食品技术标准中的理化指标大多采用计量值。

③ 定性描述。食品的某些质量特性，特别是感官质量特性，往往是不能用仪器

设备测量的，即目前还不能进行定量表示，只有采用描述的方法进行定性表达，或制备实物标准，通过比照来判断食品的某些质量特性是否符合要求。

不同类的质量特性值所形成的统计规律是不同的，从而形成了不同的控制方法。由于产品数量很大，我们所要了解和控制的对象产品全体或表示产品性质的质量特性值的全体，称为总体。通常是从总体中随机抽取部分单位产品即样本，通过测定组成样本大小的样品的质量特性值，以此来估计和判断总体的性质。质量管理统计方法的基本思想，就是用样本的质量特性值来对总体作出科学的推断或预测。

1.2.4 质量的表现形式及其特性

(1) 产品质量

① 产品质量的概念。按国家标准《质量管理体系 基础和术语》(GB/T 19000—2000) 的定义，产品 (product) 为"过程的结果"，包括服务 (如运输)、软件 (如计算机程序、字典)、硬件 (如机器零部件) 和流程性材料 (如润滑油)。下面所说的产品主要指实物产品。产品质量就是指产品的固有特性满足顾客要求的程度。包括了产品的适用性和符合性的全部内涵。食品质量 (food quality) 就是指食品的固有特性满足消费者要求的程度。

② 产品质量特性。产品的不同特性，区别了各种产品的不同用途，满足了人们的不同需要。可把各种产品的不同特性概括为：功能性、可信性、安全性、适应性、经济性等。

a. 功能性。即根据产品使用目的所提出的各项功能要求。食品的功能性主要包括营养功能和感官功能。其中营养功能又包括营养成分 (如糖类、蛋白质、脂肪、维生素、矿物质等)、可消化率 (即食品被正常人食用后，人体所能消化吸收的程度) 和发热量 (即食品中的糖类、脂肪和蛋白质等成分经人体消化吸收后产生的热能)。对保健食品或功能食品来说，还应包括其明示的保健或特殊功能。感官功能则主要指食品的色、香、味、形及质构。

b. 可信性。指产品的可用性、可靠性、可维修性等，即产品在规定的时间内和规定条件下，具备规定功能的能力。一般来说，食品应具有足够长的保质期。在标准规定的贮运条件下，在保质期内的食品的功能不应低于标准规定值。

c. 安全性。即产品在流通和使用过程中保证安全的程度。包括产品自身的安全和不对人身、环境产生伤害或危害，或能将伤害和危害控制在可接受的水平。如食品中食品添加剂的残留量、有害微生物的数量及其他有害物的含量等；食品，特别是饮料包装物的牢固度；食品包装废弃物对环境的危害等。

d. 适应性。指产品适应外界环境的能力。外界环境包括自然环境和社会环境。如食品在不同温度、湿度、压力、气体等环境中保持其应有功能的程度以及对不同年龄、不同性别、不同民族、不同宗教等消费者的适应程度。

③ 产品质量的构成

a. 从产品质量的表现形式上看，产品质量是由外观质量、内在质量和附加质量所构成。

外观质量主要是指产品的外部形态，以及通过感觉器官所能直接感受到的特性。如食品的形状、大小、规格、色泽、质构、气味、风味等。内在质量是指通过测试、实验手段所能反映出来的产品特性。如食品的营养成分及其含量、食品的卫生性等。附加质量则主要是指产品信誉、经济性、销售服务等。

产品的外观质量、内在质量和附加质量，对不同种类的产品三者各有侧重；产品的内在质量往往可能通过外观质量表现出来，并通过附加质量得到更充分的实现。

b. 从产品质量的形成环节上看，产品质量是由设计质量、制造质量和市场质量所构成。

设计质量是指在生产过程之前，设计部门在对产品品种、规格、造型、花色、质地、装潢、包装等方面的设计过程中形成的质量因素。制造质量是指在生产过程中，所形成的符合设计要求的质量因素。市场质量则是指在整个流通过程中，对已在生产环节形成的质量的维护保证与附加的质量因素。

设计质量是产品质量形成的前提条件，是产品质量形成的起点；制造质量是产品质量形成的主要方面，它对产品质量的各种性质起着决定性作用；市场质量是产品质量实现的保证。

c. 从产品质量的有机组成上看，产品质量是由自然质量、社会质量和经济质量所构成。

产品自然质量是产品自然属性赋予产品的质量因素；产品社会质量是产品社会属性所要求的质量因素；产品经济质量是产品消费时投入方要考虑的因素。

产品自然质量是构成产品质量的基础，产品社会质量是产品质量满足社会需要的具体体现，产品经济质量则反映了人们对产品质量经济方面的要求。

（2）质量的其他表现形式

① 过程质量。按国家标准《质量管理体系 基础和术语》（GB/T 19000—2000）的定义，过程（process）是一组将输入转化为输出的相互关联或相互作用的活动，所以过程质量就是整个活动过程的质量。对生产则是生产过程中设计、生产、检验、运输、仓储、保管、原料组织、售后服务、全方位、全过程、全体人员行为的质量和过程中使用设备、原材料的质量。对一个企业的生产而言，只有全体员工的行为是高质量的，生产设备、原材料也是高质量的，同时环境的温度、湿度、灰尘度、地质、地磁、山水、阳光等等也是高质量的，才能保证生产的产品是高质量的。所以过程质量是产品（生产工具）质量、职工行为质量和环境质量的综合，是保证产品质量的前提条件，也是质量认证都要对过程质量进行评定，审查企业的设计、生产、检验、运输、仓储、保管、原料组织的能力，生产设备、组织管理和人员的原因。

② 工作质量。工作质量是指与产品质量有关的工作对产品质量的保证程度。工作质量涉及企业所有部门和人员，也就是说企业中每个科室、车间、班组和岗位都直接或间接地影响着产品质量，其中领导者的素质最为重要，起着决定性的作用，当然广大职工素质的普遍提高，是提高工作质量的基础。工作质量是提高产品质量的基础和保证。为保证产品质量，必须首先抓好与产品质量有关的各项工作。

③ 服务质量。根据 ISO 9000 中"产品"的定义可知，服务是与硬件、流程性材料、软件并列的 4 种通用产品之一，服务是一种产品。服务质量是指服务满足规定或潜在需要的特征和特性的总和。国际标准列举的服务质量特性实例包括：设施、容量、人员的数量和贮存量；等待时间、过程的各项时间；卫生、安全、可靠性和保密性；反应、方便、礼貌、舒适、环境、能力、耐用性、准确性、完整性、技艺水平、

可信性和沟通联络等。

④ 体系质量。体系是相互关联相互作用的一组要素。一个部门、一个单位、一个企业都是由人、财、物、组织机构多个要素有机地结合起来形成一个体系。人的行为质量、拥有设备的质量、内部组织机构分工的合理与制度的健全决定了这个体系对外的活动能力，也就是这个体系满足要求程度的体系质量。

⑤ 行为质量。行为质量是人的行为的质量，它是对人表现出来的才能和品行的评定，所以行为质量实际上是人的质量。人的质量主要决定于人的才能和品行。才能是指人在产品设计、制造、组织管理、科研中的能力。品行的表现是多种多样的，如诚实、勇敢、团结、责任感、敬业等，总的来讲是指人与他人合作和把才能贡献给社会和他人的自觉程度。才能决定于人掌握科学知识的多少，运用知识的灵感，才能与天才和教育有关。品行决定于社会环境和教育。才能是行为质量的基础，品行是发挥才能的条件。一个品行高尚、才能出众的人可以体现出高质量的行为。品行虽高尚但能力小也不能为社会和他人提供高质量的行为；同样，能力虽强但不愿为社会和他人奉献，能力也不能转化为高的行为质量。

人类社会是人创造的，产品是人生产的，行为质量对自然物质量以外的质量起着决定性的作用，没有良好的行为质量，就没有质量的提高。

1.2.5 产品质量的形成规律

(1) 产品质量形成规律认识

现在人们已经认识到，产品质量不是检验出来的，更不是宣传出来的。如果只是依靠产品出厂的严格检验来保证出厂产品的质量，不仅可能严重损害企业的经济效益，也难以被需方接受为一个长期可靠的供方；如果只是依靠广告媒体等的宣传来塑造企业产品的质量形象，那么当产品质量名不副实的真实面貌被市场识破后，产品前途和企业形象都将毁于一旦。那么产品质量能否被认为是制造出来的呢？这种认识确实比前两种认识前进了一步，但还不是完全正确的，如果产品开发的创意和市场实际需要有所偏离，或者产品设计时的功能质量定位不当或者产品的销售指导及售后服务不尽如人意，那么即使制造过程100%符合性质量标准，其生产的产品仍然不能很好满足用户明确的和隐含的需要。从用户的立场来看这种产品的质量是很差的，也是难以让人接受的。实际上，产品质量是产品生产过程管理的结果，也就是说产品质量有一个从产生、形成到实现的过程，即产品质量是在市场调查、开发、设计、计划、采购、生产、控制、检验、销售、服务、反馈等全过程中形成的。这一过程中的每一个环节都直接或间接地影响到产品的质量。这些环节就是质量形成全过程中的各种质量职能。

(2) 朱兰质量螺旋

为了表述产品质量形成的这种规律性，美国质量管理专家朱兰（J. M. Juran）提出了一个质量螺旋模型。所谓质量螺旋是一条螺旋式上升的曲线，该曲线把全过程中各质量职能按照逻辑顺序串联起来，用以表征产品质量形成的整个过程及其规律性，通常称之为"朱兰质量螺旋"（Juran quality spiral），由于产品质量又在这个全过程的不断循环中螺旋式提高，所以也称为质量进展螺旋，见图1-1。朱兰质量螺旋反映了产品质量形成的客观规律，是质量管理的理论基础，对现代质量管理的发展具有重大意义。

① 营销和市场调研。营销和市场调研是质量环的起点，同时又是终点，也是下一质量环的开始。其基本质量职能是：为开发一种新产品调查并反馈用户的需求，为产品设计提供必要的信息；在产品销售以后，进行质量跟踪，收集、分析用户的反映，反馈信息，以便改进产品设计和提高产品质量。

② 产品设计和开发。其基本质量职能主要是将用户的需求转化为产品设计理念和技术规范，进行样品试制，直至达到符合用户要求和技术规范的规定。做到技术先进、质量可靠、经济合理。

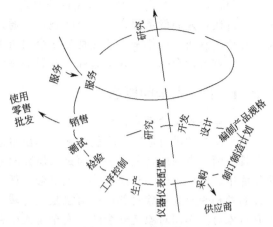

图 1-1　质量螺旋模型

③ 过程策划和开发。其质量职能是确保各过程按规定的方法和顺序在受控状态下进行，主要是根据产品设计制订工艺方案，确定工艺路线，编制工艺文件，设计工艺装备，为特殊要求编制质量计划等。

④ 采购。其质量职能主要是控制各种进货物资的质量，以保证进厂物资符合规定的质量要求。

⑤ 生产或服务提供。其质量职能主要是根据设计和工艺文件的规定，控制影响制造质量的各项因素，使生产制造过程处在受控制状态之下，保证制造质量符合产品设计的要求。

⑥ 验证。其质量职能是根据图样、标准、规范、工艺等技术文件的规定，对入厂的原材料的质量和工序、半成品、成品、包装的质量进行检验和试验，保证不合格的外购物资不入库，不合格的半成品不转入下道工序，不合格的成品不出厂。

⑦ 包装和贮存。其质量职能主要是按照有关技术文件的规定，对包装的质量进行控制，并在贮存、装卸、搬运中保证经过包装的产品完好无损。

⑧ 销售和分发。其质量职能主要是使分发的产品保证按合同或有关标准要求交货。

⑨ 售后。其主要质量职能是对售后产品建立跟踪系统，报告市场及消费者对产品质量的反应情况，确保问题产品的即时召回，同时为产品质量的改进反馈相关信息。

产品质量的形成过程中人是最重要、最具能动性的因素。人的质量以及对人的管理是过程质量和工作质量的基本保证。因此质量管理不是以物为主体的管理，而是以人为主体的管理。

除了朱兰质量螺旋外，还有著名的戴明质量圆环（Deming circle）、桑德霍姆质量循环模型（Sandholm quality circle）等。

1.3　食品安全

民以食为天，食以质为本，质以安为先。

"病从口入"，饮食不卫生已成百病之源。因此，食品安全是人类关注的重要问题。在古代，人们就重视食品安全问题，并通过法律手段来约束人们的行为，以保障人身安全。然而，近年来，有关食品安全的重大事件屡屡发生，食品安全成为一个亟待解决的重大社会问题，并引起社会各界的高度重视。

1.3.1 食品安全的概念

(1) 食品安全的基本含义

安全是指"没有危险；不受威胁；不出事故"。可以看出，对某一研究对象来说，安全具有两个方面的含义：一方面是指研究对象本身处于一个非危险的状态和非危险的环境中，他没有受到外来威胁，他不会出任何事故。即研究对象本身是安全的。另一方面则是指研究对象对其作用对象是没有威胁的，不会使其作用对象受到伤害。即研究对象对其作用对象是安全的。安全是人生存的基本条件。对人来说，安全可以理解为没有伤害（包括现实的和潜在的）人体健康（包括后代健康）的事情发生，是对人的人身、健康、财产、名誉乃至最低限度的物质生活的庇护与保障。可能对人体健康产生伤害的因素很多，就食品而言，有足够数量的食品不致使人忍饥挨饿、所食用的食品能给人提供必要营养物质而不致使人出现营养不良、所食用的食品中不存在对人体有害的物质而不致使人生病或中毒等，那么，就可以认为食品对人是安全的，否则就是不安全的。

如果将食品作为研究对象，那么食品安全的一层含义便是食品没有受到外来因素的威胁（如腐败菌污染、受热、受冻等），食品的固有特性（如营养性、功能性、卫生性等）没有发生变化。否则该食品便是不安全的，如食品受到外来污染，使食品非固有物质含量增加（如超出有关标准的规定范围），食品受腐败微生物的作用而腐败变质等。食品是人类的基本物质资料，食品的作用对象主要是人，那么食品安全的另一层含义便是食品不会对人产生伤害（包括现实的和潜在的），不会对人体健康（包括后代健康）产生负面影响。否则该食品也是不安全的，如食品中有有毒物质存在使人中毒，有致病菌存在使人生病等。

以上分析说明，我们讨论食品安全，既要讨论食品对人的安全问题，还要讨论食品自身的安全问题。不过，目前人们关注的焦点是食品对人的安全性及与此有关的食品的自身安全性（如农药、致病菌等对食品的污染），而对食品腐败变质等问题讨论的较少。如我国《食品安全法》第99条就将食品安全定义为："食品安全，指食品无毒、无害，符合应当有的营养要求，对人体健康不造成任何急性、亚急性或者慢性危害。"我国《农产品质量安全法》第2条规定："农产品质量安全，是指农产品质量符合保障人的健康、安全的要求。"

(2) 食品安全的内涵及概念演变

食品安全的概念最早是1974年11月在以保障粮食供应为主题的罗马世界粮食大会上，以"粮食安全"正式提出的。即在1972～1974年，世界出现粮食危机，在粮食短缺背景下，联合国粮食与农业组织（FAO）在罗马粮食大会上呼吁各国重视"粮食安全"问题，"保证任何人在任何时期都能得到为了生存和健康所需要的足够食物"。FAO于1983年又提出"确保所有的人在任何时候既能买得到又能买得起所需要的基本食品"。可以看出，粮食安全具有三方面的涵义：一是保障粮食数量，满足人们生存和健康的基本需要；二是保障粮食供应的稳定性和长期性，即保障粮食供应在任何时候都是充足的，满足人们的长期需要；三是保障人们的购买力，即人们不仅能够买得到而且买得起其生存和健康所需的基本食品。目前国内外普遍认可，以量为主的食品安全或粮食安全，使用英文名称"food security"。

在 20 世纪 80 年代，通过大多数国家的共同努力，发展中国家的食品供给量基本上得到满足，特别是贫困人口获得粮食的能力显著提高，但由于发展中国家的食品构成不合理，特别是食品中蛋白质含量不足，造成较为严重的营养不良，微量营养素的不足也在影响着人身安全，而在发达国家却因营养过剩引起肥胖症，以及由此导致的高血压、心血管病、糖尿病也十分普遍，营养平衡成为食品安全的主要问题之一。于是，1992 年 FAO 和世界卫生组织（WHO）共同召开了"国际营养大会"，要求与会各国承诺"加强营养监测和教育手段"，"在提高全民营养认识的基础上，注意营养安全，确保所有的人都能持续地做到营养充足"。1996 年 FAO 在召开的"世界粮食首脑会议"上，提出了"在人类的日常生活中，要有足够、平衡的，并且含有人体发育必需的营养元素供给，以达到完善的粮食安全"，"人人都有权获得安全而富有营养的粮食"，要求"到 2015 年把世界上饥饿和营养不足的发生率减少一半"。把食品安全和营养问题直接联系起来，保证人们获得足量而富有营养的食品成为食品安全的主要内容。1996 年 FAO 将粮食安全定义改为："每个人在任何时候都能得到安全而富有营养的食物，以维持健康而有活力的生活，且不损及自然资源的生产能力、生态系统的完整性以及环境的品质。"这一概念不但包括了确保生产足够数量的粮食、稳定粮食供应、确保所有需要粮食的人都能获得粮食等具体目标，还特别提出了营养问题，并将粮食安全的范围扩展到了整个食品的安全，同时还引入了可持续发展的内容，使粮食安全这一概念涉及的范围更加广泛和全面。

农药残留、食品添加剂滥用、有害微生物污染、食源性疾病、掺杂制假以及环境污染等问题对人身健康造成了严重危害（包括现实的和潜在的），并危及到经济和社会的安定与发展，引起了有关国际组织和各国的高度重视，成为当今食品安全问题的焦点。1996 年 FAO 在《粮食安全罗马宣言》中指出："让所有的人在任何时候都能在物质上和经济上获得足够、有营养和安全的食物，来满足其积极和健康生活的膳食需要及食物喜好，才实现了粮食安全。"显然这里所说的"安全"不再是指"数量安全"和"营养安全"，而是指"卫生安全"，即这一概念不仅涉及粮食供应数量问题、食品营养问题，还强调了食品卫生安全问题，同时还考虑到消费者的经济支付能力问题。2001 年在德国波恩召开的世界粮食大会上，又提出了持续粮食安全的概念，要求无污染、无公害，向消费者提供增强健康、保证延年益寿的粮食和其他食物。可见，卫生安全已成为食品安全的重要内容之一。

综上所述，在"粮食安全"概念提出的近 40 年间，其内涵在不断发展变化，到目前粮食（食品）安全涉及数量问题、营养问题、卫生问题，以及消费者支付能力问题和粮食生产的可持续发展问题等。此外，在我国目前"粮食总量大体平衡，丰年有余"的情况下，我国的粮食安全还包含结构合理和平衡问题，主要包括粮食在地区间平衡、城乡间平衡、贫富人群间平衡以及种类粮食的构成平衡等方面。

概括来讲，食品安全包括质的安全和量的安全，其中质的安全即食品质量安全。在我国，"食品质量安全"是在 2002 年开始实施"食品质量安全市场准入制度

(quality safety，QS)"时提出的。关于食品质量安全目前有如下几种表述：其一，农产食品质量安全是指"农产食品中含有的可能损害或潜在损害人体健康的农药兽药残留、重金属、致病菌等有毒有害物质或因素应符合有关的法律法规和强制性标准，在合理食用方式或正常食用量的情况下，不会对消费者的身体健康和/或生命安全产生危害或潜在的危害"。其二，"食品质量安全是指食品质量状况对食用者健康、安全的保证程度"。用于消费者最终消费的食品，不得出现因食品原料、包装问题或生产加工、运输、贮存过程中存在的质量问题对人体健康、人身安全造成或者可能造成任何不利的影响。从此可以看出，食品质量安全包括食品营养安全和卫生安全两个重要方面。目前国内外普遍认可，以质为主的食品安全，使用英文名称"food safety"。

食品营养安全问题主要表现为营养平衡和合理饮食。过量酗酒、盲目补充某些营养素等不良饮食习惯及不科学减肥等均对人体健康不利。因此，科学饮食也是食品营养安全的重要内容。

食品卫生安全问题主要表现为农（兽）药残留、滥用添加物、有害微生物污染及环境污染等。

1.3.2 食品安全与食品质量的关系

(1) 食品安全与食品营养的关系

一种优质和安全的食品，它必须能保证向人提供必要的营养成分和能量，满足人们对营养素和能量的需求，一种缺乏营养（包括营养价值、营养密度和营养平衡）的所谓食品是无质量可言的，显然，人们食用这种食品是不安全的。因此，FAO/WHO 国际营养会议宣称"获得营养足够且安全的食品是一项人权"。可见，食品安全除了强调有毒有害物质外，还应包括"因长期食用某种必需营养成分缺乏或整体营养成分比例失调的食品所带来的健康损伤"，即食品营养是构成食品安全的重要内容之一，但不属于全部，两者属于交叉关系。

(2) 食品安全与食品卫生的关系

要理顺食品安全与食品卫生的关系，有必要先了解什么是食品卫生。

1996 年世界卫生组织在其发表的《加强国家级食品安全性计划指南》中将食品卫生定义为："为确保食品安全性和适合性在食物链的所有阶段必须采取的一切条件和措施"。我国《食品工业基本术语》将食品卫生定义为："为防止食品在生产、收获、加工、运输、贮藏、销售等各个环节被有害物质污染，使食品有益于人体健康所采取的各项措施"。Norman G. Marrjott（美）在其《食品卫生原理》（第 4 版）中指出，对食品工业而言，卫生一词的意义是创造和维持一个卫生而且有益于健康的生产环境。为了提供有益健康的食品，须在清洁环境中，由身体健康的食品从业人员加工食品，防止因微生物污染食品而引发的食源性疾病，同时使引起食品腐败的微生物繁殖减少到最低程度。有效卫生就是指能达到上述目标的过程。他还指出，食品卫生是一门应用卫生科学，与食品的加工、制备和处理有关。卫生的应用是为了使食品加工始终在清洁并且有益健康的环境中进行而采取的卫生操作。

可以看出，虽然人们对食品卫生的描述存在差异，但存在许多共同之处。也就是说，目前人们对食品卫生具有如下几个方面的共识。

① 强调食品卫生的目的在于为人们提供有益于健康的食品，使食品保持清洁状

态。主要是指将食品中所含的外来有害物质控制在一定的范围（包括种类和数量）内，以确保不会对人体产生危害。

② 食品卫生的对象是食品从生产、收获、加工、运输、贮藏到销售的整个过程。包括在这些过程中的人员卫生、环境卫生、设备和器具卫生等。

③ 保证食品卫生的手段是采取必要的措施控制外来物质对食品的污染。

④ 食品卫生强调要控制的有害物质主要是外来物，并没有包括食品本身可能存在的对人体有害的物质（如天然毒素）。

将专门研究有关食品卫生问题的学科称为食品卫生学（food hygiene）。食品卫生学是研究食品中可能存在的、威胁人体健康的有害因素及其预防措施，提高食品卫生质量，保护消费者安全的一门科学。

1984 年，WHO 在《食品安全在卫生和发展中的作用》中，将"食品安全"和"食品卫生"视为同义语，并定义为"生产、加工、贮存、分配和制作食品过程中，确保食品安全、可靠、有益于健康并且适合人消费的种种必要条件和措施"。1996年，WHO 在《加强国家级食品安全性计划指南》中，又把"食品安全"和"食品卫生"作为两个概念分别定义，食品安全是指"对食品按其原定用途进行制作和/或食用时不会使消费者健康受到损害的一种担保"。食品卫生是指"为确保食品安全性和适合性在食物链的所有阶段必须采取的一切条件和措施"。从此可以看出，食品安全与食品卫生具有密切关系，但它们之间又存在一定的差异。

食品安全和食品卫生的差异主要表现在：①涉及范围不同。食品安全包括食品（食物）的种植、养殖、加工、包装、贮藏、运输、销售、消费等整个食品链的安全，而食品卫生通常并不包含种植养殖环节的安全。②侧重点不同。食品安全是结果安全和过程安全的完整统一，而食品卫生虽然也包含上述两项内容，但更侧重于过程安全。③控制对象不同。食品安全要求对所有可能通过食品影响人体健康和安全的因素（危害）加以控制或预防，包括外来有害物质、食品贮藏加工过程可能产生的有害物质，以及天然食物中固有的有害物质，而食品卫生则主要控制或预防外来物质，既包括对人体有害的物质，也包括虽然对人体无害，但不属于食品应有的物质。即食品安全主要强调是否对人体产生伤害，而食品卫生则主要强调食品的洁净。

综上所述，食品卫生是食品安全的重要内容，但不是全部，两者属于交叉关系，不可以相互替代。顺便说明，目前有人提倡用"安全"替代"卫生"，甚至在食品标准中用"安全指标"替代过去的"卫生指标"，从上述分析可以看出，这种观点值得商讨。

(3) 食品安全与食品质量的关系

人们通常所说的"食品质量"指的是食品的"质"，并未包含"量"的含义。目前食品安全问题除了量的问题外，主要是食品营养平衡问题、清洁卫生问题、新资源和新技术安全性问题等方面，而这几个方面的问题均属于或最终归结到食品质的问题上，属于产品质量范畴。食品质量特性包括了功能性、可信性、安全性、适用性、经济性等。

世界粮食安全委员会在"食品质量和安全性对发展中国家的重要性"（1999）一文中指出：食品的安全性是食品质量的一个基本要求。"食品安全性"系指没有污染物、杂物、天然毒素或可能使食品对人体健康造成急性或慢性伤害的任何其他物质或者其程度是可以接受和安全的。食品质量可视为决定食品价值或消费者对食品的可接受性的一个复杂的特征。除了安全性之外，质量特性还包括：营养特性，外观、色泽、结构、口味等感官特性及功能性质。FAO 和 WHO 在《保障食品的安全和质量：强化国家食品控制体系》中指出：食品安全和食品质量两词有时令人混淆不清。食品安全涉及那些因食品对消费者健康构成危害（无论是长期的还是马上出现的危害）的所有可能因素。这些因素是毫无商量余地的，必须消除。食品质量包括可影响产品消费价值的所有其他特性。其包括一些不利的品质特性，例如腐烂、脏物污染、变色、变味等，以及一些有利的特性，例如食品的产地、颜色、香味、质地以及加工方法。因此，食品质量与食品安全之间是一种交叉重叠关系。如果排除食品安全中的量的问题，而将食品安全狭义理解为食品质的问题，那么狭义食品安全则是食品质量的一个重要方面，包含于食品质量之中。

　　综上所述，食品质量包括了食品营养、食品卫生和食品安全。食品安全与食品营养、食品卫生和食品质量的关系示意见图 1-2。

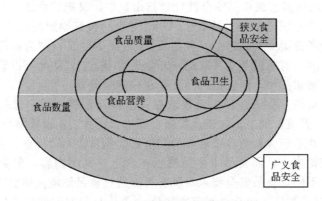

图 1-2　食品安全与食品质量等的关系示意

1.3.3　食品安全的特性

(1) 食品安全的相对性

　　不考虑食品量的因素，单从食品质的方面来看，食品安全具有相对性。虽然美国学者 Jones 建议将食品安全区分为绝对安全与相对安全两种。绝对安全是指不因食用某种食品而危及健康或造成伤害，即食品绝对没有风险或称零风险。相对安全则为一种食物或食物成分在合理食用方式和正常食量情况下不会导致对健康的损害。但事实上，绝对对人体无危害或零风险的食品是难以得到的，因为一种食品或食品成分对人体是有害还是有益，受多种因素的影响，首先与摄入量和方式有关，事实已经证明，人体对各种营养素的需要是在一定量的范围内的，如果过量摄入也会对人体产生副作用，如过量食用食盐对人体有害、长期偏食会造成营养不良等；其次与各人的身体素质有关，如有的人对牛奶过敏、有的人对水产品过敏等；再次与食品的加工方法和程度有关，如食用烹调不到位的食品会使人生病等。此外，许多天然食品中本身含有对人体有毒或有害的成分，这些成分又很难从食品中分离出去或除掉，但只要对食品加工的方法和程度得当、适量食用并不会对人体产生危害。我们生存的环境中存在着形形色色的有害物质，可以说我们生活在有害物质的汪洋大海中，我们不可能，也没有必要要求食品中完全不含有害物质，否则我们将失去许多食物，人类可能又会面临饥饿的威胁。我们还应该注意人体有一定的清除有毒有害物质的能力和自我修复能力。当食品中的某些有害物质含量低到一定水平时，便不会对机体造成损害。任何有害物质要对机体产生危害必须达到一定的剂量水平，如氰化钾是剧毒物质，这是人所共知的，人服用 100mg 就可以导致死亡，但 0.01mg 的氰化钾就可能对人体没有任何危害；而白砂糖、食盐虽是食品，但过量摄入也会对人体健康造成危害。

我们强调食品安全，并不是一定要获得绝对安全的食品，不是要求食品中绝对不含有毒有害成分，而主要是要求人们，在食品生产、加工、贮藏、运输、销售及食用过程中，不要人为地加入对人体有毒有害的物质，科学合理地使用食品添加剂、农药、兽药、化肥等，尽可能避免或减轻有毒有害物质对食品的污染等，以便为人们提供无急性或慢性危害的食品；力求将风险降到最低限度，而不是非要达到零风险。重要的是，我们应该研究食品中的有害物质在多大的摄入量时才会对人体造成伤害，在多大的摄入量时对人体完全无害，并制订出食品安全限量标准，以保障人体的健康。

（2）食品安全的动态性

从食品安全的内涵与概念演变过程可以明显看出，食品安全不是一个固定不变化的概念，而是处在不断的发展变化之中，具有动态特性。此外，随着现代分析技术及设备的发展，以及动物试验、临床研究、毒理学研究等的不断进行，人们对食品成分及某些可能危及人身安全因子的认识将会更加深入，必然会解除对某些因子的怀疑，也可能会产生新的疑点。随着现代生产技术、分离技术的发展与应用和管理体制的健全，对食品可能产生污染或危害的因子减少、程度减轻、概率减低，食品的安全性将会提高。但在旧的问题解决后，新的问题有可能出现。随着社会的进步、人们生活水平的提高，人们对食品的安全程度要求也会越来越高，某些从目前来看不是问题的问题可能成为重要问题。在旧技术存在的安全问题解决后，新开发的技术的安全问题又有可能出现，等等。

（3）食品安全的社会性

首先，不同国家在不同时期所面临的食品安全问题和治理要求有所不同。目前，发达国家所关注的食品安全问题主要是由科学技术发展所带来的新问题，如转基因食品、辐照食品的安全性；营养过剩所产生的肥胖症、高血压、心血管疾病等；新出现的传染性疾病等。而在发展中国家，食品安全则侧重于市场经济发育不成熟所引发的问题（如假冒伪劣、非法生产经营），生产技术、设备和管理落后所带来的问题及因相对贫穷所带来的营养不良。其次，食品安全问题的产生，不仅仅是由技术原因所引起，目前更多且危害最严重的是由于职业道德、文化修养及管理等社会原因所引起。第三，食品安全问题的出现，不仅对人体健康和企业经济效益造成损害，还会引起社会的动荡，是一种不可忽视的社会因素。

（4）食品安全的法律性

食品安全的法律性表现在多个层面，一是关于食品安全问题的分析研究，特别是人体试验，国际及各国均制定了相关法律法规（如我国制定了《农业转基因生物安全管理条例》），必须依法开展相关工作，否则就是违法。如 2012 年有关美国企业利用中国衡阳儿童做转基因大米的试验问题引起了社会的广泛关注。二是为了确保食品安全，各国均制定了相关法律法规（如我国制定的《食品安全法》），依法对食品生产经营进行管理，如要求食品生产经营者要依法从事食品生产经营活动，监督管理者要依法开展监督管理工作，一种新型食品添加剂在生产、使用之前必须进行安全性评价，生产经营转基因食品、辐照食品必须明示等。三是法律赋予消费者了解食品安全状况的权利，消费者受到不安全食品伤害时，有权依法追究相关方的责任。

(5) 食品安全的经济性

首先，从目前的现状来看，要生产安全程度高的食品（如绿色食品、有机食品），不论从原辅料的使用上，还是生产工艺技术、设备和环境上，以及生产管理上的要求及耗费均要高于普通食品，那么，依据价值规律，高安全性食品的价值及价格将自然高于普通食品。其次，如前所述，食品安全包含有人们要有足够的收入来购买安全食品的含义。那么，不管社会上食品的总量有多少，其质量也不管有多么高，如果消费者没有足够的收入来购买足够的食品，这对消费者来说仍是不安全的。此外，对低收入人来说，他们购买食品，一般首先考虑是的价格高低，数量的多少，只有价格在其可接受的范围之内时，才会去考虑食品的品质如何？卫生状态如何？用餐环境如何？因此，这个层次的人群承担的食品安全风险更大。

1.3.4 食源性疾病

(1) 食源性疾病

1984 年世界卫生组织（WHO）将"食源性疾病"（foodborne diseases）作为正式的专业术语，以代替历史上使用的"食物中毒"，并将食源性疾病定义为："通过摄食而进入人体的各种致病因子引起的通常具有感染或中毒性质的一类疾病。"包括常见的食物中毒、肠道传染病、人畜共患传染病、寄生虫病以及化学性有毒有害物质所引起的疾病。从这个概念出发食源性疾病不包括一些与饮食有关的慢性病、代谢病，如糖尿病、高血压等，然而国际上有人把这类疾病也归为食源性疾病的范畴，并已被大多数人所认可。因此，凡与摄食有关的一切疾病（包括传染性和非传染性疾病）均属食源性疾病。

引起食源性疾病的物质称为病原物。许多食品污染物会引发食源性疾病，均属于病原物。按其性质不同，可划分为三大类，即生物性病原物、化学性病原物和物理性病原物。

食源性疾病的发病率居各类疾病总发病率的前列，是当前世界上最突出的食品安全问题。每年因不安全食品所导致的患病人数可高达 20 亿，这就意味着全球约有 1/3 的人口会受到食源性疾病的影响。美国每年有 7200 万～7600 万例食源性疾病患者，其中 32.5 万人入院治疗，0.5 万人死亡。据估计，美国每年食源性疾病可能造成 3500 亿美元损失。我国近几年因致病性微生物引发的食源性疾病事件也呈逐年上升的趋势。

(2) 食物中毒

食物中毒（food poisoning）属于食源性疾病的范畴，是食源性疾病中最为常见的疾病。我国《食品安全法》将食物中毒定义为：食物中毒指食用了被有毒有害物质污染的食品或者食用了含有毒有害物质的食品后出现的急性、亚急性疾病。

食物中毒既不包括暴饮暴食而引起的急性胃肠炎、食源性肠道传染病（如伤寒）

和寄生虫病（如旋毛虫、囊虫病），也不包括因一次大量或长期少量多次摄入某些有毒有害物质而引起的以慢性毒害为主要特征（如致癌、致畸、致突变）的疾病。

掌握食物中毒的发病特点，尤其是发病的潜伏期和中毒的特有表现，对食物中毒的诊断有重要意义。食物中毒发生的原因各不相同，但发病具有如下共同特点。

① 发病与食物有关。中毒病人在相近的时间内都食用过同样的中毒食品，未食用者不中毒。

② 发病潜伏期短，来势急剧，呈爆发性。短时间内可能有多数人发病，发病曲线呈突然上升之趋势。

③ 所有中毒病人临床表现基本相似。最常见的是消化道症状，如恶心、呕吐、腹痛、腹泻等，病程较短。

④ 一般无人与人之间的直接传播。

⑤ 采取措施后控制快，无流行病余波。

有关我国食物中毒情况的分析见本书第 3 章。

(3) 食物过敏

食物过敏（food hypersensitivity）也属于食源性疾病的范畴。尽管食物过敏问题没有食品中毒问题那么严重和涉及的面广，但一旦发生，后果相当严重。以前我国对食物过敏问题重视不够，但随着转基因食品的出现，人们再次关注食物过敏问题，食物过敏已成为现代人比较关注的热点问题，并已开始加强这一领域的工作，开展以宣传教育和过敏食物标签为重点内容的过敏食物的监管。同时着手对我国过敏食物的种类及食物过敏的发生率等基础资料进行调查研究，为制定相应的对策提供依据。

食物过敏又称食物变态反应，是由于进食某种食物后造成的不良反应，即食物中的某些物质进入体内后，被体内的免疫系统当成入侵的病原，发生了免疫反应，从而对人体造成的不良影响。

据估计有近 2% 的成年人和 4%～6% 的儿童患有食物过敏。食物过敏反应在婴幼儿中的发病率明显高于成人，其原因在于儿童免疫因子缺乏、体质较弱或免疫机能稳定性差，还与机体发育尚未完善有关。除了遗传原因外，目前广泛使用化肥、杀虫剂、除草剂以及灌溉水源和作物生长环境污染，禽畜食用的混合饲料含较多的致敏物质等因素，使食物所含过敏性物质成分增加。

将诱发过敏反应的抗原物质称为过敏原（allergen）。引起过敏反应的抗原物质有几百种，它们通过吸入、食入、注射或接触等方式使机体致敏。食品中的过敏原都是蛋白质，食物中众多的蛋白质中只有几种蛋白质能引起过敏，并且只有某些人对其过敏。引起过敏的蛋白质通常能耐受食品加工、加热和烹饪，并能抵抗肠道消化酶的作用。

常见含有过敏原的食品大部分属于高蛋白质类食品，包括牛奶、鸡蛋、花生、虾、螃蟹、豆类、坚果、海产品等。此外，谷物类中的小麦面、玉米面、荞麦面、芝麻、蓖麻籽等，水果蔬菜中的荔枝、芒果、茄子、桃、苹果、草莓、菠萝、韭菜、西红柿、葱、蒜等，也是较易引起过敏的食物。这些食物中引起过敏的成分非常复杂，经研究发现，鱼的主要致敏成分为肌浆蛋白和肌原纤维蛋白；牛奶中的主要致敏成分为甲种乳白蛋白、乙种乳球蛋白和酪蛋白等；鸡蛋中的主要致敏成分为卵白蛋白、卵类黏蛋白和溶菌酶等；菠萝中的主要致敏成分为菠萝蛋白酶等。据美国《临床免疫和过敏杂志》报道，8 例哮喘患者已确诊是对亚硫酸盐过敏，富含亚硫酸盐的食物有莴苣、虾、干杏、白葡萄汁、脱水马铃薯和蘑菇。

1.4 安全食品

1.4.1 安全食品的生产背景

日益加重的环境污染和生态破坏已经直接危及人类的健康与生命，并对持续发展带来直接或潜在的威胁。二次大战特别是绿色革命以来，由于大规模采用现代科技手段，世界发达国家的农业生产取得了令人瞩目的成就，同时也面临着一系列严重问题，主要表现在：农业生产中大量使用化肥、农药等化学物质，不仅污染环境还在农产品上残留，并通过在土壤、水体中的残留，造成有毒有害物质富积，再通过物质循环进入农畜水产品中，最终损害人体健康。过分依赖机械和化肥投入，加上不合理地耕作，造成水土流失、土壤板结、盐碱化、沙漠化，恶化了土壤理化性状，降低了土地生产能力。过度加大商品投入，提高了农业生产成本，减少了农业收入。1962 年，雷切尔·卡森发人深省的著作《寂静的春天》向人们提出警告：农业生产中使用的化肥对于环境和人类的健康会产生严重的影响。

而随着人们收入水平和生活水平的显著提高，温饱问题的基本解决，人们对食品质量的要求越来越高，主要表现在：对品质要求越来越高，包括品种要优良、营养要丰富、风味和口感要好；对卫生和安全性要求越来越高，拒绝滥用食品添加剂（如防腐剂、人工合成色素）的食品，关注食品中农药残留、重金属污染、细菌超标等问题。

为解决这些问题和矛盾，人们进行了很多探索，其中以生产有机农产品、减缓常规农业方式给资源和环境造成的严重压力为主要目标的替代农业是其中较为有效的方式之一。如生态农业、有机农业、自然农业、生物农业、再生农业、低投入农业等。特别是进入 20 世纪 80 年代以后，可持续发展思想得到世界各国响应，一股寻求经济发展与环境和自然资源相协调的浪潮在全世界掀起，可持续发展成为各国人民的共识，表明了人类文明发展又步入了一个全新阶段。可持续发展思想的基本要点包括两个主要方面：一是强调人类追求健康而享有生产成果和生活成果的权利，应当坚持与自然和谐的方式统一而不应凭借手中的技术和资金，采取耗竭资源、破坏生态和污染环境的方式来追求这种发展权利的实现；二是强调当代人不应以当今资源与环境大量消耗型的发展与消费，剥夺后代人发展的权利和机会。

受可持续发展思想的影响，可持续农业的概念得以确立，1987 年世界环境与发展委员会提出了"2000 年转向可持续农业的全球政策"，1988 年 FAO 制定的《可持续农业生产：对国际农业研究的要求》文件指出：可持续发展农业是一种不造成环境恶化、技术上适当、经济上可行、社会上能接受的农业。1991 年 FAO 在荷兰召开的"农业与环境国际会议"上，通过了《关于持续农业和农村发展的丹波宣言、行动纲领》，把可持续农业定义为：管理和保护自然资源基础，调整技术和体制变化的方向，以确保获得和持续满足当代和后代人的需要。这种持续发展能够保护土地、水、植物和动物资源，不造成环境退化，同时要在技术上适宜，经济上可行，能够被社会接受。目标是：建立节约资源的生产系统，保护资源和环境；实施清洁生产，提高食物质量，增进人体健康；实现生态效益、社会效益和经济效益的同步增长。

欧、美、日等发达国家以及一些发展中国家进一步加快了各类替代农业方式的实践，以解决农业生产过程由于农用化学品不合理使用引起的食品污染和品质下降，以及降低农业生产对生态环境的影响为主要目的的有机农业成为其中的主流。有机农产品的生产和发展在全球成为可持续农业生产的重要途径之一。

1.4.2 安全食品的概念

安全食品（safe food）是近年来提出的一个新概念，尚未形成大家公认的定义，我国有学者将安全食品定义为：安全食品是指食品的生产、加工、运输等过程符合安全食品所规定的技术要求，食品中安全指标（主要指重金属污染物、非重金属、无机污染物、有机污染物等在食品中的残留量）达到安全食品标准规定的食品。安全食品是指没有农药残留、没有污染、无公害、无激素的安全、优质、营养类食品。我国的《食品安全管理体系要求》（SN-T 1443.1—2004）将安全食品定义为：“符合食品安全特性的食品或产品。”“食品安全特性是指满足食品安全要求的固有特性。”显然这只是对安全食品的狭义理解，也就是说只强调了食品中有毒有害物质的含量及其对食用者的危害。实际上安全食品不只是强调食品中有毒有害物质含量多少，而是强调食品的整体安全性。具体来讲，作为理想的安全食品应包含如下几个方面的含义。

（1）卫生方面的安全性

即安全食品被人食用后不应因食品中存在某些有毒有害因子而对食用者及其后代产生任何威胁或风险。如果一种食品不管其营养多丰富，感官特性多好，如果其中含有有害于人体健康的成分就不是安全食品，如“三鹿毒奶粉”，就是因为其中含有对人体有害的三聚氰胺而导致许多婴儿生病，甚至死亡。

（2）营养方面的安全性

安全食品应能满足人体对营养素的需要，即食品所含的营养素从种类到含量上都要符合人体的需要。如果一种所谓的食品不能给人提供所需的营养素则不能算是安全食品，如“阜阳奶粉”并不是其中含有有毒有害物质，关键是其中蛋白质等营养素含量过低，与其包装标签不符，误导了消费者，以致造成严重的食品安全事故。

（3）环境方面的安全性

作为安全食品还应符合“可持续发展”原则，在其资源开发利用上不得对生态平衡有负面影响；其生产加工过程及废弃物（如包装物）不得对环境造成污染，不对生态系统造成破坏。

（4）量的安全性

安全对每个人都是必要的。因此，安全食品在量上应是充足的。

（5）经济方面的安全性

从目前来看，安全食品的生产成本及价格较普通食品要高，这无疑对安全食品的生产及消费带来不利影响，这就要求我们必须采取有效措施来解决这一问题，降低生产成本和销售价格，避免因经济原因使某些消费者消费不起安全食品，否则，安全食品便无任何意义。

此外，一种食品是否是安全食品，必须经有资质的权威机构认定，未经认定的食品难以确认其安全性。

综上所述，安全食品应该是指生产过程和产品质量均符合消费者和社会的要求，并经权威部门认定，在合理食用方式和正常食用量的情况下不会对消费者健康产生威胁的食品。

1.4.3 安全食品的种类

从目前食品生产的许可条件和要求情况、对产品的品质和卫生要求的严格程度、对生产投入品的使用要求情况，以及生产对生态和环境的影响程度等方面来看，安全食品大致可分为常规食品、无公害食品、绿色食品和有机食品四大类，且食品的安全级别依次升高，见图1-3。

图1-3 安全食品的关系

(1) 常规食品

常规食品（conventional food）是指在一般生态环境和生产条件下，生产和加工的产品，经县级及其以上卫生防疫或质检部门检验，达到了国家现行粮食、食品安全标准的食品或已通过食品质量安全认证（即 QS 认证），取得《食品生产许可证》的食品。不符合上述要求的所谓食品则不属于安全食品的范畴。常规食品是目前我国大众消费的主要食品，也是我国农业和食品加工业的主要产品。

(2) 无公害食品

目前对无公害食品（free-pollutant food）有广义和狭义两种理解，广义的无公害食品包括有机食品、绿色食品和狭义的无公害食品。狭义的无公害食品是指在良好的生态环境条件下，生产过程符合规定的无公害食品生产技术操作规程，产品不受农药、重金属等有毒、有害物质污染，或有毒、有害物质控制在安全允许范围内的食品及其加工产品。属于大众化消费的、较好的安全食品。在我国无公害食品须经省一级以上农业行政主管部门认证，使用无公害农产品标志。这将是我国今后一定时期内农业和食品加工业的主流产品。

(3) 绿色食品

绿色食品（green food）并非指"绿颜色"的食品。自然资源和生态环境是食品生产的基本条件，由于与生命、资源、环境相关的事物通常冠之以"绿色"，为了突出这类食品出自良好的生态环境，并能给人们带来旺盛的生命活力，因此将其定名为"绿色食品"。它是指遵循可持续发展原则，按照特定生产方式生产，经专门机构认定，许可使用绿色食品标志，无污染、安全、优质、营养类食品。"遵循可持续发展原则"，是指对绿色资源的开发利用既要满足现代人的需求，又不以损害后代人满足需求的能力为原则。"按照特定生产方式生产"，是指在生产、加工过程中按照绿色食品的标准，禁用或限制使用化学合成的农药、肥料、添加剂等生产资料及其他可能对人体健康和生态环境产生危害的物质，并实施"从土地到餐桌"的全程质量控制。这是绿色食品工作运行方式中的重要部分，同时也是绿色食品质量标准的核心。"经专门机构认定"，绿色食品的生产与加工及产品必须经过国家有关部门认证认可。"许可使用绿色食品标志"是指未经注册人（中国绿色食品发展中心）许可，任何单位和个人不得使用绿色食品标志。

"无污染、安全、优质、营养"是绿色食品的质量特征。"无污染"是指在绿色食品生产、加工过程中，通过严密监测、控制，防范农药残留、放射性物质、重金属、有害生物等对食品生产各个环节的污染，以确保绿色食品产品的洁净。绿色食品的优质特性不仅包括产品的外表包装水平高，更重要的是内在质量水准高；产品的内在质量又包括内在品质优良和营养价值及卫生安全指标高两个方面。

绿色食品分为 A 级和 AA 级两类。AA 级绿色食品标准要求，生产地的环境质量符合《绿色食品产地环境质量标准》，生产过程中不使用化学合成的农药、肥料、食品添加剂、饲料添加剂、兽药及有害于环境和人体健康的生产资料，而是通过使用有机肥、种植绿肥、作物轮作、生物或物理方法等技术，培肥土壤、控制病虫草害、保护或提高产品品质，从而保证产品质量符合绿色食品产品标准要求。

A 级绿色食品标准要求，生产地的环境质量符合《绿色食品产地环境质量标准》，生产过程中严格按绿色食品生产资料使用准则和生产操作规程要求，限量使用限定的化学合成生产资料，并积极采用生物学技术和物理方法，保证产品质量符合绿色食品产品标准要求。

(4) 有机食品

有机食品（organic food）是指生产环境未受到污染，生产活动有利于建立和恢复生态系统良性循环，在原料的生产加工过程中既不使用农药、化肥及生长激素类等化学合成物质，不采用转基因技术及其产品，也不采用其他不符合有机农业原则的技术与材料，通过有机食品认证、使用有机食品标志、可供食用、符合国际或国家有机食品标准的农产品及其加工产品。有机食品是一类真正无污染、纯天然、高品位、高质量的安全食品。

根据我国目前的实际情况，考虑食品安全的相对性、安全食品量和经济方面的安全性，实行常规食品、无公害食品、绿色食品和有机食品不同安全级别的安全食品并存，强制生产常规食品，扩大无公害食品生产，以保证广大消费者的需要，鼓励开发生产绿色食品和有机食品，以满足相对富裕消费者的需要。

1.4.4 安全食品与食品安全的关系

(1) 食品安全和安全食品的区别

食品安全和安全食品是两个不同的概念，主要区别可归纳为以下几个方面。

① 从文法方面看，食品安全的主体是"安全"，"食品"则是对此安全的限定，即有关食品的安全，而不是其他方面的安全。而安全食品的主体是"食品"，"安全"则是对此食品的限定，即这类食品在被人们食用后，对人体没有伤害，对人体是安全的。安全食品是相对于"假冒伪劣食品"等对人体有害的不安全"食品"而言的。如果有朝一日，对人体有害的不安全"食品"不存在了，那么用"安全"对食品的限定也就没有必要了。

② 从目的方面看，食品安全的目的在于设法消除食品中存在的不安全因素。作为食品研制开发者、生产者及经营者，强调食品安全，目的在于为消费者提供一种有关食品安全的承诺、担保。而安全食品的目的在于为消费者生产或提供一种在安全性上可靠的、对消费者无健康危害或少危害的食品。此外，目前强调无公害食品、绿色食品和有机食品生产，还期望减少或消除食品生产对生态、环境的影响和破坏，实现

可持续发展。

③ 从研究内容看，食品安全主要是讨论有关影响食品安全的因素及其对人体的危害、来源，以及预防控制等问题。而安全食品则主要讨论食品的生产加工与管理，即研究讨论采用什么样的方法、技术及管理体制和措施能为消费者提供对其身体无危害或者尽可能少危害的食品。虽然说安全食品和食品安全一样，都离不开食品的安全性问题，但食品安全大多属于事后对食品已存在的安全问题的"治理"，而安全食品则属于事先对食品中可能出现的安全问题的"预防"。

④ 从技术方面看，食品安全主要采用"各个击破"的战略战术，即一般是通过对影响食品安全的各个因素进行逐个分析研究，然后采取措施逐个加以预防和控制。如果人们能采取某种措施，消除食品中某一原有的、对人体健康有直接或间接危害的因素，便是食品安全方面的一大技术进步，该食品的安全性也就有所提高。而安全食品则注重整体效应，即它要求必须从食品生产加工的环境、原料、工艺、技术、管理等各个方面全盘考虑，保证每个环节不对食品产生或引入危害因素，以确保食品的安全。如果该食品其他方面都做得很好，而仅一个方面不符合人们的需要或有关规定的要求，这种食品在安全性方面可能已比现有的普通食品好，但这种食品仍不能算是安全食品。

⑤ 从管理方面看，安全食品实行的是"强制管理"体制，即任何食品要以安全食品的"身份"来生产和销售，必须先经过有关方面的认证，通过认证后，发给认证证书，并允许在食品、包装及促销宣传等中使用有关安全食品标志，否则该食品就不允许以安全食品的名义来生产和销售，即使这种食品在安全性方面较普通食品做得更好。而任何一项食品安全技术研究成功后，只要其不会产生新的现实的或潜在的安全问题，不需经过认证即可在生产中应用。

(2) 食品安全和安全食品的联系

食品安全和安全食品又是密不可分的，它们之间的联系可归纳为如下三个方面。

① 食品安全和安全食品的最终目标是一致的，即均希望保证消费者的身体健康和安全。

② 安全食品同样也存在食品安全问题。即对研制或生产加工的安全食品也必须进行食品安全分析检测，检查其中是否存在有危及消费者身体健康和安全的因素存在。

③ 对安全食品的开发研究也离不开食品安全的有关理论知识和技术。也就是说，要开发研究安全食品，首先得对食品安全问题进行分析研究，找出问题的所在及预防、控制措施或技术，然后在安全食品工艺、技术、环境、原料、包装等各个环节的设计安排及管理中，对可能存在的不安全因素加以考虑并设法排除。

可见食品安全既是安全食品学的基础，又是安全食品学的重要研究内容之一，食品安全技术是安全食品技术的重要构成部分；安全食品是食品安全的目标。

1.5　食品安全学概述

1.5.1　食品安全学的研究对象与性质

"食品安全学（food safetiology）是研究食物对人体健康危害的风险和保障食物无危害风险的科学"，是食品科学的一个重要分支学科，是在食品安全问题日益严重并受到人们高度重视的情况下产生和发展起来的一门新学科。食品安全问题无疑是食品安全学产生和发展的动力和基础。因此，食品安全学的研究对象是食品安全问题及其发展变化规律和预防与控制食品安全问题发生与发展的技术和措施。

食品安全是一个复杂的问题，它在管理层面上属于公共安全问题，在科学层面上属于食品科学问题。因此，对食品安全问题的分析研究与解决，既是一个技术性问题，需要运用许多自然科学的知识和技术，又是一个管理性问题，需要运用管理学、社会学等知识和技术。也就是说，食品安全学的学科基础和学科体系较为宽广，学科的综合性较强。食品安全学不像数学、化学和物理学等学科那样，学科界线十分清楚，学科内涵相对集中，而是一门涉及多学科的综合性交叉学科。

影响食品安全的因素是多种多样的，可能产生的食品安全问题是复杂的，而且任何不利因素在食物链的任何环节都有可能对食品产生危害，都可能使食品失去食用价值，对人身产生伤害，甚至死亡。要保证食品"从农田到餐桌"始终处于安全状态，必须对整个过程和各个环节进行监控和管理。因此，食品安全学又是一门系统学科，要求运用系统工程的原理来分析研究和处理有关食品安全问题。

1.5.2 食品安全学的任务与研究内容

既然食品安全学是研究食物对人体健康危害的风险和保障食物无危害风险的科学，其研究对象是食品安全问题及其发展变化规律和预防与控制食品安全的技术和措施，那么，食品安全学的基本任务就是消除各种不良因素对食品安全的影响，确保人们有安全可靠的食品，以保障人身健康。

因此，食品安全学的研究内容主要包括以下几个方面。

(1) 食品安全问题及其产生与发展

包括对食品安全问题的种类、特性及对人体危害（包括潜在危害）情况的研究，以及造成这些食品安全问题的因素的种类、特性、来源、进入食品的途径和方式等的研究。

(2) 食品安全性的分析评价

除对食品及食品加工原料中可能存在的危害因子的种类及水平的分析检测技术、方法进行研究外，还需要对新资源食品、新工艺技术加工处理的食品、新食品添加剂、新包装材料和容器，以及新型农药、兽药、可能进入食品的环境污染物等的安全性的分析评价技术、方法进行研究。

(3) 食品安全控制

主要研究从农田到餐桌的有关环节，甚至整个过程可能出现的食品安全问题的预防和控制技术和措施。

(4) 食品安全管理

包括企业内部管理和政府行政管理体制、管理体系、管理措施等的研究。

(5) 食品安全法律与标准

包括对有关食品安全的法律法规、规章、制度、标准、规范等进行研究，建立完善的法律和标准体系。

(6) 安全食品开发

要保证食品安全，除了对现有食品生产、加工、贮藏、运输、销售等技术加强改进和管理外，开发新型的安全食品也是一条有效的途径。

(7) 食品安全教育

食品安全问题不仅仅是技术问题，而且与食品生产经营人员、监督管理人员以及消费者的文化素质、诚信意识、职业道德等有着密切关系，因此怎么能有效地提高相关人员的素质也是食品安全学研究的重要内容之一。

1.5.3　食品安全学与其他学科的关系

从食品安全学的性质和研究内容可以看出，食品安全学不仅与许多自然学科，而且与许多社会学科有直接或间接的联系。

由于食品安全的核心问题是保障人类健康，服务对象是人，因此，食品安全学与医学领域的毒理学、公共营养与卫生学、预防医学等学科有关。食品安全学研究对象的载体是食品，因此，食品安全学又与食品原料学、食品微生物学、食品化学、食品工艺学、食品包装学、食品贮藏学等密切相关。开展食品安全管理主要依靠法律法规，而食品安全执法又需要标准和检测技术和方法的支持，风险分析也需要以管理学为基础，因此，食品安全学又需要法学、管理学的支持；另外，由于公众的参与意识增强，以及媒体的广泛参与，基于对食品安全事件增加透明度的原则，传媒学也已成为食品安全学学科体系构成的重要成分之一。可见食品安全学是以生物化学、食品化学、物理学、微生物学、生理卫生学、毒理学、病理学、环境科学等学科为基础，运用理化检验、微生物检验、仪器分析、管理学、伦理学、社会学等学科的知识和技术，对农业生产、食品加工、食品贮藏保鲜、食品包装、食品运输、食品销售等多个领域或环节有关食品安全的问题进行分析研究，以确保食品和人身安全。

1.5.4　食品安全学的产生与发展

任何学科都是在科学技术发展过程中产生和发展起来的，其发展的一个最重要的特征就是在高度分化的基础上的高度综合，是分化与综合的高度对立与统一。食品安全学也不例外，其发展也经历了漫长的历史过程。概括来说，食品安全学的发展经历了如下几个阶段。

(1) 朴素认识阶段

早在 2500 年前，我国最杰出的思想家孔子就对食品安全有了深刻的见解，提出了著名的"五不食"原则，即"鱼馁而肉败，不食。色恶，不食。臭恶，不食。失饪，不食。不时，不食"（《论语·乡党第十》），这是文献中有关饮食安全的最早记述与警语。明代高濂在其著的《饮食当知所损论》中也指出："凡食，色恶者勿食，味恶者勿食，失饪不食，不时不食。"忽思慧是我国古代著名的营养学家，他撰写的《饮膳正要》一书，是我国甚至是世界上最早的饮食卫生与营养学专著，对传播和发展我国卫生保健知识起到了重要作用。在该书中，第一次提出了"食物中毒"的这个词，并设计了不少治疗食物中毒的方法，现在看来还是有效用的。孙思邈的《千金翼方》中对由鱼类引起的组胺中毒有很深刻且准确的描述："食鱼面肿烦乱，芦根水解。"顾仲在他的《养小记》中从饮食角度将人分为三类，其中第三类为："养生之人，务洁清，务熟食，务调和，不侈费，不尚奇；食品本多，忌品不少，有条有节，有益无损，遵生颐养，以和于身。日用饮食，斯为尚矣。"《唐律》规定了处理腐败食品的法律准则，即"脯肉有毒曾经病人，有余者速焚之，违者杖九十；若放与人食，并出卖令人病者徒一年；以故致死者，绞"。这些即说明我国在古代不仅认识到，并重视食品安全问题，而且通过法律途径来禁止销售有毒有害食品。古代人类对食品安全性的认识，大多与食品腐坏、疫病传播等问题有关，各民族都有许多建立在广泛生存经验基础上的饮食禁忌、警语、禁规，作为生存守则流传保持至今。但古代人对食品安全问题尚只停留在个别现象的认识和经验的总结阶段，尚未进行系统研究，更没有形成一门系统学科。

（2）分学科研究阶段

自 19 世纪初人们对微生物，特别是对微生物对人体健康的危害有了初步认识后，便开始对有关食品安全的问题进行科学研究。随着学科技术和人类社会的不断发展，人们对食品安全问题的认识进一步加深，特别是现代工业的发展使食品安全问题进一步加重，食品安全问题引起社会各界的关注，于是有关学者便分别从各自所在学科的角度开始对食品安全问题进行探索和研究，并随着认识和研究的不断深入，逐渐从不同的学科分化出与食品安全有关的分支学科，如从卫生学分化出食品卫生学、从毒理学分化出食品毒理学、从微生物学分化出食品微生物学，以及食品化学、食品营养学、食品检验学、食品工艺学、食品包装学、食品贮藏学、预防医学、应用化学、现代物理学、现代生物学等学科，均对有关食品安全问题进行研究。

（3）系统认识阶段

1967 年在波多黎各自由联邦的马亚圭斯召开了关于"食品的重要性和安全性"的国际会议，并将会议录以"The Safety of Foods"为名公开出版。自该书出版后，对食品安全性的认识有了引人注目的进展。形成了若干个密切关注的消费者集团，制定规章的机构处事更加谨慎和细致，食品生产者和制造商更加懂得和注意满足消费者正在追求的苛刻要求，并且正在通过全国性的努力使所有的人口营养充足、身体健康，甚至连学校和教堂都已采取措施，使年轻人对食品的营养、卫生和安全性有所了解。1980 年，美国 Horace D. Grahan 根据读者的强烈要求，对会议录进行了修订编辑，再版发行。1987 年，我国黄伟坤对"The Safety of Foods"1980 年版进行摘译编辑，以《食品安全性》为名在国内出版发行。该书全面、系统地叙述了食品的安全性问题。书中有一定篇幅介绍了食品中有毒、有害物质，如亚硝胺、多氯联苯和多溴联苯，残留农药、有害金属及真菌毒素的来源，对人体的危害性以及检测方法等，并详细地介绍了对人体致病性微生物，如肉毒梭状芽孢杆菌、葡萄球菌、沙门菌以及病毒等引起食物中毒的原因、机制、预防办法和检测手段，最后还介绍了一些国家及地区的有关食品法规和规定。该书的出版发行，表明食品安全学初步形成。

（4）综合完善阶段

到 20 世纪末，人们逐渐认识到，食品安全是一个系统而复杂的问题，它不仅涉及技术问题，而且涉及伦理道德和科学管理。这就要求人们，在认识和解决食品安全问题时，必须全面考虑，实行跨学科研究。即要求人们充分运用自然科学、工程技术和社会科学等各种学科的知识，对食品安全问题及其对人类的影响，以及对其进行有效控制的途径和技术进行系统的、综合的研究。经过近几十年世界各国、各界的共同努力，现已取得了可喜的成果，也使食品安全学逐渐趋于成熟。

2

食品质量与安全问题分析

内容提要

本章介绍了国内外食品质量与安全状况以及食品质量与安全问题产生的原因，重点阐述了影响食品质量与安全的因素。

教学目的和要求

1. 了解国内外食品质量与安全状况。

2. 掌握食品污染、食品污染物、食源性疾病、食物中毒、食物过敏的概念。

3. 熟悉不安全食品的表现形式以及我国食品安全问题产生的原因。

4. 初步掌握影响食品安全的生物因素、化学因素、物理因素。

重要概念与名词

食品污染，食源性疾病，食物中毒，食物过敏，转基因食品。

思考题

1. 简要说明我国食品质量与安全概况。

2. 简述食品安全具有哪些特点？

3. 简述食品安全问题主要表现在哪些方面？

4. 试分析导致我国食品安全问题产生的原因。

5. 简述什么是食品污染？食品污染物有哪些？

6. 简述什么是食源性疾病？什么是食物中毒？二者之间有何关系？

7. 简述影响食品安全的因素有哪些？

8. 简述常见的食源性致病菌有哪些？

9. 简述常见的真菌毒素有哪些？

10. 简述常见的食源性寄生虫有哪些？

11. 简述常见的食源性病毒有哪些？

12. 简述重金属通过哪些途径污染食品？

13. 简述辐照食品存在哪些潜在的食品安全问题？

14. 简述转基因食品可能存在哪些安全隐患？

15. 谈谈你对转基因食品安全性的看法。

2.1　食品质量与安全概况

2.1.1　国际食品质量与安全问题的历史变革

(1) 20世纪前国际食品质量与安全问题

人类对食品安全的认识，有一个历史发展过程。在人类文明早期，不同地区和民族都以长期生活经验为基础，在不同程度上形成了一些有关饮食卫生和安全的禁忌禁规。例如，产生于公元前1世纪的《圣经》有许多关于饮食安全与禁规的内容。其中著名的摩西饮食规则规定，凡非来自反刍偶蹄类动物的肉不得食用，有认为这是出于食品安全的考虑。至今仍为正宗犹太人和穆斯林所遵循的传统习俗。古代人类对食品安全的认识，大多与食品腐败、疫病传播有关。

生产的发展促进了社会的产业分工、商品交换、阶级分化，以及利欲与道德的对立，人为的食品安全问题逐渐显现。在古罗马帝国时代，制伪、掺假、掺毒、欺诈已成为社会公害。当时制定的罗马民法曾对防止食品的假冒、污染等安全问题作过广泛的规定，违法者可判处流放或劳役。中世纪的英国为解决石膏掺入面粉、出售变质肉类等事件，1266年颁布了面包法，禁止出售任何有害人体健康的食品。但制伪掺假食品屡禁不绝，有记载，18世纪中叶英国杜松子酒中查出的掺假物有：浓硫酸、杏仁油、松节油、石灰水、玫瑰香水、明矾、酒石酸盐等等。到1860年，英国国会通过了新的食品法，再次对食品安全加强控制。由于食品检验缺乏有效的手段，制伪掺假掺毒现象层出不穷，食品安全的法律法规滞后，使食品安全问题长期存在于欧洲食品市场。在美国，19世纪中后期，资本主义市场经济的发展在缺乏有效法制的情况下，食品安全与卫生问题也恶性发展。据说牛奶掺水、咖啡掺碳对当时的纽约老百姓是常见的事。更有在牛奶中添加甲醛、肉类用硫酸、黄油用硼砂做防腐处理的事例。一些肮脏不堪的食品加工厂如何把腐烂变质的肉变成味美香肠，把三级品变成一级品的故事，被写成报告文学，震动了社会。当时美国农业部的官员在报刊上惊呼：由于商人的肆无忌惮和消费者的无知，使购买那些有害健康食品的城市百姓经常处于危险之中。以上资本主义前期市场经济发展中存在的种种食品安全现象和问题，至今在世界处于不同社会经济发展水平的国家和地区，仍继续威胁着人们的健康和安全。

(2) 20世纪前期国际食品质量与安全问题

进入20世纪以后，各类添加剂在食品工业中的应用日益增加，农药、兽药在农牧业生产中的重要性日益上升，工矿、交通、城镇"三废"对环境及食品的污染不断加重，导致农产品和加工食品中的有害有毒化学物质越来越多。于是，食品安全问题逐渐从食品不卫生、传播流行性疾病、掺杂制伪等为主，转向化学品对食品的污染。如在20世纪初，日本人发现富山县的水稻突然都变成了"侏儒"，长不高。1931年，这种怪病终于传染到了人的身上，许多当地妇女出现腰疼、关节痛的症状，当时将此病称为"痛痛病"。直到二战结束之后，日本的医学界才发现，"痛痛病"是因为富山县神通川上游矿山废水排放引起的镉中毒。高浓度的废水污染了水源，用这些水浇灌的稻田种出来的就是"镉米"。"水俣病"是指人或其他动物食用了含有机汞污染的鱼贝类，使有机汞侵入脑神经细胞而引起的一种综合性疾病。此病于1953年首先在日本九州熊本县水俣镇发生，当时由于病因不明，故称之为"水俣病"。结果查明水俣镇一家醋酸合成厂使用含汞的物质作为催化剂，然后随废水排入大海，而且那个时期正好日本农业大量使用含汞的杀螨农药，这些农药也随着河流汇入水俣镇附近的大海中，污染了整个海湾的海洋生物，当地人食用鱼类后，便中毒。1955 年，日本森永奶粉公司在加工奶粉时使用的添加剂是几经倒手的非食品用原料，其中砷含量较高，结果造成 12000 余名儿童发热、腹泻、肝肿大、皮肤发黑，最终 130 名儿童死亡。为此森永公司负担 6 亿多日元的赔偿费用。

20 世纪对食品安全影响最为突出的事件，当推有机合成农药的发明、大量生产和使用。曾被广泛应用的高效杀虫剂滴滴涕，其发明、工业合成及普遍使用，始于20 世纪 30 年代末 40 年代初，至 60 年代已达鼎盛时期。滴滴涕对于消灭传播疟疾、斑疹伤寒等严重传染性疾病的媒介昆虫（蚊、虱），以及防治多种顽固性农业害虫等方面，都显示了极好的效果，成为当时人类防病、治虫的强有力武器。其发明者瑞士科学家 Paul Muller 因此巨大贡献而获 1948 年诺贝尔奖。滴滴涕的成功刺激了农药研究与生产的加速发展，加以现代农业技术对农药的大量需求，包括六六六在内的一大批有机氯农药此后陆续推出，在 20 世纪 50～60 年代获得广泛应用。然而时隔不久，滴滴涕及其他一系列有机氯农药被发现因难于生物降解而在食物链和环境中积累起来，在人类的食品和人体中长期残留，危及整个生态系统和人类的健康。进入 20 世纪 70～80 年代后，有机氯农药在世界多数国家先后被停止生产和使用，代之以有机磷类、氨基甲酸酯类、拟除虫菊酯类等低残留、用量较小也易于降解的多种新型农药。

农业生产中滥用农药在毒化了环境与生态系统的同时，导致了害虫抗药性的出现与增强，这又迫使人们提高农药用量，变换使用多种农药来生产农产品，出现了虫、药、食品、人之间的恶性循环。尽管农药及其他农业化学品的应用对近半个世纪以来世界农牧业生产的发展贡献巨大，农药种类和使用方法不断更新改进，用药水平和残留水平也在下降，但农产品和加工食品中种类繁多的农药残留，至今仍然是最普遍、最受关注的食品安全课题。

20 世纪对食品安全的社会反应和政府对策，最早见于发达国家。1906 年美国国会通过了第一部对食品安全、诚信经营和食品标签进行管理的国家级法律——《食品与药物法》。同年还通过了《肉类检验法》。这些法律对促进美国州与州之间的食品贸易，加强食品安全管理都起到了积极的作用。1938 年美国又在《食品与药品法》的基础上通过了《食品、药物和化妆品法》，1947 年通过了《联邦杀虫剂、杀菌剂、杀鼠剂法》，以后又陆续作过多次修正，至今仍为美国保障食品安全的主要联邦法律。其中《食品、药物和化妆品法》规定：凡农药残留超过规定限量的农产品禁止上市出售；食品工业使用任何新的添加剂前必须提交其安全性检验结果，原来已使用的添加剂必须获准列入"公认安全"（GRAS）名单才能继续使用。凡被发现可使人或动物致癌的物质，不得认为是安全的添加剂而以任何数量使用。《联邦杀虫剂、杀菌剂、杀鼠剂法》规定：任何农药为一定目的使用时不得"对环境引起不适当的有害作用"；每一种农药及其每一种用途都必须申请登记，获准后才能合法出售及应用；凡登记用于食用作物的农药，必须由国家环境保护局（EPA）根据申请厂商提交的资料批准其各自用途的食品残留限量，即在未加工的农产品及加工食品中允许的最高农药残留限量。世界卫生组织和粮农组织自 20 世纪 60 年代组织制定了《食品法典》，规定了各种食物添加剂、农药及某些污染物在食品中允许的残留限量，供各国参考，并借以协调国际食品贸易中出现的食品安全标准问题。至此，尽管还存在大量有关添加剂、农药等化学品的认证与再认证工作，以及食品中残留物限量的科学制定等工作有待解决，但控制这些化学品合理使用以保障丰足而安全的食品生产与供应，其策略与途径已初步形成，食品安全管理开始走上有序的轨道。

(3) 20 世纪末叶以来食品质量与安全问题

20 世纪末，特别是进入 90 年代以来，新的致病微生物引起食物中毒和新型传染性疾病，畜牧业中滥用兽药、抗生素、激素类物质的毒副作用，食品的核素污染等等，已引起人们的高度关注。

首先，近年来食源性疾病的爆发性流行仍在世界不同国家和地区不断发生，并出现了一些新型病源微生物。其中肉、蛋、奶类动物制成品或半制成品带菌致病事件有上升趋势，主要是经动物及其制品传染给人的"人畜共患病"。最为常见的沙门菌病是经由灭菌不充分的鸡蛋、牛奶及其制品（如冰淇淋、奶酪等）传播的。现代低温、冷冻保藏技术则更有利于部分嗜冷性致病微生物的繁殖，如李斯特菌、耶尔森菌等。此类微生物对妇幼人群危害更为严重，且呈增多势头。在卫生管理不善的条件下，大规模的生产、加工、制作、销售则增加了许多交叉感染的机会。例如，由肠出血性大肠杆菌 O_{157}：H_7（EHEC）感染所导致的新型食源性疾病，在欧洲、美国、日本和我国香港等地先后引发多起群体感染的爆发性病案，曾引起广泛的轰动。2011 年，世卫组织的通报，包括德国在内欧洲一共有 13 个国家又出现了肠出血性大肠杆菌 O_{104}：H_4 感染的病例。新型食源性疾病的出现与发展，是在食品生产、加工、保存，以及消费方式发生变化的条件下食品安全新态势的反映。

1986 在英国发生的疯牛病、2002 年 11 月出现在我国广东佛山的传染性非典型肺炎，简称 SARS，以及近年来频频发生的禽流感等均造成了重大的经济损失和社会危害。

其次，癌症及其他与饮食营养有关的慢性病发病率呈上升趋势，化学药物对人类特别是妇幼群体危害日益明显。随着动物性食品在饮食结构中的比例增大，兽药使用不当、饲料中过量添加抗生素及促生长素对食品安全的影响，也逐渐突出起来。由于人工合成激素（如己烯雌酚等）对人类有严重的副作用，在欧洲，除对各种兽药的使用制定了较严格的限制外，还禁止使用激素处理的肉类进口。此外，自英国科学家发现疯牛病可使人类感染导致致命疾病后，欧洲特别是英国的养牛业和牛肉市场陷入严重危机。

再次，近年来世界范围的核试验、核事故已对食品安全性构成新威胁。1986 年发生于前苏联境内的切尔诺贝利核事故，是人类迄今已知的最严重核事故，使几乎整个欧洲都受到核沉降的影响，牛羊等草食动物首当其冲。欧洲许多国家当时生产的牛奶、肉类、肝脏中都发现有超量的放射性核素而被大量弃置。在这种情况下，已经研究多年被认定较为安全的食品辐照技术，受核辐射对人体危害的心理影响，在商业上的应用也长期受阻，有待研究的问题和立法方面也都进展缓慢。

此外，欠发达国家持续的食物短缺造成的营养不良和发达国家不科学的饮食导致的肥胖症、糖尿病、高血压、心血管疾病等也在危害人类的健康和安全。

历史表明，食品安全问题发展到今天，已远远超越传统的食品卫生或食品污染的范围，而成为人类赖以生存和健康发展的整个食物链的管理与保护问题。如何遵循自然界和人类社会发展的客观规律，把食品的生产、经营、消费建立在可持续发展的科学技术基础上，组织和管理好一个安全、健康的人类食物链，这不仅需要科学研究、政策支持、法律法规建设，而且必须有消费者的主动参与和顺应市场规律的经营策略。食品安全问题，需要科学家、企业家、管理者和消费者的共同努力，也要从行政、法制、教育、传媒等不同角度，提高消费者和生产者的素质，排除自然、社会、技术因素中的有害负面影响，并着眼于未来世界食品贸易前景，整治整个食物链上的各个环节，使提供给社会的食品越来越安全。

食品安全问题作为一个全球性的基本公共卫生问题，已经受到世界各国和国际组织的普遍重视，对食品安全投入不断增加，发达国家基本都建立了较为完善的食品安全监管体制和科学的管理模式，发展中国家食品安全保障能力也正在加强。然而，全球食品安全形势仍然不容乐观，食品产业链的全球化增加了食品安全保障难度，工业发展和环境破坏导致食品的化学危害趋于严重。受经济发展水平的制约，发展中国家和不发达国家食品安全保障能力仍然较低，每年都有大量的食源性疾病发生，不发达国家甚至每年约有 220 万人死于食源性腹泻，发达国家每年仍约有 1/3 的人感染食源性疾病，食品安全事故时有发生。保障食品安全已经成为世界各国面临的共同难题。

2.1.2　我国食品质量与安全概况

食品质量安全状况是一个国家经济发展水平和人民生活质量的重要标志。我国政府坚持以人为本，高度重视食品安全，一直把加强食品质量安全摆在重要的位置。多年来，我国立足从源头抓质量的工作方针，建立健全食品安全监管体系和制度，全面加强食品安全立法和标准体系建设，对食品实行严格的质量安全监管，积极推行食品安全的国际交流与合作。经过不断努力，我国食品质量总体水平稳步提高，食品安全状况不断改善，食品生产经营秩序显著好转。为切实加强产品质量和食品安全工作，国家发展和改革委员会与工业和信息化部于 2011 年 12 月联合发布了我国《食品工业十二五发展规划》，农业部于 2011 年 5 月发布了《农产品质量安全发展"十二五"规划》，分别对十一五末我国食品质量与安全现状作了说明。

(1) 食品总体合格率稳步提升

《食品工业"十二五"发展规划》指出，全国食品安全形势总体稳定趋好，产品质量稳步改善，产品总体合格率不断提高。图 2-1 为我国食品质量合格率变化情况。在"十一五"期间，23 大类 3800 多种加工食品质量国家监督抽查批次抽样合格率由 2005 年的 80.1％提高到 2010 年的 94.6％，提高了 14.5％。我国出口食品合格率一直保持在 99％以上 。农产品质量与安全是整个食品质量与安全的基础，在"十一五"期间，我国农业部门在抓好农业生产、确保农产品供给的同时，全面强化农产品质量与安全监管，在法律法规、执法监督、标准化生产、体系和队伍建设等方面取得了重要进展，2010 年蔬菜、畜产品、水产品等主要农产品质量安全抽检合格率分别达到 96.8％、99.6％和 96.7％，我国农产品质量安全保障能力不断增强，质量安全水平稳步提升。

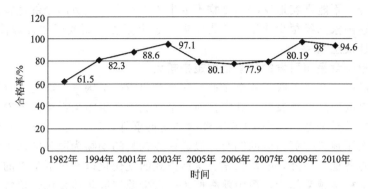

图 2-1　全国食品平均合格率变化趋势（根据国家历年报告数据编制）

（2）安全优质品牌农产品快速发展

无公害农产品、绿色食品、有机农产品、农产品地理标志（简称"三品一标"）的总量规模持续增加。截至 2010 年底，我国已认证无公害农产品 56532 个、绿色食品 16748 个、有机农产品 5598 个，新登记保护农产品地理标志 535 个。已通过"三品一标"产地认定的占食用农产品产地总面积 30% 以上，认证产品占食用农产品商品量 30% 以上，安全优质品牌农产品在城乡居民消费结构中的比例日益扩大。

但目前，我国食品安全事件时有发生，安全风险广泛存在，消费者对食品安全仍较担心，对食品质量的要求提高。仅在 2011 年发生的影响较大的食品安全事件就有 20 多起，如染色馒头事件、牛肉膏事件、地沟油事件、毒花椒事件、毒豆芽事件、福尔马林浸泡小银鱼事件、硫黄熏制生姜事件、"三黄鸡"事件、塑化剂事件、毒燕窝事件等。

食品质量安全已成为全社会高度关注的焦点。随着食品相关领域认识水平的提高，特别是检测技术和医学的发展，农药兽药残留、抗生素以及非法添加物等物质的危害性研究的深入，影响食品质量安全的风险因素不断被认知；同时新材料、新技术、新工艺的广泛应用使食品安全风险增大，使得越来越多与食品安全相关的问题时有发生，对食品安全风险分析与控制能力、检验检测技术和监管方式提出了新的要求。随着人们生活水平的提高和健康意识的增加，对食品安全与营养提出了更高要求，而食品工业在产品标准、技术设备、管理水平和行业自律等方面还有较大差距。

2.2　现代食品安全问题的特点及产生的原因

2.2.1　现代食品安全问题的特点

现代食品安全问题的特点体现在与传统食品安全问题的比较中，传统食品安全问题以食物中毒为代表、食品卫生管理为重点、事后惩罚为主要手段；而现代食品安全问题以食源性疾病为代表、食品风险管理为重点、事前预防为主要手段。具体来说，现代食品安全问题的特点主要表现在以下几个方面。

（1）食品安全问题的内涵已经突破了食物中毒的范畴

食物中毒仅为"通过摄食进入人体的有毒有害物质所造成的疾病"（即食源性疾

病）的一部分，不能真实地反映因食物不卫生或不安全所造成的全部危害。因此，国际组织和发达国家已经很少使用"食物中毒"这个概念，而改用"食源性疾病"，又称为"食源性疾患"。

（2）由单一食品源引发的危害范围越来越大

现代食品的生产已不限于一个企业、一个部门或一个国家，而是具有跨部门、跨地区、跨国界的商品经济属性。其中任何一个食品源发生污染都可能随着大范围流通而扩散至全国甚至全球。如2000年欧洲的二噁英事件，1500多个农场两周内从同一供应商处购买了被二噁英污染的饲料，以进食该饲料的动物为原料的加工食品几周内便发往了世界各地。另外，财富积累、生活方式的现代化以及生活节奏的加快，使人们在家就餐的机会越来越少，集中就餐使单一污染源造成集体食源性疾病暴发的可能性增大。

（3）现代食品污染对人体影响的时间在延长

工业化农业造成的环境污染及各种残留、生物工程技术（如转基因）以及生产工程技术（如辐照、膨化）使得一些既存或潜在的有害物质或因素侵入人体后可能积累或潜伏相当长的时间，甚至传至后代才表现出临床症状或产生不易察觉的影响（如寿命缩短）。例如二噁英、六六六、滴滴涕等，其超常的物理、化学作用及生物降解期需要几十年甚至更长的时间才能完成。美国1996年颁布的《食品质量保护法》（FQPA-1996）强调的基本点和准则是，对于农药残留物对健康的危害不再从单一农药在单一食品中的残留量来评估，而要计算全方位摄入的总残留量并以此评估对人体健康的危害程度。

（4）造成的危害程度也越来越大

首先，食源性疾病直接影响到大众的健康。据世界卫生组织（WHO）报道，仅1998年一年，全世界就有220万人（包括180万儿童）死于痢疾。在工业化国家中，平均每年患有食源性疾病的人数占总人口的比重高达30%。以美国为例，每年约有7600万人患有食源性疾病，估计其中有3215万人住院，5000人死亡。而在广大的发展中国家，因为基础设施的落后，这个数字将会更高。

其次，食源性疾病成为国家经济发展的一个很大的阻碍。一方面，食品污染会对社区及卫生系统产生大量的社会和经济负担。在美国仅由于主要病原体引起的疾病，估计每年因医药费及缺勤损失就高达371亿美元。另一方面，食品污染也会使食品产业损失巨大。例如，比利时的二噁英事件，仅当年上半年的统计表明，直接的经济损失就达到3.55亿欧元，如果再加上与此关联的食品工业，则损失超过10亿欧元。英国发现疯牛病后，全世界先后有34个国家暂停禁止进口英国的牛肉，并且一向食用英国牛肉最多的欧盟国家也对英国实行禁运达三年之久。据悉，英国已花费62.5亿美元来消除疯牛病造成的混乱。

2.2.2 现代不安全食品的表现形式

从目前发生的食品安全事件来看，现代不安全食品主要有下表现形式。

（1）污染性食品

即含外来有毒有害物质的食品。主要包括如下几类。

① 病原微生物污染食品。引起食品安全问题的因素很多，其中病原微生物一直

是引起食源性疾病最主要的因素。比如 1988 年 1～3 月，上海市发生了一次世界历史上罕见的甲型肝炎暴发流行事件。据统计，至当年 5 月 13 日，共有 310746 人发病，31 人直接死于本病。这次上海甲肝暴发流行的主要原因是市民食用了被甲肝病毒污染的毛蚶所致。1999 年参加全国城运会的 51 名运动员因食用金黄色葡萄球菌毒素污染的食品而发生食物中毒，导致部分项目取消。2001 年，江苏、安徽等地暴发肠出血性大肠杆菌 O_{157}：H_7 食物中毒，造成 177 人死亡，中毒人数超过 2 万人。

在 2006～2010 年期间，微生物引起的食源性疾病事件数和患者数最多，分别占 40.11％和 61.93％，主要是由副溶血性弧菌、沙门菌、变形杆菌和致泻性大肠埃希菌等引起的微生物性食物中毒，由此可见食品中微生物污染仍是影响我国食品安全的首要因素，具体详见本书第三章。

② 农用化学品污染食品。主要表现在种植业和养殖业中大量使用化肥、农药、兽药等农用化学品，使很多农产品的残留量过高，从源头上给食品安全带来隐患。每年，我国氮肥使用量高达 2500 万吨，农药超过 130 万吨，单位面积使用量分别是世界平均水平的 2～3 倍。一些高毒性、高残留农药如有机氯类虽已禁用 20 多年，但在许多农产品中仍有较高的检出率。有机磷农药的频繁和超量使用，使农产品中的残留超标现象更为突出。涉及的农药主要是甲胺磷、氧化乐果、对硫磷、甲基对硫磷、甲拌磷等。梁玲等人对连云港市蔬菜中 13 种农药残留情况分析发现，2006～2007 年白菜类、绿叶类 2 类蔬菜超标率大于 10％，也有一些样品中同时有 2 种或 2 种以上农药超标的情况。2010 年 1 月，武汉市农业局在抽检中发现海南产的 5 个豇豆样品中禁用的水胺硫磷农药残留超标。随后，又有合肥、成都、广州等 11 个城市的农业部门相继发现海南产豇豆农药残留超标。2007 年元月海南省临高县戒毒所 19 名戒毒人员因进食了残留过量有机磷类农药的蔬菜而发生集体中毒。2010 年 4 月青岛出现三起韭菜中毒事件，是有机磷类和氨基甲酸酯类农药残留所致。

动物性食品中兽药残留问题也日益突出，非法使用违禁药物，屡屡发生的"瘦肉精"事件就是典型的例子。瘦肉精又称盐酸克伦特罗、氨哮素、克喘素，化学名称为 7-(2-甲基丙烷-2-亚氨基-甲基)-4-氨基-3,5-二氯苯甲醇盐酸盐，分子式为 $C_{12}H_{18}Cl_2N_2O \cdot HCl$。

③ 环境污染物污染食品。环境污染物主要包括有害气体和颗粒物、各类重金属、有机污染物、病原体等。在动物、植物的生长过程中，由于呼吸、吸收、饮水等都可能会使环境污染物质进入或累积在动植物中，从而进入人的食物链，对食品安全造成影响。

据农业环境保护科研监测所一项调查结果显示：全国 24 省市污染区，农畜产品中污染物残留超标率已达 18.5％，总超标产量约 650 吨，蛋类和蔬菜产品受污染程度最严重，污染物超标准的比例分别为 33.1％和 22.15％。另据统计，我国重金属污染土地已占耕地面积的 1/5，每年因重金属污染而造成的直接经济损失就超过 300 亿元，在一些重金属污染严重地区，癌症发病率和死亡率明显高于对照区。

④ 食品添加物污染食品。主要表现在一些生产商和销售商超量使用允许使用的食品添加剂和使用一些违禁添加物。如肉制品中超量添加硝酸盐和亚硝酸盐；腌菜中超标准量使用苯甲酸；饮料中成倍使用化学合成甜味剂；馒头、包子中使用 SO_2；大米、饼干中使用矿物油；甲醛浸泡海产品；米粉、腐竹中使用"吊白块"（化学名称

为次硫酸氢钠甲醛或甲醛合次硫酸氢钠）等等。在辣椒油、辣椒酱、番茄酱等调味品中使用苏丹红，在鸭饲料中添加苏丹红生产所谓的"红心咸鸭蛋"。用尿素、恩诺沙星、6-苄氨基腺嘌呤等生产豆芽。在多种食品中添加工业明胶，甚至用工业明胶制作药品、保健品胶囊。典型的三聚氰胺事件导致许多婴儿患上双肾多发性结石、输尿管结石等婴儿罕见病症，同时使全国著名乳制品企业倒闭，著名品牌受损，多人入狱。

(2) 假冒伪劣食品

一些不法分子受经济利益驱动，职业道德缺失，制假售假，致使假冒伪劣食品充斥市场，尤其在农村市场假冒伪劣食品由于价格相对低廉，农民对食品了解较少，维权意识、法律意识淡薄，政府监督管理不到位等原因，使得假冒伪劣食品在农村市场有广阔的空间，从而对消费者的生命健康造成很大的伤害。

例如，1996～1998年云南、山西的假酒案，先后有163人致残，98人死亡，300多人中毒。据2001年3月羊城晚报报道，一些不法商贩用人发、动物骨骼、血块为原料，以工业盐酸为催化剂配制成水解酱油。其生产过程为在动物水解液中加入食盐、色素、香精和水，内含氯丙醇致癌物。2002年8月，漯河市源汇区内陆农贸公司糖蜜加工厂在生产条件不符合卫生要求、无卫生许可证、从业人员无健康证的条件下，以白糖水加化学试剂盐酸生产假蜂蜜。2004年阜阳奶粉事件，不法分子用淀粉、蔗糖等价格低廉的食品原料全部或部分替代乳粉，再用奶香精等添加剂进行调香调味，制造出劣质奶粉，长期食用这种劣质奶粉会导致婴幼儿营养不良、生长停滞、免疫力下降，进而并发多种疾病甚至死亡。近两年曝光的地沟油事件、染色馒头事件、假牛肉（牛肉精膏）事件等等都是制伪掺假的典型代表。

(3) 过期食品

一般而言，食品在一定的温度、湿度等条件下都有一定的保质期，超过一定的期限，食品中微生物数量大幅增加，食品中的营养成分被破坏，甚至产生多种对人体有害的物质。食用过期食品，必然会对消费者生命健康造成不同程度的伤害。有的生产经营者将过期食品改换包装或进行再加工后销售给消费者，如重庆某公司将过期板鸭经油炸加工后再销售，又如海口某市民在超市购买并食用过期一个月的饼干，导致两人出现食物中毒症状；某些食品生产企业未按国家有关规定标明生产日期和保质期，使消费者无法识别食品的新鲜程度。

(4) 变质食品

有些食品虽然不存在过期问题（如水果、蔬菜等初级农产食品），有些加工食品也没有过期，但这些食品不一定就是安全的。因为在食品贮藏、运输过程中，会因环境条件的不适而发生诸如发芽、生理病害、微生物性腐败、氧化、酸败等变化，产生对人体有毒有害甚至致癌的物质，从而影响人体健康。比如，2002年长春3000多名学生食用变质豆奶中毒。2003年6月，福山某中学学生因食用酸价超标5.7倍的色拉油有恶心感。2003年9月，邵阳县某中学25名学生吃了过期变质方便面后，全部出现中毒症状，2006年9月山西灵丘县65名小学生因食用变质鸡蛋导致食物中毒。2012年3·15晚会中，以操作程序严格著称的麦当劳却被曝出销售变质食物。

(5) 含天然毒素食品

在崇尚天然食品的今天，我们必须明确，纯天然食品不一定都是安全的。这除了动植物在其生长过程中，由于土壤、水、空气、化肥、农药、兽药、饲料及添加剂的污染，在动植物体内蓄积有一定的有毒有害物质外，有些动植物本身就含有某些对人体有毒有害的物质或前体物质。如马铃薯、西红柿、茄子等中的糖苷生物碱；花椰菜、皱叶甘蓝、红白菜、大头菜、萝卜等中的硫代葡萄糖苷；四季豆中的植物红细胞凝集素；含有毒素的蘑菇、黄花菜、银杏果等；许多水产品由于保存不当、水体中含有有毒物质导致含有大量的组胺、贝类毒素；河豚中含有的河豚毒素。如果这些食品加工、烹饪方法不当就有可能引起中毒。2010 年卫生部报告的食物中毒事件中，死亡人数最多的，是有毒动植物及毒蘑菇引起的食物中毒事件，占死亡总数的 60.87%，其中，误食毒蘑菇引起的食物中毒事件占有毒动植物及毒蘑菇引起的食物中毒事件报告总数的半数以上。2011 年有毒动植物及毒蘑菇食物中毒人数增加 34.06%。

(6) 转基因食品

近几十年来，生物工程技术在农业生产中得到了广泛的应用和长足的发展。转基因食品在世界十多个国家已开始生产，我国在转基因食品的研究和生产中，也迈开了较大的步伐。但由于目前的科学技术水平尚不能精确预测转基因技术所造成的农作物变化是否对人体有害，尤其在长期效应上还不能作出科学的判断。尽管转基因食品在商品化之前对其安全性都经过严格的评价，但转基因食品毕竟属于新型食品，人们的食用历史比较短，虽然目前还没有明确的证据证明食用转基因食品会给食用者带来什么危害，但可能存在潜在的问题，如破坏人类的免疫系统、对人体产生毒性以及对环境的破坏等。

(7) 某些加工食品

食品在加工过程中有可能产生某些有毒有害物质，这些物质往往存留于食品中。例如油炸、烧烤、熏制等用传统方法加工的食品在加工过程中产生杂环胺、多环芳烃、丙烯酰胺等有害物质。某些采用现代技术加工处理的食品的安全性也受到人们的高度重视，如辐照食品中可能残留的自由基、产生未知有毒辐解产物，发酵食品中产生的生物胺等会对人体健康造成潜在危害。

2.2.3 我国食品安全问题产生的原因

(1) 食品安全监督管理不力

导致食品安全监督管理不力的原因主要有两个大的方面：一是我国目前的管理体制仍存在不足之处；二是监督管理部门的工作不到位。具体表现在如下几个方面。

① 食品监管体制存在一定缺陷。多年来我国实行的"以分段管理为主，品种管理为辅"的食品监管体制（已改革，见第 4 章），政出多门、管理重叠、管理盲区和空白现象仍然存在；各监管部门各行其是，沟通、协调能力非常有限；综合协调部门（卫生行政）缺乏监督各监管部门工作的职能，其组织协调能力也就大打折扣，整体协调能力非常有限；食品安全委员会不具备垂直管理的职能，无法深入基层。

② 监督管理缺乏持续性。食品质量与安全监管往往是"活动式"，且多以发文件、发宣传资料为主。或是在出现了重大食品质量或安全事件之后，由上级部门发文，进行一阵风式的检查、处理。又仅以罚款、销毁、撤职等为主要惩治方法，处罚力度不够，处罚不到位，无法威慑不法分子。政府治理食品安全问题的一些措施都着力于事后控制，这导致政府在食品安全问题中，基本忙于"救火"，扮演"消防员"

的角色。缺乏规范性和连续性的工作作风，日常监督检查不到位。这样使得我国的食品质量与安全问题难以摆脱食品安全问题泛滥—打击—食品安全问题暂时缓解—再度猖獗—再打击这样的怪圈，无法从根本上解决食品质量与安全问题。尽管近几年情况有所好转，但仍未摆脱这种模式。

③ 农村市场监管薄弱。我国是一个经济和社会发展很不平衡的农业大国，农村人口占70%，农民是食品消费的最大群体，国家也一再强调"三农"问题。然而，我国政府长期受"先城市、后农村"思维模式的影响，致使农村市场食品监管仍很薄弱，监管盲点较多。在农村集贸市场、城乡结合部，小摊贩、小作坊加工的熟食品和小门市店出售的制成品，存在的卫生和质量问题较多。同时，农村卫生条件相对较差，农民的食品卫生安全意识相对欠缺，加之农村市场监管薄弱，造成农村的食品安全形势仍然严峻，问题严重。近年来食物中毒多发生在农村，而且以家庭内引起的食物中毒居多。

此外，食品安全监管部门（特别是县及县以下机构）受人力、物力、财力、业务水平等限制，监管力度明显不够。

(2) 食品安全的法律和标准体系不健全、不完善

食品安全法律法规和标准是食品生产经营者和监督管理者对食品质量和安全进行控制与管理的重要依据，虽然经过几十年的努力，我国已形成了食品安全法律与标准体系，但目前仍存在某些法律或标准缺失，缺乏系统性和完整性，有的规定操作性差，难以实施，有的规定的技术水平不高，或过宽，得不到国际和国外有关组织的认可等，从而制约了我国食品质量与安全的控制、评价和监督管理水平的提升，进而影响到食品的质量和安全。

(3) 食品安全的技术支撑体系不完善

① 体制不健全。在原食品监管体制下，检测机构分设在各系统，面向社会的检测机构很少。从而造成虽然全国共有各类检验机构数万个，但行政色彩浓厚，部门沟通较少，检测结果不能共享，且互认程度较低，这不仅导致检测资源浪费，而且不同环节的检测，产生不同的监管效果。如工商部门为了整治流通市场食品安全，制订了一系列商品安全管理制度，并且试图通过进行经常性的市场抽检发现问题。但由于处于管理链条的最末端，发现问题时危害往往已经造成。

② 关键检测技术与设备落后。原监管体制导致检测机构低水平重复建设，检测设备、检测技术落后，很难为食品质量监管提供强有力的技术支持。在农药残留检测方面，美国食品药品管理局（FDA）的多残留方法可检测360多种农药，德国可检测325种农药，加拿大可检测251种农药，而我国缺乏同时测定上百种农药的多残留分析技术。在环境污染物检测方面，发达国家拥有针对二噁英及其类似物的超痕量检测及对"瘦肉精"、激素、氯丙醇的痕量检测技术和大型精密仪器，而我国尚缺乏对这些污染物的有效快速检测方法、技术和设备。此外，一些发达国家投入大量资金研究食品中疯牛病病毒和禽流感病毒的检测方法，我国尚无可供监督检测用的实用方法和技术。近几年我国食用河豚中毒死亡人数占食物中毒总死亡人数的33%，居食物中毒死亡人数之首，但却没有河豚毒素的快速检测方法。

③ 食品安全性评价和风险性评估欠缺。与发达国家相比，我国在采用新技术、新工艺、新资源加工食品的安全性研究与评估方面存在较大差距。如国外的功能食品

多以单一植物营养素为原料，功能因子结构、作用明确，含量准确，质量有保证，而我国保健食品原料往往是多种植物成分的混合物，功能因子含量不准确，功效不明确，缺乏安全性评价。欧美发达国家对食品工业用菌的使用历史、分类鉴定、耐药性、遗传稳定性、有效性等都有明确的要求并建立了数据库，建立了完善的菌种档案和安全性评价、检验方法，而我国多年来传统食品发酵中使用的一直是大量未经检验和科学性评价的菌种。另外，我国对一些新型食品添加剂、包装材料、酶制剂以及转基因食品的安全性等问题缺乏研究与评估；我国现有的食品安全技术措施没有广泛采用风险评估技术，特别是对生物性危害的暴露评估和定量风险评估，如沙门菌、大肠杆菌 O_{157}：H_7、疯牛病等均未进行暴露评估和定量风险评估。

(4) 食品生产与流通发展带来的负面影响

① 食品工程技术带来的食品安全问题。随着食品安全科技的发展，不断发现用传统工艺加工的食品存在一定的安全隐患，如食物高温煎炸烹调过程中产生具有致突变、致癌作用的杂环胺类化合物，如油炸淀粉类食品中含有丙烯酰胺；利用明火烘烤大麦芽制作啤酒时可产生具有致癌作用的 N-亚硝基化合物等。随着科技的进步，转基因技术、辐照技术、高温高压挤压技术、现代生物技术、益生菌和酶制剂等新技术、新工艺、新原料在食品工业中的应用也给食品带来了许多新安全问题，在食品加工过程中可能产生对人体有毒有害，甚至致癌的物质。

② 食品工业一体化及食品贸易的全球化正在改变着食品的生产及销售模式。食品和饲料销售的范围远远大于过去，这为食源性疾病的广泛蔓延创造了必要的条件。前述的二噁英污染和疯牛病的蔓延就证明了这一点。

(5) 环境污染对食品安全产生威胁

随着现代工业的发展和化工产品在食品生产中的广泛应用，对环境已经造成了严重的污染，这不仅对人类、生态环境产生了直接的危害，而且对食品造成不同程度的污染，使食品中的有毒有害物质增加，质量与安全水平降低，对人类产生间接危害。

(6) 食品生产经营者缺乏责任意识，漠视诚信

① 无证无照非法生产经营食品问题依然存在。

② 重生产轻卫生、弄虚作假，超量使用、滥用食品添加剂和非法添加物，出售过期变质食品等，给食品安全带来很大隐患。

③ 未能严格按照工艺要求操作、管理，食品生产经营过程污染严重，致病微生物杀灭不彻底，导致食品残留病原微生物或在生产、贮藏过程中发生微生物性腐败而造成食品安全问题。

(7) 我国食品生产经营企业规模化、集约化程度不高，自身管理水平偏低

自改革开放以来，我国农业生产基本上以一家一户为单位，尚未形成规模化生产，更难以实现规范化管理。虽然近年来我国食品加工业发展很快，大型现代化食品加工企业不断增加，但由于我国食品加工业门槛过低，"多、小、散、乱"的格局仍未改变。2007 年，全国共有食品生产加工企业 44.8 万家，其中 10 人以下小企业小作坊 35.3 万家，占企业总数的 79%。虽然其产品市场占有率只有 9.3%，但他们使用的设备简陋、技术水平落后、管理水平低、卫生保证能力弱、经过专业教育的技术人员和工人很少，甚至没有，产品质量难以得到控制。据统计，80%以上的食品质量问题都出自于不规范的小企业、小作坊。

（8）食品安全教育滞后

食品安全教育滞后，一方面导致生产者、经营者、管理者缺乏相应的专业知识和技能，难以保证向消费者提供安全可靠的食品；另一方面导致消费者缺乏自我保护意识和能力，特别是农村地区的消费者缺乏食品安全知识，没有鉴别有毒有害、不安全食品的能力，自我保护意识差，误食或食用有毒有害、过期、变质食品而导致食物中毒的事件时有发生。

2.3 影响食品质量与安全的因素

2.3.1 食品污染

在食品的生产、加工、贮存、流通和消费过程中，均有可能受到有毒有害物质或不洁物质的污染，进而影响食品的质量与安全。

（1）污染

概括来讲，污染（pollution）是指在某一研究对象中混入了该研究对象原来所不包含的成分或使该研究对象中的某种或某些成分的量增加，导致该研究对象的某些固有特性发生了改变的现象或过程。根据所研究的对象不同，污染有许多种类。如以水体为研究对象时，就称其为水体污染；以大气为研究对象时，就称其为大气污染等。那么以食品为研究对象时，就称其为食品污染（food pollution），即指在食品生产、加工、贮存、流通和消费过程中，可能对人体健康产生危害或异物介入食品，造成食品安全性、营养性和感官性状发生改变的现象或过程。按污染的性质来划分，有食品的生物性污染，有毒有害的化学物质对食品的污染，放射性污染等。除某些食品天然含有的毒素外，影响食品安全的因素几乎全是由食品污染所造成。

（2）污染物

污染物（pollutant）是指混入研究对象中，并使研究对象的固有特性发生改变的物质。就食品来说，食品污染物主要是指通过各种途径和方式进入食品的非食品固有的物质成分，如食品中残留的农药、兽药、致病菌、腐败菌、外来物理性杂质、昆虫等。联合国粮农组织与世界卫生组织于 2003 年发布《保障食品安全和质量——强化国家食品控制体系指南》指出，食品污染物是指：任何生物或化学物质、外来异物或其他并非有意加入至食品的任何物质，这些物质可对食品安全或食用性产生危害。可见，按有关标准规定添加到食品中的食品添加剂，虽然它们有些不属于食品的固有成分，但不属于食品污染物。不过超过标准规定使用的食品添加剂，则属于食品污染物。

食品污染物种类很多，按污染物的形态不同，可分为气体污染物（如废气 SO_2）、液体污染物（如工业废水）和固体污染物（如固体垃圾、粉尘）；按其性质不同，可划分为生物性污染物（如微生物、昆虫、寄生虫等）、化学性污染物（如农药、兽药、化肥、重金属等）和物理性污染物（粉尘、放射性核素等），并将相应的食品污染称为生物性污染、化学性污染和物理性污染。

（3）污染源

污染源（pollution source）即污染物的来源。环境污染的污染源很多，主要有工业污染（源）、农业污染（源）和生活污染（源）、交通污染（源）。就食品而言，可能与食品接触，并可能使其中所含的某些物质进入食品，对食品造成污染的对象都是食品的污染源，如大气、生产用水、食品生产机械设备、食品生产人员等。

2.3.2 影响食品安全的生物性因素

生物性因素主要是指影响食品质量与安全的有关微生物及其毒素、寄生虫及其虫卵、昆虫。它们都有可能污染食品，引起人类食源性疾病。

(1) 微生物

微生物包括细菌、病毒和真菌及真菌毒素。在微生物中细菌是涉及面最广、影响最大、问题最多的一种。

① 细菌。是一类须借助显微镜才能观察的个体微小的原核生物。广泛分布于自然界，如土壤、水体、大气、动植物体表，因此食品很容易被细菌污染，在适宜的条件下，细菌大量繁殖，导致食品腐败，使食品中含大量活菌或它们产生的毒素，以致食用后引起细菌性食物中毒（bacterial food poisoning）。据统计，细菌性食物中毒位于食物中毒的首位。细菌性食物中毒一年四季都有发生，但气候炎热的季节发生较为频繁。一方面是因为细菌在较高温度条件下繁殖快；另一方面人们在气温高时进食较多的生冷食品，并且高温使人抵抗力降低，易于发病。

引起食物中毒的细菌有许多种，几乎所有食品都有被各种细菌污染的可能。细菌性食物中毒的发生与不同地域人群的饮食习惯和卫生习惯有密切关系。如海产品中副溶血性弧菌（*Vibrio parahaemolyticus*）的带菌率高，沿海地区由副溶血性弧菌引起的食物中毒最为常见。特别是海产品大量上市的季节。在厕所、水源、禽畜饲养及人的生活区域交叉混乱的乡村，由沙门菌（*Salmonella*）、志贺菌（*Shigella*）、致泻性大肠埃希菌（亦称大肠杆菌，*Escherichia coli*）引起的食物中毒很常见。因为上述三类细菌均来源于人和动物的肠道，如果粪便管理不当，会污染饮水、食品，并产生毒素，导致腹泻、肠炎等肠道疾病。

导致食物中毒常见的细菌种类还有：金黄色葡萄球菌（*Staphylococcus aureus*）、肉毒梭菌（*Clostridium botulinum*）、蜡样芽孢杆菌（*Bacillus cereus*）、李斯特菌（*Listeria*）、变形杆菌（*Proteus*）、耶耳森菌（*Yersinia*）等。

另外，通过食品传播的人兽共患细菌病，也应受到食品安全工作者的注意。例如：导致炭疽病的炭疽杆菌，引起结核病的结核分枝杆菌以及导致布鲁病的布氏杆菌等都可以通过食用动物传播给人类，导致人类患病。

② 霉菌。是菌丝体比较发达的小型真菌的俗称。广泛分布于自然界，大多数对人体无害。但有些霉菌污染食品或在农作物上生长繁殖，使食品发霉变质或使农作物发生病害，而且有些霉菌在生长时，如果条件适宜，还会产生有毒的次生代谢产物——真菌毒素（mycotoxins），当人或动物进食被真菌毒素污染的食品或饲料后，这些毒性物质引起人和动物发生各种病害，称为真菌毒素中毒症（mycotoxicoses）。目前已被确认产真菌毒素的霉菌主要有：黄曲霉、杂色曲霉、岛青霉、展青霉、橘青霉等。在世界范围内，目前认为五种重要的真菌毒素是黄曲霉毒素、赫曲霉毒素、伏马菌素、玉米赤霉烯酮以及单端孢霉烯族毒素。以黄曲霉毒素危害最大，该毒素难溶于水，性质稳定，裂解温度为280℃，因此污染食品后很难通过加热方式破坏使之失

去活性。一次大量摄入引起急性中毒可使肝脏受到损害，长期少量摄入导致肝功能降低，出现肝硬化，并诱发肝癌，被国际癌症研究机构列为 I 级致癌剂。

我国的小麦、大米、玉米及花生等是主要粮油食品，均不同程度地被真菌及其毒素污染，几乎所有的真菌毒素在我国农产品中均可检出。我国每年约有 2％ 的 $(2.5 \times 10^9 kg)$ 的粮食因受真菌毒素污染而不能食用。多发生在我国南方地区。一般来说，产毒霉菌菌株主要在谷物上生长产生毒素，直接在动物性食品，如肉、蛋、乳上产毒的较为少见。而当动物食用大量被真菌毒素污染的饲料时，会导致真菌毒素残留在动物组织器官（动物肝脏）及乳汁中，致使某些动物性食品带毒，被人食入后仍会造成霉菌毒素中毒。

另外真菌毒素污染粮油食品后，严重影响出口贸易。花生是我国大宗出口农产品之一，年创汇约 4 亿美元，而欧盟是主要出口市场。但自 2000 年起，欧盟对黄曲霉毒素的限量标准和检验要求抬高（黄曲霉毒素 B_1 为 $2 \mu g/kg$，总黄曲霉毒素为 $4 \mu g/kg$），仅 2000 年一年就有 40 多个批次的花生被销毁或降低等级。不仅使我输欧花生严重受限，而且极大影响了欧盟消费者对我国花生质量安全的信任，导致我国花生出口贸易竞争力急剧下降。

③ 病毒。是微生物中的一个类群，其个体比细菌还小，要在电子显微镜下才能看见。病毒不会导致食品的腐败变质，因而多年来一直忽略了病毒对食品安全性的影响。近年来，随着病毒学研究的迅速发展，关于病毒引起的食品污染的报道逐渐增多，并已引起人们的普遍关注。

由病毒引发的食品不安全性特点与细菌、霉菌不同：食品只是运载病毒的载体，也就是说，食品一旦被病毒污染，病毒在食品中仅仅是存在，不像细菌和霉菌那样，以食品为培养基进行繁殖，因此数量上不会增多，不会导致食品腐败；病毒检测复杂，一方面病毒没有细胞特征，需要借助电子显微镜才能看见；另一方面病毒在食品中的数量少，检测必须通过提取和浓缩过程，再者，病毒生长繁殖要求的条件高，属活细胞专性寄生微生物。目前有很多食品中的病毒还不能用已有的方法培养出来。

食品中携带的病毒可侵入人体细胞而引起疾病。实验证明，病毒性胃肠炎出现的频率仅次于普通感冒，占第二位。

常见的食源性病毒主要分为两类：一类是肠道食源性病毒，如肝炎病毒、诺瓦克病毒（Norwalk 病毒）。甲肝病毒的主要传播源是甲肝患者的粪便，此种粪便排出体外后，可污染水体、食品，导致人类再次感染。Norwalk 病毒被认为是世界范围内流行性、非细菌胃肠炎爆发的主要原因，其强传染性、普遍性引起了全球的高度重视。此病毒存在于患者或携带者的粪便中，污染水体后，Norwalk 病毒便栖息于牡蛎、蛤蜊等贝类中，人食用未熟透的贝类产品后导致胃肠炎。

另一类是人畜共患的食源性病毒，此类病毒主要以畜禽产品为载体而使人类感染。例如疯牛病病毒（Mad cow disease virus）、禽流感病毒（Avian influenza virus）、口蹄疫病毒（Foot-and-mouth disease virus）等。患有这类疫病的动物（牛、禽类等）产品中带有大量的病毒，人食用后，有可能感染相应的病毒性疾病。

据世界卫生组织估计，在全世界每年数以亿计的食源性疾病患者中，70％ 是由于食用了各种致病性微生物污染的食品和饮水造成的。可见控制由微生物引起的食品安全问题仍然是食品安全控制的主要内容。

食品在生产加工、运输、贮藏、销售以及食用过程中都可能遭受到微生物的污染，主要是在食品原料和食品在生产、加工、运输、贮藏、销售过程中，通过水、空气、人、动物、机械设备及用具等使食品发生微生物污染。

(2) 寄生虫及其卵

由于很多肉类、水产品、水生植物、蔬菜等食品原料可能携带有寄生虫及其卵。人摄食了被寄生虫及其卵污染的食物后，可引起人感染相应的寄生虫病，即食源性寄生虫病（food-borneparasitosis）。畜肉中常见的寄生虫有：猪肉绦虫、旋毛形线虫、肝片形吸虫、弓形虫、牛肉绦虫、曼氏迭宫绦虫等；水产品中常见的寄生虫有：华支睾吸虫、并殖吸虫、棘颚口线虫、异尖线虫、广州管圆线虫、姜片虫等。

随着人民饮食来源和方式的多样化，由食源性寄生虫病造成的食品安全问题日益突出。据 WHO 报道，近年全球平均每年有 1700 多万人死于传染病。WHO/TDR（热带病研究署）要求重点防治的 7 类热带病中，除麻风病、结核病外，其余 5 类都是寄生虫病，寄生虫病对发展中国家人民健康造成了严重危害。

食源性寄生虫病也已成为我国新的"富贵病"，是影响我国食品安全的主要因素之一，它的感染与人们生食或半生食的饮食习惯以及不注意卫生的生活习惯密切相关。据调查资料推测，广东省有 500 多万华支睾吸虫病患者（占全国患者的一半），他们大多是"鱼生"的追捧者。我国肺吸虫感染人数达 2000 万，主要是由于生吃或半生吃溪蟹和俗称"小龙虾"的蝲蛄而感染。旋毛虫病患者达 2000 万，他们大多喜食烤肉、涮肉、凉拌生肉等。此外，生吃含囊蚴的红菱、荸荠、茭白等水生植物，易患姜片虫病；生食淡水鱼、吞食活泥鳅易患棘颚口线虫病、阔节裂头绦虫病；吃生海鱼、海产软体动物易患异尖线虫病；吃福寿螺易患广州管圆线虫病；生饮蛇血、生吞蛇胆易患舌形虫病，生吃龟肉、龟血易患比翼线虫病等。

寄生虫污染食品的途径有以下几种：原料动物患有寄生虫病；食品原料遭到寄生虫卵的污染；粪便污染、食品生熟不分。寄生虫虫卵污染食品和饮水后，不能在食品中繁殖，食品只起到载体的作用。寄生虫及虫卵都不耐热，一般的烹调加热即可杀灭，所以要减少食源性寄生虫病对人类健康的影响，应改变生食或半生食淡水鱼和肉类的饮食习惯，不喝生水，同时监管部门应加强对肉类、鱼类等食品的卫生检疫工作。

(3) 昆虫

昆虫为病原体的中间寄主。当食品和粮食贮存的卫生条件不良，缺少防蝇、防虫设施时，很容易招致昆虫产卵和滋生，从而将携带的病原体污染给食品，人类通过摄入被污染的食品将病原体传播给人类。由于多数昆虫有翅、可以飞，所以在传播疾病中更具有其独特的作用。如粮食中的甲虫类、蛾类，肉、鱼、酱、咸菜中的蝇蛆。还有一种叫螨的昆虫，当人食用被螨污染的食品后，螨虫侵入人的肠道，导致肠螨病，可引起腹痛、腹泻。

2.3.3 影响食品安全的化学性因素

化学因素是指在食品中存在的有毒有害化学物质，这些有毒有害物质可能是食品中固有的，也可能是经多种途径、多种方式进入食品的外来物，如通过环境污染及生物富集作用，通过不合要求的食品添加物等进入食品。引起食品污染及人类食源性疾病的化学性因子多种多样，从其化学性质来看，主要包括有害金属（特别是重金属）、有机化合物和无机化合物；从其来源来看，主要包括动植物固有的天然毒素、农药、兽药、化肥、环境污染物、食品添加剂、食品包装浸出物等。

(1) 重金属

重金属指相对密度大于 5 的金属（一般指密度大于 $4.5g/cm^3$ 的金属），约有 45 种，如铜、铅、锌、铁、钴、镍、锰、镉、汞、钨、钼、金、银等。在环境污染、食品卫生与安全方面所说的重金属主要是指汞（水银）、镉、铅、铬以及类金属砷等生物毒性显著的重元素。重金属不能被生物降解，相反却能在食物链的生物放大作用下，成百上千倍地富集，最后进入人体。重金属在人体内能和蛋白质及酶等发生强烈的相互作用，使它们失去活性，也可能在人体的某些器官中累积，造成慢性中毒。轻则发生怪病（例如日本的水俣病、骨痛病等），重者导致死亡。因此重金属对食品安全性的影响十分重要，人们较早就对重金属所致的食品安全问题给予了高度重视。

重金属元素对食品造成的污染主要是农业上施用的农药（如砷酸铅、砷酸钙、亚砷酸钠、甲基汞等）和未经处理的工业废水、废渣排放进入河流、湖泊或海洋，随灌溉用水进入农田，使得这些河流、湖泊、海洋以及农田受到污染。重金属不能被生物降解，而水体中生长的鱼、贝类生物，对重金属具有富集作用。农田中的重金属则易被稻谷、小麦、蔬菜、瓜果等农作物所吸收。

发生在日本的水俣病、骨痛病事件是重金属污染引起的食源性疾病的典型代表。在我国东北松花江流域地区也因水体重金属汞（Hg）含量高，导致当地居民体内含汞量高，出现幼儿痴呆症。在我国，预计随污水排放的重金属镉每年约达 770 多吨，从而引起农田污染，大米中镉含量高达 $1.32 \sim 5.43mg/kg$，大大超过卫生标准（0.2mg/kg）。我国沿海地区常见的海产品毛蚶对镉具有很强的富集能力。有的污染区居民每日摄入重金属镉的量比非污染区高 30 多倍。另外大气中含铅粉尘、废气、受铅污染的水源、剥落的油漆等都会直接或间接污染食品。例如一辆汽车向空气中排放的铅，其中有一半左右会降落在公路两侧 30m 以内的农田中，使作物受到污染；若在公路上晾晒粮食、油菜子等，很容易造成铅的污染。

动物性食品遭重金属污染的主要原因是使用高铜、锌、锡、有机砷等饲料添加剂。如长期饲喂高铜饲料，可使动物肝、肾中铜残留量显著增加。据报道，铜中毒的猪肝中铜含量高达 $750 \sim 6000mg/kg$。有机砷具有一定的抗菌、抗寄生虫、促生长、提高饲料效率的功效，并对产蛋和猪毛色有较好作用，致使有机砷制剂的应用越来越广泛，且添加量日趋增加。另外食品加工过程也是重金属污染食品的重要途径，如：①使用的工业级添加物中含有重金属；②加工所用的金属机械、容器、管道等中的重金属可迁移进入食品；③使用不符合卫生要求的包装材料中的重金属易溶出和迁移进入食品；④不合理使用化学洗消剂等也是重金属污染食品的重要途径。

随着环保意识的提高及对环境污染的控制，我国重金属污染问题逐步得到控制，但由于高本底值的自然环境、含重金属化学物质的使用、环境污染以及食品加工过程中的污染等原因，在短时间内要使食品中的重金属污染降至与国际接轨，估计可能还需相当长的时间。

（2）有机化合物

这里仅对动植物中存在的天然毒素作以介绍，有关化学农药、兽药、化肥、食品添加剂以及食品包装材料浸出物等将在第 3 章介绍。

随着人们对健康安全的追求，对由食品添加剂的不规范使用带来的食品安全问题的不正确认识，以及各种媒体对天然食品的各种有益作用的大力宣传，导致人们通常以为凡是天然的食品都是安全的食品。但是，实际情况并非如此，在作为食物的有机体中，包括植物、动物和微生物，存在着许多种天然有毒物质，当人摄入这些食物后，也可能发生食物中毒。

天然毒素可分为内因毒素和外因毒素两大类：那些由食品原料自身产生并最终进入终产品的称为天然内因毒素。含有天然内因毒素的动植物种类非常多，如河豚（pufferfish）体内的河豚毒素（tetrodotoxin）及某些海鱼体中的雪卡毒素（siguatoxin）可引起人类以神经系统疾病为主要特征的中毒性疾病。苦杏仁、木薯、魔芋等中含有可在人体内分解产生氢氰酸的苷类物质，引起人类以缺氧和窒息为主要特征的中毒性疾病。粗制棉籽油中所含的毒棉酚（gossypol），可引起人类棉酚中毒。四季豆等豆类食品中含有蛋白酶抑制剂、植物红细胞凝集素、致甲状腺肿素等有毒有害因子，此类食品如果在食用前加热不彻底，有毒有害的因子未能破坏会引起中毒。鲜黄花菜中含有的类秋水仙碱、银杏果中含有的白果二酚和白果酸等，如果在食用前未能合理脱毒处理均可引起人类中毒。多种毒蘑菇中含有不同的有毒物质可引起人类神经、血液、消化道、肝脏等多个系统的中毒。

由食品原料以外其他天然方式产生的且污染食品或被食品蓄积的天然毒素称为天然外因毒素。贝类在滤过有毒藻类时，将有毒藻类中的毒素富集在体内，人摄入这些贝类可引起人类以神经麻痹为主要症状的中毒性疾病，故称之为麻痹性贝类毒素。贝类毒素有麻痹性贝类毒素（paralytic shellfish poison，PSP）、神经性贝毒（NSP）、腹泻性贝毒（DSP）及失忆性贝毒（ASP）等。如某些富含组氨酸的鱼贝类经腐败细菌的脱酸作用后形成组胺，可引起人类的变态反应性中毒；马铃薯在贮存时由于风吹、光照等因素导致发芽，其芽眼处产生的龙葵素可引起人类食物中毒；腐烂变质的蔬菜、煮熟的蔬菜存放过久、腌制不久的腌菜等食品含有亚硝酸盐，既可引起人类急性亚硝酸盐中毒，也可在人体内与胺类物质作用生成具有致癌作用的 N-亚硝基化合物。

（3）无机化合物

无机化合物以硝酸盐（NO_3^-）和亚硝酸盐（NO_2^-）污染最为突出。硝酸盐和亚硝酸盐广泛存在于人类环境中，是自然界最普遍的含氮化合物。硝酸盐毒性远低于亚硝酸盐，但可通过细菌的作用转化为亚硝酸盐。亚硝酸盐是强氧化剂，进入血液后，迅速将血液中低铁血红蛋白氧化成高铁血红蛋白，使血红蛋白失去运氧功能，导致机体组织缺氧而中毒，常称为紫绀症或青紫病。亚硝酸盐还与胃肠中的胺类物质生成 N-亚硝基化合物，尤其是生成 N-亚硝胺和 N-亚硝酰胺，这些亚硝基化合物均具有致癌性。膳食中硝酸盐和亚硝酸盐来源很多。

大气、水、土壤的污染直接影响到地下水和食物中硝酸盐的含量。最近数十年来，世界上氮肥使用量大幅增长，不仅造成土壤中硝酸盐含量增加，同时加剧了土壤硝酸盐的淋溶过程。硝酸盐由土壤渗透到地下水，对水体造成严重污染，而农作物对硝酸盐具有富集作用，从而严重影响动植物产品的安全。当蔬菜中的硝酸盐在一定条件下还原为亚硝酸盐，并蓄积到较高浓度时，食用后会引起中毒。

不同品种蔬菜中硝酸盐的含量变化很大，按其均值大小排列顺序为：根菜类＞薯类＞绿叶菜类＞白菜类＞葱蒜类＞豆类＞茄果类。其中莴苣与生菜最高可达5800mg/kg，菠菜最高可达7000mg/kg，甜菜根可达6500mg/kg。同一蔬菜不同部位硝酸盐含量差异也很大，其硝酸盐含量排列顺序为：根＞茎＞叶柄＞叶片。蔬菜中的硝酸盐含量还随季节（主要是受光照影响）和施肥的不同而不同，一般为冬季＞春季＞秋季＞夏季，大小可相差5倍左右。

贮藏不善的蔬菜，尤其是那些已经变黄、变蔫、开始腐烂变质的蔬菜，硝酸盐已多半转化为毒性更大的亚硝酸盐。但通常新鲜蔬菜和饮水中亚硝酸盐的含量还是很低的，一般低于1mg/kg。

在蔬菜的腌制过程中，亚硝酸盐的含量会增高。例如，腌制过的青菜所含的亚硝酸盐可高达78mg/kg。

食品中硝酸盐和亚硝酸盐的另一个直接来源是作为发色剂使用，人为添加至肉品中。为保持肉类的鲜美外观，在加工时加入的硝酸盐和亚硝酸盐导致食品中硝酸盐和亚硝酸盐的残留。

正是由于硝酸盐和亚硝酸盐来源的多重性以及它们对人体的危害，引起了全世界对于膳食中硝酸盐和亚硝酸盐污染及其危害的普遍关注。据报道在13个国家的生态学相关分析中发现，硝酸盐摄入量与胃癌死亡率呈正相关，例如日本人每天摄入的硝酸盐相当于美国人摄入量的3～4倍，故日本的胃癌死亡率比美国高出6～8倍。但我国的69个县的生态学相关研究中未能发现硝酸盐接触量与胃癌死亡率的关系。1996年封锦芳、吴水宁也报道了福建省长乐县胃癌高发区和山东省崤山县胃癌低发区人群硝酸盐和亚硝酸盐的膳食摄入量间没有明显的差别，说明硝酸盐摄入量不是胃癌发生的决定因素。这可能与我国膳食结构有关，因为我国人民多以粮谷和蔬菜为主，硝酸盐和亚硝酸盐主要来自蔬菜，同时蔬菜中还含有亚硝化的阻断剂和其他防癌成分（如维生素C、酚类物质等）。

2.3.4 影响食品安全的物理性因素

食品生产、加工、贮藏、运输过程中往往会混入某些物理性杂质，如植物收获过程中混进玻璃、铁丝铁钉、石头等；水产品捕捞过程中混杂鱼钩、铅块等；食品加工设备上脱落的金属碎片、灯具及玻璃容器破碎造成的玻璃碎片等；畜禽在饲养过程中误食铁丝；畜禽肉和鱼剔骨时遗留骨头碎片或鱼刺。

天然放射性物质对食品安全的影响是目前人们关注的重点之一。实际上天然放射性物质在自然界分布很广，它存在于矿石、土壤、天然水、大气及动植物的所有组织中，特别是鱼类、贝类等水产品对某些放射性核素有很强的富集作用，使得食品中的放射性核素可能显著地超过周围环境。当食品吸附的放射性物质高于自然界本身存在的放射性物质时，食品就出现放射性污染。但引起人类食源性疾病的放射性病原物主要来源于放射性物质的开采、冶炼、国防以及放射性核素在生产活动和科学实验中使用时其废物的不合理排放及意外事故泄漏造成局部性污染，通过食物链的各个环节，污染食物。例如当发生核武器爆炸或泄漏时，放射性灰尘落于动植物的表层而污染，如 1986 年 4 月，前苏联切尔诺贝利核电站事故，造成大范围核污染，污染区内的食品，在一定时间内均不能食用。2011 年 3 月日本福岛核电泄漏，导致福岛县内及其邻近地区的某些食品受到放射性物质污染。半衰期较长的放射性核素碘 131、锶 90、锶 89、铯 137 是可能污染食品的放射性核素，其向人体的转移有三个主要阶段，通过环境向水生生物体内转移，向农田作物转移，通过食物链向动物体转移，最后通过动植物食品进入人体，从而引起人体慢性损害。

将辐照（irradition）技术用于食品的保藏也是放射性物质污染食品的一个方面，存在潜在的食品安全性问题。该技术是用 ^{60}Co，^{137}Cs 产生的 γ 射线、电子加速器产生的低于 10MeV 电子束或 X 射线照射食品以达到保藏食品的目的。利用辐照能量可对新鲜肉类及其制品、水产品及其制品、蛋及其制品、粮食、水果、蔬菜、调味料、饲料以及其他加工产品进行杀菌、杀虫、抑制发芽、延迟后熟等处理。食品辐照加工保藏相对于其他加工保藏如热杀菌、冷冻和化学保藏等具有无可比拟的优点，如：不会留下药物残留；食品辐射加工可以在常温条件下进行，不会导致被处理食品温度的升高，因此可以保持食品原有的色、香、味。然而，随着辐照保藏技术的大量应用，辐照食品（irradiated foods）的安全性不容忽视，有以下几个问题值得考虑。

（1）诱导放射性问题

经照射处理的食品是否带有放射能，即诱导放射性的问题，曾引起很大的关注。由于食品处理过程中不与放射源直接接触，使用允许使用的辐照源在规定的辐照剂量（≥25 MeV 的能量将引起诱导放射性）条件下辐照，不足以诱发食品产生放射性。实际上常规食品都具有一定放射性，即便是高剂量的辐照能够诱导放射性，试验证明，它的活性比食品本身的天然放射性低得多。而且放射性是短寿命的，人食用时已经衰减、消失。所以从现在食品辐照采用的辐照源和使用剂量来看，不会引起健康损害。

（2）自由基残留问题

辐照过程通过射线作用于食品中的水，产生自由基对食品中的酶及微生物起到灭活作用，此自由基会不会残留在食品中，并对人体细胞产生伤害？通常水分含量比较高的食品辐照产生的自由基的寿命都很短，活性自由基迅速与食品组分（脂肪、蛋白质、碳水化合物）反应，形成稳定的辐解产物。所以，辐照食品在消费者食用时不太可能存在有活性的自由基。但对于一些特定的食品如香辛料、含骨食品等自由基产生后不易扩散，比较稳定，自由基的寿命较长。但此类食品的食用量毕竟较少，不会伤害到人的健康。其实，其他的物理加工过程如烹调也会产生自由基。

（3）辐解产物的毒理安全性问题

脂肪、蛋白质、碳水化合物等营养成分经辐照处理后，发生复杂的化学变化，产生多种辐解产物，这些辐解产物是否对人体产生毒害作用，特别是慢性病和致畸的问题，也是不容忽视的问题。1968 年美国曾对高剂量辐照处理的火腿进行动物实验，观察到受试动物除繁殖能力及哺乳能力下降、死亡率增大、体重增长率下降、血红细胞减少外，肿瘤的发生率比对照动物高，所以对其安全性有很大的怀疑。而中、低剂量的辐照食品实验，未发现此类问题。

（4）生物安全性问题

辐照处理能够抑制或消灭食品中的致病菌及腐败微生物，保证食品的安全。辐照食品的生物安全性问题主要考虑辐照是否会使微生物变异产生更毒的病原体，从而使病原微生物生长更快，产生毒素的能力更强，对人类造成更大的危害；研究发现微生物经过辐照处理后，出现耐辐射性，而且反复照射，其耐性成倍增高。这种耐放射性菌株的出现是否会造成新的危害，这些问题有待进一步研究确认。

(5) 营养安全性问题

经辐射处理的食品，大量营养素和微量营养素都会受到不同程度的破坏，蛋白质、脂肪、碳水化合物被破坏，维生素 A、维生素 E、维生素 K 及维生素 C 的含量也会有所降低，同时也涉及感官的变化。但是这些变化相对于普通的加热烹调工艺来说，营养的损失、感官的变化还是非常的小。其损失量取决于辐照剂量、温度、氧气和食物类型。对于食用量不大，营养成分和生物利用率变化小的辐照食品，与每天大量食用的混合膳食相比，影响更小一些，而对那些把辐照食品作为单一品种食物的人群来说，问题的严重性可能大些。

目前，虽然对于辐照食品的安全性问题还存在争论，但大多数学者对于辐照食品的安全性研究结果认为，在规定剂量下，基本上不存在安全性问题。但剂量过大的放射线辐照食品可造成致癌物、诱变物及其他有害物质的生成，并使食品营养成分被破坏以及产生放射性等。国际原子能机构、联合国粮农组织、WHO 1980 年在日内瓦召开的专家会议上宣布："食品辐照剂量在 10kGy 以下，是个物理过程，不需要做毒理试验，同时在营养学和微生物上也是安全的，不会对人体造成任何伤害。"这一决定大大推动了辐照技术的应用。世界卫生组织已将辐照方法纳入安全有效的食品处理方法，并制定了相应的标准。辐照技术也已在许多国家得到政府的认可并批准推广使用。

2.3.5　现代生物技术对食品安全的影响

生物技术包括基因工程、细胞工程、蛋白质工程、酶工程、发酵工程等技术。但目前对食品安全性影响最大、争论最多的当属基因工程技术。

转基因技术（transgenic techniques）是基因工程（gene engineering）的别称，其操作对象是载有遗传信息的 DNA，所以也称为重组 DNA 技术。转基因技术实际上包括了一系列实验技术，其最终目的是把一种生物体中的遗传信息转入到另一种生物体中。即用遗传工程的方法将一种生物的基因转入到另一生物体内，从而使接受外来基因的生物获得它本身所不具有的新特性。这种转移方式是生物体在自然情况下以及传统的育种方式（即通过交配或杂交育种）无法实现的。利用转基因技术得到的新型生物，称其为转基因生物（genetically modified organism，GMO）。转基因食品（genetically modified food，GMF）是指含有转基因生物成分或者利用转基因生物如转基因植物、动物或微生物生产加工的食品。

自从 1983 年，世界上首次报道了转基因烟草和马铃薯的诞生至今，转基因生物已有近 30 年的历史。1994 年首批转基因作物商品化之后，转基因作物以及转基因食品就以惊人的速度发展。2003 年全球转基因作物种植面积达到 6000 万公顷。资料显示，中国仅转基因抗虫棉花的种植面积就达到了 300 万公顷，中国转基因作物的种植面积位居世界第四，排在美国、阿根廷、加拿大之后。

转基因作物之所以能够快速发展，其中一个重要原因是它为解决人类的食物短缺提供了有效的途径。据预测，到 2030 年，世界人口将为 100 亿，人类面临着环境问题、能源危机、食物短缺等。转基因技术不仅可以解决人类食品短缺问题，还可以增加食品的种类、改进食品的营养成分、生产新型的食品添加剂和功能食品、延长货架期、增加作物的农艺性状如抗虫害能力、耐严寒、抗高温、耐盐碱、抗倒伏、抗除草剂的能力等。因此，通过转基因技术所生产的农作物、食用动物、微生物等，能够丰富生物品种的多样性，为满足人们日益增长的物质需要提供了新途径，具有潜在而巨大的经济效益和社会效益。例如利用转基因技术改良面包酵母（*Saccharomyces cerevisiae*）生产面包，面包膨发性能良好、松软可口。利用基因工程技术改善园艺产品的采后品质也取得了令人瞩目的进展，如耐贮性良好的果蔬。

但是自从世界第一例转基因生物问世以来，转基因生物的安全性一直受到质疑，对于转基因生物安全性问题争论的焦点集中在对环境安全性和食品安全性的影响两个方面。

（1）GMO 对环境安全性的影响

首先，通过传粉植物可将基因转移给同一物种的其他植物，也可能转移给环境中的野生亲缘种，潜在的危害巨大。例如可能将一些抗虫、抗病、抗除草剂或对环境胁迫具有耐受性的基因转移给杂草，如果杂草获得了这些抗逆基因，就会产生"超级杂草"。杂草具有种子多、传播力强和适应性强等特点，杂草一旦获得转基因生物体的抗逆性状，将在农业生态系统中比其他作物具有更强的竞争力，由此影响其他作物的生长和生存。第二，转基因植物的广泛种植将可能有利于选择在抗性上更强的害虫遗传种群，产生"超级害虫"，而有益生物和濒危物种的种群数量可能减少或灭绝。第三，大田作物中的转基因病毒序列有可能与侵染该植物的其他病毒进行重组，从而提高新病毒产生的可能性。由于转基因作物的病毒基因一直存在于寄生植物的细胞内，因此随着释放规模的增加，将有可能提高相关病毒的重组风险。

（2）GMO 对食品安全性的影响

① 转基因食品中外源基因的食用安全性

a. 外源基因对动物有无直接毒性。理论上任何 DNA 都是由 4 种碱基组合而成的。所有生物食品都含有大量 DNA。食品中的 DNA 及其降解产物对人体无毒害作用。目前转基因食品中的外源基因，其组成与普通 DNA 并无差异。此外，转基因食品中外源基因的含量很少，如食用转基因番茄而被摄入的卡那霉素抗性基因数量为 $0.33 \sim 1.00$ pg。而正常情况下，每天通过食物进入消化道的 DNA 数量在小肠中有 $200 \sim 500$ mg，结肠中有 $20 \sim 50$ mg。相比之下，通过转基因食品摄入的外源基因是微不足道的。

b. 基因水平转移的可能性。通常人们食用转基因食品后绝大部分 DNA 降解，并在胃肠中失活，剩下的极小部分（$<0.1\%$）是否会存在基因水平转移问题？如标记基因特别是抗生素标记基因会否水平转移至肠道微生物或上皮细胞，并成功的结合和表达，影响到人或动物的安全。目前的结论认为摄入体内的外源基因发生水平转移并进行表达的可能性很小。

② 未预料的基因多效性。在转基因生物中，由于外来基因随机插入，使宿主原来的遗传信息被打乱，有可能发生一些意外的效应。

a. 位置效应。在外来基因插入的位置，宿主的某些基因可能被破坏；插入基因及其产物还可能诱发沉默基因的表达。

b. 干扰代谢作用。插入基因的产物可能与宿主代谢途径中的一些酶相互作用，干扰代谢途径，使某些代谢产物在宿主体内积累或消失。

c. 食品营养品质改变。外源基因可能对食品营养产生改变，导致某些营养成分的增加或降低。

d. 潜在毒性。外源基因的随机插入，可能无意中提高植物中天然毒素的表达量。如发芽马铃薯中的茄碱（龙葵素）、豆类中的蛋白酶抑制剂等。

目前，尚无随机插入激活毒性代谢途径的报道，尚无外源基因插入不同位点而引起特殊的次生效应或多效性的证据。基因的多效性还需进一步研究。

③ 转基因食品中外源基因编码蛋白的食用安全性。在转基因食品中，外源基因主要包括两大类，即目的基因和标记基因。目的基因是人们期望宿主生物获得的某一或某些性状的遗传信息载体。标记基因是帮助在植物遗传转化中筛选和鉴定转化细胞、组织和再生植株的一类外源基因，包括选择标记基因和报告基因。常用的选择标记基因有抗生素抗性基因和除草剂抗性基因。常用的报告基因有荧光素酶、氯霉素乙酰转移酶以及绿色荧光蛋白酶等基因。有时标记基因本身就是目的基因，如除草剂抗性基因。对于外源基因编码蛋白食用安全性的担忧主要集中在两个方面。

a. 毒性和过敏问题。大多数转基因作物或生物体可作为人类食物和动物饲料，如果转入的外源基因增加了受体生物的毒性，则会对人类或其他动物健康造成威胁。此外，有许多目的基因供体生物是人类的过敏原，如果外源基因转入受体作物后，其产物是人类的过敏原，那么将增加受体作物引起过敏的可能性。

b. 抗药性问题。目前，转基因植物食品中常用的标记基因是抗生素抗性基因。因此，食用含抗生素抗性基因的转基因食品是否会产生抗药性是对转基因食品安全性担忧的另一个方面。如果抗性基因编码的蛋白质在消化道中仍有功能活性时有可能发生此类问题。

转基因食品作为一种新型的食品种类，自它出现的那一天起，就备受世人的关注，其安全性问题一直是科学界、政府、消费者所关注的热点。转基因食品的安全性问题是人们最关心的问题，但其结果又是不很确定的。目前还没有足够科学证据表明转基因食品对人类健康无害或是有害。从食品安全保障的观点来看，持肯定观点的人们认为，GMO为解决世界粮食短缺问题提供了新途径，GMO的出现正如在自然界物种进化过程中的变异体的出现一样，转基因技术只是加快了变异的步伐。持否定观点的人们认为，GMO超出了传统的育种观念，已经不能被认为是杂交育种的延伸，所使用的一些基因有的来自于病毒和细菌，可能引发不致命的疾病，有些影响需要经过很长时间才能表现和检测出来。

近年来，科学家们对GMO的安全性问题的研究得到了一些结果，虽然有的研究结果缺乏科学性和说服力，但也给人们敲响了警钟。

1998年英国的普兹泰（Pustai）在Nature上发表文章报道用转有植物雪花莲凝集素的转基因马铃薯饲养大鼠，可引起大鼠器官发育异常，免疫系统受损，这件事如果得到证实，将对生物技术产业产生重大影响。在经过英国皇家协会组织的评审后，认为该研究存在六条缺陷，所得出的结论不科学。1999年，美国康乃尔大学在Nature上发表文章，报道黑麦金斑蝶幼虫在食用了撒有转Bt基因玉米花粉的马利筋草

（milkweed）后，有 44％死亡，此事引起了美国公众的关注，因为色彩艳丽的黑麦金斑蝶是美国人所喜爱的昆虫，一些科学家认为，这个实验是在实验室条件下，通过人工将花粉撒在草上，不能代表田间的实际情况。另外，2001 年墨西哥玉米基因污染事件，以及 2002 年转基因食品的 DNA 在人体内残留的实验结果，加剧了人们对转基因食品安全性的担心。

总之，现代生态环境有数十亿年的演化历程，相对稳定。而人工培育的转基因生物能否在此环境中生存，对生态环境的影响，对人类健康的影响，都是未知数。另由于基因转移的特殊性，其结果不是短时间所能显现出来的，因而对转基因生物的态度应当慎之又慎。同时加强对转基因食品安全性的研究，进而对转基因食品的安全性做出正确评价，保障转基因食品的健康发展。

3

◀◀◀◀◀◀

食物链及其与食品安全的关系

内容提要

　　本章在介绍食物链概念及其组成的基础上，重点介绍了食物链中食品生产、食品加工、食品流通、餐饮服务、食品添加剂、食品包装和食品标签等的基本知识及其与食品安全的关系。

教学目的和要求

　　1. 掌握食品生产、食品加工、食品流通、餐饮服务以及农药、兽药、食品添加剂、食品包装和食品标签的基本概念和基本知识。

　　2. 熟悉食物链各环节可能生产的食品质量或安全问题及其产生的原因。

重要概念与名词

　　食物链，食品工业，食品流通，餐饮服务（业），食品运输，食品贮藏（存），食品添加剂，农药，兽药，化肥，食品包装，食品标签等。

思考题

　　1. 什么是食物链？食物链包括哪些环节？

　　2. 食用农产品安全问题可能发生在哪些方面？

　　3. 如何看待农药投入与食品生产安全的关系？什么是农药残留？食品农残超标的原因有哪些？农药是怎么污染食品的？

　　4. 如何看待兽药投入与食品生产安全的关系？什么是兽药残留？简要说明兽药污染食品的原因与途径。

　　5. 如何看待化肥对我国食品生产和安全的影响？

　　6. 食品生产经营必须具有哪些条件？

　　7. 导致食品加工过程安全问题产生的原因有哪些？

　　8. 什么是食品流通？它包括哪些环节？各环节的作用是什么？

　　9. 食品流通过程中可能产生哪些食品质量与安全问题？产生的可能原因有哪些？

　　10. 什么是餐饮服务（业）？与食物链其他环节相比其有哪些特点？

　　11. 我国餐饮食品的安全状况如何？餐饮食品质量与安全问题产生的原因有哪些？

12. 什么是食品包装？其作用有哪些？

13. 试分析食品包装安全现状。影响食品包装安全的因素有哪些？

14. 什么是食品添加剂？其有哪些种类？

15. 目前与食品添加剂使用有关的食品安全问题有哪些？你是如何看待食品添加剂的安全性的？

16. 什么是食品标签？它有哪些功能？食品标签应符合什么要求？

在生态系统中，自养生物、食草动物、食肉动物等不同营养层次的生物，后者依次以前者为食物而形成的单向链状关系被称为食物链（food chain）。食品产业是一个完整而又复杂的链条，包括生产（种植、养殖）、加工（烹饪）、运输、贮藏、销售和消费等环节。随着科学技术的进步，食品产业的扩大，加工方式的日新月异，贮藏、运输等环节的增多，使人类赖以生存的自然食物链，逐渐演化为今天的自然链和人工链组成的复杂食物链网（见图 3-1）。因此，食品安全学中的食物链不同于生态学上的食物链。

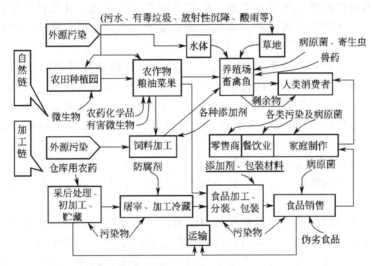

图 3-1　食物链示意（资料来源：杨洁琳等编著，《食品安全性》，中国轻工业出版社，1999）

3.1　食品生产及其与食品安全的关系

3.1.1　农业生产概述

（1）农业的概念

农业（agriculture）是以动植物为主要劳动对象，以土地为基本生产资料，利用动植物等生物的生长发育规律，通过人工培育动植物产品从而生产食品及工业原料的生产部门。农业属于第一产业。

农业生产与人类生活关系密切，是人类社会赖以生存的基本生活资料的来源，它为人类提供了吃、穿、用的物质资料，保证了全社会人们的生活需要。农业是社会分工和国民经济其他部门成为独立的生产部门的前提和进一步发展的基础，也是一切非生产部门存在和发展的基础。国民经济其他部门发展的规模和速度，都受到农业生产力发展水平和农业劳动生产率高低的制约，是以农业生产的不断发展作为基础的。

由于各国的国情不同，农业包括的范围也不同。狭义的农业仅指种植业或农作物栽培业；广义的农业包括种植业、林业、畜牧业、渔业和副业。有的经济发达国家，还包括为农业提供生产资料的前部门和农产品加工、贮藏、运输、销售等后部门。

食用农产品是指可供食用的各种农产品及其初加工产品。

（2）农业的性质和特点

农业生产，如同一切社会生产一样，也是一个经济再生产的过程。在这个过程中，农产品由结成一定生产关系的社会成员，凭借一定的生产手段和劳动对象生产出来，然后通过交换和分配，部分投入消费领域，部分又重新成为劳动对象而回到下一个生产过程，如此周而复始。就这一方面来说，农业生产具有一切社会生产的共性，即按照经济再生产的客观规律而发展。但农业生产又有不同于其他社会生产的特殊性质，即它是有生命物质的再生产。它的经济再生产过程总是同自然再生产过程交织在一起的。

所谓自然再生产，是指生物有机体通过同它所处自然环境之间物质、能量的交换、转化，而不断生长、繁殖的过程。在这个过程中，绿色植物依靠光合作用，将二氧化碳和水、矿物质养料转化成为有机物，用于自身生长，并繁殖后代，由此构成自然界的"第一性生产"，构成生生不息的植物世界。种类繁多的植物产品又可为动物提供它们赖以生长、繁殖的食物，由此构成自然界的"第二性生产"，构成生生不息的动物世界。植物、动物的残体和排泄物回复到土壤中以后，可以再一次成为植物的养料来源，如此不断循环。这个自然再生产的过程，按照自然界生命运动的客观规律而发展。

显然，单纯的自然再生产过程构成自然界的生态循环，但并不是农业生产。作为农业生产，还要有人类生产劳动对自然再生产过程的干预。这种干预必须既符合生物生长发育的自然规律，又符合社会经济发展的客观要求。这种干预的有效性，一方面取决于人类对自然界生命运动规律的认识程度和干预手段的先进程度；另一方面又必然要受社会经济条件的制约。这样就构成了农业生产的二重性。把握了这种二重性去观察农业，就可以发现：农业的经济再生产的规模是随着社会经济的发展而不断扩大的，人类对农业的自然再生产过程的干预能力是随着科学技术的进步而不断提高的，经济发展和科学技术进步之间又相互联系，相互促进。农业生产正是在经济发展和科技进步两大因素的相互作用下不断地由较低水平上升到较高水平的。

农业的根本特点是：经济再生产与自然再生产交织在一起，受生物的生长繁育规律和自然条件的制约，具有强烈的季节性和地域性；生产时间与劳动时间不一致；生产周期长，资金周转慢；产品大多具有鲜活性，不便运输和贮藏，单位产品的价值较低。

① 地域性。农业生产的对象是动植物，需要光、热、水、土壤等自然条件。不同的生物，生长发育要求的自然条件不同；世界各地的自然条件也千差万别。因此，农业生产具有明显的地域性。例如：甘蔗生长于热带、亚热带，甜菜生长于中温带。

② 季节性和周期性。动植物的生长发育有一定的规律，并受光、热、水等自然因素影响，这些自然因素随季节而变化，并有一定的周期。所以，农业生产的季节性和周期性很明显，一切农业生产活动都与季节有关，必须按季节顺序安排。

(3) 农业生产结构

中国农业的生产结构包括种植业、林业、畜牧业、渔业和副业，但数千年来一直以种植业为主。由于人口多，耕地面积相对较少，粮食生产尤占主要地位。20 世纪 50 年代以后，林业、畜牧业、渔业和副业等都在原有的基础上有了增长，但它们在农业总产值构成中的比重变化不大。1979 年以后由于农村经济体制改革，确定了"决不放松粮食生产，积极发展多种经营"的方针，农村经济从较为单一的经营向多种经营的商品经济转化，林业、畜牧业、渔业和副业等都在原有的基础上有了增长，情况才出现引人注目的变化。

① 种植业。种植业 (crop farming) 是利用土地资源进行农作物种植的部门，主要包括粮食作物、经济作物、饲料作物、绿肥作物，以及蔬菜、花卉等园艺作物的生产。通常指粮、棉、油、麻、丝（桑）、茶、糖、菜、烟、果、药、杂等作物的生产。就其本质来说，种植业是以土地为基本生产资料，利用绿色植物，通过光合作用把自然界中的二氧化碳、水和矿物质合成为有机物质，同时，把太阳能转化为化学能贮藏在有机物质中而形成农产品。种植业是大农业的重要基础，不仅是人类赖以生存的食物与生活资料的主要来源，还为轻纺工业、食品工业提供原料，为畜牧业和渔业提供饲料。同时，种植业的分布和发展对国民经济各部门有直接影响，它的稳定发展对国民经济的发展和人民生活的改善均有重要意义。

② 林业。林业 (forestry) 是指培育和保护森林以取得木材和其他林产品、利用林木的自然特性以发挥防护作用的生产部门。林业在国民经济建设、人民生活和自然环境生态平衡中，均有特殊的地位和作用。世界各国通常把林业作为独立的生产部门，在中国属于大农业的一部分。林业生产以土地为基本生产资料，以森林（包括天然林和人工林）为主要经营利用对象，整个生产过程一般包括造林、森林经营、森林利用 3 个组成部分，也是综合性的生产部门。林业生产具有生产周期长、见效慢、商品率高、占地面积大、受地理环境制约强、林木资源可再生等特点。林业生产的主要任务是科学培育、合理利用现有森林资源与有计划地植树造林，扩大森林面积，提高森林覆盖率，增加木材和其他林产品的生产，并根据林木的自然特性，发挥它在改造自然、调节气候、保持水土、涵养水源、防风固沙、保障农牧业生产、防治污染、净化空气、美化环境等多方面的效能和综合效益。

③ 畜牧业。畜牧业 (animal husbandry) 是利用畜禽等已经被人类驯化的动物，或者鹿、麝、狐、貂、水獭、鹌鹑等野生动物的生理机能，通过人工饲养、繁殖，使其将牧草和饲料等植物能转变为动物能，以取得肉、蛋、奶、皮、毛、蚕丝和药材等畜产品的生产部门。是人类与自然界进行物质交换的极重要环节。畜牧业是农业的主要组成部分之一，与种植业并列为农业生产的两大支柱。畜牧业不但为纺织、油脂、食品、制药等工业提供原料，也为人民生活提供肉、乳、蛋、禽等优质食品，为农业提供粪肥。故搞好畜牧业生产对于促进经济发展，改善人民生活，增加出口物资，增强民族团结都具有十分重要的意义。发展畜牧业的条件是：自然条件适宜，即光、热、水、土适合各类牧草和牲畜的生长发育，草场面积较大，质量较好，类型较多；

有一定的物质基础，生产潜力很大，能做到投资少、见效快、收益高；广大农牧民具有从事畜牧业生产的经验和技能等。畜牧业的类型很多，其中按饲料种类、畜种构成、经营方式，可分为牧区畜牧业、农区畜牧业和城郊畜牧业。

畜牧业在非牧区经济发展的早期阶段，常常表现为农作物生产的副业，即所谓"后院畜牧业"。随着经济的发展，逐渐在某些部门发展成为相对独立的产业。例如：蛋鸡业、肉鸡业、奶牛业、肉牛业、养猪业等。世界上许多发达国家，无论国土面积大小和人口密度如何，畜牧业都很发达，除日本外，畜牧业产值均占农业总产值的50%以上，如美国为60%，英国为70%，北欧一些国家为80%～90%。中国自20世纪80年代以来，畜牧生产增长速度远远超过世界平均水平，但畜牧业的人均产量或产值，仍低于世界平均水平。发展畜牧业的主要途径包括：因地制宜地调整畜牧业结构，开辟饲料来源，改良畜种，加强饲养管理，防止疾病，提高单位家畜的生产力；同时增殖家畜数量。

④ 水产业。水产业（fishery），又称渔业，是指利用各种可利用的水域或开发潜在水域（包括低洼地、废坑、故河道、坑塘、沼泽地、滩涂等），以采集、栽培、捕捞、增殖、养殖具有经济价值的鱼类或其他水生动植物产品的生产部门。包括采集水生动植物资源的水产捕捞业和养殖水生动植物的水产养殖业两部分，按水域又可分为海洋渔业和淡水渔业。广义的渔业还包括直接渔业生产前部门和直接渔业生产后部门。前者是指渔船、渔具、渔用仪器、渔用机械及其他渔用生产资料的生产和供应部门。后者则是指水产品的贮藏、加工、运输和销售等部门。它们与捕捞、养殖和加工部门一起，构成统一的生产体系。

中国有18000多千米的海岸线，有辽阔的大陆架和滩涂，有20万平方公里的淡水水域，1000多种经济价值较高的水产动植物，发展渔业有良好的自然条件和广阔前景。水产业是国民经济的一个重要部门。丰富的蛋白质含量为世界提供总消费量的6%，动物性蛋白质消费量的24%，还可以为农业提供优质肥料，为畜牧业提供精饲料，为食品、医药、化工工业提供重要原料。

⑤ 副业。副业（by work/sideline）一般指生产单位所从事的主要生产以外的其他生产事业。在中国农业中，副业有两种含义：一是指传统农业中，农户从事农业主要生产以外的其他生产事业。在多数地区，以种植业为主业，以饲养猪、鸡等畜禽，采集野生植物和从事家庭手工业等为副业。二是指在农业内部的部门划分中，把种植业、林业、畜牧业、渔业以外的生产事业均划为副业。后一种含义的副业包括的内容有：采集野生植物（如采集野生药材、野生油料、野生淀粉原料、野生纤维、野果、野菜和柴草等），捕猎野兽、野禽，依附于农业并具有工业性质的生产活动（如农副产品加工、手工业以及砖、瓦、灰、砂、石等建筑材料生产）。20世纪80年代初，中国政府决定，今后不再把村办工业（原大队办的工业）和村以下合作经济组织办工业（原生产队办的工业）列入农业中的副业之内，其产值也不计入农业总产值中而计入全国的工业总产值中。副业生产，特别是其中的采集和捕猎对自然资源的状况影响较大。因此，发展副业时，注意保护自然资源和维护生态环境十分重要。

（4）农业生产对食品安全的影响概述

在食用农产品生产（种植、养殖）过程中，生产环境、投入品及生产管理是影响食用农产品安全的重要因素。

① 生产环境。农业生产环境对食用农产品的安全起决定性作用。大气、水体、土壤的质量是否良好，生物学环境是否健康无害，都会影响到食品的质量和安全性。工业"三废"的不合理排放、交通运输工具废气的排放、放射性核素的利用、矿产资源的不合理开发，以及农业措施不当都会引起大气、水体、土壤污染，引起生态环境退化或生态循环失调，长期生活在这种环境中的动植物，会在体内蓄积各种各样有毒有害物质，造成食用农产品的污染，导致产量、品质下降，加剧农作物及养殖动物的病虫害，进而危及人类的食品安全。

② 农业投入品。农业投入品包括各种农业生产资料，如化肥、农药、兽药、种子、饲料等。目前，各种投入品，特别是化肥、农药、兽药的不当使用，会严重影响食用农产品安全。农药、化肥和兽药的使用可促进食用农产品的生产，但在食用农产品生产中的不当使用，导致这些化学药品在产品中形成不安全的残留水平。此外，现代生物技术产品在农牧业生产中的应用，对食用农产品的安全也带来了一定负面影响，已引起人们的高度重视。

③ 生产管理。在食用农产品生产过程中，生产管理的方法及生产者的意识对食用农产品安全都有影响。生产者如果不严格按照标准组织生产，不科学合理地使用化肥、农药、兽药、饲料等农业投入品和灌溉、养殖用水，那么将造成食用农产品药残含量超标。

在食用农产品生产过程中，存在着因管理不善使病原菌、寄生虫滋生及有毒有害化学物质进入人类食物链的机会。从自然链部分来看，种植业生产中有机肥的搜集、堆制、施用如忽视严格的卫生管理，可能将多种侵害人类的病原菌、寄生虫引入农田环境、养殖场和养殖水体，进而进入人类食物链。

此外，某些新型农业生产技术及成果（如转基因物种）的应用，是否会对食品安全产生负面影响，也应值得重视。

因此，《食品安全法》第35条规定："食用农产品生产者应当依照食品安全标准和国家有关规定使用农药、肥料、生长调节剂、兽药、饲料和饲料添加剂等农业投入品。食用农产品的生产企业和农民专业合作经济组织应当建立食用农产品生产记录制度。"

3.1.2 农药及其对食品安全的影响

(1) 农药基础知识

① 农药的概念。农药主要是指用于防治危害农、林、牧、渔业生产的有害生物（害虫、病原菌、杂草及鼠害等）和调节植物、昆虫生长的化学药品及生物药品。根据我国颁布的《农药管理条例》和《农药管理条例实施办法》，我国所称的农药主要是指用于预防、消灭或者控制危害农业、林业的病、虫、草和其他有害生物以及有目的地调节植物、昆虫生长的化学合成或者来源于生物、其他天然物质的一种物质或者几种物质的混合物及其制剂。联合国粮农组织（FAO）对农药的定义是："在食品、农产品、动物饲料或那些可能控制动物外源寄生虫的物质的生产、贮存、运输、散发和生产过程中，以预防、杀灭、诱引、抵抗或控制包括非期望的动植物在内的一切害虫为目的的任何物质或其混合物。"农药用于农业病、虫、草等有害生物的防除称为

化学保护或化学防治，用于植物生长发育的调节称为化学控制。

② 农药的分类。随着生产实际的需要和农药工作的开展，农药新品种每年都在增加，目前世界各国的农药品种约 1400 个，作为基本使用的品种有 40 种左右。根据农药的用途及成分、防治对象、作用方式机理、化学结构等，农药分类的方法多种多样。按防治对象，农药可分为杀虫剂、杀螨剂、杀菌剂、除草剂、杀线虫剂、杀鼠剂、植物生长调节剂等几大类，每一大类又可进行细分。

③ 农药的毒性。农药是一类对生物有害的或能影响生理生化反应的物质，绝大多数品种对人、畜、家禽、野生动物、鱼类、贝壳类都是有毒的，使用不当，就可能造成人、畜等中毒事故。其毒性大小，通常用对试验动物的半数致死量（LD_{50}）、半数致死浓度（LC_{50}）和无作用剂量（NOEL）来表示。LD_{50} 越小，农药毒性越大；反之，LD_{50} 越大，农药毒性越小。

我国农药毒性分级标准是根据农药产品对大鼠的急性毒性大小进行划分的，依据农药的 LD_{50} 大小，农药毒性可分为剧毒、高毒、中等毒、低毒和微毒 5 级（见表 3-1）。

表 3-1　农药的急性毒性分级标准

项目 毒性级	大鼠 LD_{50}/(mg/kg 或 mg/m³)		
	经口毒性	经皮毒性	吸入毒性
剧毒	≤5	≤20	≤20
高毒	5～50	20～200	20～200
中等毒	50～500	200～2000	200～2000
低毒	500～5000	2000～5000	2000～5000
微毒	>5000	>5000	>5000

农药进入人、畜体内的途径有 3 种。

a. 经口进入消化系统，由胃肠吸收而引起急性中毒。

b. 经皮肤侵入体内，由血液输送和扩散到各组织，引起急性中毒。药剂侵入皮肤的难易，因农药的种类和剂型不同而异。脂溶性大的有机农药特别是乳剂，易于渗透皮肤，但中毒过程比口服的要慢些，病情也轻一些。

c. 经鼻孔吸入侵入呼吸系统，由气管或肺部扩散侵入血液，引起急性中毒。多是农药的气体、烟雾或极细小的雾点和粉粒。如果是熏蒸剂形成的毒气，中毒速度很快，危险性更大。

进入体内的毒物，一部分经由肠、肾脏、汗腺、乳腺、尿及粪便排出体外，一部分可被分解为无毒物，还有一部分通过渗入作用产生毒害。有些农药的化学性质很稳定，不易被氧化或水解迅速排出体外，而积累在某些器官或组织中，引起慢性中毒。如有机氯中的七氯、林丹等可累积在肝、肾、脂肪组织中，有机汞、有机砷化合物可累积在脑、肝及脾脏组织中。

农药的毒害可根据中毒快慢分为急性毒害、亚急性毒害和慢性毒害。

a. 急性毒害。当人、畜误食或接触农药一定剂量后，在极短时间内（24h）即出现中毒症状，甚至死亡，即为急性中毒。

b. 亚急性毒害。在农药的使用过程中，较长时间内（48h）接触某种农药或口食带有残留药剂的食品，导致人、畜的急性毒害，即为亚急性毒害。

c. 慢性毒害（残留毒害）。慢性中毒一般不易被察觉，易被人忽略，一旦发现为时已晚。慢性中毒可以影响神经系统，破坏肝脏功能以及引起其他生理障碍，甚至影响生殖和遗传。如果用带毒农作物产品饲喂家畜、家禽不仅影响其生长发育，还会累积富集在畜、禽的脂肪、肉、肝、肾、乳及禽蛋中，人类取食后即会造成二次中毒。农药残毒的产生，主要是由工厂大规模生产、加工过程中没有重视防卫措施和农业生产上大面积使用剧毒、高残留农药，以致周围环境（土壤、水域及空气）被污染和农副产品或内部残留化学性质比较稳定的剧毒或高毒农药所造成。特别是农药使用不当时，如在农作物、果树、蔬菜、烟叶、茶叶接近收获期，使用不恰当的农药或过多过浓的药液，更会使残留量增多，甚至超过国家规定的允许残留标准。一般情况下，食品上或水域中残留的农药量虽不多，但长期摄食这些带毒的食品和水，就可能引起慢性中毒或危害人体健康。

④ 农药的稳定性。大多数农药在环境中能逐渐分解成无毒的化合物，但有的农药化学性质稳定，如有机氯杀虫剂以及含砷、汞的农药，在环境与农作物中难以降解，降解产物也比较稳定，称之为高残留性农药。一些性质较不稳定的农药，如有机磷和氨基甲酸酯类农药，大多在环境与农作物中比较易于降解，是低残留性或无残留性农药。例如，含砷、汞、铅、铜等的农药在土壤中的半衰期为10～30年，有机氯农药为2～4年，而有机磷农药只有数周至数月，氨基甲酸酯类农药仅1～4周。农药残留性愈大，在食品、饲料中残留的量愈大，对人、畜的危害性也愈大。

（2）农药投入与食品安全的关系

农药的使用极大地提高了农业生产力和农产品数量，促进了食品业的发展，但不科学、不合理地使用农药又会导致食品中农药残留量超标，进而影响消费者的身体健康。

① 农药是增加食用农产品数量的重要物质资料。当今世界最迫切的需要之一是从可利用的土地上生产出足够的食品，以满足日益增长的世界人口的需求，即食品数量安全。农作物病、虫、草害等是农业生产的重要生物灾害。据统计，世界粮食产量如不使用农药，遭受病、虫、草害将使稻谷产量损失47.1%，小麦产量损失24.4%，玉米产量损失35.7%，人均粮食在现有的基础上就会降低1/3，我国每年使用农药挽回粮食损失约5000万吨，可见农药对于农业生产的巨大作用。在生物灾害的综合治理中，根据目前植物保护学科发展的水平，化学防治仍然是最方便、最稳定、最有效、最可靠、最廉价的防治手段。尤其是当遇到突发性、侵入型生物灾害发生时，尚无任何防治方法能够代替化学农药。另外，植物生长调节剂在小麦、水果上的应用，对小麦的保产、增产，水果的高产、优质也起了重要作用。可见化学防治对减轻我国农业生物灾害，保障农业丰收做出了重要贡献。

② 农药残留是食品安全的主要问题之一。农药是把双刃剑，在提高农产品数量的同时，由于不科学、不合理地使用农药（利用率仅10%～20%）也使农产品中的农药残留超标，并已对人体健康造成伤害。据报道，癌症发病率的逐年提高与农药使用量成正比，农村儿童白血病的40%～50%诱因之一是农药；妇女自然流产率与畸形胎儿出生率的增高都与农药使用有关；某些除草剂可致使胎儿畸形，如小头畸形、

多趾等。我国每年由农药引发的事故有上万人甚至 10 万人以上。

农药残留是指农药使用后，其母体、衍生物、代谢物、降解物等在农作物、土壤、水体中的残留。其中卫生学意义最大的是农药在食品与饲料中的残留。农药残效是指农药除在使用时直接作用于害虫、病菌发挥药效外，当其在环境中消失或降解以前，仍可能继续杀虫、杀菌的现象。残效期的长短与农药的化学性质有关。化学性质稳定的农药，在环境中不易降解，残效期就长；反之，残效期就短。残效期的长短还受气温、光线等因素的影响。农药残毒是指在环境和食品、饲料中残留的农药对人和动物所引起的毒效应。包括农药本身以及它的衍生物、代谢产物、降解产物以及它在环境、食品、饲料中的其他反应产物的毒性。农药残留毒性，可表现为急性毒性、慢性毒性、诱变、致畸、致癌作用和对繁殖的影响等。环境中，特别是食品、饲料中如果存在农药残留物，可长期随食品、饲料进入人、畜机体，危害人体健康和降低家畜生产性能。

我国是世界上农药施用量最大的国家。农药年施用量超过 130 万吨，单位面积用量是世界平均水平的 3 倍。我国与欧美等发达国家相比，农药生产使用存在较大的差距。使用的农药仍以杀虫剂为主，占总用量的 68%，其中有机磷杀虫剂占整个杀虫剂用量的 70% 以上；杀菌剂和除草剂分别占总用量的 18.7% 和 12.5%。

③ 农药残留严重影响我国食品出口贸易。农药残留带来的食品安全问题不仅影响到了我国人民的健康，还进一步影响到了我国的农业发展和农产品出口贸易。近年来，我国出口农产品因农药残留及其他有害物质含量超标被进口国拒绝、扣留、退货、索赔和终止合同的事件时有发生，一些国家更是利用技术壁垒措施，为我国农产品的出口设置障碍。据专家介绍，从 2006 年起，欧盟将茶叶农药残留的检验项目从 193 项增加到 210 项；2006 年，日本进口茶叶残留检测项目由 71 项增加到 276 项；2007 年，欧盟检验标准再次提高，增加 10 个项目限量，更新 10 个农残项目的新限量。从 2011 年 10 月起，欧盟对中国输欧茶叶采取新的进境口岸检验措施，必须通过欧盟指定口岸进入；同时，欧盟还对 10% 的货物进行农药检测，如果该批货物被抽中检测，则要实施 100% 抽样检测。2012 年 3 月，日本提高检测标准，其中关键一条是"三唑磷在日本的茶叶限量从 0.05mg/kg 调整至 0.01mg/kg"。按照日本规定，若有 5% 的产品被检出不合格，日方将全面禁止对此类产品的进口。

(3) 农药对食品的污染

① 食品农药残留超标的原因。当前我国食用农产品农药残留超标的主要原因如下。

a. 部分农业生产者缺乏安全合理使用农药的知识，或者安全合理使用农药意识淡薄。由于我国施药技术和农药制剂较落后，或施药不及时，农药品种不对口，农药的实际利用率很低。据测定，农药接触到靶标作物的仅为 10%~20%，极大部分都降落到地面、水域和大气中。即便经光、热和微生物的降解，但仍有相当数量的农药本体及降解产物残留在环境中，最终污染农产品。

b. 部分农业生产者为了达到速效防治病、虫、草害的目的，未执行国家有关农药安全合理使用规定，而超剂量和超范围使用。

c. 还有部分农业生产者在经济利益的驱动下，违反国家有关规定，随意地在蔬菜、水果、茶叶等作物上使用高毒甚至剧毒农药，或未按国家规定的安全间隔期采收等。

② 农药污染食品的主要途径。农药在生产和使用中，可经呼吸道、皮肤等进入人体，但通过食物进入人体的占进入总量的90%左右。其污染食品的主要途径如下。

a. 施用农药对农产品的直接污染。在农业生产中，农药通常是直接喷洒到农作物的叶、茎、花和果实等表面，必然有一部分农药被作物吸收进入植物组织，并有可能从作物组织运转到达其他组织器官。还有一部分农药会黏附在作物表面，甚至不易于洗脱。这些农药除了一部分在植物组织内外分解、代谢失去毒性外，往往还会有部分残存下来，成为作物可食组织或器官的农残。

b. 通过环境对农产品的间接污染。农药喷洒时，除少部分被作物黏附、吸收外，大部分降落到地面进入土壤和水体，扩散进入空气，进入空气的农药又会在重力、降雨等作用下落回地面。据资料显示约有40%～60%的农药降落至土壤，5%～30%进入空气。这样作物又会从水、土壤及空气中吸收农药，形成农残。

c. 通过食物链和生物富集作用的间接污染。农药污染环境，经食物链传递时可发生生物浓集、生物积累和生物放大致使农药的轻微污染而造成食品中农药的高浓度残留。如农药对水体造成污染后，使水生生物长期生活在低浓度的农药中，水生生物通过多种途径吸收农药，通过食物链可逐级浓缩，尤其是一些有机氯农药和有机汞农药等。这种食物链的生物浓缩作用，可使水体中微小的污染导致食物的严重污染。生物富集和食物链连锁反应可使农药残留浓度提高几十倍，甚至几十万倍。

d. 在运输、贮存中产生交叉污染。食品在运输中由于运输工具、车船等装运过农药未予清洗以及食品与农药混运，可引起农药污染。食品在贮存中与农药混放，尤其是粮仓中使用的熏蒸剂没有按规定存放，也可导致污染。

此外，在粮食等农产品贮藏期间，为了防治害虫、鼠类等，往往使用农药，这也可能造成粮食等的农药污染。

3.1.3 兽药对食品安全的影响

(1) 兽药基础知识

① 兽药的概念。按照我国2004年颁布的《兽药管理条例》，兽药是指用于预防、治疗、诊断动物疾病或者有目的地调节动物生理机能的物质（含药物饲料添加剂），主要包括：血清制品、疫苗、诊断制品、微生态制品、中药材、中成药、化学药品、抗生素、生化药品、放射性药品及外用杀虫剂、消毒剂等。

兽药一般分为兽用生物制品和兽用化学药品两大类，也就是将疫苗、诊断液和血清等作为兽用生物制品，其他的兽药都归类为兽用化学药品。

随着近年来药物使用范围的不断扩大及饲料药物添加剂的迅速发展，"兽药"一词已不能准确地表示所有动物所用的药品。因此，目前趋向用"动物用药品"替代"兽药"。

② 兽药的种类。兽药的种类很多，一般分为如下几类。

a. 抗寄生虫药。能够杀灭或驱除体内、体外寄生虫的兽药，包括中药材、中成药、化学药品、抗生素及其制剂。

b. 抗菌药。能够抑制或杀灭病原菌的兽药，其中包括中药材、中成药、化学药品、抗生素及其制剂。

c. 消毒防腐剂。用于抑制或杀灭环境中的有害微生物、防止疾病发生和传染的兽药。

d. 疫苗。由特定细菌、病毒、立克次体、螺旋体、支原体等微生物以及寄生虫制成的主动免疫制品。凡将特定细菌、病毒等微生物及寄生虫毒力致弱或采用异源毒制成的疫苗称活疫苗，用物理或化学方法将其灭活制成的疫苗称灭活疫苗。

（2）兽药投入与食品安全的关系

① 兽药是动物性食品生产的安全保证。兽药不仅在防治动物疾病，保证动物健康方面具有重要作用，而且药物具有良好的保健和促生长作用，故在动物养殖中兽药的应用日趋普遍，用量也逐年增加。

② 兽药残留是动物性食品安全的主要问题之一。兽药残留是指动物产品的任何可食部分所含兽药的母体化合物和/或其代谢物，以及与兽药有关的物质的残留。由于使用违禁药物、用药不规范、不遵守休药期规定等原因导致的动物性食品中兽药残留问题也日益严重。如今大量的抗生素被应用于畜禽疾病的预防和治疗，导致其在动物食品中大量残留，直接影响食品安全，特别是使用抗生素产生的耐药菌株问题，近来引起了人们的关注。例如：将抗生素作为助生长剂在禽畜生长期间持续使用，导致了对环丙类抗生素有耐性的空肠弯曲杆菌和鼠伤寒 DT_{104} 血清型肠沙门杆菌等多种耐药性致病菌株的出现。激素的超标滥用是科技发展带来的影响食品安全的新型因素。从 20 世纪 50 年代中期开始，美国和英国分别在牛等畜禽养殖中采用雌性激素己烯雌酚和己烷雌酚作为饲料添加剂，使畜禽日增体重提高 10％以上，饲料转化率和瘦肉率也相应提高。由于经济利益的驱使，一些养殖户非法使用违禁激素，如大量使用 β-兴奋剂盐酸克仑特罗（俗称"瘦肉精"）。2007 年上半年我国畜产品中"瘦肉精"和磺胺类药物残留监测的平均合格率分别为 98.8％和 99.0％，其中屠宰场、超市、批发市场和农贸市场的"瘦肉精"监测合格率分别为 99.1％、99.5％、100％和 96.5％；水产品中氯霉素污染的平均合格率为 99.6％，其中超市、批发市场和农贸市场分别为 100％、99.7％和 99.3％。硝基呋喃类代谢物污染的监测合格率为 91.4％，产地药残抽检合格率稳定在 95％以上。长期食用这些残留有激素的食品对人体内激素平衡可能会造成潜在的威胁，进而影响人体健康。例如导致儿童性早熟、内分泌相关的肿瘤、生长发育障碍、出生缺陷、生育缺陷等。

③ 兽药残留是动物性食品出口的瓶颈。2002 年我国猪肉和禽蛋总产量均居世界第一，鸡肉总产量居世界第二，牛肉总产量居世界第四，但由于药残超标而被某些国家退货、销毁，甚至中断贸易往来。据统计，2002 年 1～6 月，受农药和兽药残留超标的影响，我国出口日本的保鲜蔬菜数量和出口额分别比 2001 年同期减少 23％和19％；禽肉产品出口下降 32.9％，畜产品下降 4.1％，蜂蜜下降 16.7％；水产品、茶叶等我国具有传统优势的产品的出口也大受影响。1990 年出口日本的一万吨肉鸡，由于检测出抗球虫药氯羟吡啶的残留量超标，要求我国政府销毁所有产品，给我国造成巨大经济损失。同年，出口到德国的蜂蜜由于农药"杀虫脒"残留超标而被退货，接着欧盟、美国、日本也相继拒绝进口我国蜂蜜，使我国蜂蜜在世界市场上的销售发

生严重困难。1995 年、1996 年，欧盟兽医委员会派员对我国进行了考察和评估，认为我国的兽医卫生状况达不到欧盟的要求，于是做出了从 1996 年 8 月 1 日起，禁止从我国进口禽肉的决定。1998 年 4 月，从内地出口到香港的生猪，其内脏食后导致 17 人中毒，其原因是内脏中含有违禁药"盐酸克伦特罗"。

（3）兽药污染食品的原因与途径

① 兽药污染动物性食品的主要途径

a. 预防和治疗动物疾病时用药。在预防和治疗畜禽疾病的过程中，通过口服、注射、局部用药等方法可使药物进入动物体内，并有可能残留造成食品污染。

b. 在饲料中添加药物。为了防治动物的某些疾病，有时通过在饲料中添加药物，使药物进入动物体内；还可能为了促进动物生长等人为在饲料中添加某些药物。这样动物长期小剂量摄入某些药物，会使这些药物在动物体内及其产品中残留，造成食品污染。

c. 作为食品保鲜剂成分。为了预防食品在贮藏运输过程中变质、遭受微生物危害，有时在食品中加入某些抗生素等药物，这样也会不同程度地造成食品的药物污染。

② 造成动物性食品兽药残留超标的原因。药物使用不当是目前造成动物性食品兽药残留超标的主要原因。具体表现如下。

a. 使用违禁药物。凡未列入《饲料药物添加剂使用规范》附录一和附录二中的药物品种均不能当饲料添加剂使用。但事实上违规现象很多，β-兴奋剂（如瘦肉精）、类固醇激素（如己烯雌酚）、镇静剂（如氯丙嗪、利血平）等是常见使用的违禁药品。

b. 用药不规范。使用兽药时，在用药剂量、给药途径、用药部位和用药动物的种类等方面不符合用药规定，因此造成药物残留在体内，并使存留时间延长，从而需要增加休药时间。由于耐药菌的存在，超量添加药物的现象普遍存在，有时甚至把治疗量当作添加量长期使用。

c. 不遵守休药期规定。休药期是指动物从停止给药到许可屠宰或它们的乳、蛋等产品许可上市的间隔时间。据报道美国 1969 年对伊利诺斯、印第安纳、衣阿华和威斯康星等州进行了兽药残留的调查，结果发现由于饲喂兽药添加剂没有遵守休药期，而使所检查的屠宰猪中 27%的猪在屠宰前用过抗微生物药，10%的猪肉中含有超量的抗微生物药残留。主要原因是屠宰前使用兽药来掩饰临床症状，逃避宰前检查。

d. 使用未经批准的药物。使用未经批准的药物作为饲料添加剂来喂养可食性动物，造成食用动物的兽药残留。如 1970 年美国食品和药物管理局对兽药残留的调查结果表明，使用未经批准的药物占兽药残留的 6%。而 1985 年美国兽医中心的调查结果则为使用未经批准的药物占兽药残留的 17%。

e. 滥用药物。畜禽发生疾病时滥用抗生素，随意使用新或高效抗生素，任意使用复方制剂等。

f. 饲料加工过程受到污染。若用盛过抗菌药物的容器贮藏饲料，或使用盛过药物而没有充分清洗干净的贮藏器，都会造成饲料加工过程中兽药污染。

g. 厩舍粪池中含兽药。厩舍粪池中含有抗生素等药物会引起动物性食品的兽药污染和再污染。

h. 使用假冒伪劣药物。比如以非兽药冒充兽药或者以他种兽药冒充此种兽药；

兽药所含成分的种类、名称与兽药国家标准不符合等。还包括以下情形：兽药变质的、被污染的、所标明的适应证或者功能主治超出规定范围的，都属于假兽药。而对于劣质兽药大概有这样一些情况：成分含量不符合兽药国家标准或者不标明有效成分的；不标明或者更改有效期或者超过有效期的；不标明或者更改产品批号等。

3.1.4 化肥、农膜和饲料投入对食品安全的影响

(1) 化肥对食品安全的影响

我国现在是全球最大的化肥使用国，同时也是最大的化肥生产国，使用的化肥总量已经占到了世界的三分之一。

① 化肥的概念与种类。化肥是化学肥料的简称，是用化学方法合成或开采矿石经加工而成的肥料。化肥与有机肥相比，具有养分含量高、肥效快、便于贮运和施用等优点。

化肥种类很多，性质和特征也各不相同，按其养分组成大致可分为单元肥料、复合肥料和微量元素肥料三类。

② 肥料对农作物增产的贡献。化肥是重要的农业生产资料，是农作物增产增收的物质基础。没有化肥，就难以维持农作物的高产，人类也得不到充足的食物。根据联合国粮农组织（FAO）对 41 个国家 18 年试验示范所得的 41 万个数据进行统计，化肥的增产作用占到农作物产量的 40%～60%，最高达到 67%。大量的试验结果表明，化肥的增产作用是巨大的。我国能以世界 7% 的耕地养活占世界约 23% 的人口，应该说一半功劳归于化肥。

③ 化肥对食品安全的影响。化肥的长期大量使用及施用不当，又对农田的生态环境、土壤理化性质和土壤微生物体系有不同程度的破坏，严重制约农业的可持续发展，同时也可能导致农产品的污染。据农业部介绍（2011 年），我国每年化肥使用量约为 5460 万吨。据资料显示，在化肥消耗中氮肥占到 60%，我国每年氮肥消耗量占全世界的 35% 以上，2009 年我国氮肥消耗量达到 3807 万吨（折纯）。

施入土壤的各种肥料只有一部分被作物吸收，大部分或从土壤中流失，或转化为"难效态"而残留在土壤中，有的则在化学反应过程中挥发到大气中。作物对各种肥料的平均利用率，氮为施用量的 40%～50%，钾为 30%～40%，磷为 10%～20%；对作物不合理地大量施肥，不仅导致营养物质的损失，降低肥料中营养元素的利用率，而且还造成对环境的污染。大量施用氮肥时，作物吸收的硝酸盐不能充分利用，致使大量蓄积在作物的叶、茎和根中，这种积累对作物本身无害，但却对人畜产生危害。人体摄入的硝酸盐有 80% 以上来自蔬菜，进入人体后一旦被还原为亚硝酸盐，或转化为亚硝胺时，则对人体的危害大大提高。

化肥对食品及环境产生污染的另一个原因是其中含有其他物质，这些物质随化肥的施用进入土壤，造成土壤和作物污染。如用于生产磷肥的磷矿石，除了含有营养元素外，往往同时含有对作物有害的元素，如砷、镉、汞、铅等。由于氟磷矿石含氟量较高，在磷矿石或过磷酸钙中，一般含氟 2%～4%，随磷肥进入土壤中的氟可在土壤里和植物体内蓄积，造成不良影响，人长期饮用或食用含氟高的水和食品会导致氟骨症。又如以硫酸为原料生产的化肥，在硫酸的生产过程中带入大量的砷，以硫化铁为原料制造的硫酸含砷量达 490～1200mg/kg，平均为 930mg/kg；铅室法制硫酸的

含砷量也较高。磷肥含镉量约 10～20mg/kg，含铅约 10mg/kg 左右。因此长期施用磷肥会引起土壤镉、铅积累，带来作物中镉、铅的含量较高。有些肥料中还含有一些有机污染物，如氨水中往往含有大量的酚，特别是用焦化废气生产的氨水，含酚量可达数千 mg/L，施用后，会造成土壤的酚污染，同时，会造成农产品品质下降，食品中酚量较高且有异味。

（2）农膜使用对食品安全的影响

农用地膜覆盖栽培技术的推广应用已经在农业生产中取得显著的经济效益。然而，由于地膜强度低，在田间不易回收，同时，地膜又是高分子化合物，在自然条件下难以降解，所以随着地膜覆盖栽培面积的扩大、使用年份的增加，耕地土壤中残膜量不断增加。

据全国农业技术推广站的调查，目前我国使用农膜的农田，地膜残片每公顷累积量一般为 60～90kg，最多的高达 165kg，这无疑给农田生态环境造成了污染。农田使用的农膜老化后会破碎，不及时清理则形成大量残留碎片遗留田间。残留的农膜不易分解腐化，使耕地老化，造成土壤严重污染。一些地区有焚烧残膜的做法，造成环境污染。

（3）饲料对食品安全的影响

养殖业是人类用饲料喂养畜禽而换取肉、蛋、奶等蛋白质产品的产业。饲料是畜禽的食物，饲料质量优劣不仅与畜禽生产能力有关，而且与畜禽产品的质量密切相关。因此，要让畜禽生产出让人类放心食用的卫生、安全且符合质量标准的优质肉、蛋、奶等食品，饲料的品质和安全性是最基本的先决条件。

① 饲料的品质直接影响产品的质量。不同的畜禽其体脂构成不同，反刍动物的体脂硬度受饲料的影响较小，但猪饲料中脂肪的性质直接影响着体脂的硬度，如育肥后期的猪过量饲喂不饱和脂肪酸丰富的饲料，会导致猪肉体脂变软，易发生腐败，不耐贮藏，降低了猪肉的品质，且不宜用于中式火腿和西式火腿的生产。因此，育肥后期猪的日粮中不宜过多地搭配玉米、燕麦、米糠等富含不饱和脂肪酸的饲料，应适当搭配含饱和脂肪酸较多的饲料，如大麦、高粱等。

畜禽胴体瘦肉率的高低，除因畜禽的品种和经济类型不同而异外，一般认为，同一品种和同一经济类型的畜禽，在饲料能值相同的情况下，饲料蛋白质相对较高的，胴体瘦肉率就高，脂肪相对较少。因此，要提高畜禽胴体瘦肉率，必须相对地提高饲料的蛋白质水平，同时，可在饲料中加入适量的合成氨基酸来调整饲料中氨基酸平衡，限制脂肪的沉积，提高畜禽的瘦肉率。

畜禽肉品色泽也是决定畜禽肉质的重要因素。饲喂黄色玉米的鸡，鸡体就呈黄色，其品质高于白色鸡。因此在配合日粮时应适当添加含有较高氧化类胡萝卜素或叶黄素的天然着色剂类饲料，如苜蓿粉、松针粉、槐叶粉等。

禽蛋的品质包括其营养成分、蛋黄色泽、蛋重等。除蛋白质外，饲料中维生素和微量元素的种类以及含量的多少，将直接影响禽蛋的营养成分，饲料中铁、锰、碘、铜的含量高，则蛋内这些元素的含量就高；家禽补饲青绿多汁饲料或维生素 A，可提高蛋中维生素 A 的含量；勤晒太阳或补充维生素 D 的家禽，可提高蛋中维生素 D 的含量；饲料中添加维生素 B_2、维生素 B_6，可相应增加蛋中维生素 B_2、维生素 B_6 的含量，从而提高禽蛋品质。蛋黄色泽受饲料的影响较大，饲料中色素含量较高，蛋黄色泽就较深，品质就较好。因此，在日粮中适量搭配黄色玉米和青饲料，或加入草粉等，均可加深蛋黄的色泽。禽蛋的蛋重受饲料蛋白质水平高低的影响，饲料中蛋白质水平偏低，则蛋重低；提高饲料中蛋白质水平，则蛋重增加。

奶类的品质一般指乳蛋白、乳脂、维生素和无机元素的含量，以及奶类的风味。饲料对奶类品质（特别是乳脂）的影响较大。因此，日粮中应适当搭配玉米、燕麦、花生饼、豆饼、鲜草等，尽量减少棉籽饼、菜籽饼以及霉变饲料和饲草的喂量。

② 饲料安全直接影响食品的安全。饲料是人类的间接食品，饲料中有毒有害物质在畜禽产品中的残留，不仅给养殖业带来经济损失，还直接威胁人类的健康。如抗生素等药物在饲料的大量使用，会使人体对化学药物发生钝化乃至出现耐药性，给人的疾病治疗带来困难。此外，有毒有害物质铅、砷、氟等的大量残留，以及高铜、高锌、有机砷的大量使用，必将通过饲养畜禽的排泄物，造成土壤和水源污染，对人类的生活环境构成威胁。

我国现阶段饲料存在的主要安全问题有：饲料中添加违禁药品；超范围使用饲料添加剂；不按规定使用药物饲料添加剂；在反刍动物饲料中添加和使用动物性饲料；污染及霉变造成的饲料卫生指标超标；饲料标签标识行为问题较多；虽然农业生产资料打假工作的力度不断加大，但制售假冒伪劣产品的行为屡禁不止。

随着畜牧业的发展，人们对畜产品的消费需求已由过去的数量型转变为质量型，追求无污染、无残留和无公害的安全食品已逐渐成为人们的消费时尚，饲料行业也由关注产品产量的增加，转变为关注饲料产品质量的提高和饲料产品对畜禽乃至对人类安全性的影响。我国政府已把饲料安全质量问题提高到了一个新的高度，无论在饲料立法和饲料市场整治力度上都是空前的，其主要措施包括：对《饲料和饲料添加剂管理条例》进行了修改，条例增加了保障饲料安全的内容；加大了饲料安全检查力度；启动了饲料安全工程。作为畜禽养殖者，应加强饲料安全卫生的控制、检测和监督管理，正确掌握饲料和饲料添加剂的使用方法，尽量减少不必要的饲料添加剂的使用，同时，避免使用抗生素、激素、重金属和其他非法违禁药物，以确保饲料的安全，从而确保畜产品的安全性。

3.2 食品加工及其与食品安全的关系

3.2.1 食品加工的概念、目的和方法

(1) 食品加工的概念

食品工业属于轻工业，它是把自然界的各种动植物原料经过物理、化学和生物等方法处理，以提高其保藏性、运输性、可食性、便利性、感官性和价值等，制成色香味俱全、营养丰富的各种食品的加工制造业。研究食品加工有关的理论及方法的学科，称为食品工艺学。食品工艺学是应用化学、物理学、生物学、微生物学和食品工程原理等各方面的基础知识，研究食品资源利用、原辅材料选择、保藏、加工、包装、运输以及上述因素对食品质量、货架寿命、营养价值、安全性等方面的影响的一门科学。

（2）食品加工的目的

① 提高保藏性，防止腐败及变质，延长保藏期。常用技术有：制罐、冷藏/冷冻、干燥、腌渍、烟熏、包装等。

② 提高运输性，减小体积和重量，方便装卸搬运。常用技术如浓缩、干燥、冷藏/冷冻、制罐。

③ 提高可食性。去除不适食用之部分、改变不宜食用的成分、提高消化性。

④ 提高便利性。经调配及组合、微波、冷藏/冷冻、易开包装等处理，以便利烹调或供直接食用。

⑤ 提高感官接受度。经整理、护色或着色、调味、调香、均质等处理，改善色、香、味、形及口感等。

⑥ 提高机能性。包括营养成分之提炼、添加、发酵、热处理、化学处理等。

⑦ 提高食物的利用价值和经济价值。通过食品加工或深加工开发生产新产品和实现增值。

（3）食品加工的方法

概括来讲，食品的加工方法包括如下。

① 物理加工。可以改变食品外观、结构、成分、物理性质等。包括粉碎、筛理、搅拌、加热、浓缩、干燥、浸出、压榨、过滤、蒸馏等。如制米、磨粉就是物理机械加工方法为主的加工类型。

② 化学加工。改变化学组成，可能添加化学药剂或酵素。包括水解、中和、沉淀、凝聚、解析等。如淀粉糖生产就是以化学方法为主的加工类型。

③ 生物加工。可以改变化学组成及物理结构。包括发酵、微生物的培养利用等。如酿造就是以生物方法为主的加工类型。

（4）食品加工的分类

通常有如下分类方法。

① 按原料分类。植物性食品加工：包括农艺产品加工（如谷类、油料加工）、园艺产品加工（蔬菜、水果加工）、特用农产品加工（如茶、可可、甘蔗和甜菜加工）、林产品加工（如菇类、银杏加工）；动物性食品加工：包括畜产品加工（如畜肉、乳品加工）、禽产品加工（如禽肉、蛋品加工）、昆虫产品加工（如蜂蜜、蚕蛹加工）、水产品加工（如鱼、虾、贝、藻等的加工）。

② 按产品分类。主食加工（如米饭、面包等）、副食加工（如畜产品、禽产品、水产品、油脂等）、调味品加工（如酱油、醋、鱼露、胡椒等）、嗜好品加工（如茶、咖啡、可可、酒等）、便利食品的制造（方便面、汉堡等）、休闲食品的制造（糖果、饼干、蜜饯等）、机能性食品的制造（特殊营养食品、健康食品等）。

③ 按成分分类。淀粉类食品的加工（如各种主食）、蛋白质类食品的加工（如豆类制品的加工，肉、乳、蛋的加工）、糖质类食品的加工（如饴糖的制造）、纤维质类食品的加工（如菇类、竹笋的加工）、油脂加工（如色拉油的制造）、饮料类的制造（如果汁、蔬菜汁、碳酸饮料、含酒精饮料等）。

④ 按工艺分类。冷藏及冷冻、罐藏、浓缩、干燥、发酵、腌渍、烟熏、挤压膨化等。

⑤ 按加工程度分类。根据原料的加工程度可分为初加工和深加工。初加工是指

加工程度浅、层次少、产品与原料相比，理化性质、营养成分变化小的加工过程，如小麦制粉、稻谷碾米、动物屠宰等；深加工则是加工程度深、层次多，经过若干道加工工序，原料的理化特性发生较大变化，营养成分分割很细，并按需要进行重新搭配的加工过程。

3.2.2 食品生产经营的基本条件及其要求

我国《食品安全法》、《食品安全法实施条例》、《农产品质量安全法》、《餐饮服务食品安全监督管理办法》、《流通环节食品安全监督管理办法》、《食品生产加工企业质量安全监督管理实施细则》等法律、法规、规章以及相关标准对在我国境内从事食品生产、加工、流通和餐饮服务（统称为食品生产经营）规定了具体的条件和要求，这里仅作以概括性介绍。

(1) 许可制度

从事食品生产、食品流通、餐饮服务，应当依法取得食品生产许可、食品流通许可、餐饮服务许可。被吊销食品生产、流通或者餐饮服务许可证的单位，其直接负责的主管人员自处罚决定作出之日起五年内不得从事食品生产经营管理工作。

食品生产加工小作坊和食品摊贩从事食品生产经营活动，应当符合《食品安全法》规定的与其生产经营规模、条件相适应的食品安全要求，保证所生产经营的食品卫生、无毒、无害，有关部门应当对其加强监督管理。

(2) 基本硬件条件

① 具有与生产经营的食品品种、数量相适应的食品原料处理和食品加工、包装、贮存等场所，保持该场所环境整洁，并与有毒、有害场所以及其他污染源保持规定的距离。

② 具有与生产经营的食品品种、数量相适应的生产经营设备或者设施，有相应的消毒、更衣、盥洗、采光、照明、通风、防腐、防尘、防蝇、防鼠、防虫、洗涤以及处理废水、存放垃圾和废弃物的设备或者设施。

③ 具有合理的设备布局和工艺流程，防止待加工食品与直接入口食品、原料与成品交叉污染，避免食品接触有毒物、不洁物。

④ 餐具、饮具和盛放直接入口食品的容器，使用前应当洗净、消毒，炊具、用具用后应当洗净，保持清洁。

⑤ 贮存、运输和装卸食品的容器、工具和设备应当安全、无害，保持清洁，防止食品污染，并符合保证食品安全所需的温度等特殊要求，不得将食品与有毒、有害物品一同运输。

⑥ 直接入口的食品应当有小包装或者使用无毒、清洁的包装材料、餐具。

⑦ 销售无包装的直接入口食品时，应当使用无毒、清洁的售货工具。

(3) 人员条件

① 有食品安全专业技术人员、管理人员和保证食品安全的规章制度。

② 食品生产经营人员应当保持个人卫生，生产经营食品时，应当将手洗净，穿戴清洁的工作衣、帽。

③ 食品生产经营者应当建立并执行从业人员健康管理制度。患有痢疾、伤寒、病毒性肝炎等消化道传染病的人员，以及患有活动性肺结核、化脓性或者渗出性皮肤

病等有碍食品安全疾病的人员，不得从事接触直接入口食品的工作。

④ 食品生产经营人员每年应当进行健康检查，取得健康证明后方可参加工作。

⑤ 食品生产经营者应当组织从业人员参加食品安全培训，学习食品安全法律、法规、标准和食品安全知识，明确食品安全责任，并建立培训档案；应当加强专（兼）职食品安全管理人员食品安全法律法规和相关食品安全管理知识的培训。

在食品生产加工企业中，因各类人员工作岗位不同，所负责任的不同，对其基本要求也有所不同。对于企业法定代表人和主要管理人员，要求其必须了解与食品质量安全相关的法律知识，明确应负的责任和义务；对于企业的生产技术人员，要求其必须具有与食品生产相适应的专业技术知识；对于生产操作人员上岗前应经过技术（技能）培训，并持证上岗；对于质量检验人员，应当参加培训、经考核合格取得规定的资格，能够胜任岗位工作要求。从事食品生产加工的人员，特别是生产操作人员必须身体健康，无传染疾病，保持良好的个人卫生。

(4) 对加工原辅料的要求

食品加工的原料主要来自农林牧副渔业，但农林牧副渔业产品不一定都符合食品加工的要求。因此，在食品生产前，必须根据所生产产品的特性、工艺技术及产品标准要求，严格选择加工原料。概括来讲，用于食品加工的原料必须符合下列基本要求。

① 符合生产工艺和技术要求。不同食品有不同的生产工艺和技术，即使是同类同种产品，不同厂家所采用的生产工艺和技术也有所差异，因此，必须选用符合生产工艺和技术的原料，否则就很难保证产品质量。如面包加工要求所用小麦粉面筋蛋白含量在30％左右，而糕点加工却要求所用小麦粉的面筋蛋白含量较低；韧性饼干要求所用小麦粉面筋蛋白含量相对较高，而酥性饼干则要求所用小麦粉面筋蛋白含量相对较低；大豆油脂加工要求选用高油脂大豆为原料，而大豆蛋白食品加工要求选用高蛋白大豆品种。

② 符合食品卫生要求。原料卫生状况是影响食品卫生安全性的重要因素之一。虽然在食品加工过程中，要对原料进行清洗、消毒、去皮等处理，但对某些污染较为严重的原料来说，往往还是不能满足食品卫生标准的要求，这不仅为后续加工带来困难，而且会影响食品的卫生安全性。因此，在原料选用时，尽可能选用受污染较轻、卫生状况良好的原料。

③ 原料应优质新鲜。食品加工原料，特别是肉类、蛋类、乳类、水产品、水果、蔬菜等很容易腐败变质。已腐败变质的食品原料，不仅工艺性能劣变，不便生产加工，营养价值和产品的外观质量（如风味、色泽、组织状态等）降低，更重要的是腐败变质的原料中含有对人体有毒有害的物质，如有害微生物及其毒素。优质的原料才能加工出优质的食品，因此，用于食品加工的原料必须高度新鲜。

④ 对食品加工用水的要求。水是食品加工不可缺少的原料，如清洗、溶解等用水；水还是某些食品，特别是液体饮料的主要成分等。正是由于水在食品加工时，食品原料、半成品等要与水直接或间接接触以及水是食品的重要构成成分，从而水的品质对食品质量及安全具有重要的影响。食品生产用水必须符合我国《生活饮用水卫生标准》（GB 5749）的要求。

⑤ 使用的洗涤剂、消毒剂应当对人体安全、无害。

（5）禁止生产经营的食品

《食品安全法》第 28 条规定，禁止生产经营下列食品：

① 用非食品原料生产的食品或者添加食品添加剂以外的化学物质和其他可能危害人体健康物质的食品，或者用回收食品作为原料生产的食品；

② 致病性微生物、农药残留、兽药残留、重金属、污染物质以及其他危害人体健康的物质含量超过食品安全标准限量的食品；

③ 营养成分不符合食品安全标准的专供婴幼儿和其他特定人群的主辅食品；

④ 腐败变质、油脂酸败、霉变生虫、污秽不洁、混有异物、掺假掺杂或者感官性状异常的食品；

⑤ 病死、毒死或者死因不明的禽、畜、兽、水产动物肉类及其制品；

⑥未经动物卫生监督机构检疫或者检疫不合格的肉类，或者未经检验或者检验不合格的肉类制品；

⑦ 被包装材料、容器、运输工具等污染的食品；

⑧ 超过保质期的食品；

⑨ 无标签的预包装食品；

⑩ 国家为防病等特殊需要明令禁止生产经营的食品；

以及其他不符合食品安全标准或者要求的食品。

3.2.3　食品加工过程中质量与安全问题产生的原因

在食品加工过程中可能产生食品安全问题的途径有两个方面：一是食品加工过程中产生的污染；二是食品加工过程中营养素的损失和有害物质的产生。主要因素包括原料污染与变质、生产用水污染、食品添加剂的不合理使用、生产环境卫生、生产工艺与技术不当等。导致食品加工过程中安全问题产生的原因主要有如下几种。

（1）无证非法进行食品加工

无证非法生产的食品加工企业，即尚未取得食品生产许可证的企业或个人，一般均不具备安全食品加工的条件（包括硬件和软件），所加工的食品质量和安全性没有保证。

（2）食品中添加非食用物质

部分食品生产者采用种种不正当手段，通过在食品中添加某些非食品成分，用来掩盖其加工的食品的缺陷或以次充好，以达到迎合消费者、牟取暴利的目的。这类问题有以下几种情况。

① 滥用食品添加剂。过量使用，或超范围使用食品添加剂的现象时有发生，是目前食品安全问题发生的主要原因之一。详见本章第 5 节。

② 食品中添加有毒、有害物。在食品加工过程中添加有毒、有害物会对消费者造成严重的健康危害。1998 年 10 月，浙江省发生多起因进食使用"饼干喷涂油"生产的饼干引起的食物中毒事件，造成 700 余人中毒。经调查，造成中毒的原因是所使用的"饼干喷涂油"为非食品原料。类似的事件还有：在豆制品和米粉加工中使用甲醛、二氧化硫、甲醛次硫酸氢钠（俗称"吊白块"）等非食用原料；大米中掺加色素称之为"竹色大米"或"维生素大米"，实为染色大米；火锅底料中使用罂粟壳增添香味，以及发生在全国多个省市的大米中添加矿物油事件等。还有的保健食品生产企

业为增强其功能，违法在食品中添加药物成分，如有的抗疲劳产品添加"伟哥"药物成分；有的减肥类食品中添加酚氟拉明成分；2003 年 11 月媒体曝光，有千年历史的中国名牌产品金华火腿竟然使用了敌敌畏防蝇；2011 年发生在台湾的"塑化剂"风波；还有"三聚氰胺事件"所造成的危害、损失令世人震惊。

(3) 偷工减料，弄虚作假

有的企业为了降低生产成本，牟取暴利，用劣质甚至非食品加工原料加工食品。20 世纪 90 年代后期，先后发生在云南省会泽，山西省朔州、忻州、大同等地区的多起假酒案，造成几百人中毒、致残，几十人死亡。2001 年先后发生在广东、重庆的用人发、动物屠宰废物为原料，经酸解，添加食盐、色素、香精和水配制成水解酱油，内含氯丙醇致癌物、铅、砷等有害物质，且在配兑酱油时加入的酱色中，含有可致人惊厥甚至可诱发癫痫症状的 4-甲基咪唑。2002 年金华市卫生局查获的假白糖，蔗糖成分仅占 30%，硫酸镁成分占 30%。2002 年漯河市某糖蜜加工厂在生产条件不符合卫生要求、无卫生许可证、从业人员无健康证的条件下，以白糖水加化学试剂盐酸生产假蜂蜜。2004 年阜阳奶粉事件，国务院调查组通过卫生学调查证实，不法分子用淀粉、蔗糖等价格低廉的食品原料全部或部分替代乳粉，再用奶香精等添加剂进行调香调味，制造出劣质奶粉，其中婴儿生长发育所必需的蛋白质、脂肪以及维生素和矿物质含量远低于国家相关标准，但没有发现铅、砷等有毒有害物质超标，也没有检出激素成分，基本排除受害婴儿受到毒性物质侵害的可能。长期食用这种劣质奶粉会导致婴幼儿营养不良、生长停滞、免疫力下降，进而并发多种疾病甚至死亡。经对当地 2003 年 3 月 1 日以后出生、以奶粉喂养为主的婴儿进行的营养状况普查和免费体检显示，因食用劣质奶粉造成营养不良的婴儿有 229 人，其中轻中度营养不良的有 189 人。经国务院调查组核实，阜阳市因食用劣质奶粉造成营养不良而死亡的婴儿共计 12 人。阜阳市查获的 55 种不合格奶粉共涉及 10 个省（自治区、直辖市）的 40 家企业，既有无厂名、厂址的黑窝点，也有盗用其他厂名的窝点，还有证照齐全的企业。在国务院调查组的统一组织下，阜阳市对制售劣质奶粉违法犯罪行为依法进行了严厉打击；立案查处涉嫌销售不合格奶粉案件 39 起，打掉生产及分装窝点 4 个，刑事拘留 47 人，留置审查 59 人，宣布正式逮捕 31 人，依法传讯 203 人。2006 年 8 月，媒体曝光南京一家沸腾鱼乡将掺有客人口水，及收桌时扫进去的剩渣、纸巾甚至烟头的油，简单过滤后便供人食用的"口水油"沸腾鱼事件。据报道，这样重复用油每月可以为饭店节省数万元的成本。这类事件可以用"层出不穷"、"花样不继翻新"来形容。仅 2011 年就先后出现"地沟油事件"、"牛肉膏事件"、"染色馒头事件"、"回炉面包事件"、"血脖肉事件"等，多达几十起。

(4) 忽视加工过程控制

食品生产加工企业经常出现因卫生质量控制不好，生产的食品不符合卫生标准。发生这类问题的企业，往往是企业负责人缺乏对食品卫生的重视，对食品加工原料、设备、加工过程、加工工艺等疏于管理，现场检查往往存在食品原料验收不严、贮存不当，加工人员管理松散、加工设备缺乏清洁和维护，加工环境脏乱，食品在整个加工过程缺少应有的保护，没有相应的卫生管理制度或制度得不到很好地落实等问题。

某些加工企业未能严格按照工艺要求操作，导致食品自身安全性降低，如未能按照工艺要求操作，微生物杀灭不完全，造成食品残留病原微生物或在生产贮藏中发生微生物腐败而造成的食品安全问题；工厂车间及生产条件布局不合理、生产用水、环境卫生、人员健康等不符合要求，造成食品污染等。

① 机器设备的污染。如器件杀菌不彻底；清洗不够或不净；消毒剂或清洁剂残留；残渣污染，细菌繁殖；工具不清洁等等。用过氧乙酸溶液清洗设备时，浓度不够导致生产的食品细菌总数超标。

② 环境污染。工厂四周环境卫生差，有污染源；厂区布局不合理，乱堆乱放废弃物或垃圾；加工场所（车间）卫生状况差，无定期清洗、消毒等。

③ 包装污染。如包装间管理不严；包材损坏或染菌；包装方式不当；包装材料存放时被污染等。

④ 水污染源。如生产用水不符合《生活饮用水卫生标准》要求；水源卫生不良，含大量杂质或异物，细菌总数多；水消毒不够等。

⑤ 人员污染。如手套或手不干净；员工患有肝炎等疾病；工作服不干净；脱落毛发；饰物污染；工作中吸烟或饮食等。

⑥ 贮存污染源。如成品库卫生不良；湿度或温度控制不当；成品和原料混存污染等。

3.2.4 食品加工过程中有害物质的产生

(1) 热解产物

食品加工的温度过高或方法不当（一般当食品加热到190℃以上，或通过煎、烤、油炸等方式加工）时，会产生一些对人体有害的物质。

① 氨基酸变性。在热处理富含蛋白质食物时，蛋白质及氨基酸（如谷氨酸、色氨酸等）会发生热解，生成一类具有致突变性和致癌性的化学物质——杂环胺（heterocycic amines）。从结构上看，它们属于氨基咪唑并喹啉、氨基咪唑并喹噁啉、氨基咪唑并吡啶、氨基吡啶并吲哚和氨基二吡啶并咪唑的衍生物。一般来讲，食物直接与明火接触或与灼热的金属表面接触（如火烤、煎、炸）时容易产生杂环胺类化合物（见表 3-2）。

表 3-2　一些烹调食品中杂环胺的含量　　　　　　单位：ng/g

食品种类	烹调方法	PhIP	MeIQx	DiMeIQx
牛排	烤或煎	39	5.9	1.8
鱼	烤或烧烤	69	1.7	5.4
鱼	煎	35	5.2	0.1
猪肉	烤或烧烤	6.6	0.63	0.16
猪肉	煎	4.4	1.3	0.59

注：PhIP 为 2-氨基-1-甲基-6-苯基亚氨基 [4,5-*b*] 吡啶的简称；MeIQx 为杂环 2-氨基-3,8 丙烷 [4,5,-*f*] 喹噁啉的简称；DiMeIQx 为 2-氨基等 3,4,8-三甲基亚氨基 [4,5,-*f*] 喹噁啉的简称。

② 油脂高温变化。高温使油脂中的甘油变成丙烯醛，还使油脂发生或促进自身氧化而产生过氧化物和低分子分解产物以及高温油脂产生的二聚体、三聚体、环氧基及其他有害物质等，这些物质除能使油脂颜色变深和黏度上升外，对人体都有不同程度的危害。因此，我国《食用植物油煎炸过程中的卫生标准》（GB 7102.1—2003）规定煎炸油酸价应≤5mg/g、羰基价应≤50meq/kg、极性组分应≤27%。

③ 美拉德反应。食品中的游离氨基酸与还原糖在高温（最佳温度为 $140\sim180\text{℃}$）下发生美拉德反应，生成有毒性和致癌作用的丙烯酰胺。

(2) 苯并 (α) 芘的污染

苯并 (α) 芘 [B(α)P] 是一种由五个苯环构成的多环芳烃，许多动物实验和流行病学资料表明其与人类某些癌症的发生有着十分密切的关系。食品在烟熏、烧烤等制作过程中产生的 B(α)P，主要是由于食品中的脂肪在高温条件下发生热聚而成，以及燃料不完全燃烧产生的 B(α)P 直接接触食品而造成污染。一般烧烤肉、烤香肠中 B(α)P 含量为 $0.17\sim0.63\mu g/kg$，而以炭火烤的肉中 B(α)P 可达 $2.62\sim11.2\mu g/kg$，用松木熏的红肠中可高达 $88.5\mu g/kg$。烘烤食品温度达 500℃ 时，食品中可产生 B(α)P $0.14\mu g/kg$，700℃ 时可产生 B(α)P $12\sim88.8\mu g/kg$。据国际抗癌研究组织报告，外国生产的熏肉中，苯并 (α) 芘含量可达 $107\mu g/kg$。此外，在柏油路上晒粮，粮食中 B(α)P 含量较晒前高 8.37 倍。将牛奶在涂石蜡的容器中存放，石蜡中的 B(α)P 可全部转移至牛奶中。

(3) 亚硝胺的污染

食品加工过程中污染亚硝胺的主要途径为：①腌制菜时，蔬菜中的某些硝基化合物（特别是施用较多氮肥生产的蔬菜）及使用的粗制盐中含有的硝酸盐，可被细菌还原成亚硝酸盐，同时蛋白质可分解为各种胺类，从而合成亚硝胺；②使用食品添加剂亚硝酸盐或硝酸盐直接加入鱼、肉中作为发色剂，在适当条件下，均可形成亚硝胺。

(4) 氯丙醇的污染

盐酸与丙三醇反应会取代丙三醇分子上 $1\sim2$ 个羟基，生成有毒、有致癌作用的氯丙醇。如水解蛋白质是用浓盐酸在 109℃ 下回流酸解，为了提高氨基酸产量，往往过量使用盐酸，若原料中含有油脂即会发生水解生成丙三醇，进而与盐酸反应生成一系列氯丙醇类化合物。

3.3 食品流通及其与食品安全的关系

3.3.1 食品流通概述

(1) 食品流通的概念

食品流通（foods circulation）是指食品从生产领域向消费领域的转移过程。食品是一类特殊商品，食品流通是商品流通的重要组成部分，是解决食品生产与消费之间存在的时空矛盾的必要手段。

食品流通（主要指物流）是一个较为复杂的过程，食品要从生产者手中到达消费者手中，往往要经过（甚至是多次）贮存、运输、销售等环节，而且销售环节还包括批发和零售。

(2) 食品贮存

① 食品贮存的概念与作用。食品贮存是指食品在生产、流通领域中的暂时停泊和存放过程，也称为食品贮藏。食品生产，特别是农产食品的生产具有很强的季节性，而食品的消费是常年的，或者说人们希望能随时消费自己喜欢的食品，这就是

说，食品生产和消费存在时间上的矛盾。目前，要解决这一矛盾，除了采取反季节生产外，主要途径仍是采取传统的措施，即食品贮存。

食品贮存是以保证食品流通和再生产过程的需要为限度，通过自身的不断循环，充分发挥协调食品产、消时间矛盾的功能。食品贮存已成为促进食品流通，乃至整个社会再生产的不可缺少的重要条件。

在整个食品链中，食品贮存可能存在于各个环节，在农业生产环节，有食用农产品的贮存；在食品加工环节，有加工原料的贮存、半成品的短期贮存、产成品的贮存等；在流通环节除了有专业化的食品贮存外，在运输及销售前后也有短期的贮存；在消费环节往往也存在食品的短期贮存。

② 食品贮藏保鲜。食品在贮存期间往往会发生这样或那样的质量变化，导致食品新鲜度和品质降低，甚至腐败变质，降低甚至丧失食用价值。因此，要充分发挥食品贮存在解决食品产消矛盾中的重要作用，就必须采取措施来防止食品在贮存期间的质量变化。

食品贮藏保鲜就是为了防止食品腐败、保持食品品质、延长食品存放时间而采取的技术手段。即通过物理、化学或生物技术来改善食品的耐贮藏性及食品的贮存环境，以达到预防和抑制食品在贮存期间可能发生的腐败变质现象，确保食品原有的色、香、味、形及营养卫生品质。食品贮藏保鲜已形成一门学科，即食品贮藏学。

根据食品在贮藏期间质量变化的原因及影响因素，食品贮藏保鲜主要从如下两个方面着手。

a. 改善贮藏特性或稳定性及抵抗性。如脱水干燥，降低食品水分含量和水分活度；盐、糖、酸等腌制，以提高食品的渗透压或降低食品的 pH 值；罐藏，杀灭食品中的腐败微生物，排除食品中的空气（氧气）；辐射，改变食品的生物学特性，杀灭食品中的腐败微生物；添加或用化学药剂处理，提高食品的抗菌性、抗氧化性、杀灭微生物及害虫等；利用现代生物技术改善天然食品贮藏特性等。

b. 改善食品贮藏环境，减轻或避免外界因素对食品的为害。降低环境温度，如冷藏、冻藏；改变环境气体组成，如气调贮藏、真空包装、充氮包装、脱氧及其他气调节技术等。

(3) 食品运输

① 食品运输的概念与作用。食品运输是通过运力实现食品在空间上的转移过程。食品生产与消费不仅存在时间上的矛盾，而且由于世界及全国各地自然环境和资源的巨大差异，使食品生产存在很大的地域差异，而人们生活消费的需求却具有多样性，从而使食品生产和消费也存在空间上的矛盾。特别是随着社会经济的发展，人们的生活水平和多样化要求越来越高，国际贸易快速发展，食品生产与消费在空间上的矛盾日益加剧。虽然人们通过移植（殖）等方法可以在一定程度上缓解这一矛盾，但目前的主要措施仍是运输。也就是说，食品运输是目前解决食品生产和消费在空间上矛盾的主要途径。

② 食品运输方式。随着食品流通的迅速发展，食品流通的空间范围不断扩大、流通食品的种类不断增加以及对食品流通的及时性和保质性要求的提高，食品运输从传统的公路运输、铁路运输和水路运输，已经延伸到快捷的航空运输、集装箱运输，而且许多现代科技技术已应用到食品运输中，形成新的运输方式或技术，如气调运

输、冷链运输等。

（4）食品销售

通俗地讲，食品销售即是把食品卖给顾客。从理论上讲，食品销售是食品价值的转移过程，即将食品的所有权从货主转移给顾客。现代食品销售不仅是包括有形食品的转移，还包括无形的服务，如向顾客介绍食品的营养及功能特性、食品的烹调或食用方法、食品贮藏方法等。

食品销售有国内贸易和国际贸易；有批发和零售；有商店、超市的销售，还有农贸市场的销售；有食品生产者的直接销售（即直销），也有商业部门的销售。在整个食品链中，食品销售除了存在于流通环节外，在农业生产环节存在农户对所产食用农产品的销售，在加工环节存在食品加工企业对加工原料的采购和对产成品的销售。

3.3.2　食品在流通过程中的质量变化

（1）食品在流通过程中质量变化的类型

食品在流通过程中，由于各种环境因素的影响，导致其可能发生多种多样的品质变化。但从变化的机理来看，食品的质量变化主要有物理变化、化学变化、生理生化变化和微生物学变化。

① 物理变化。食品的物理变化是指受外力作用而发生的机械性损伤、水分变化、香味物质的挥发、对环境异味的吸附等。水分变化和机械性损伤对食品质量的影响很大，它们不仅会改变食品的物理性质，而且会促进食品发生微生物学变化、生理生化变化及化学变化。如因水分的蒸发、吸收、转移及凝结等，使食品干缩、萎蔫、溶化、结晶（块）等。

② 化学变化。食品的化学变化是指食品中的化学成分所发生的分解、缩合或相互之间发生的化合、聚合，以及它们与空气中氧所发生的氧化反应等。如蛋白质的变性、淀粉的老化、油脂的氧化酸败、维生素的氧化分解等。

③ 生理、生化变化。食品的生理、生化变化是指鲜活食品和生鲜食品因生命活动的延续或活性酶的作用而引起的品质变化。如新鲜水果和蔬菜的成熟、衰老、老化、抽薹、发芽等；畜、禽、鱼等动物肌肉所发生的僵直、解僵或成熟、自溶等变化；鲜蛋的胚胎发育等。引起生理学变化的根本原因在于这类食品仍为有生命的活体，仍在进行其生命活动，或其体内的酶仍具有活性，在发挥作用。

④ 微生物学变化。食品微生物学变化是由微生物所引起的食品品质的改变，包括由细菌引起的腐败、霉菌引起的霉变、酵母菌及某些细菌引起的发酵等。微生物学变化不仅涉及面广，几乎所有食品都有可能发生微生物学变化，而且对食品的色、香、味、形、营养价值及安全等多方面均有影响。

（2）影响食品质量变化的因素

影响食品质量变化的因素既有内在因素，又有外在因素。其中内在因素包括食品的种类、化学成分、组织结构、生物学特性、水分含量（或水分活度）、收获时间等。而外在因素主要包括温度、湿度、气体、光及射线、微生物、污物等流通环境因素。此外，食品流通各环节的操作（如搬运、堆码、分装等）也往往会对食品造成一定的机械伤害。食品的各种变化之间也存在相互促进、互为条件或相互制约的关系。

在各种外在因素中，腐败微生物的活动是引起食品质量变化的主要原因。腐败微生物的种类因食品不同而异，如水果的腐败主要是由酵母和霉菌引起的；蔬菜的腐败主要是细菌活动引起的；鲜蛋中常见的腐败微生物有假单胞菌、变形杆菌、产碱杆菌、埃希菌、小球菌等细菌，还有毛霉、青霉等霉菌；水产品中常见的腐败微生物有无色杆菌、不动细菌、假单胞菌、摩氏杆菌、黄色杆菌、小球菌等细菌。

相对来说，加工食品除少数产品（如熟肉、酸奶、黄油、奶酪、面包、豆腐等）的耐贮藏性能较差外，大多数产品则由于经过不同的加工工艺处理和完善的包装而具有较好的耐贮藏性能，导致其变质的直接因子相对较少，主要是微生物、空气或氧。而鲜活食品相对来说耐贮藏性较差，导致鲜活食品食用品质下降的直接因子除了微生物、空气或氧以外，其生命活动的继续及体内酶的作用也是影响其食用品质的重要因子。但由于这类食品往往具有一定的自我保护功能，如鲜果蔬表面的蜡层及自卫反应，鲜蛋中具有溶菌功能的溶菌酶的存在，反而使其的耐贮藏性较某些生鲜食品要好些。导致生鲜食品食用品质下降的直接因子除了微生物、空气或氧以外，其中所含的酶对其食用品质有着重要影响，特别是这类食品均失去了自我保护功能，多易遭受微生物的污染，致使其较其他食品更难以贮藏保鲜。

食品贮藏保鲜就是通过调节某些因素，使微生物活动、酶的活性、反应速度等受到不同程度的抑制，从而使食品品质在一段时间内得到保持。

3.3.3 食品在流通过程中的安全性

(1) 食品在贮藏过程中可能存在的安全问题

① 使用化学药剂引起的食品安全问题。目前，在食品贮藏期间可能存在的因使用化学药剂引起的食品安全问题主要有两个方面：一是使用某些化学药剂处理食品（主要是鲜活食品），以提高其耐贮藏性，因此造成食品的化学性污染。如在果实涂膜保鲜剂中可能加入某些具有抑菌防腐作用的化学物质；用某些化学药剂（如农药、抗生素、激素、防腐剂、抑菌剂等）处理鲜果蔬，以抑制其生长、萌发、腐烂等；用硝酸盐或亚硝酸盐处理鲜肉，以改善外观和防腐等。二是在粮食、油料等贮存期间使用化学药剂熏蒸（如硫黄）、毒杀（如农药、灭鼠药）防虫害、鼠害、霉变等，这便有可能使粮食、油料等吸附或混入有毒有害物质。

② 食品辐照贮藏的安全性问题。关于辐照食品的安全性在第 2 章已进行了较详细的分析，这里不再重复。

③ 交叉污染问题。食品是特殊商品，应该专库贮存，并具有控温、控湿、防虫、防鼠等措施。但在现实中，特别是规模较小的企业往往存在库容不足，贮存设施简陋，甚至没有自己的库房，致使存在食品与非食品（甚至与有毒有害的化工产品，如农药、化肥、汽油等）混存或交替存放的现象，这就难免使食品，特别是散装食品、包装破损食品受到污染。

④ 食品贮藏条件不当引起的安全问题。贮藏温度和湿度是影响食品品质变化的重要因素。温度过高、湿度过大往往会使某些鲜活食品生理活动旺盛，并伴随产生有毒有害物质。如马铃薯在适宜的温湿度条件下，再加光照就会出现发芽、皮层变绿等现象，同时产生毒素龙葵素。粮食、油料及其加工产品如果贮存环境温度过高，湿度

过大，就会发生霉变，并被霉菌毒素所污染。

(2) 食品在运输过程中可能存在的安全问题

食品运输过程一般时间较短，也不做什么加工处理，因此，食品在运输过程中可能产生的食品安全问题主要是污染，此外还可能发生水湿（雨淋）、机械性损坏（因装卸操作、运输方式、堆码方式方法不当）和因运输方式选择不当导致食品变质（如鲜活食品需要用冷藏运输或气调运输）。可能造成食品污染的原因主要有：

① 装卸场地环境卫生条件差，对食品造成污染；

② 没有建立专车、专船、专用容器的食品运输管理制度，而是与其他物品甚至有毒有害物品混装、混运，如食品在运输中由于车船等运输工具装运过农药未予清洗，以及食品与农药混运，可引起农药的污染；

③ 有特殊气味和易于吸收气味的食品混合盛放运输，使食品食用价值降低；

④ 采用非食品用的包装材料或容器（如塑料袋、周转箱等）作为输运时直接接触食品的包装容器；

⑤ 运输过程中野蛮装卸，致使包装物破损，食品外露而被污染；

⑥ 未采取应有的防尘措施。

(3) 食品在陈列销售过程中可能存在的安全问题

食品在陈列销售过程中可能会发生如下安全问题。

① 陈列销售条件不具备，导致食品变质。如超市销售的净菜、速冻食品、酸奶等的耐贮藏性很差，极易腐烂变质，需要在冷藏条件下进行销售。

② 陈列时间过长，导致食品过期。

③ 食品被污染。可能导致食品被污染的原因有：食品陈列区域环境卫生状况差，造成对食品的污染；未划分各类食品专用陈列区，如生、熟食品的混合陈列，散装食品与包装食品的混合陈列等，造成生食品对熟食品的污染；食品与非食品混在一起陈列，造成食品受到非食品的污染；盛装散装食品的容器污秽不洁，或无防尘材料遮盖、周围无隔离设施、无专人负责陈列销售管理，消费者自行挑选分装，增加了食品受污染的机会等。

④ 一些不法商贩违规使用某些化学药剂处理食品，以改善食品外观和防腐，如有人用福尔马林（甲醛）处理毛肚防腐、有人用硫黄熏制生姜改善其外观、"毒血燕"事件、"染色黑芝麻"事件等。这类事件多发生在农贸市场。

3.3.4 食品流通过程中质量与安全问题产生的原因

(1) 食品质量与安全控制和管理水平低

历史原因造成我国食品流通企业大多为中小型企业，很少有专业性的大型食品流通企业，且集市贸易在我国食品流通中占有相当大的比重，普遍存在相关设备、设施缺乏、落后，食品质量与安全检测能力低下甚至缺乏，管理及工作人员缺乏相关专业知识和技能等问题，以致难以建立完善的食品质量与安全危害分析与控制管理体系，无法开展基于风险分析的食品安全控制、检测与管理活动。

(2) 食品质量与安全监督管理不到位

如上所述，食品流通企业缺乏自我控制能力，而消费者又大多不具备或缺乏识别假冒伪劣食品、判断食品品质的知识和能力，这样，目前我国流通领域食品质量与安全监控的重任就落到政府身上。虽然近年来，我国食品质量与安全监督管理在各方面均有了很大的发展，监管能力也有很大的提高，为保证食品安全做出很大的贡献，但与实际存在的食品质量与安全问题相比，我国负责流通领域食品质量与安全监督的部门也存在与企业类似的问题，如人力缺乏、检测手段落后，更重要的是传统的"一阵风"、"运动式"的监管模式仍然存在，尚未形成常态化的监管运行机制。

（3）食品流通企业信用度低

有毒有害食品的不断出现，乱贴食品标识以及制假售假等违法犯罪行为仍屡有发生，其重要原因之一就是食品生产经营企业职业道德和信用的严重缺失。

目前，存在于城乡的集贸市场仍是低收入消费者采购食品的最主要场所，同时也是大量假冒伪劣产品重要的销售渠道。一些食品摊贩采购食品或原料，只问价钱，不管质量和来源，更不会根据有关规定索取检验合格证。为了便于销售，一些假冒或伪劣产品往往具备很美观的包装，使消费者很难区分，或者合格产品与不合格产品同时销售，以备执法部门抽查检验。由于儿童缺乏鉴别能力，使一些地区学校门前的食品摊点、商亭也成为某些不合格儿童食品的集散地。使用一些非定型包装或大包装原料分装成假冒商标的产品，也是食品制假售假的常用方式。即使一些大型食品商场和超市，也难以杜绝假冒伪劣产品进入。

（4）食品经营准入制度执行不到位

虽然《食品安全法》规定，从事食品经营必须先取得经营许可；取得"QS"认证的食品才能进入流通等。但实际上，"经营许可"目前只对企业有效，对农贸市场无半点约束，且"经营许可"的"门槛"太低，再加上徇私舞弊、弄虚作假，以及"QS"标识的滥用等等，为流通领域食品质量与安全问题地频繁发生埋下了隐患。

此外，目前我国有关食品流通领域的法律法规、规章制度和标准体系不健全也是导致流通领域食品质量与安全问题发生的重要原因之一。

3.4 餐饮服务及其与食品安全的关系

3.4.1 餐饮服务概述

（1）餐饮服务的概念

按欧美《标准行业分类法》的定义，餐饮业是指以商业赢利为目的的餐饮服务机构。我国《国民经济行业分类》（GB/T 4754—2011）将餐饮业定义为：通过即时制作加工、商业销售和服务性劳动等，向消费者提供食品和消费场所及设施的服务。包括路边小饭馆、农家饭馆、流动餐饮和单一小吃等餐饮服务（统称为小吃服务）及餐饮配送服务。显然这一定义主要是针对"商业型餐饮"，实际上餐饮服务还包括"非商业型餐饮"，如学校、军队、监狱、医院、慈善机构的膳食供应及企事业单位附设的职工食堂。食品质量与安全所涉及的餐饮服务既包括商业型餐饮，也包括非商业型餐饮。

(2) 餐饮服务的特点

从不同的角度来看，餐饮服务有不同的特点，这里仅从食品质量与安全方面，根据餐饮服务与食品链的其他环节的异同将餐饮服务的特点归纳为如下几个方面。

① 餐饮业既不同于商业，又不同于工业，也不同于纯服务业，在现代社会里它属于第三产业，具有生产加工、饮食品零售和劳动服务的综合性。

② 与食品加工业相比，餐饮业也具有食品加工的性质，但又不同于工业性食品加工，即餐饮食品加工的标准化程度低，个性特征显明，甚至可以根据顾客的要求改变加工程度及用料；批量小；烹调过程一次性完成，无单元操作的区分，且以手工操作为主，因此，加工过程涉及的操作人员少，产品质量受操作者个人因素影响大；产品质量稳定性差；通常无专业性的灭菌、包装工序，即产品以"散装"形式推出；产品为"无标准产品"，且推出前无须进行专门的合格性检验；加工原料以鲜活农产品为主，且大多为当天采购、当天加工，一般不积存等。

③ 与食品流通业相比，"商业型餐饮"具有赢利的目的，而"非商业型餐饮"属"纯服务性"；餐饮产品除"餐饮配送服务"有短程运送外，一般不需要运送，而是就地消费；餐饮产品一般不需要贮存，以就地鲜销（消）为主；商业型餐饮业必须为顾客提供必要的消费场所、设施（餐桌椅）和器具（碗筷等）；顾客对餐饮业所提供的消费场所、设施和器具的要求，特别是卫生要求远高于商店等。

3.4.2 我国餐饮食品安全状态分析

改革开放 30 多年来，随着我国社会经济的快速发展，现代家庭结构趋小与人口流动性的增大，人们对食品消费日益呈现出多样化、方便化的趋势。非时令食品消费、在外就餐消费等活动大大增多，致使我国餐饮业发展迅猛，日新月异，各种风味特色，各种经营形式，各种组织结构的餐饮企业星罗棋布。2007 年，我国餐饮业全年零售额达到 12352 亿元，比上年约增加 2006.5 亿元，同比增长 19.4%，比上年同期增幅高出 3%，占社会消费品零售总额的 13.8%，拉动社会消费品零售总额增长 2.6%，对社会消费品零售总额的增长贡献率为 15.6%。我国餐饮业的快速持续发展，显示出了在社会需求和经济发展的大背景下，行业总体规模日益扩大，在国民经济中的地位和作用明显提升和加强，但同时也使得群体性的食品安全问题变得更加严重。

近年来，我国各级政府十分重视食品安全问题，国家先后出台了《食品安全法》、《食品安全法实施条例》、《农产品质量安全法》、《餐饮服务许可管理办法》、《餐饮服务食品安全监督管理办法》、《餐饮服务食品安全操作规范》等法律、法规、规章以及相关标准，使我国食品安全状态有所好转。如图 3-2 为我国 2006~2011 年上报卫生部的食物中毒报告起数、中毒人数和死亡人数。可以看出，在"十一五"以后（2006~2011 年）我国食物中毒报告起数、中毒人数和死亡人数总体上呈下降态势。

但食品安全问题仍时有发生，食品质量与安全状况不容乐观。据报道，江苏省泰州市疾病预防控制中心按照《关于委托开展江苏省 2010 年餐饮服务食品安全监督抽检工作的函》检测技术要求提供的检测方法和食品检验工作规范进行监测抽样，采高风险食品、餐饮具及食品原料 3 大类样品 312 份，对大肠菌群、菌落总数、沙门菌等

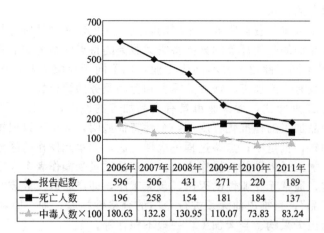

	2006年	2007年	2008年	2009年	2010年	2011年
◆—报告起数	596	506	431	271	220	189
■—死亡人数	196	258	154	181	184	137
▲—中毒人数×100	180.63	132.8	130.95	110.07	73.83	83.24

图 3-2　2006～2011 年我国食物中毒情况
（根据卫生部历年报告数据编制）

7 个微生物指标及防腐剂、色素、重金属、兽药残留等 28 个理化指标进行监测。结果 312 份样品总体合格率为 50.3%，其中食物原料大米、小麦粉、食用油全部合格；生活饮用水合格率为 75.0%；猪肉（猪肝）合格率为 56.2%；高风险食品合格率仅为 17.3%，熟肉制品、鲜榨果蔬汁、非发酵豆制品、沙拉、凉拌菜、生食水产品、盒饭合格率分别为 20.0%、15.0%、6.25%、25.0%、0、12.5%、37.5%。合格率偏低主要受菌落总数、大肠菌群两个卫生学指标的影响，7 类样品合格率差异无显著性；餐饮具合格率为 75.6%。

从食物中毒事件的致病因素分析（见表 3-3）发现，微生物性食物中毒事件的报告起数和中毒人数为最多，分别占总数的 40.11% 和 61.93%；其次是有毒动植物引起的中毒，分别占总数的 30.53% 和 17.90%，以有毒动植物引起的中毒死亡人数最多，占总数的 52.97%，依次是化学性和微生物性食物中毒，分别占总数的 34.23% 和 7.03%。微生物性食物中毒事件的报告起数和中毒人数均居首位，主要是由于食品贮存、加工不当导致食品变质或受污染，与食品加工、销售环节卫生条件差，公众的食品安全意识薄弱、食品安全知识缺乏等密切相关。化学性食物中毒、有毒动植物及毒蘑菇食物中毒是造成食物中毒事件人员死亡的主要原因，引起中毒的物质主要为剧毒鼠药、有机磷农药、亚硝酸盐和毒蘑菇。毒蘑菇中毒多为农村群众自行采摘野蘑菇食用，又缺乏鉴别毒蘑菇的知识和能力，从而误食引起食物中毒。

表 3-3　2006～2011 年全国食物中毒事件按致病因素分析

年　份	微生物性			化学性			有毒动植物①			不明原因		
	报告起数	致病人数	死亡人数	报告起数	致病人数	死亡人数	报告起数	致病人数	死亡人数	报告起数	致病人数	死亡人数
2006	265	11053	18	103	1671	78	151	3158	85	77	2181	15
2007	174	7816	5	89	1502	74	189	2789	167	54	1173	12
2008	172	7595	5	79	1274	57	125	2823	80	55	1403	12
2009	118	7882	20	55	1103	66	81	1269	93	17	753	2

续表

年　份	微生物性			化学性			有毒动植物①			不明原因		
	报告起数	致病人数	死亡人数	报告起数	致病人数	死亡人数	报告起数	致病人数	死亡人数	报告起数	致病人数	死亡人数
2010	81	4585	16	40	682	48	77	1151	112	22	965	8
2011	78	5133	14	30	730	57	53	1543	51	28	918	15
年平均	148	7344	13	66	1160	63	113	2122	98	42	1232	11
百分比/%	40.11	61.93	7.03	17.89	9.79	34.23	30.53	17.90	52.97	11.43	10.39	5.77

① 含毒蘑菇。

注：根据卫生部历年报告数据编制。

从食物中毒事件发生的场所来看（见表 3-4），发生在家庭的食物中毒事件报告起数和死亡人数最多，分别占总数的 39.93% 和 79.56%；发生在集体食堂和家庭的中毒人数较多，分别占总数的 37.35% 和 23.90%。家庭食物中毒多发生于农村地区，且病死率较高，主要原因是农村地区群众缺乏基本的食品安全知识和良好的卫生习惯，同时基层医疗救治条件有限，交通不便，重症中毒病例难以得到及时、有效救治，容易发生死亡。集体食堂食物中毒事件主要是由于食品贮存、加工不当导致食品变质或受到污染。饮食服务单位发生食物中毒的主要原因在于食品安全措施落实不到位，在食品采购、餐具消毒、加工贮存等关键环节存在问题。

表 3-4　2006～2011 年全国食物中毒事件按就餐场所分析

年　份	集体食堂			家　庭			饮食服务单位			其　他		
	报告起数	致病人数	死亡人数	报告起数	致病人数	死亡人数	报告起数	致病人数	死亡人数	报告起数	致病人数	死亡人数
2006	237	8265	5	181	3263	1	86	3837	3	92	2698	26
2007	142	5082	1	219	2657	228	61	2984	4	84	2557	25
2008	162	5302	4	147	3110	132	64	3042	2	58	1641	16
2009	50	2978	7	145	4139	154	51	2821	5	25	1069	15
2010	37	2117	0	106	1260	145	27	1621	3	50	2385	36
2011	44	2733	4	86	2576	99	28	1516	3	31	1499	31
年平均	112	4413	4	147	2834	127	53	2637	3	57	1975	25
百分比/%	30.35	37.21	2.20	39.93	23.90	79.56	14.32	22.23	2.10	15.36	16.65	15.62

注：根据卫生部历年报告数据编制。

此外，食物中毒事故的发生受季节影响比较明显，每年第三季度是食物中毒报告起数、中毒人数、死亡人数最多的季度。7～9 月气温较高，湿度大，适合细菌等微生物生长繁殖，食物易腐败变质。由于夏季人们经常食用凉拌生蔬菜等食品，一旦食物贮存、加工不当，容易引起微生物性食物中毒；夏、秋季又正值各种植物和蔬菜采食期，加之农田、林果生产使用杀虫农药较多，容易因误食或加工不当引起食物中毒。

3.4.3　餐饮食品质量与安全问题产生的原因

近年来我国餐饮业取得了长足的发展，但由于一些体制、结构的矛盾并未得到根本改变，餐饮业总体上仍处在较低水平发展阶段。同时，餐饮企业内部质量管理也存在诸多问题，已成为制约餐饮业健康发展和食品质量与安全提高的瓶颈。主要表现在以下几个方面。

(1) 准入门槛低

传统餐饮业一般为资金投入少、技术含量不高的劳动密集型产业，再加上我国餐饮业准入门槛低，导致餐饮业数量众多、布局分散、水平参差不齐，且无照经营现象十分突出。农家乐、大排档多数在路边简易棚或自家住房内开办，多数事先不申请，不经许可，自行开办，给监管工作带来较大困难，为食品安全问题的发生创造了条件。

(2) 经营者食品安全责任意识淡薄

部分餐饮经营业主的食品安全第一责任人意识不强，忽视对餐饮服务环节的食品安全基本要求，缺乏必要的食品安全知识和技能，食品安全道德意识和法律意识淡薄。由于餐饮业人员流动性过大，一些业主不愿为从业人员办理健康体检。

(3) 餐馆功能分区不合理

大多数小型餐饮服务单位经营场所面积狭小，难以做到分间操作，内部设计、布局不合理，没有专门存放食品的库房。一些中型餐馆虽然能够分类存放，但在冷藏时却混合摆放，器具间没有有效隔离。易于造成贮存不当、交叉污染、餐具污染、人员带菌等。

(4) 餐饮服务设施设备不完善

部分小型餐饮单位无防尘、防蝇、防鼠设施和消毒设备，排气、排烟设施随意性大，食品安全管理制度形同虚设，管理极不规范。

(5) 食品原料采购把关不严，索证索票不全

一些餐饮服务单位食品原辅料进货渠道不规范，没有严格执行采购索证索票制度，食品原料难以保证质量控制和追根溯源，一旦发生食品安全事故，很难对生产和流通环节的食品安全问题进行倒查处理，不能有效根除食品安全隐患。

(6) 从业人员素质低

目前，国内食品安全人才的培养大多是针对工业食品生产领域的食品安全控制，专门面向餐饮服务的食品安全人才非常缺乏。我国餐饮业从业人员流动性大（据统计平均每3个月跳槽一次），文化素质普遍不高，食品卫生观念不强，卫生安全意识淡薄，个人卫生习惯较差。同时，企业对从业人员的培训意识较弱，培训成效差，使得餐饮业食品安全知识的总体水平难以长期保持较高水平。

此外，目前我国餐饮服务监管力量薄弱，监管不到位是导致食品安全问题频繁发生的主要原因之一。

3.5 食品添加剂及其与食品安全的关系

3.5.1 食品添加剂的概念与分类

我国《食品安全法》和《食品安全国家标准 食品添加剂使用标准》 （GB 2760—2011）将食品添加剂定义为：为改善食品品质和色、香、味以及为防腐、保鲜和加工工艺的需要而加入食品中的人工合成或者天然物质。营养强化剂、食品用香料、胶基糖果中基础剂物质、食品工业用加工助剂也包括在内。并将食品添加剂按功能分为23大类。

（1）酸度调节剂　用以维持或改变食品酸碱度的物质。

（2）抗结剂　用于防止颗粒或粉状食品聚集结块，保持其松散或自由流动的物质。

（3）消泡剂　在食品加工过程中降低表面张力，消除泡沫的物质。

（4）抗氧化剂　能防止或延缓油脂或食品成分氧化分解、变质，提高食品稳定性的物质。

（5）漂白剂　能够破坏、抑制食品的发色因素，使其褪色或使食品免于褐变的物质。

（6）膨松剂　在食品加工过程中加入的，能使产品发起形成致密多孔组织，从而使制品膨松、柔软或酥脆的物质。

（7）胶基糖果中基础剂物质　赋予胶基糖果起泡、增塑、耐咀嚼等作用的物质。

（8）着色剂　使食品赋予色泽和改善食品色泽的物质。

（9）护色剂　能与肉及肉制品中呈色物质作用，使之在食品加工、保藏等过程中不致分解、破坏，呈现良好色泽的物质。

（10）乳化剂　能改善乳化体中各种构成相之间的表面张力，形成均匀分散体或乳化体的物质。

（11）酶制剂　由动物或植物的可食或非可食部分直接提取，或由传统或通过基因修饰的微生物（包括但不限于细菌、放线菌、真菌菌种）发酵、提取制得，用于食品加工，具有特殊催化功能的生物制品。

（12）增味剂　补充或增强食品原有风味的物质。

（13）面粉处理剂　促进面粉的熟化和提高制品质量的物质。

（14）被膜剂　涂抹于食品外表，起保质、保鲜、上光、防止水分蒸发等作用的物质。

（15）水分保持剂　有助于保持食品中水分而加入的物质。

（16）营养强化剂　为增强营养成分而加入食品中的天然的或者人工合成的属于天然营养素范围的物质。

（17）防腐剂　防止食品腐败变质、延长食品贮存期的物质。

（18）稳定剂和凝固剂　使食品结构稳定或使食品组织结构不变，增强黏性固形物的物质。

（19）甜味剂　赋予食品以甜味的物质。

（20）增稠剂　可以提高食品的黏稠度或形成凝胶，从而改变食品的物理性状，赋予食品黏润、适宜的口感，并兼有乳化、稳定或使呈悬浮状态作用的物质。

（21）食品用香料　能够用于调配食品香精，并使食品增香的物质。

（22）食品工业用加工助剂　有助于食品加工能顺利进行的各种物质，与食品本身无关。如助滤、澄清、吸附、脱模、脱色、脱皮、提取溶剂等。

（23）其他　上述功能类别中不能涵盖的其他功能。

3.5.2 食品添加剂的使用原则

(1) 食品添加剂使用的基本要求

食品添加剂使用时应符合以下基本要求：不应对人体产生任何健康危害；不应掩盖食品腐败变质；不应掩盖食品本身或加工过程中的质量缺陷或以掺杂、掺假、伪造为目的而使用食品添加剂；不应降低食品本身的营养价值；在达到预期目的前提下尽可能降低在食品中的使用量；所使用的食品添加剂应当符合相应的质量规格要求。

(2) 可使用食品添加剂的情况

在下列情况下可使用食品添加剂：保持或提高食品本身的营养价值；作为某些特殊膳食用食品的必要配料或成分；提高食品的质量和稳定性，改进其感官特性；便于食品的生产、加工、包装、运输或者贮藏。

(3) 食品添加剂带入原则

《食品添加剂使用标准》从 2007 年版开始规定了"带入原则"。即在食品加工中使用的原辅料由于其可能带有该产品不允许使用的食品添加剂，那么在 1996 年版则判定产品不合格，而 2007 年版规定由原辅料带入的不允许使用的添加剂在该食品中的最终含量不得超过原辅料带入的总和。分析该种添加剂是否属于带入原则时，应结合产品的配方综合分析。

2011 年版规定，在下列情况下食品添加剂可以通过食品配料（含食品添加剂）带入食品中：根据本标准，食品配料中允许使用该食品添加剂；食品配料中该添加剂的用量不应超过允许的最大使用量（是指食品添加剂使用时所允许的最大添加量）；应在正常生产工艺条件下使用这些配料，并且食品中该添加剂的含量不应超过由配料带入食品中的该添加剂的含量应明显低于直接将其添加到该食品中通常所需要的水平。

(4) 食品添加剂的使用规定

《食品添加剂使用标准》规定了食品添加剂的允许使用品种、使用范围以及最大使用量或残留量（即食品添加剂或其分解产物在最终食品中的允许残留水平）。不允许超剂量、超范围使用食品添加剂。

同一功能的食品添加剂（相同色泽着色剂、防腐剂、抗氧化剂）在混合使用时，各自用量占其最大使用量的比例之和不应超过 1。

《食品添加剂使用标准》中规定的最大使用量是最大允许使用量，即在具体食品类别中的使用量不得超过此剂量，而不是必须使用量，反之应尽可能降低使用量。最大使用量并不能完全作为确定产品中最终残留量的依据，对残留量的确定要综合考虑实际使用情况和带入原则等。某些食品添加剂（见《食品添加剂使用标准》表 A.2）在某些食品中可按生产需要适量使用，无最大使用量或残留量之规定。

在查对某一食品类别允许使用的食品添加剂时，要注意食品类别的上下级关系，因为《食品添加剂使用标准》中的食品分类采用分级系统（见本标准附录 F），意味着如允许某一食品添加剂应用于某一食品类别时，则允许其应用于该类别下的所有类别食品（另有规定的除外）。但允许应用于该类别下级食品的添加剂不得应用于其上级类别或同级类别其他食品。

3.5.3 食品添加剂的安全性

近年来有关食品安全事件的频频发生引起了消费者对食品安全的高度重视，但由于大多数消费者对食品添加剂不甚了解，以及有的媒体在报道食品安全问题时不公正、不客观，主观地把食品添加剂与食品生产过程中出现的质量问题混为一谈，导致不少消费者对食品添加剂存在错误的认识。为此，引导人们正确看待食品添加剂在食品中的作用十分必要。

(1) 食品安全需要食品添加剂

据统计，每年因食品腐败变质而损失 $10\% \sim 20\%$，而食源性中毒大部分是熟肉制品、生鲜食品变质引起的，这些食品本身往往无问题，但在贮藏、流通过程中，由于环境、温度等条件的影响，微生物易滋生而引起食品腐败变质，导致中毒事件。例如酱牛肉，即使放在冰箱 $3 \sim 5$ 天也会变质，至于饮料、酱油、面包等中含有较高水分、糖、蛋白质，不加防腐剂会很快变质，吃了中毒。因此，食品安全需要食品添加剂。

(2) 食品品质改善需要食品添加剂

日常生活中，不少天然食物的食用品质很差，甚至难于下咽，而要改善食品色、香、味和口感离不开食品添加剂。适当使用着色剂、护色剂、漂白剂、食用香料以及乳化剂、增稠剂等食品添加剂，可以明显提高食品的感官质量，满足人们的不同需要。例如，猪肉香肠制作时适量加入猪肉香精、乳化剂、红曲粉（着色）、亚硝酸钠（护色）后变得又香又嫩，色泽红润，口感好。有不少食品添加剂本身就是营养素，有的食品添加剂还具有保健功能（见表 3-5），而目前，要改善食品的营养价值，提高食品的功能特性，也往往离不开食品添加剂，即要平衡食品营养，需要借助营养强化剂，要生产具有保健功能的食品也往往要借助某些功能性物质。如钙、铁、维生素、蛋白质等，通过食品添加剂还可以制造出适合不同人群需要的食品，如婴幼儿食品、老年食品、糖尿病人食品等。

表 3-5 兼具生理活性的功能性食品添加剂

功　　能	产　品　名　称
调脂降脂	红曲米、辛葵酸甘油酯、葡萄皮红
护肝	甘草甜、木糖醇
防龋齿	木糖醇、茶多酚、乳链菌肽
控制血糖	木糖醇、葫芦巴胶
促进钙铁吸收	酪蛋白磷酸肽（CPP）
抗菌消炎	甘草甜、乳链菌肽、茶多酚、紫草红
降血压	低分子海藻酸钾

(3) 实现食品工业现代化需要食品添加剂

食品生产正在向规模化、高科技含量方向发展，没有食品添加剂就没有现代食品工业。在食品加工中使用消泡剂、助滤剂、稳定和凝固剂等，可有利于食品的加工操作。例如，当使用葡萄糖酸-δ-内酯作为豆腐凝固剂时，可有利于豆腐生产的机械化和自动化。当今社会人们几乎所接触的每一种食品都与食品添加剂相关，普通人每天可能摄入十几种到几十种食品添加剂，如：食用植物油中含抗氧化剂；豆腐、香干等豆制品中含消泡剂及凝固剂；酱油中有防腐剂、防霉剂；饮料中有甜味剂、酸味剂等等。因此，发达国家的食品加工业大规模使用食品添加剂，如 USA 使用 2700 种，是我国 1.5 倍；美国超市上 9000 多种加工食品几乎都使用了添加剂；日本人每天摄入添加剂达 2030 种之多，全球食品添加剂销售额约 200 亿美元，工业化国家占 3/4。

(4) 按规定使用食品添加剂是安全的

食品添加剂，特别是化学合成添加剂在批准使用之前，均要按照毒理学程序和方法进行安全性评价，只有符合有关安全要求时，才允许生产，并在规定的范围、按规定的剂量使用。因此，只要所用的食品添加剂是经过国家卫生部鉴定并批准使用的，且按规定使用范围和剂量使用，是无害的、安全的。如食品防腐剂苯甲酸钠，每日容许摄入量 [ADI，mg/(kg·天)] 为 0～5，即相当于 60kg 成人 300mg/天终身摄入是安全的。而 GB 2760 规定，碳酸饮料最大使用量为 0.2g/kg，即每升饮料 200mg 苯甲酸钠，人一天喝 1L 饮料摄入苯甲酸钠仅 200mg，低于国际规定 ADI 值，而 ADI 值是对小动物（小白鼠等）近乎一生的长期毒性试验所求得的最大无作用剂量（MNL），再取其 1/500～1/100 作为人的安全率，制定 ADI 值，已经有很大安全保证。又例如，糖精钠对小鼠的 MNL 值为 500mg/kg，其安全率为 1/100，所以 FAO/WHO（1994）ADI 值为 0～5，如成人体重为 70kg，则该成人终身摄入 350mg/天是无问题的，而我国 GB 2760 规定其用于面包、饼干的最大允许使用量为 150mg/kg，如果某人每天吃一斤饼干，则每天摄入量仅为 75mg，为 ADI 值的 21.4%，因此安全性完全可以保证。当然所使用的食品添加剂必须符合其产品质量标准。

(5) 纯天然不一定是安全的

天然物不等于没有毒性，而合成物不一定是不安全的。例如天然色素，大部分是从植物中提取，国内外竞相开发，普遍认为是较安全的品种。但是我国已经批准列入使用标准中的 40 多个天然色素，只有甜菜红、越橘红、辣椒红、焦糖色、密蒙黄、萝卜红、黑加仑红、红曲米、茶黄素、柑橘黄等品种，使用量不受限制，可按生产需要适量添加，其余大部分品种，均有最大使用量的限制。如，紫草红最大使用量为 0.1g/kg，与合成色素胭脂红、新红的限量相同；姜黄素最大使用量规定为 0.01g/kg，比合成色素日落黄、柠檬黄的 0.1g/kg 要低十倍。说明姜黄素的毒性高于合成的黄色素。又如大家熟知的维生素 C 和维生素 E，多少年来，市场商品量达十几万吨。我国产维生素 C 近 6 万吨，维生素 E 越过万吨，全世界均在作营养剂服用，其均是合成物而不是天然提取物，人们也未曾对此有任何安全性异议。维生素 C 至今是采用两步发酵生物合成的，维生素 E 则是化学合成产品。只是近年，才开发了从植物油精炼下脚料提取天然维生素 E 技术，但其产量不超过维生素 E 总量的 10%。

总之，食品添加剂是现代食品工业的灵魂，没有食品添加剂就没有现代食品工业，食品添加剂本身的安全性只要符合质量指标，使用时不超过有关标准的范围和用量，添加剂的安全性是完全可以保证的。而超范围、超限量使用食品添加剂是非法行为。还有，在使用非食品级原料的情况下讨论食品添加剂的安全性是没有意义的。最后，须指出"绝对安全"实际上是不存在的，无论天然还是人工合成物，吃得太多或食用时间足够长，都会产生有害结果，包括食盐、糖、脂肪等，因此，各类食品添加剂的使用均有一个适量问题!

3.5.4 与食品添加剂有关的食品安全问题

从国内外发生的涉及食品添加剂（物）的食品安全事件来看，与食品添加剂有关的食品安全问题主要表现在如下几个方面。

(1) 超范围使用食品添加剂

如前所述，任何一种物质在批准作为食品添加剂生产和使用之前均要进行安全评价，但食品添加剂的安全评价是在特定条件下进行的，也就是说，安全评价结论只有在此条件下才保证是有效的，否则可能是无效的。因此，各国的食品添加剂使用标准均规定了各种食品添加剂的使用范围，即国家担保在此范围内按规定剂量和方法使用此食品添加剂是安全的、可靠的，否则安全则是没有保证的。而目前在实际食品生产加工（含烹饪）中，由于各种原因（如不了解食品添加剂使用范围或有意而为）存在食品添加剂超范围使用情况，因此，可能导致一些食品安全事件发生。例如，2003年温州苍南将焦糖色用于乡巴佬鸡翅等熟禽肉制品引发的"毒鸡翅问题"。焦糖色因其毒性非常小，FAO/WHO 已不作限制性规定或未规定 ADI 值或为 0～200 属 "一般公认为安全" (GRAS)，"可按正常生产需要添加" 的食用色素，对照当时的国家标准《食品添加剂卫生使用标准》(GB 2760) 的相关规定，发现焦糖色可用于几十种食品，但是确无可用于禽肉制品的规定。

(2) 超限量使用食品添加剂

所有物质的毒性有无及大小都是相对而言的。同一种化学物质，由于使用剂量、对象和方法的不同，毒性也不同。例如一般人对硒的每日安全摄入量为 50～200μg，如摄入 200～1000μg 则会中毒，超过 1mg 就会导致死亡。这就是我们常说的 "剂量决定毒性" 的原理。正因为如此，对食品添加剂的使用要规定最大使用量和使用范围。如果超过安全限量和规定范围（特别是某些供特殊人群食用的食品），食品添加剂就可能会对人体产生危害。超限量使用食品添加剂的现象主要表现在：一些小商小贩、小作坊、餐饮业在加工食品、饮料等时不严格称量，而是随意添加食品添加剂，特别是增味剂、色素等。由于食品添加剂的用量一般都很少，稍不注意就会超量。

(3) 非法使用食品添加剂

我国《食品添加剂使用标准》对食品添加剂的使用有明确规定（见本章 3.5.2），但目前国内仍有不少不法分子利用食品添加剂从事一些非法活动。如用食品添加剂或加工助剂处理已腐败变质的食品原料（特别是肉、水产品），并用其来加工食品或处理后销售给消费者；用食品添加剂来掩盖食品的某些感官缺陷（如风味、色泽、口感等）；用食品添加剂调配所谓的食品、饮料，如阜阳奶粉就是典型事例之一；用廉价食品添加剂掺杂、掺假等。

(4) 使用非法添加物

在目前出现的不安全食品中，危害最大的应属使用非法添加物加工的食品。如典型的 "三聚氰胺事件" 就是在奶制品中添加有害物质三聚氰胺。这类现象大致可归纳为如下几种情况。①使用不合格或工业级物质作为食品加工助剂，如 1955 年日本方余婴儿食用添加混有 As 的磷酸盐奶粉，中毒死亡 130 多婴儿；用含 As 浓 HCl 水解豆饼制造酱油；用 NaOH 甲醛溶液浸泡蛙腿、海参及其他水产品等。②把某些工业品当食品添加剂使用，如苏丹红事件、吊白块事件，用无机铜盐（硫酸铜）、铅盐给糖果染色等。③在食品或调味料中添加违禁物质，如在调味料、火锅底料中添加罂粟壳；在某些保健食品中添加激素、抗生素等。

(5) 使用已禁用的食品添加剂

人类对任何事物的认识都有一个发展变化的过程，对食品添加剂安全性的认识也不例外。有些食品添加剂原来评价认为是安全的，但经进一步毒性试验或实践后发现有问题而禁用。如甜蜜素（环己基氨基磺酸钠），中国可用，但近几年报道有致癌致畸、损害肾功能的副作用，日本2003年起全面禁止在食品（速冻食品、酱菜、罐头）中使用，美国至今禁用。曾用作防腐剂的硼砂、硼酸、水杨酸等，原来认为是安全的，随着技术的进步，得出相反结论，从而禁用。糖精在20世纪70年代发现有对实验动物致癌的可能。美FDA于1971年取消了GRAS，后发现在允许用量范围内是无害的，FAO/WHO制订的ADI值为0~5mg/kg，安全率以100计，最大无作用剂量（MNL）为500毫克/千克。食盐防结块剂亚铁氰化钾，CAC/CCFAC、中国都列为可用，但日本禁用。溴酸钾曾经作为最重要的面粉添加剂，在面包和面条制作中发挥着极其重要的作用，因而被广泛应用。但由于有研究表明溴酸钾是一种致癌物，且对中枢神经有麻痹作用，对血液和肾脏有损害，使得人们对其作为氧化剂在面粉及面包中的使用的安全性提出了疑虑。1992年世界卫生组织WHO禁止使用溴酸钾作为面粉处理剂。我国卫生部于2005年发布第9号公告，规定从2005年7月1日起，取消溴酸钾作为面粉处理剂在小麦粉中的使用。但目前仍有一些不法商贩在使用已禁用的食品添加剂。

(6) 食用香料、香精安全性问题

食用香料、香精是添加剂中品种最多的一类，占中国已批准使用添加剂的2/3左右（如2001年中国批准食品添加剂1618种，其中食用香料就有1067种）。一方面因食用香料品种太多，全世界约1700种许可食用，CAC/JECFA评价过的食用香料极少（不可能一一评价），另一方面食用香料通常在食品中用量很少，用量稍多消费者就能发现，而不能接受，工厂也不敢多加。因此，目前JECFA只对人工合成香料加以评价（优先），即目前所使用的香料大多未经全面细致的毒性试验。另外，近几年CAC/CCFAC会议有一种意见，即天然香精、香料列入食品添加剂中，需规定相应的农药残留量和其他农业投入品污染物限量，也有提出GMO香精香料安全性问题等。

3.6 食品包装及其与食品安全的关系

3.6.1 食品包装概述

包装已经是现代食品不可分割的重要组成部分，其质量、卫生和安全性直接影响食品质量和安全，继而对人体健康产生影响。

(1) 食品包装的概念

食品包装属于商品包装的范畴。我国国家标准《包装通用术语》（GB 4122）对商品包装定义为："为了在流通过程中保护商品、方便贮运、促进销售，按一定的技术方法而采用的容器、材料及辅助物等的总体名称"，以及"为了达到上述目的而采用容器、材料及辅助物的过程中施加一定技术方法的操作活动"。可见，食品包装有两方面的含义：一是指包装物，包括包装材料和容器，如食品包装物有瓦楞纸箱、泡沫塑料垫衬、塑料袋、封口胶、打包带等；二是指包装食品时的各种操作，如在食品包装时的计量、充填、封口、装箱、捆扎等操作。

（2）食品包装的特性

食品包装是依据一定的食品属性、数量、形态，以及贮运条件和销售需要，采用特定包装材料和技术方法，按设计要求创造出来的造型和装饰相结合的实体，具有艺术和技术双重特性。

从实体构成来看，任何一个食品包装，都是采用一定的包装材料，通过一定的技术方法制造的，都具有各自独特的结构、造型和外观装潢。因此，包装材料、包装方法、包装结构造型和表面装潢是构成包装实体的四大要素。包装材料是包装的物质基础，是包装功能的物质承担者。包装技术是实现包装保护功能、保证食品质量的关键。包装结构造型是包装材料和包装技术的具体形式。包装装潢是通过绘画和文字美化，宣传和介绍食品的主要手段。这四大要素的完美结合，构成了包装实体的物质内容。

现代食品包装概念反映了食品包装具有商品性、手段性和生产活动性。食品包装是社会生产的一种特殊商品，本身具有价值和使用价值；同时又是实现内装食品价值和使用价值的重要手段。食品包装的价值包含在包装食品的价值中，不但在出售食品时给予补偿，而且会因市场供求关系等原因得到超额补偿。优质包装能带来巨大的经济效益。食品包装是食品生产的重要组成部分，绝大多数食品只有经过包装，才算完成它的生产过程，才能进入流通领域和消费领域。

（3）食品包装的作用

与其他商品包装类似，食品包装具有以下作用。

① 保护食品。这是食品包装的基本作用。食品从生产到消费，要经过多次、多方式，不同时间和空间条件下的装卸、搬运、堆码、贮存等，期间要受到各种外界因素的影响，这就难免发生食品破损、渗漏、污染或变质，导致食品的价值降低或丧失。通过对食品进行科学合理包装，便可提高食品抵抗各种外界因素影响的能力，将食品质量的内在变化控制在一定范围内，从而保证食品的质量和数量完好。

② 方便流通。包装可为食品流通提供便利条件。将食品按一定数量、形状、大小进行合理的包装，并在包装外印（贴）各种标识标志，这既有利于食品流通过程中对食品的识别，减少差错；也有利于食品装卸、搬运操作，提高工作效率。

③ 方便消费。成功的食品包装，既能方便消费者辨认、携带、保存和使用，又可介绍食品的成分（或原料）、性质、功能、食用和保管方法等，从而起到方便和指导消费的作用。

④ 促进销售。精美的食品包装，可起到美化食品、宣传食品和促进销售的作用，是无声的推销员。它既能以其新颖独特的艺术魅力吸引顾客，指导消费，成为促进消费者购买的主导因素，又能提高出口食品的竞争能力，扩大出口创汇，促进对外贸易的发展等。

⑤ 提高价值。食品包装本身具有价值和使用价值。通过对食品进行包装，使包

装物成为食品的构成部分，必然会使食品价值提高。此外，科学合理的食品包装，可减少食品的流通损耗，从而节约生产成本，提高经济效益。

（4）食品包装的要求

作为一类特殊商品，食品包装的合理化是其作用能否正常发挥的前提条件。作为食品的包装必须符合如下要求。

① 包装应适应食品的特性。包装的基本功能是保护食品，因此，食品包装必须根据不同食品的特性选用包装材料和方法，使包装完全符合食品理化性质、生物学性质等的要求。不同的食品对其包装阻隔性（隔潮、隔水、遮光等）要求不同：油脂食品要求高阻氧性和阻油性；干燥食品要求高阻湿性；芳香食品要求高阻异味性；而果品、蔬菜类鲜活食品又要求包装有一定的氧气、二氧化碳和水蒸气的透过性等。

② 包装应无损于食品的卫生安全。包装保护功能的一个重要方面就是要保证所包装的食品不受外来物质的污染和为害。因此，用于食品包装的材料、印刷油墨、黏合剂等不得对内装食品产生任何污染，不得含有或产生对人体有毒有害的的物质。

③ 包装材料应具有良好的工艺性。从食品包装容器制作和印刷角度来看，包装材料应该能按包装设计的要求，加工成各种规格的容器，适应于大规模生产，机械化、自动化作业，具有良好的印刷性及牢固度。

④ 包装应适应食品贮运条件 食品在流通过程中，易受到震动、冲击、重压、摩擦、高温、低温等多种因素的影响，要求食品包装具有一定的机械强度，坚固耐用，并具有一定的弹性或缓冲作用，以减少包装的变形、破损，避免对食品造成损坏；在包装大小、规格、造型等方面，要方便搬运、堆码，能提高装卸、搬运效率等。

⑤ 包装应"适量、适度"。概括而言，我国食品包装经历了从不受重视到包装过度的发展过程。过去很长时间，我国不重视包装，以致出现"一等商品，二等包装，三等价格"的现象。而现阶段，却出现在包装材料、容器、装潢等方面追求奢华浮躁，包装预留空间过大，包装费用占商品价值比例过高，甚至虚假包装等现象。食品包装，特别是销售包装，包装容器大小应与内装食品相宜，包装费用应与内装食品价值相吻合，包装材料及装潢应与食品的质量、档次相匹配等。

⑥ 包装应标准化和通用化。食品包装必须标准化，即对食品包装的容（重）量、包装材料、结构造型、规格尺寸、印刷标志、名词术语、封装方法等加以统一规定，逐步形成系列化和通用化，以便于包装容器的生产，提高包装生产效率，简化包装容器的规格，节约原材料，降低成本，易于识别和计量，有利于保证包装质量和食品安全。推行食品包装标准化还有利于内外包装的配合、套装，有利于食品在运输工具、仓库内堆码，提高货垛的稳固度及运输工具和仓库容积的利用率。

⑦ 包装材料应符合绿色环保。这是从环保角度对包装提出的新要求。即要求包装材料和容器除了对食品和消费者卫生安全外，还应对环境安全，也就是说，包装材料和容器在生产制造、使用过程及废弃后均不会对环境造成污染，符合可持续发展战略的要求，节能、低耗、防污染、可回收利用或废弃物能安全降解等。这是目前世界各国普遍关注的一个问题，也是包装研究的新课题。

此外，食品包装材料来源丰富、易于获取、价格低廉等。

（5）绿色包装

绿色包装（green package），又被称为"环境友好包装"（environmental friendly

package）或"生态包装"（ecological package）。尽管绿色包装在学术上还没有统一的定义，按照目前的认识，绿色包装应是：对生态环境和人体健康无害，能循环利用和再生利用，可促进国民经济持续发展的包装。也就是说包装产品从原材料选择、产品制造、使用、回收和废弃的整个过程均应符合生态环境保护的要求。

包装材料、包装技术及包装工业的发展，为商品（包括食品）流通、市场经济及经济效益的发展和提高起到了重要作用，但大量包装废弃物的产生，特别是塑料包装废弃物的产生和积累又为社会带来了重大环境污染问题，"白色污染"已引起世界各国的广泛关注。据有关材料表明，我国每年产生的废弃物约有 1600 万吨，其中塑料包装制品的废弃物每年多达 100 万吨，主要是塑料包装餐盒、杯盘、发泡材料、饮料瓶、各种糖果及食品的塑料外包装，以及各种塑料包装袋等。据专家称，这些白色垃圾将在地表呆上相当一段时间也不会消失。随着经济的快速发展，及人民生活水平的不断提高，各种包装固体废弃物随着人们对商品需求量的增加而增多，加快对自然生态环境的破坏。

由此可见，包装垃圾已经在慢慢侵蚀着我们的生存环境。为了减少环境污染，造福子孙后代，从 1987 年联合国环境与发展委员会发表的《我们共同的未来》，到 1992 年 6 月联合国环境与发展大会通过了《里约环境与发展宣言》、《21 世纪议程》，随即在全世界范围内掀起了一个以保护生态环境为核心的绿色浪潮。

绿色包装一般应具有五个方面的内涵：①实行包装减量化（reduce）。包装在满足保护、方便、销售等功能的条件下，应是用量最少。②包装应易于重复利用（reuse），或易于回收再生（recycle）。通过生产再生制品、焚烧利用热能、堆肥化改善土壤等措施，达到再利用的目的。③包装废弃物可以降解腐化（degradable）。其最终不形成永久垃圾，进而达到改良土壤的目的。reduce、reuse、recycle 和 degradable 即当今世界公认的发展绿色包装的 3R1D 原则。④包装材料对人体和生物应无毒无害。包装材料中不应含有毒元素、病菌、重金属；或这些含有量应控制在有关标准以下。⑤包装制品从原材料、加工、产品使用、废弃物回收，直到其最终处理的全过程均不应对人体及环境造成公害。

3.6.2 食品包装安全问题的分析

食品包装安全是指包装使食品从生产到最后消费的全过程均处于无污染、不变质的安全状态。

（1）食品包装安全现状

近年来，由于食品包装中含有有毒有害物质，使食品被污染的事件时有发生。2004 年 9 月，国家质检总局公布的食品包装（膜）抽查结果表明，除一般的塑料袋外，专用的食品包装袋抽检不合格率高达 15%。其中最主要的问题是卫生指标不符合国家标准和产品物理机械性能差。2005 年 315 前夕，河北省质量技术监督局公布了对食品包装袋的监督抽查结果，抽样合格率为 50%。在抽查的 20 组样品中，有 10 组样品感官指标不合格，并且绝大多数产品是"三无"产品。一些产品在生产过程中使用了回收塑料，由于回收塑料中含有杂质和毒素较多，常常有较重的难闻气味，色泽较深，造成食品袋有异味、色泽灰暗或含有异物，从而污染食品。广西南宁市卫生监督部门 2005 年 1 月对该市各大超市、塑料彩印包装企业、粉面连锁店、熟食烧卤店等 40 多家生产和使用食品塑料包装袋的单位进行了专项检查。检查结果表明：食品塑料包装袋合格率仅 10％左右。检查发现，由于对食品用塑料包装袋卫生问题的忽视，有相当部分的粉面店、熟食烧卤销售摊点、风味小吃店等都在使用来源不明的塑料袋包装食品。2005 年广东省对饮用水包装瓶进行的一次调查发现，一些不法企业大量使用非食品级 PET、PC 及回收废旧瓶制造饮用水包装容器，这些饮用水包装容器含有的有毒化学物质在消费者使用过程中会从水中释放出来，危害人体。

据权威机构的调查，近几年，食品包装安全性问题已经严重制约我国食品工业的出口发展。特别是欧美国家，对食品包装检测的标准要求很高，对食品包装中有害物质残留限制很严格，而我国很多食品包装有害物质残留过量，食品出口也因包装问题屡屡受阻。据福建检验检疫局报道，我国出口的与食品接触的材料主要包括金属制品、陶瓷制品、植物制品等几类。2005 年上半年，仅欧盟对我国上述产品发出的预警通报就达 36 批，是 2004 年的 3 倍多，其中，金属厨具、餐具等主要是因为镍、铬、镉、铅迁移量超标，陶瓷制品主要是因为铅、镉迁移量超标，植物制品、纸制品主要是因为微生物、二氧化硫超标，而其他商品则主要是因为芳香胺、铅、铬、镍等迁移量超标。

（2）影响食品包装安全的因素

① 包装材料。食品包装材料种类较多，目前作为食品内包装使用的材料主要有纸、塑料、玻璃、金属、陶瓷等，其中纸和塑料的使用范围最大、用量最多，且其质量、卫生安全性最不稳定，是目前影响食品安全的主要包装材料。

在造纸过程中，为了改善纸质而加入某些助剂，如为了提高纸的白度，多数纸都经过了荧光增白剂的处理。而荧光增白剂是一种化学物质，动物试验发现，这种增白剂是一种致癌性很强的物质。目前，日本已经严禁在食品包装用纸中使用荧光增白剂。我国虽然也出台过类似的规章，但是缺乏严格监督，使用增白剂的纸用作食品包装仍屡见不鲜。长期以来，造纸所用原料除各种天然植物（如农作物秸秆、木材、草等）外，还有各种回收的废旧纸张（如书、报、杂志等）、纸板（如纸箱、纸盒等）、破布等。这些回收材料中往往已受到严重的污染，特别是一些工业品、农药等的包装，往往含有大量的重金属及其他化学物质，它们在造纸过程中都有可能转移到新纸中去。

由于塑料包装具备质量轻、使用方便，阻隔性、渗透性、耐热性、耐寒性、耐蚀性好，以及外形外观色彩斑斓、美丽等特性，而被广泛应用。目前被允许用来包装食品的塑料有聚乙烯、聚氯乙烯、聚丙烯、聚酯、聚苯乙烯、三聚氰胺和玻璃钢等。但因为这些食品包装塑料的性质不尽相同，其适用范围也就不尽一样。如聚乙烯塑料类容器可用于盛装酱菜、食糖、果汁等食品；聚氯乙烯容器只适宜盛装一些中性的饮料或中性食品；聚丙烯塑料容器可用来盛装酱菜、醋、酒、果汁和油脂等食品；聚酯塑料容器最适宜盛装各种碳酸饮料、矿泉水、食用油及调味品等；聚苯乙烯、三聚氰胺和玻璃钢等塑料多用于制作餐具及生活用品，如饮料盒、快餐饭盒、碗、碟、盘等。

只有安全的原材料才能生产出符合质量安全要求的产品。从理论上讲，单体在聚合后一般是很稳定的，是无毒的。其本身也不易移入被包装的食品中，但一些未参与聚合的游离单体及裂解物，以及为了改善包装材料的某些性能而加入的稳定剂、增塑剂、润滑剂、着色剂，如质量不良也会产生毒害作用，而导致其不安全。如增塑剂主要使用的是邻苯二甲酸二丁酯、邻苯二甲酸二辛酯等，这些化学品具有毒性。防老化剂主要是一些硬脂酸的盐类，其中铅盐（硬脂酸铅）是有毒的。聚氯乙烯（PVC）保鲜膜对人体的潜在危害主要来源于两个方面：一是 PVC 保鲜膜中游离的氯乙烯单体残留量超标；二是 PVC 保鲜膜加工过程中使用二乙基羟胺（DEHA）增塑剂，遇到油脂或加热时，游离的氯乙烯单体和 DEHA 容易释放出来，进入食品。

瓷器、橡胶制品的安全性也不容忽视，如瓷器表面瓷釉中的重金属、橡胶制品中的加工助剂等都会迁移进入食品，影响到食品的安全性。

② 包装印刷。食品包装印刷污染已经成为食品二次污染的主要原因之一。主要是包装印刷过程中使用含苯、正己烷、卤代烃等有害化工材料作主要原料的油墨、溶剂所致。

a. 印刷工艺。我国目前的食品包装袋基本上以凹印为主，在超市里见到的各种各样的食品包装袋，包括饼干、糕点、奶粉等包装，采用氯化聚丙烯类油墨印刷的居多。而欧美等国家大都采用柔印为主，柔印在网点表现上比凹印稍逊一筹，印刷质量稍逊，但是在环保方面却占尽先机。在我国，柔印等环保技术在市场上的接受度并不高。因为柔印采用的是凸印原理，比起浓油重彩的凹印，相对上色油墨较少，比较薄，着色度也不是很高，从亮度上来讲不及凹印鲜亮。

b. 印刷油墨。食品包装膜对油墨的要求除了具有一般的和基材结合力、耐磨性外，还要能够耐杀菌和水煮处理，及具备耐冻性、耐热性等性能，以保证在运输、存储过程中不会发生油墨脱落、凝结等现象。国内曾出现过印刷油墨污染食品的事件。2005 年甘肃某食品厂发现生产的薯片有股很浓的怪味，厂方立即把已经批发到市场的 600 多箱产品全部收回，经检测，认为怪味来自食品包装印刷油墨里的苯，其含量约是国家允许量的 3 倍。

c. 印刷溶剂。目前大多数油墨本身含苯，只能用含有甲苯的混合溶剂来进行稀释，如果企业在生产食品包装时使用了纯度较低的廉价甲苯，那么苯残留的问题会更加严重。问题在于相关标准对食品包装材料的苯含量虽然作了限量规定，但是，限量控制对企业来说很难做到。原因在于，苯的检测费用高，一个包装检测就要花 1000 多元。

(3) 食品包装安全问题产生的原因

① 食品包装监控体制和手段落后。国家食品包装法律法规不健全，执法依据不足，管理不到位，使一些不法包装企业有机可乘。在《食品安全法》实施以前，我国从事食品包装的企业没有纳入食品的行业管理范畴，致使把食品包装生产等同于一般工业企业，在卫生安全方面没有任何规定和控制，如对生产环境、人员卫生健康、原材料的选用、生产工艺控制、产品的检验以及检测手段等都没有专项或特定的要求，安全卫生处于失控状态。也没有建立权威性的监控体系，确立检测项目，进行常规的检测。《食品安全法》规定从事用于食品的包装材料、容器、洗涤剂、消毒剂和用于食品生产经营的工具、设备的生产经营者应当遵守《食品安全法》，以避免出现监管真空带来的食品包装安全问题。

② 食品包装标准体系不健全。食品包装行业发展快，现行标准欠缺，不够明确、细致，并且缺少某些重要指标。如国家对允许使用的原料做了规定，不允许使用的材料规定的不清楚，而且在成品中也不检测，给不法企业提供可乘之机。只强调用卫生

指标和理化指标去判断包装是否安全是否科学，对包装材料成品有毒物质的规定不明确。

③ 食品包装技术及管理水平有待提高。食品包装材料或容器生产的不规范是造成食品安全问题的主要原因，有的包装印刷生产企业生产技术落后，质量管理不规范，再加上国家食品包装卫生标准滞后，监管不严，从而造成食品安全隐患的存在。食品包装设计不合理，有的包装没有经过严格的科学设计和计算，造成包装不具备保护食品的功能。特别是有的食品企业过分强调食品包装的感官效果，忽视了食品包装的保护功能和卫生安全问题，因此无法阻挡环境污染物（如微生物、大气中的有害气体等）对食品的侵蚀，造成食品污染或变质，影响消费者的健康。

④ 食品包装业者的素质有待提高。食品包装行业发展迅速、竞争激烈，生产企业在竞争中为了利益最大化往往忽视卫生安全问题，且人们对包装材料中某些物质认识不足，都会产生食品包装的安全卫生问题。有的不法企业利用回收废旧塑料加工生产劣质包装材料，再生塑料经过多次污染，必然对食品造成污染。

3.6.3　食品标签及其与食品安全的关系

预包装食品及食品添加剂的包装上应当有标签。禁止生产经营无标签的预包装食品和食品添加剂。

(1) 食品标签的概念及功能

所谓食品标签是指在食品包装容器上或附于食品包装容器上的一切附签、吊牌、文字、图形、符号说明物。它是对食品质量特性、安全特性、食用、饮用说明的描述。因此，在食品包装上印（贴、挂）食品标签具有如下功能。

① 方便消费者选购食品。消费者可以通过观察标签的整个内容，了解食品名称，了解其内容物是什么食品，是由什么原料和辅料制成的，以及生产厂家和质量情况等。

② 宣传企业及其产品和维持企业的合法权益。企业可通过标签来扩大宣传，让广大消费者了解企业和产品；同时，不同生产企业以自己特有的标签标志来维护自己的合法权益，以防他人假冒自己的食品。

③ 方便监督管理部门对企业及其产品进行监督管理。

(2) 食品标签的内容

食品标签应当标明下列事项。

① 名称、规格、净含量、生产日期。

② 成分或者配料表。专供婴幼儿的主辅食品，其标签还应当标明主要营养成分及其含量。

③ 生产者的名称、地址、联系方式。

④ 保质期。即最佳食用期，指预包装食品在标签指明的贮存条件下保持品质的期限。在此期限内，产品完全适于销售，并保持标签中不必说明或已经说明的特有品质。

⑤ 产品标准代号。即本产品生产所执行的产品标准代号。

⑥ 保存条件。一般包括贮存环境的温度、相对湿度等。

⑦ 所使用的食品添加剂在国家标准中的通用名称。

⑧ 生产许可证编号。已经实行食品安全监管码管理的食品，其标签还应当标明食品安全监管码。

⑨ 法律、法规或者食品安全标准规定必须标明的其他事项。

食品添加剂应当有标签、说明书和包装。标签、说明书应当载明上述内容（除第⑦条外），以及食品添加剂的使用范围、用量、使用方法，并在标签上载明"食品添加剂"字样。

(3) 相关规定

① 食品和食品添加剂的标签、说明书，不得含有虚假、夸大的内容，不得涉及疾病预防、治疗功能。生产者对标签、说明书上所载明的内容负责。

② 食品和食品添加剂的标签、说明书应当清楚、明显，容易辨识。

③ 食品和食品添加剂与其标签、说明书所载明的内容不符的，不得上市销售。

(4) 食品标签的安全性

食品标签的基本功能是宣传介绍食品，但长期以来，许多不法食品生产经营者利用食品标签欺骗消费者，制售假冒伪劣食品。其主要表现如下。

① 夸大食品的营养和功能特性，特别是某些保健食品。

② 用不规范的食品、饮料名称及印刷艺术欺骗消费者。如给饮料取名为"纯奶饮料"、"纯天然果汁饮料"等，并将"纯奶"、"纯天然果汁"印得很大、很醒目，而把"饮料"两字印得很小，这样会使某些食品知识缺乏的消费者或在不注意时将其当成"纯奶"或"纯天然果汁"。此类情况还有："奶味……"、"酸奶味……"等。

③ 不按规定标明生产日期或保质期，或把生产日期推迟一定时间，或在销售过程中更改生产日期等，向消费者销售过期食品。

④ 在消费者对防腐剂、色素等食品添加剂比较敏感的今天，有的食品生产者不按规定标明所用食品添加剂。

⑤ 用外文替代中文，使大部分消费者无法了解食品的实际情况。

⑥ 假冒他人商标、食品标签、标识，等等。

3.7　食品相关产品与食品安全的关系

(1) 相关概念

食品相关产品是指在食品生产经营过程中所使用的除原料、食品添加剂、包装等以外的其他物质资料。主要包括工具、器具、机械设备、清洗剂、消毒剂等。

食品生产经营工具、设备是指在食品或者食品添加剂生产、流通、使用过程中直接接触食品或者食品添加剂的机械、管道、传送带、容器、用具、餐具等。

食品的洗涤剂、消毒剂是指直接用于洗涤或者消毒食品、餐饮具以及直接接触食品的工具、设备或者食品包装材料和容器的物质。

(2) 对食品相关产品的卫生要求

《食品安全法》规定：餐具、饮具和盛放直接入口食品的容器，使用前应当洗净、消毒，炊具、用具用后应当洗净，保持清洁；贮存、运输和装卸食品的容器、工具和设备应当安全、无害，保持清洁，防止食品污染。食品生产经营场所的一些用具、工具、容器必须采用洗涤剂和消毒剂进行清洁和消毒，以避免因工具、用具的不清洁或有毒而污染了食品。食品生产经营场所应该具有合理的设备布局和工艺流程，防止待加工食品与直接入口食品、原料与成品、生食品与熟食品的交叉污染，每道工序的容器、工具和用具必须固定，须有各自相应的标志，防止交叉使用，避免食品接触有毒物、不洁物，保证食品的安全。

用于食品、餐饮具以及直接接触食品的工具的洗涤剂或者消毒剂必须安全无毒。如果洗涤剂或消毒剂本身含有毒素、病原菌等，那么就会使污染变得更加严重，而且还因曾洗过或消毒过而忽视了进一步进行必要的清洗和消毒，失去补救的机会。使用的清洗剂、消毒剂以及杀虫剂、灭鼠剂等必须远离食品，存放于专柜，并由专人管理。

4

◀◀◀◀◀◀

食品质量与安全管理

内容提要

　　本章在介绍管理、监督、质量管理等的概念、特点、职能及作用的基础上，重点介绍了食品质量与安全国家监督管理、企业管理和社会监督，以及我国食品质量与安全管理今后的目标和任务。

教学目的和要求

　　1. 熟悉管理、监督、质量管理的基本概念、特点、职能和作用等。

　　2. 掌握食品质量与安全管理的含义、特性和意义。

　　3. 了解我国食品质量与安全管理体制改革情况，掌握我国现行食品质量与安全监督管理体制及职责。

　　4. 掌握食品质量与安全企业管理职责。

　　5. 熟悉加强食品质量与安全社会监督的措施和新时期食品质量与安全监督管理的目标和任务。

重要概念与名词

　　管理，监督，质量管理，食品质量与安全管理，国家监督，企业管理，社会监督。

思考题

　　1. 什么是管理？它的基本职能和特性是什么？

　　2. 简述监督的概念、原则及作用。

　　3. 什么是质量管理？它包括哪些基本内容？

　　4. 简述食品质量与安全管理的概念、特点及意义。

　　5. 国家食品安全管理体制有哪几种？其特点是什么？

　　6. 简述我国现行食品质量与安全监督管理体制及其分工和职责。

　　7. 简述食品质量与安全管理企业的职责。

　　8. 什么是社会监督？为什么要强化食品质量与安全的社会监督及如何强化？

　　9. 近几年我国食品安全工作的目标与任务是什么？

4.1 食品质量与安全管理的概述

4.1.1 食品质量与安全管理基础

(1) 食品质量与安全管理的概念

管理（manage）是指根据一个系统所固有的客观规律，施加影响于系统，从而使系统呈现一种良好状态的过程或活动。食品质量与安全管理即是通过对食品生产经营者的一系列活动进行调节、约束和控制，使食品处于优质、安全卫生状态，以确保消费者身体健康的过程或活动。管理工作的重点是对人的管理，通过规范、协调、约束人的行为，以达到保证食品质量和安全的目的。

任何一种管理活动都必须由以下四个基本要素构成，即：管理主体，回答由谁管的问题；管理客体，回答管什么的问题；管理目的，回答为何而管的问题；管理环境或条件，回答在什么情况下管的问题。食品是人们生活最基本的物质资料，关系到人们的身体健康和生命安全，因此，全社会均有关注食品质量与安全的权利、责任和义务，具体来说，食品质量与安全管理的主体包括国家各级政府部门和企业各级管理部门。食品质量与安全管理的客体是食物链的各个环节，以及与食品有关的行业或部门，包括食品生产、食品加工、食品流通、餐饮服务、食品添加剂的生产经营、食品包装材料与容器、洗涤剂、消毒剂和食品加工工具、设备的生产经营等。食品质量与安全管理的目标即是通过主体对客体的组织和实施者的行为、生产经营过程及产品质量的监督和管理，以实现公众身体健康、生命安全和社会稳定的目标。

食品质量与安全管理根据主体的不同，可分为政府管理和企业管理。政府管理即国家各级组织所实施的管理；企业管理即是食品生产经营者等对本企业所实施的管理。

食品质量与安全管理包含了以下四层含义。

第一，食品质量与安全管理的主体是各级食品药品监督管理局，农业行政、卫生行政和食品安全委员会。

第二，食品质量与安全管理的客体是食品链的各个环节，包括食品生产和加工，食品流通和餐饮服务，食品添加剂的生产经营，用于食品的包装材料、容器、洗涤剂、消毒剂、工具、设备的生产经营。

第三，食品质量与安全管理的目的集中概括为提高生活质量，保证社会公共利益。这就决定了食品质量与安全管理是永久性存在的，而且随着社会发展会经常进行调整。

第四，食品质量与安全管理只能是通过对与食品相关的一系列活动的调节控制，使食品市场表现出有序、有效、可控制，以确保公众的人身财产安全及社会的稳定，促进社会经济发展。

(2) 管理职能

管理职能是指管理承担的功能。最早有法国亨利·法约尔提出的"五职能"说，后有"三功能派"、"四功能派"、"七功能派"等。总的来看，管理具有如下职能：计划、组织、指挥、协调、控制、激励、人事、调集资源、沟通、决策、创新。目前，我国广泛接受的是管理具有四项基本职能。

① 计划（planning）。计划职能就是确定未来发展目标以及实现目标的方式，是管理的首要职能。在工作实施之前，预先确定工作目标，拟定出具体内容和步骤，包括预测、决策和制订计划。

② 组织（organizing）。组织职能是指为达到预期目标，对所必需的各种业务活动进行组合分类，授予各类业务主管人员必要职权，规定上下左右的协调关系。包括设置必要的机构，确定各种职能机构的职责范围，合理地选择和配备人员，规定各级领导的权力和责任，制定各项规章制度等。

③ 领导（leading）。领导职能主要指在预期目标、结构确定的情况下，管理者如何引导组织成员去达到预期目标。同时，领导也意味着创造共同的文化和价值观念，在整个组织范围内与成员沟通组织目标和鼓舞成员树立起谋求卓越表现的愿望。

④ 控制（controlling）。控制职能就是按既定的组织目标和标准，对组织的各种活动进行监督、检查，及时纠正执行偏差，使工作能按照计划进行，或适当调整计划以确保计划目标的实现。

也有学者认为管理就是制定、执行、检查和改进。制定就是制订计划（或规定、规范、标准、法规等）；执行就是按照计划去做，即实施；检查就是将执行的过程或结果与计划进行对比，总结出经验，找出差距；改进首先是推广通过检查总结出的经验，将经验转变为长效机制或新的规定，其次是针对检查发现的问题进行纠正，制定纠正、预防措施。

（3）管理方法

① 行政管理方法。即依靠行政组织的权威，运用指示、规定、条例和命令等行政手段，按行政系统由上级到下级逐层进行管理的方法。具有权威性、强制性、稳定性、具体性、阶级性等特点。

② 法律管理方法。即运用法律规范和类似法律规范的各种行为规则进行管理的方法。具有阶级性、概括性、规范性、强制性等特点。

③ 经济管理方法。即按照客观规律的要求，运用经济杠杆和经济手段来进行管理的方法。具有利益性、多样性、阶级性等特点。

④ 思想工作方法。思想工作的主要方法有思想教育、启发自觉；树立榜样、典型示范；运用社会舆论，形成健康的社会风气；研究合理需要，把工作做在前头。

（4）管理体系

体系（system）是指相互关联或相互作用的一组要素构成的一个整体（系统）。管理体系（management system）是建立方针和目标，并实现这些目标的相互关联或相互作用的一组要素构成的一个整体（系统），通常由组织结构、策划活动、职责、惯例、程序、过程和资源组成。

一个组织的管理体系可包括若干个子管理体系，如食品生产经营管理体系包括质量管理体系 ISO 9000、环境管理体系 ISO 14001、信息安全管理体系 BS7799/ISO 27001、食品安全管理体系 ISO 22000 等。

4.1.2 食品质量与安全监督基础

(1) 食品质量与安全监督的概念

现代汉语把监督（supervise）解释为：察看并督促。即对现场或某一特定环节、过程进行检查、督促、控制、纠偏，使其结果能达到预定目标。通俗地讲监督就是"找毛病"、"挑刺儿"，以促进被监督者改正缺点和错误，按照有关要求做得更好。食品质量与安全监督也就是对食品生产经营，即"从农田到餐桌"全程进行检查、督促、控制、纠偏，使其所生产经营的食品符合有关法律法规、标准或合同的要求，以确保消费者的身体健康和权益。

将实施监督的组织、机构或个人称为监督主体，将被监督的对象称为监督客体。食品质量与安全监督的客体主要是食品和相关产品生产经营者及其行为、活动过程、活动环境、劳动对象及劳动结果（如所生产经营的食品、食品添加剂等）。此外，还包括食品监督管理部门、新闻媒体及其工作人员的行为等。监督主体主要是指国家相关职能部门，也包括社会团体、行业协会、人民群众、新闻媒体，以及企业内部相关机构或部门。

监督不同于管理，但与管理有着密切关系。特别是在系统或组织内部，管理是监督的前提条件，即监督主要是根据组织管理所确定的目标、规章制度、标准等实施监督职能；而监督是正确实施管理工作的保证，即在管理过程中，通过监督及时发现失误或偏差，并加以控制，从而保证管理活动有序进行和管理目标的实现。

监督既是监督主体的权利，也是义务。监督是我国宪法和法律赋予监督主体的神圣权利，应该理直气壮地行使，任何人都无权干涉和剥夺。同时，监督也是监督主体应尽的义务和责任，必须正确对待和认真履行，否则就是失职。

从系统观点来看，监督是行为方式，也是制度规定。监督是一个有机体系，有效的监督既来自监督主体负责的监督行为，更来自科学的监督体制、机制和制度。与个人的监督行为相比，监督制度更带有根本性、长期性、稳定性和全局性。制度好，监督主体的监督就不再是短时的偶尔监督，而是全方位、全过程的监督，是有力、有效、事半功倍的监督；制度不好，体制不顺，机制不活，监督主体的监督权利就无法正确而有效地行使。

(2) 监督的分类

监督因监督客体（即监督对象）、监督主体、监督方式等不同有许多种类。

① 根据监督主体与客体的关系不同，监督有内部监督和外部监督之分。外部监督是指监督客体以外的权力与非权力主体对监督客体实施的监督。如我国各级政府及相关监督管理部门对食品质量与安全的监督属于外部权力监督，而行业协会、社会团体、新闻媒体等对食品质量与安全的监督则属于外部非权力监督。内部监督可以划分为专门监督和非专门监督两类。内部专门监督，主要是指食品生产经营企业内部专设的监督机构实施的监督，而内部非专门监督则主要是食品生产经营企业内部的各部门或车间或工序之间的相互监督。

② 根据监督主体不同，食品质量与安全监督大致可以分为国家监督、企业监督、社会监督等。国家监督是指国家授权负责食品质量与安全监督的各级政府及相关监督管理部门所实施的监督。企业监督即食品生产经营企业的自我监督。社会监督则是行

业协会、社会团体、新闻媒体、公众等对食品生产经营者以及国家监督管理者所进行的监督。

③ 根据监督方式不同，可分为行政监督和舆论监督。行政监督是指国家或企业相关监督管理部门或机构按其职责对诸如管理体系建设及实施情况，国家法律法规、标准、规范的执行情况以及食品质量和安全状况、生产经营过程和条件的情况等所进行的检查。舆论监督是指行业协会、社会团体、新闻媒体、公众等对食品质量与安全、食品生产经营者及国家监督管理部门的行为及其效果依法所进行的批评、建议、评论、揭露等。公民监督是指公民基于宪法赋予的权利，通过批评、建议、举报、申诉、控告等方式对有关食品质量与安全的监督客体所作的监督。新闻监督是新闻舆论监督的简称。新闻舆论监督是我国监督体系中一个重要的组成部分。所谓新闻舆论监督，就是报纸、通讯社、广播、电视、新闻期刊、新闻纪录影片等大众传播媒介依法对有关食品质量与安全的监督客体进行的报道。网络监督是指人民群众（网民）通过互联网对食品质量与安全情况的监督。此外，还有通过信件、电话、手机短信等多种监督方式。

④ 根据监督实施的时间不同，可以分为事前监督、事中监督和事后监督。事前监督是指在某种活动开展之前，监督主体围绕监督客体的决策行为进行的监督检查。事前监督工作主要体现为分析决策的合法性、可行性、可靠性。事前监督是一种宏观的、高层次的监督检查，如何构建一个参与决策的监督机制是实施事前监督的关键。事中监督是指对监督客体在执行政策、履行职责过程的监督检查，也叫跟踪监察。其基本的管理观念是过程管理理念，即过程决定行为的最终的结果，其主要形式是现场监督和跟踪监督。监督主体参与到监督客体的活动之中，在参与中实施监督。事后监督，也称之为结果监督。是对监督客体行为完结以后进行的监督活动，是对监督客体行为结果的监督。通过事后监督可以总结经验教训，建制堵漏，评估政策效果的优劣，事后监督还具有较强的鉴戒功能。

(3) 监督的原则

① 坚持法律面前一律平等。包括监督主体在内的任何组织和人员都必须遵纪守法，不得违法乱纪，做到违法必究，不允许有不受政纲法纪约束的特殊组织和个人。监督组织处理犯错误的组织和人员必须客观公正，适用法律和纪律一律平等。

② 坚持教育、制度、纪律并重。开展监督工作，必须坚持综合治理，根据各个领域的特点，结合客观形势的发展要求，健全体制机制，拓宽监督渠道，改进监控措施，构建完备有效的监督体系。加强思想教育，完善制度设计，强化纪律意识，做到教育、制度、纪律并重。

③ 坚持民主集中制。监督工作实行集体领导与个人分工负责相结合的领导体制，按照集体领导、民主集中、个别酝酿、会议决定的议事程序对重大事项和问题进行科学决策，对违法、违纪案件的处理决定，必须由监督组织依法做出，由监督组织承担责任，杜绝个人滥用监督权和擅自做出处罚决定。

④ 坚持以事实为依据，以法律为准绳。监督组织及工作人员调查、审理和处理违法、违纪案件，必须坚持实事求是的原则，以事实为依据，以相关的政策、法律、规章为准绳，重证据，重调查研究，不轻信口供，严禁逼供。对案件的处理决定，必须做到事实清楚、证据确凿、定性准确、处理适当、手续完备、程序合法，经得起历

史检验。

⑤ 坚持预防、教育、惩罚相结合。监督工作必须坚持以人为本，实行依法治国和以德治国相结合，预防为主，加强教育，实行预防、教育和惩罚相结合。

(4) 监督的作用

① 控制作用。通过监督活动，保证监督客体的行为符合政策、法律、规章所规定的目标、任务、原则、程序和方法，把监督客体活动控制在正确的方向和轨道之上。

② 预防作用。通过监督活动，防止监督客体的行为发生违反政策、法律和规章的偏差和失误，防止违法犯罪行为的发生。

③ 矫正作用。通过监督活动，及时查处各种违法、违纪案件，纠正监督客体工作中的偏差与失误，避免和减少可能造成的损失。

④ 评价作用。通过监督活动，对监督客体的行为进行客观公正的衡量和评价，帮助监督客体总结经验教训，以指导今后的活动。

⑤ 增效作用。通过监督活动，促使监督客体的活动达到最理想的状态，从而提高监督客体的质量和效率。

4.1.3 食品质量与安全监督管理的特性

食品质量与安全管理是管理的理论、技术和方法在食品生产经营过程中的应用。但是食品是一类特殊的商品，与人类的健康关系更为密切。因此，食品质量与安全管理除了符合一般有形产品质量管理的特征外，还有其独有的特殊性，具体表现在如下几个方面。

(1) 食品质量与安全监督管理在时空上具有广泛性

食品质量与安全管理在空间上包括从田间、工厂、运输、仓库、商店，直到消费者的餐桌等多个环节，除了每个环节客观上需要经历一定时间外，为了保证常年消费和生产加工，也需要对食品，特别是初级农产品及其他原辅料进行必要的储备，而在这每一道环节中，食品都会受到各种因素的影响，有可能发生各种各样的质量变化，使其食用价值降低，甚至丧失，而且还可能产生有毒有害物质。

(2) 食品质量与安全监督管理对象的复杂性

食品不仅种类繁多，使得生产、加工、流通、消费在时间、空间上有很大的差异，而且其质量与安全特性因子很多，性能差异很大，且影响因素众多，任何一个质量与安全特性因子的变化都可能导致食品食用价值降低或丧失。此外，食品还具有较强的文化性和社会性，即不同的民族、宗教、文化、历史、风俗习惯等，不同年龄、性别、生理状态（如孕妇、患者）、工作性质、工作环境等，都对食品质量有一些特殊的要求。因此，在食品质量与安全管理上还要严格尊重和遵循有关法律、道德规范、风俗习惯，不得擅自更改；还要对供特殊人群食用的食品制定特殊规范和管理。

(3) 安全性是食品质量的首要问题

虽然与其他有形产品相似，食品质量特性也包括功能性、可信性、安全性、适应性、经济性和时间性等，但作为维持人类生命与健康的食品对安全性的要求更为突出。一种食品，不管其他质量特性怎么样，只要其安全性不符合国家要求或人们的期望，它便丧失了食用价值。而影响食品安全性的因素不仅繁多，而且相当复杂，因此，必须将食品安全性放在首位。

(4) 食品质量与安全监测难度大

除了食品质量与安全特性复杂，需要监测的项目多、涉及学科和技术领域广泛以外，关键是感官检验目前仍主要凭借评审人员的经验来完成，还没有专门的仪器设备；微生物检验、理化检验、安全性毒理学评价以及功能性评价等费时长，有的还需要进行动物或人体试验。

(5) 食品质量与安全监督管理难度大

主要体现在如下几个方面：①食品生产经营从业人员素质相对较低。主要是从事食品加工、经营的人员文化素质较低，普遍低于其他如电子、机械、医药等行业。②基础设施落后。目前我国大型现代化食品企业很少，大多数食品企业设备陈旧、技术含量低。③企业管理水平落后。许多食品企业还停留在经验管理阶段。④行政监管法规、制度不健全，管理人员水平、素质、职业道德等还需进一步提高。

4.1.4 食品质量与安全监督管理的意义

(1) 食品质量与安全关系到人们身体健康与生命安全

衡量食品安全状况的直接指标，就是食源性疾病的发病率。食源性疾病是当今世界上分布最广泛，最为常见，对人类健康危害最大的疾病之一。据世界卫生组织（WHO）统计，全球每年仅5岁以下儿童的腹泻病例就达15亿例次，造成300万儿童死亡，其中约70%是由于各种致病微生物污染食品和饮水所致。据美国疾病预防与控制中心（CDC）的统计，美国每年约发生7600万例食源性疾病，其中约32.5%入院治疗，每年约500人死于该病。近年来，虽然我国食物中毒事件发生及导致死亡人数呈降低趋势（见图3-2），但食物中毒事件仍时有发生，危及人民的生命安全。因此，应加强食品质量与安全监督管理，提高食品质量与安全水平，为提高人民身体健康提供物质保障，尽可能减少食品安全事件的发生。

(2) 食品质量与安全直接影响着经济的发展

食品质量与安全水平的高低，不仅决定了人民生活的质量，而且在食品安全事件发生时，必然会增加医疗费用的开支，减少国家和企业的经济收入，甚至会影响一个行业的正常运转和发展。美国因七种特定病菌所导致的生产力损失估计每年约在65亿～133亿美元之间。在英国发生疯牛病问题后，因宰杀"疯牛"造成的损失高达300亿美元。欧盟为预防疯牛病蔓延，至少支出了30亿欧元。据比利时农业工会统计，1999年比利时二噁英污染事件造成的直接损失达3.55亿欧元，如果加上与此关联的食品工业，损失已超过10亿欧元。日本雪印乳业公司停产后，造成的经济损失为200亿日元（约合19亿美元）。

我国目前尚无食源性疾病造成的经济损失的具体数据。但从2004年公布的禽流感的情况来看，食品安全问题导致的损失也是非常大的。2004年1月27日国内宣布发现禽流感疫情，到2月27日肉鸡的价格从正常的每千克8.4元降至3元，一只鸡要少卖5元左右，假设这一个月的出栏数为全年出栏数的平均数，损失至少为1.5亿元，再加上对饲料业、餐饮业、加工业和运销业的影响，损失就更大了。广东作为我国活禽出口第一大省，每年仅经由广东省检验检疫局报检过关的供港澳活禽就超过1500万羽，出口额超过3000万美元。自2004年广东出现禽流感后，从1月31日起，广东省全面停止对香港的出口，而内部市场销售，价格平均下跌 50％～60％。接连发生的"阜阳奶粉"和"三聚氰胺"事件，使消费者对我国乳制品失去了信心，至今我国乳制品行业难以摆脱这个阴影，未能振作起来。

(3) 食品安全制约着食品出口和国际竞争力

食品的国际贸易既有利于消费者扩大食品的选择范围、改善营养结构，而且可增加食品出口国食品产业的发展机会。但是一旦出现食品安全问题，国际贸易将受到严重影响，食品行业也会受到沉重打击。英国曾经因"疯牛病"影响，牛肉制品的出口下降了99％。

尤其值得注意的是，贸易保护主义会以食品安全隐患为由，建立各种技术性贸易壁垒。目前，技术性贸易壁垒已经成为制约我国农产品和食品出口的主要因素。商务部的调查表明，2002年我国有71％的出口企业、39％的出口产品遭遇到国外技术壁垒的限制，造成损失约170亿美元，相当于当年出口额的5.2％，与2000年相比，分别增加了5％、14％、60亿美元和0.7％。目前，我国有近90％的农、畜产品出口企业受到技术性贸易壁垒的限制。在技术性贸易壁垒中，食品安全卫生是最为主要的因素。以2002年第一季度为例，我国被美国食品和药物管理局（FDA）扣留的农产品和食品及饮料占被扣产品总批量的44.65％。从FDA 2002年1～3月份对我国产品实施扣留所提出的理由看，与技术性贸易壁垒协议（TBT）有关的达1537批次，占我国产品被扣留总批量的96.24％。其中由于安全、卫生不符合要求的有549批次，占被扣留总批量的34.38％，成为被扣留的最主要原因。

(4) 食品质量与安全影响到社会的安定

从国际上的教训来看，食品安全问题在严重危害人类身体健康的同时，也给民众造成了很大的心理恐惧和心理障碍。问题严重时还影响到消费者对政府的信任。如比利时的二噁英污染事件导致执政长达40年之久的社会党政府内阁垮台。2001年德国出现疯牛病后，该国卫生部长和农业部长被迫引咎辞职。2011年日本地震引发的核事故，在我国引起了"抢盐"风波。

4.1.5 我国食品质量与安全监督管理现状

(1) 依法监管格局基本形成

我国相继颁布实施了《农产品质量安全法》、《食品安全法》等法律法规，农业部配套制定了《农产品产地安全管理办法》、《农产品包装和标识管理办法》等部门规章，一些地方性法规或规章也相应颁布实施。2008年农业部组建了农产品质量安全监管局，各省（区、市）和地县两级农业部门农产品质量安全监管专门机构相继建立，农产品质量安全步入依法监管的新阶段。目前，我国已基本形成了以《食品安全法》为核心的食品安全法律法规体系，通过了《刑法修正案（八）》，为加强食品安全监管、严厉打击违法犯罪提供了法律依据。

(2) 监测预警能力明显增强

我国于2006年启动实施了《全国农产品质量安全检验检测体系建设规划（2006～2010年）》，总投入59亿元，已新建和改扩建农产品部级质检中心49个、省级综合性质检中心30个、县级农产品质检站936个，全国农产品质量安全检验检测能力大幅提升。深入开展了农产品质量安全普查、例行监测、监督抽查和农兽药残留、水产品药物残留、饲料及饲料添加剂等监控计划。针对大中城市消费安全的例行监测范围已经涵盖全国 138 个城市、101 种农产品和 86 项安全性检测参数，形成了覆盖全国主要城市、主要产区、主要品种的农产品质量安全监测网络。卫生部副部长陈啸宏在出席 2012 年全国食品安全宣传周启动仪式和主论坛活动时指出，我国食品安全风险监测体系初步建立。目前，全国共设置食品安全风险监测点 1196 个，覆盖了 100％的省份、73％的地市和 25％的县（区）。国家启动了食品安全风险监测能力建设试点项目，同时建设了食品中非法添加物、真菌毒素、农药残留、兽药残留、有害元素、重金属、有机污染物及二噁英等 8 个食品安全风险监测国家参比实验室，进一步保证食品安全风险监测质量。

(3) 执法监管深入推进

我国先后组织开展了农产品质量安全专项整治、"保质量、保安全、助奥运——农产品质量安全保障行动"、奶站和饲料专项整治、"农产品质量安全整治暨执法年"、农资打假专项治理等活动，着力解决农兽药残留超标、非法添加有毒有害物质等问题，一些区域性、行业性的突出问题得到了有效遏制，北京奥运会、上海世博会等重大活动期间农产品充足供应、质量安全可靠。

(4) 食品产业标准化扎实开展

截止 2010 年底，我国已完善了 1800 余项国家标准、2500 余项行业标准和 7000余项地方标准和企业标准，公布新的食品安全国家标准 176 项，为保障食品安全奠定了良好基础。探索创建国家级农业标准化示范县（场）503 个，规划建设蔬菜水果茶叶标准园 819 个、畜禽养殖标准示范场 1555 个、水产健康养殖场 500 个。通过实施标准化生产，有力推动了农产品生产方式的转变，促进了农业产业化经营和规模化发展。农产品质量安全的国际合作交流日益深化，成功申办国际食品法典农药残留委员会（CCPR）主持国，已举办 4 届 CCPR 会议。我国在国际食品法典等国际标准制定中的影响力不断提升。

但我国食品质量与安全监督管理还不完善，仍存在许多不足。食品质量标准体系尚不完善，食品卫生标准、食品质量标准、农产品质量安全标准和农药残留标准等标准体系有待进一步整合，不同行业间制定的标准在技术内容上存在交叉矛盾；技术保障能力尚难以满足食品安全监管需要，检测技术相对落后，仪器设备配置不足，部分检验设备严重老化；基层检验机构和人员数量偏少，检测能力亟须加强；食品安全监管机制还不够健全，食品安全责任追溯制度尚不完善；一些企业主体责任不落实，自律意识不强，诚信缺失。

4.2　食品质量与安全政府管理

4.2.1　国家食品质量与安全管理体系

有效的食品质量与安全管理体系对保护消费者的健康至关重要。它在促使各国确保进出口食品质量与安全上发挥着重要作用。而许多国家立法零散、多元化管辖，以及监督、监测和执法工作不力，削弱了有效的食品质量与安全管理。于是，FAO 和WHO 于 2003 年颁发了《保障食品的安全和质量：强化国家食品控制体系指南》，力图在加强食品质量与安全管理体系战略方面向各国主管部门提供咨询意见，以便更好地保护公众健康、防止欺诈和欺骗、避免食品掺假并促进国际贸易发展。

国家食品质量与安全管理体系是指在国家层面上，为保证质量与食品安全而建立的方针和目标，并为实现这些目标而涉及的相互关联或相互作用的一组要素构成的一个整体（系统）。

一个完善的食品质量与安全管理体系应覆盖一个国家所有食品的生产、加工和销售过程，包括进口食品。食品质量与安全管理体系必须建立在法律基础之上，必须强制执行。

虽然各国的食品质量与安全管理体系的组成及重点不同，但绝大多数体系均含有食品法规与标准，食品监管，食品管理，实验室建设，信息、教育、交流和培训等部分。

(1) 食品法律法规与标准

有关食品的法律法规和标准是现代食品质量与安全管理体系的基本组成部分。

食品法律通常包括不安全食品的法律界定、明确在食物链中消除不安全食品的强制手段，以及对违法的有关责任方的处罚。现代食品法律在尽可能的范围内不但包括必要的合法权利和保障食品安全的规定，还允许食品主管部门或若干部门在该体系内采取预防性措施。

建立和完善食品质量与安全标准体系，是有效保障人民身体健康、维护社会和经济秩序、促进食品国际贸易等的重要技术支撑。食品质量与安全标准体系的建立与完善是以系统、科学和标准化原理为指导，按照风险分析的原则和方法，对"从农田到餐桌"整个食品链中的食品生产经营全过程各个环节影响食品安全和质量的关键要素及其控制进行规范，并按其内在联系形成系统、科学、合理且可行的有机整体。

同时，随着食品国际贸易的不断扩展，各国在制定食品法规和标准时，均充分地利用食品法典并吸取其他国家在食品质量与安全上的经验和教训，使所建立的食品质量与安全法律和标准框架不仅可满足本国的需要，也符合卫生和植物检疫措施协议和贸易伙伴的要求。

(2) 食品管理

有效的食品质量与安全管理系统需要在国家层面进行政策和实施上的协调。因此，各国国家法规在对这些协调职能的详细内容做出规定时，不仅包括领导职能和管理机构的确定，而且对以下方面的职责做出了明确的界定：制定和实施国家食品控制的总体战略；开展国家食品控制计划；筹集资金和分配资源；制定标准和法规；参与国际食品控制有关活动；制订应急方案；实施风险分析等。其核心职责应包括确定法定措施、监督系统运行情况、促进系统的不断完善，以及提供全面的政策指导。

(3) 食品监管

食品法规、标准的管理及实施需要诚实、有效的监管工作为基础。作为监管工作的关键要素的工作人员应当具有高素质、训练有素、诚实的品行，他们要始终与食品工业、食品贸易以及社会打交道，食品管理体系的声誉和公正性在很大程度上是建立在他们的诚信和专业水平上。因此，对监管人员进行适当的培训是建立有效的食品管理体系的前提。国家应通过持续的人力资源政策，保证监管人员不断得到培训和提高，逐步形成监管专家队伍。

（4）实验室建设

实验室是食品质量与安全管理体系的必要组成部分。实验室的数量、规模、装备和位置取决于体系的目标和工作量的大小，同时应考虑装备一个中央参照实验室，以完成一些复杂的试验和比对试验。食品管理部门的职责是按照标准管理这些实验室，并监督其运行过程。食品安全实验室的分析结果常常会在法庭上作为合法和有效的证据，这就需要在实验分析过程中高度认真，以确保实验结果的可信度和有效性。

（5）信息、教育、交流和培训

信息发布、食品安全教育、向食品产业链上多个环节的相关人员提出合理化建议等，在食品质量与安全管理体系中扮演着越来越重要的角色。这些工作包括给消费者提供全面真实的信息；对信息进行系统化；推出面向食品行业行政管理人员和工作人员的教育项目；执行"培训者"项目；向监管人员提供参考文献等。

4.2.2 国家食品质量与安全管理体制的类型

"体制"是指一个国家机关、企业和事业单位机构设置和管理权限划分的组织制度。食品质量与安全监管体制，是指为保证有效的食品管理和监督活动而建立的组织机构、配置的职能及人员、建立的制度、运行的方式及方法等的有机体系。

协调和高效运行的政府监管体制是提高食品质量与安全监管水平的关键。由于不同国家和地区的经济社会发展水平、政府机构的设置方式、食品生产和消费状况、社会监管力量的参与程度等都存在很大差异，因此不同国家的食品质量与安全监管体制呈现出多样化的特征。为此，FAO 和 WHO 于 2003 年发布了《建立有效国家食品安全控制体系指南》（以下简称《指南》）。在该《指南》中，将国家食品质量与安全控制体制归纳为 3 种模式：建立在多部门负责基础上的食品控制体制，即多部门监管体制；建立在一元化的单一部门负责基础上的食品控制体制，即单一部门监管体制和建立在国家综合管理基础上的体制，即综合监管体制。

（1）多部门监管体制

多部门监管体制（multiple agency system）又称为分散管理模式。即食品安全监管工作由诸如卫生部、农业部、商业部、环境部、贸易及产业部、旅游部等共同负责。《指南》指出，多部门监管体制具有如下严重缺陷：在国家一级缺乏总体协调；在管辖权限上经常混淆不清，从而导致实施效率低下；在专业知识和资源上水平各不相同，因此造成实施不均衡；公众健康目标和促进贸易及产业发展之间产生冲突；在政策制定过程中，适宜的科学投入能力受到限制；缺乏一致性，导致超出法律规定或者在法定行动上出现时间空白；使得国内消费者和国外购买商对该体系的信任下降。

另外，易出现重叠、官僚、分割、缺乏合作等问题。即使可能规范多个监管部门的行为，也会面临许多障碍，如缺乏国家层面上的合作，监管范围的混淆，部门权利滋生和资源的差异，公共利益和工业贸易利益的冲突，科学决策能力的不足，过度监管或监管不到位，以及国内外消费者对该体系的信心不足等问题。因此，《指南》建议，建立多部门监管体制时，要考虑监管机构的规模和类别，清晰界定职能、避免重复和重叠或者割裂。

（2）单一部门监管体制

单一部门监管体制（single agency system）又称为集中管理模式。即将保障公众健康和食品安全的所有职责全部归并到一个具有明确职责的食品监管部门。《指南》认为，将保护公众健康和食品安全的职责整合至单个食品控制部门具有值得考虑的价值。这种单一部门监管体制可产生以下益处：统一实施保护措施；能够快速地对消费者实施保护；提高成本效益并能更有效地利用资源和专业知识；使食品标准一体化；拥有应对紧急情况的快速反应能力，并有满足国内和国际市场需求的能力；可以提供更加先进和有效的服务，造益于企业并促进贸易。然而，《指南》同时指出，对许多国家来讲，鉴于历史等多种原因，常常很少有机会以单个监督部门为基础建立一个新的食品安全控制体系。

(3) 综合监管体制

综合监管体制（integrated system）又称统一管理模式。综合监管体制试图在多个部门的体制上，实现从农田到餐桌的食物链中监管部门之间的协调和合作，包括政策的形成、风险评估和管理、法律法规的制定、食品控制措施、监督执法以及教育培训。要做到这些，必须建立一个综合性的国家食品监管机构。该综合机构的职能是，制订国家食品控制目标并开展实现这些目标所必需的战略和实施活动。这种国家一级机构的其他职能可包括：必要时修订和更新国家食品控制战略；就政策问题向有关部门一级官员提出建议，包括优先领域确定和资源利用；起草法规、标准和操作规范并促进它们的实施；协调各种管理机构的活动并监督其活动结果；制订消费者教育及社区提高计划并支持它们的实施；支持研究及开发；制订产业质量保证计划并支持其实施等等，但不参与日常食品质量与安全监督执法。

这种管理体制的优点在于：保证了国家食品控制体系的一致性；没有打乱原有机构的调查、监督和执行工作，使该项措施更易于执行；有利于在全国所有食品链中实施统一的控制措施；将风险评估和风险管理进行分离，从而有目的地开展消费者保护措施，并增加国内消费者的信任和国外购买商的信心；提供更好的设施以参与处理国际范围内的食品问题，如参与食品法典委员会，或卫生和植物检疫协定、技术性贸易壁垒协定的后继工作等；增加决策过程的透明度，使实施过程更加负责任；实现长期的成本效益。

4.2.3 我国食品质量与安全监管体制的改革历程

在 2003 年以前，我国的食品安全监管工作主要由卫生、农业、质检、经贸、商务、工商等部门负责，其基本的特征是一个部门负责食品链一个或者几个环节的监管，部门之间的协调性较差。2003 年第十届人大一次会议后，中国食品安全监管体制进行了重大改革。最大的一项举措是成立了国家食品药品监督管理局，赋予其食品、保健品、化妆品安全管理的综合监督、组织协调和依法组织开展对重大事故的查处三个方面的职责，并将国家食品药品监督管理局定位为"抓手"的角色，直接向国务院报告食品安全监管工作。

2004 年 9 月，国务院发布了《国务院关于进一步加强食品安全工作的决定》（以下简称《决定》）。按照一个监管环节由一个部门监管的分工原则，采取"分段监管为主、品种监管为辅"的方式，进一步理顺了有关食品安全监管部门的职能，明确了责任。该决定将食品安全监管分为四个环节，分别由农业、质检、工商、卫生四个部门实施。其中初级农产品生产环节的监管由农业部门负责；食品生产加工环节的质量监督、日常卫生监管和进出口农产品和食品监管由质检部门负责；食品流通环节的监管由工商部门负责；餐饮业和食堂等消费环节的监管由卫生部门负责；食品安全的综合监督、组织协调和依法组织查处重大事故由食品药品监管部门负责。各食品安全监管部门分工明确，密切配合，相互衔接，形成了严密、完整的监管体系。同时《决定》要求要强化地方政府对食品安全监管的责任。地方各级人民政府对当地食品安全负总责，统一领导、协调本地区的食品安全监管和整治工作。此外，要求按照责权一致的原则，建立食品安全监管责任制和责任追究制。地方要明确直接责任人和有关负责人的责任，一级抓一级，层层抓落实，责任到人。

为了加强产品质量和食品安全工作，2007年8月决定成立国务院产品质量和食品安全领导小组，办公室设在质检总局。领导小组的主要职责是：统筹协调产品质量和食品安全重大问题，统一部署有关重大行动；督促检查产品质量和食品安全有关政策的贯彻落实和工作进展情况。

2008年第十一届全国人民代表大会后，为进一步落实食品安全综合监督责任，理顺医疗管理和药品管理的关系，强化食品药品安全监管，我国开展了新的行政管理体制和机构改革。在食品安全监督管理方面最大的改革是"国家食品药品监督管理局改由卫生部管理，理顺食品药品监管体制"。调整后，在食品安全监管方面：由卫生部牵头建立食品安全综合协调机制，负责食品安全综合监督，承担食品安全综合协调、组织查处食品安全重大事故的责任；农业部负责农产品生产环节的监管；国家质量监督检验检疫总局负责食品生产加工环节和进出口食品安全的监管；国家工商行政管理总局负责食品流通环节的监管；国家食品药品监督管理局负责餐饮业、食堂等消费环节食品安全监管。各部门要密切协同，形成合力，共同做好食品安全监管工作。在食品生产、流通、消费环节许可工作监督管理方面：由卫生部负责提出食品生产、流通环节的卫生规范和条件，纳入食品生产、流通许可的条件；国家食品药品监督管理局负责餐饮业、食堂等消费环节食品卫生许可的监督管理；国家质量监督检验检疫总局负责食品生产环节许可的监督管理；国家工商行政管理总局负责食品流通环节许可的监督管理。不再发放食品生产、流通环节的卫生许可证。

2010年国务院印发了《国务院关于设立国务院食品安全委员会的通知》（以下简称《通知》）。根据《通知》，设立国务院食品安全委员会，该委员会作为国务院食品安全工作的高层次议事协调机构，有15个部门参加，主要职责是：分析食品安全形势，研究部署、统筹指导食品安全工作；提出食品安全监管的重大政策措施；督促落实食品安全监管责任。同时，设立国务院食品安全委员会办公室，具体承担委员会的日常工作。

2011年10月10日，国务院办公厅发出《关于调整省级以下工商质监行政管理体制 加强食品安全监管有关问题的通知》（国办发〔2011〕48号）。将工商、质检省级以下垂直管理改为地方政府分级管理体制。业务接受上级工商、质检部门的指导和监督。领导干部实行双重管理、以地方管理为主。其行政编制分别纳入市、县行政编制总额，所属技术机构的人员编制、领导职数，由市、县两级机构编制部门管理。市、县工商、质监部门作为同级政府的工作部门，要在调整管理体制的基础上，保持队伍和人员相对稳定，保障工作经费水平不降低，保证其相对独立地依法履行职责，保证其对生产加工、流通环节食品安全的监管。

为加强食品药品监督管理，提高食品药品安全质量水平，按照党的十八大、十八届二中全会精神，2013 年 3 月 15 日，第十二届全国人民代表大会第一次会议通过了《国务院机构改革和职能转变方案》，将国务院食品安全委员会办公室的职责、国家食品药品监督管理局的职责、国家质量监督检验检疫总局的生产环节食品安全监督管理职责、国家工商行政管理总局的流通环节食品安全监督管理职责整合，组建国家食品药品监督管理总局。主要职责是，对生产、流通、消费环节的食品安全和药品的安全性、有效性实施统一监督管理等。将工商行政管理、质量技术监督部门相应的食品安全监督管理队伍和检验检测机构划转食品药品监督管理部门。保留国务院食品安全委员会，具体工作由国家食品药品监督管理总局承担，不再单设国务院食品安全委员会办公室，国家食品药品监督管理总局加挂国务院食品安全委员会办公室牌子。新组建的国家卫生和计划生育委员会负责食品安全风险评估和食品安全标准制定。农业部负责农产品质量安全监督管理。将商务部的生猪定点屠宰监督管理职责划入农业部。

根据《国务院机构改革和职能转变方案》，我国的食品安全监督管理体制（分段式多元化管理）发生了较大的变化，即减少了参与监管的部门，整合了部分监管资源，加强了流通环节的监管，明确和强化了部门职责，向统一的控制体系迈进了一大步。具体来看，目前的体制是在国务院食品安全委员会的统一领导和协调下，主要由农业、食品药品监督管理和卫生部门参与食品安全监督管理。目前，我国食品质量与安全监督管理体制可用图 4-1 加以概括。

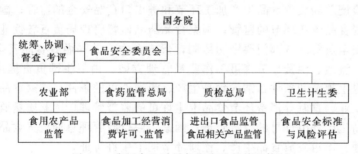

图 4-1 我国食品质量与安全监督管理体制

4.2.4 我国食品质量与安全国家监管机构及其职责

（1）国家食品药品监督管理总局（含国务院食品安全委员会）

在食品方面的主要职责如下。

① 负责起草食品（含食品添加剂、保健食品）安全、药品（含中药、民族药，下同）、医疗器械、化妆品监督管理的法律法规草案，拟订政策规划，制定部门规章，推动建立落实食品安全企业主体责任、地方人民政府负总责的机制，建立食品药品重大信息直报制度，并组织实施和监督检查，着力防范区域性、系统性食品药品安全风险。

② 负责制定食品行政许可的实施办法并监督实施。建立食品安全隐患排查治理机制，制订全国食品安全检查年度计划、重大整顿治理方案并组织落实。负责建立食品安全信息统一公布制度，公布重大食品安全信息。参与制订食品安全风险监测计划、食品安全标准，根据食品安全风险监测计划开展食品安全风险监测工作。及时向国家卫生和计划生育委员会提出食品安全风险评估的建议。对于国家卫生和计划生育

委员会得出不安全结论的食品，国家食品药品监督管理总局应当立即采取措施。

③ 负责制定食品、药品、医疗器械、化妆品监督管理的稽查制度并组织实施，组织查处重大违法行为。建立问题产品召回和处置制度并监督实施。

④ 负责食品药品安全事故应急体系建设，组织和指导食品药品安全事故应急处置和调查处理工作，监督事故查处落实情况。

⑤ 负责制定食品药品安全科技发展规划并组织实施，推动食品药品检验检测体系、电子监管追溯体系和信息化建设。

⑥ 负责开展食品药品安全宣传、教育培训、国际交流与合作。推进诚信体系建设。

⑦ 指导地方食品药品监督管理工作，规范行政执法行为，完善行政执法与刑事司法衔接机制。

⑧ 承担国务院食品安全委员会日常工作。负责食品安全监督管理综合协调，推动健全协调联动机制。督促检查省级人民政府履行食品安全监督管理职责并负责考核评价。

⑨ 承办国务院以及国务院食品安全委员会交办的其他事项。

（2）国家卫生和计划生育委员会（简称卫生计生委）

在食品方面的主要职责如下。

① 会同国家食品药品监督管理总局等部门制订、实施食品安全风险监测计划。负责组织开展食品安全风险监测、评估和交流。对通过食品安全风险监测或者接到举报发现食品可能存在安全隐患的，应当立即组织进行检验和食品安全风险评估，并及时向国家食品药品监督管理总局通报食品安全风险评估结果。

② 依法组织制定并公布食品安全标准。

③ 负责食品、食品添加剂及相关产品新原料、新品种的安全性审查。

④ 参与拟订食品安全检验机构资质认定的条件和检验规范。

（3）农业部

在食品方面的主要职责如下。

① 起草农产品质量安全监管方面的法律、法规、规章，提出相关政策建议；拟订农产品质量安全发展战略、规划和计划，并组织实施。

② 组织开展农产品质量安全风险评估，提出技术性贸易措施建议；组织农产品质量安全技术研究推广、宣传培训。

③ 牵头农业标准化工作，组织制订农业标准化发展规划、计划，开展农业标准化绩效评价；组织制定或拟订农产品质量安全及相关农业生产资料国家标准并监督实施；组织制定和实施农业行业标准。

④ 组织农产品质量安全监测和监督抽查，组织对可能危及农产品质量安全的农业生产资料进行监督抽查；负责农产品质量安全状况预警分析和信息发布。

⑤ 指导农业检验检测体系建设和机构考核，负责农产品质量安全检验检测机构建设和管理，负责部级质检机构的审查认可和日常管理。

⑥ 指导农业质量体系认证管理；负责无公害农产品、绿色食品和有机农产品管理工作，实施认证和质量监督；负责农产品地理标志审批登记并监督管理。

⑦ 指导建立农产品质量安全追溯体系；指导实施农产品包装标识和市场准入管理。

⑧ 组织农产品质量安全执法；负责农产品质量安全突发事件应急处置；牵头整顿和规范农资市场秩序，组织开展打假工作，督办重大案件的查处；指导农业信用体

系建设。

⑨ 负责生猪定点屠宰监督管理。

⑩ 开展农产品质量安全国际交流与合作。

(4) 国家质量监督检验检疫总局（简称质检总局）

在食品方面的主要职责如下。

① 负责拟订进出口食品和化妆品安全、质量监督和检验检疫的工作制度。

② 承担进出口食品、化妆品的检验检疫、监督管理以及风险分析和紧急预防措施工作。

③ 按规定权限承担重大进出口食品、化妆品质量安全事故查处工作。

④ 垂直管理出入境检验检疫机构，领导全国质量技术监督业务工作。

国家出入境检验检疫部门负责进出口食品的检验检疫；定期公布已经备案的出口商、代理商和已经注册的境外食品生产企业名单；收集、汇总进出口食品安全信息，并及时通报相关部门、机构和企业；建立进出口食品的进口商、出口商和出口食品生产企业的信誉记录，并予以公布；负责境外食品安全事件和进口食品风险预警或者控制措施，并向国务院相关监督管理部门通报。

4.2.5 我国食品质量与安全地方监管体制改革与职责

为确保食品药品监管工作上下联动、协同推进、平稳运行、整体提升，国务院2013年4月10日发布了《国务院关于地方改革完善食品药品监督管理体制的指导意见》（国发〔2013〕18号）（以下简称《意见》）。《意见》要求地方食品药品监管体制改革，要全面贯彻党的十八大和十八届二中全会精神，以邓小平理论、"三个代表"重要思想、科学发展观为指导，以保障人民群众食品药品安全为目标，以转变政府职能为核心，以整合监管职能和机构为重点，按照精简、统一、效能原则，减少监管环节、明确部门责任、优化资源配置，对生产、流通、消费环节的食品安全和药品的安全性、有效性实施统一监督管理，充实加强基层监管力量，进一步提高食品药品监督管理水平。

(1) 地方食品药品监督管理体制改革

① 整合监管职能和机构。为了减少监管环节，保证上下协调联动，防范系统性食品安全风险，省、市、县级政府原则上参照国务院整合食品监督管理职能和机构的模式，结合本地实际，将原食品安全办、原食品药品监管部门、工商行政管理部门、质量技术监督部门的食品安全监管和药品管理职能进行整合，组建食品药品监督管理机构，对食品实行集中统一监管，同时承担本级政府食品安全委员会的具体工作。地方各级食品药品监督管理机构领导班子由同级地方党委管理，主要负责人的任免须事先征求上级业务主管部门的意见，业务上接受上级主管部门的指导。

② 整合监管队伍和技术资源。参照《国务院机构改革和职能转变方案》关于"将工商行政管理、质量技术监督部门相应的食品安全监督管理队伍和检验检测机构划转食品药品监督管理部门"的要求，省、市、县各级工商部门及其基层派出机构要划转相应的监管执法人员、编制和相关经费，省、市、县各级质监部门要划转相应的监管执法人员、编制和涉及食品安全的检验检测机构、人员、装备及相关经费，具体数量由地方政府确定，确保新机构有足够力量和资源有效履行职责。同时，整合县级食品安全检验检测资源，建立区域性的检验检测中心。

③ 加强监管能力建设。在整合原食品药品监管、工商、质监部门现有食品药品监管力量基础上，建立食品药品监管执法机构。要吸纳更多的专业技术人员从事食品药品安全监管工作，根据食品药品监管执法工作需要，加强监管执法人员培训，提高执法人员素质，规范执法行为，提高监管水平。地方各级政府要增加食品药品监管投入，改善监管执法条件，健全风险监测、检验检测和产品追溯等技术支撑体系，提升科学监管水平。食品药品监管所需经费纳入各级财政预算。

④ 健全基层管理体系。县级食品药品监督管理机构可在乡镇或区域设立食品药品监管派出机构。要充实基层监管力量，配备必要的技术装备，填补基层监管执法空白，确保食品和药品监管能力在监管资源整合中都得到加强。在农村行政村和城镇社区要设立食品药品监管协管员，承担协助执法、隐患排查、信息报告、宣传引导等职责。要进一步加强基层农产品质量安全监管机构和队伍建设。推进食品药品监管工作关口前移、重心下移，加快形成食品药品监管横向到边、纵向到底的工作体系。

为了顺利完成本次体制改革，《意见》要求：省级政府负责制订出台体制改革工作方案和配套措施，统筹本地区食品药品监管机构改革工作。地方各级政府要成立食品药品监管机构改革领导小组，主要领导亲自负责。食品药品日常监管任务繁重，要尽可能缩短改革过渡期。省、市、县三级食品药品监督管理机构的改革工作，原则上分别于2013年上半年、9月底和年底前完成。国务院各有关部门要支持地方政府的工作，不干预地方政府的改革措施。

（2）食品监督管理责任

① 地方政府要负总责。地方各级政府要切实履行对本地区食品药品安全负总责的要求，在省级政府的统一组织领导下，切实抓好本地区的食品药品监管体制改革，统筹做好生猪定点屠宰监督管理职责调整工作，确保职能、机构、队伍、装备等及时划转到位，配套政策措施落实到位，各项工作有序衔接。要加强组织协调，强化保障措施，落实经费保障，实现社会共治，提升食品药品安全监管整体水平。

县级以上地方人民政府统一负责、领导、组织、协调本行政区域的食品安全监督管理工作，建立健全食品安全全程监督管理的工作机制；组织本级食品监督管理部门制订本行政区域的食品安全年度监督管理计划，并按照年度计划组织开展工作；统一领导、指挥食品安全突发事件应对工作；依照《食品安全法》和国务院的规定确定本级各食品监督管理部门的食品安全监督管理职责；完善、落实食品安全监督管理责任制，对食品安全监督管理部门进行评议、考核；加强食品安全监督管理能力建设，为食品安全监督管理工作提供保障；建立健全食品安全监督管理部门的协调配合机制，整合、完善食品安全信息网络，实现食品安全信息共享和食品检验等技术资源的共享；发生重大食品安全事故的，县级以上人民政府应当立即成立食品安全事故处置指挥机构，启动应急预案，依照前款规定进行处置。

② 监管部门的职责。各地可参照国家有关部门对食用农产品监管职责分工方式，按照无缝衔接的原则，合理划分食品药品监管部门和农业部门的监管边界，切实做好食用农产品产地准出管理与批发市场准入管理的衔接。

a. 共有职责。县级以上食品监督管理部门应当加强沟通、密切配合，按照各自职责分工，依法行使职权，承担责任，有权采取下列措施：进入生产经营场所实施现场检查；对生产经营的食品进行抽样检验；查阅、复制有关合同、票据、账簿以及其他有关资料；查封、扣押有证据证明不符合食品安全标准的食品，违法使用的食品原料、食品添加剂、食品相关产品，以及用于违法生产经营或者被污染的工具、设备；查封违法从事食品生产经营活动的场所。

负责有关咨询、投诉、举报，并及时处理或移交有权处理的部门处理；应当根据实际情况相互通报获知的食品安全信息或向上级主管部门报告；负责对食品生产经营者的违法行为的行政处罚；依据各自职责公布食品安全日常监督管理信息。

食品监督管理部门在日常监督管理中发现食品安全事故，或者接到有关食品安全事故的举报，应当立即向食品药品监管部门通报，并负责事故的调查处理工作。

b. 食安委职责。各级政府食品安全委员会要切实履行监督、指导、协调职能，加强监督检查和考核评价，完善政府、企业、社会齐抓共管的综合监管措施。

c. 食品药品监督管理机构职责。转变管理理念，创新管理方式，建立和完善食品药品安全监管制度，建立生产经营者主体责任制，强化监管执法检查，加强食品药品安全风险预警，严密防范区域性、系统性食品药品安全风险。

省、自治区、直辖市食品药品监督管理机构承担全省食品安全综合协调职责，组织实施食品安全综合监管政策、食品安全国家标准；根据国家食品安全风险监测计划，结合本行政区域的具体情况，参与制订并实施本行政区域的食品安全风险监测方案；组织开展食品及相关产品的安全风险监测、预警工作，贯彻国家食品安全检验机构资质认定的条件和检验规范；负责组织查处食品安全重大事故，统一发布全省重大食品安全信息。

县级以上食品药品监督管理部门依照《行政许可法》的规定，分别负责食品生产许可、食品经营许可和餐饮服务许可管理；建立食品生产经营者食品安全信用档案；对食品（含食品添加剂）生产经营者及食品（含流动摊点）定期或者不定期地进行监督检查、抽样检验，并记录监督检查的情况和处理结果；履行食品安全监督管理职责。

县级以上食品药品监督管理部门接到食品安全事故的报告后，负责会同有关部门进行调查处理，督促有关部门履行职责，向本级人民政府提出事故责任调查处理报告，并采取下列措施，防止或者减轻社会危害：开展应急救援工作，对因食品安全事故导致人身伤害的人员，应当立即组织救治；封存可能导致食品安全事故的食品及其原料，并立即进行检验；对确认属于被污染的食品及其原料，责令食品生产经营者依照《食品安全法》第53条的规定予以召回、停止经营并销毁；封存被污染的食品用工具及用具，并责令进行清洗消毒；做好信息发布工作，依法对食品安全事故及其处理情况进行发布，并对可能产生的危害加以解释、说明。

d. 农业部门。落实农产品质量安全监管责任，负责农产品质量安全监督管理；承担畜禽屠宰环节、生鲜乳收购环节质量安全和有关农业投入品的监督管理。

e. 质检部门与进出口检验检疫部门。承担食品包装材料、容器、食品生产经营工具等食品相关产品生产加工的监督管理；承担进出口食品检验检疫、监督管理以及风险分析和紧急预防措施工作，重大进出口食品质量安全事故查处工作。

f. 卫生部门。加强食品安全标准、风险评估等相关工作。省、自治区、直辖市人民政府卫生部门组织制定和实施食品安全地方标准，负责食品安全企业标准备案工作；参与制订食品安全风险监测计划。

g. 相关部门。各级与食品安全工作有关的部门要各司其职，各负其责，积极做好相关工作，形成与监管部门的密切协作联动机制。城管部门要做好食品摊贩等监管执法工作。公安机关要加大对食品药品犯罪案件的侦办力度，加强行政执法和刑事司法的衔接，严厉打击食品药品违法犯罪活动。要充分发挥市场机制、社会监督和行业自律作用，建立健全督促生产经营者履行主体责任的长效机制。发生食品安全事故，县级以上疾病预防控制机构应当协助有关部门对事故现场进行卫生处理，并对与食品安全事故有关的因素开展流行病学调查。

4.3 食品质量与安全企业管理

4.3.1 食品企业管理概述

(1) 食品企业管理的概念

企业管理（business management），是对企业的生产经营活动进行计划、组织、指挥、协调和控制等一系列职能的总称。

按照职能或者业务功能企业管理包括：计划管理、生产管理、采购管理、销售管理、质量管理、仓库管理、财务管理、项目管理、人力资源管理、统计管理、信息管理等。

食品质量与安全管理属于质量管理范畴。质量管理（quality management）是确定质量方针、目标和职责，并在质量体系中通过诸如质量策划、质量控制、质量保证和质量改进等实施其全部管理职能的所有活动。质量管理是企业全部管理职能的重要构成部分，是为保证产品质量所进行的调查、计划、实施、协调、控制、检查和处理及信息反馈等各项活动的总称。现代质量管理（即全面质量管理，total quality management，TQM）的职责由企业的最高管理者承担，企业内各级管理者及全体员工的积极参与是质量管理的保障。

质量管理的目的是为了满足市场和用户的质量要求，提供适用性产品。企业为达到这个目的所进行的努力均属于质量管理的内容。它的含意非常广泛，既包括了质量规划和战略的确定，质量职能的控制，还包括为达到质量目标所进行的资源分配等一系列活动。

质量管理作为企业管理的一个重要组成部分，自20世纪中期以来获得长足发展，作为一门基础理论扎实、体系完备、内容丰富的学科在全世界获得广泛的传播。将专门研究质量管理有关问题的学科称为质量管理学，它包括食品质量管理学等多种分支学科。

(2) 企业质量体系

质量体系（quality system）是指为保证产品、过程或服务质量，满足规定（或潜有）的要求，由组织机构、职责、程序、活动、能力和资源等构成的有机整体。也就是说，为了实现质量目标的需要而建立的综合体；为了履行合同，贯彻法规和进行评价，可能要求提供实施各体系要素的证明；企业为了实施质量管理，生产出满足规定和潜在要求的产品和提供满意的服务，实现企业的质量目标，必须通过建立和健全质量体系来实现。

一个企业的质量体系只有一个。一般来说，每个企业实际上已经固有一个质量体系，也就是说，任一企业都必然客观存在着组织结构、程序、过程和资源。期望或要求每个企业能够按 ISO 9000 标准来建立和健全该企业的质量体系，使之更为完善、科学和有效。质量体系的建立与健全必须结合本企业的具体内外环境来考虑，也就是说，不可能也不应该采取同一模式。

质量体系按目的可分为质量管理体系和质量保证体系两类。质量管理体系是企业根据本企业质量管理的需要而建立的用于内部管理的质量体系。ISO 9004《质量管理体系业绩改进指南》为任一企业提供了建立质量管理体系的指南。质量保证体系是用于外部证明的质量体系，即当需方对供方提出外部证明要求时，为履行合同，贯彻法令和进行评价，供方为了向需方提供实施有关体系要素的证明或证实而建立的质量体系。简言之，质量保证体系就是企业向外界证明其质量保证能力的体系。

（3）质量方针

质量方针（quality policy）即由企业的最高管理者正式发布的该企业总的质量宗旨和质量方向。是企业经营总方针的组成部分，是企业管理者对质量的指导思想和承诺。

质量方针的基本要求应包括供方的组织目标和顾客的期望和需求，也是供方质量行为的准则。一般包括：产品设计质量、同供应厂商关系、质量活动的要求、售后服务、制造质量、经济效益和质量检验的要求、关于质量管理教育培训等。

不同的企业可以有不同的质量方针，但都必须具有明确的号召力。"以质量求生存，以产品求发展"，"质量第一，服务第一"，"赶超世界或同行业先进水平"等等这样一些质量方针很适于企业对外的宣传，因为它是对企业质量方针的一种高度概括而且具有强烈的号召力。

质量方针通常是由一系列具体的质量政策和质量目标所支持的。这些具体的质量政策和质量目标是对企业质量方针的细化。

（4）质量策划

质量策划（quality planning）即确定质量以及采用质量体系要素的目标和要求的活动。

GB/T 19000—ISO 9000 族标准提出的基本工作方法是：首先制定质量方针，根据质量方针设定质量目标，根据质量目标确定工作内容（措施）、职责和权限，然后确定程序和要求，最后才付诸实施，这一系列过程就是质量策划的过程。质量策划是质量管理的一部分，致力于制定质量目标并规定必要的运行过程和相关资源以实现质量目标。

显然，质量策划属于"指导"与质量有关的活动，也就是"指导"质量控制、质量保证和质量改进的活动。在质量管理中，质量策划的地位低于质量方针的建立，是设定质量目标的前提，高于质量控制、质量保证和质量改进。质量控制、质量保证和质量改进只有经过质量策划，才可能有明确的对象和目标，才可能有切实的措施和方法。因此，质量策划是质量管理诸多活动中不可或缺的中间环节，是连接质量方针（可能是"虚"的或"软"的质量管理活动）和具体的质量管理活动（常被看做是"实"的或"硬"的工作）之间的桥梁和纽带。

任何一项质量管理活动，不论其涉及的范围大小、内容多少，都需要进行质量策划。但是质量策划并不是包罗万象的，而是针对那些影响组织业绩的项目进行的。一般来说，它包括：产品策划、质量管理体系策划、质量目标策划、过程策划、质量改进策划等。

质量策划首先是对产品质量的策划。这项工作涉及了大量有关产品专业及市场调研和信息收集方面的专门知识，因此，在产品策划工作中，必须有设计部门和营销部门人员的积极参与和支持。应根据产品策划的结果来确定适用的质量体系要素和采用的程度。质量体系的设计和实施应与产品的质量特性、目标、质量要求和约束条件相适应。

（5）质量保证

质量保证（quality assurance）即为使人们确信某一产品、过程或服务的质量所必需的全部有计划、有组织的活动。

质量保证是质量管理活动的一个方面，是企业对内"取得管理者的信任"和对外"符合用户给定的质量要求"的保证，所以它是一种具有特定要求的质量管理活动。

质量保证是一种有目的、有计划、有系统的活动。它主要是针对企业外部用户而言的，是企业为承担对用户的保证而进行的各种管理活动。这里的"保证"一词，也可以理解为提供证据或证明，所以"质量保证是对所有有关方面提供证据的活动"。这些证据或证明可以建立起一种信任感，因为它表明企业的质量职能正在有效而充分地贯彻执行。

国际上通常把质量保证解释为供需双方通过协商对质量的要求（无论是标准的或特定的）用合同形式肯定下来，并由供方采取措施予以保证的活动。许多工业发达国家都制定国际公认的标准、规范和指南一类性质的规定。按照这些标准、规定实行质量保证（如取得质量体系认证）的企业，其信誉为国际公认，从而为企业打开国际市场开辟道路。

质量保证活动涉及企业内部各个部门和各个环节。从产品设计开始到销售服务后的质量信息反馈为止，企业内形成一个以保证产品质量为目标的职责和方法的管理体系，即质量保证体系，是现代质量管理的一个发展。建立这种体系的目的在于确保用户对质量的要求和消费者的利益，保证产品本身性能的可靠性、耐用性、可维修性和外观式样等。

（6）质量控制

质量控制（quality control）即为达到质量要求所采取的作业技术和活动。

质量控制是企业利用科学的方法对产品质量实行控制，以预防不合格产品的产生，达到规定的质量标准的过程。它是针对企业内部而言的。凡是为达到和保持企业内部质量方针和质量目标范围内的活动，都是质量控制的对象。这些作业的技术和活动贯穿于产品形成的全过程。

质量控制也是一种质量管理活动，它强调的是实施过程和方法，即把控制论的理论引申到质量管理工作中，并着重运用数理统计方法来控制质量。朱兰博士把它解释为：质量控制是我们测量实际质量的结果与标准对比，并对差异采取措施的管理过程。可见质量控制的重点在于实际执行的质量管理活动。质量控制和质量保证的某些方面是重叠的，即某些质量活动既满足了质量控制的要求，同时也满足了质量保证的要求。质量控制是质量保证的基础。

(7) 质量改进

质量改进（quality improvement）即为向本企业及其顾客提供更多的实惠，在整个企业内所采取的旨在提高活动和过程的效益和效率的各种措施。

质量管理活动可划为两个类型。一类是维持现有的质量，即"质量控制"。另一类是改进目前的质量，其方法是主动采取措施，使质量在原有的基础上有突破性的提高，即"质量改进"。

朱兰博士在欧洲质量管理组织第 30 届年会上发表的《总体质量规划》论文中指出：质量改进是使效果达到前所未有的水平的突破过程。由此可见，质量改进的含义应包括以下内容：

① 质量改进的对象包括产品（或服务）质量以及与它有关的工作质量，也就是通常所说的产品质量和工作质量两个方面。

② 质量改进的效果在于突破。朱兰认为：质量改进的最终效果是按照比原计划目标高得多的质量水平进行工作。如此工作必然得到比原来目标高得多的产品质量。质量改进与质量控制效果不一样，但两者是紧密相关的，质量控制是质量改进的前提，质量改进是质量控制的发展方向，控制意味着维持其质量水平，改进的效果则是突破或提高。可见，质量控制是面对"今天"的要求，而质量改进是为了明天的需要。

③ 质量改进是一个变革的过程。质量改进是一个变革和突破的过程，该过程也必然遵循 PDCA（策划—实施—检查—改进）循环的规律。由于时代的发展是永无止境的，为立足于时代，质量改进也必然是永无止境的。国外质量专家认为：永不满足则兴、裹足不前则衰。

4.3.2 食用农产品质量与安全管理

食用农产品的生产者是质量安全的第一责任人。食用农产品的生产者应依照法律、法规、规章和食用农产品安全标准从事生产活动，对社会和公众负责，保证食用农产品安全，接受社会监督，承担社会责任。食用农产品的生产者应牢固树立职业道德，知法守法，诚信自律。

食用农产品生产者应按照有关法律法规和相关规定，禁止在有毒有害物质超过规定标准的区域生产、捕捞、采集食用农产品和建立农产品生产基地；科学、合理地使用农药、兽药、饲料和饲料添加剂、生长调节剂等农业投入品，严格执行农业投入品使用安全间隔期、休药期等规定，禁止非法使用国家规定禁用的各类农药、兽药、生长调节剂等农业投入品。

食用农产品生产企业和农民专业合作经济组织应当建立农产品生产记录，如实记载：使用农业投入品的名称、来源、用法、用量和使用、停用的日期；动物疫病、植物病虫草害的发生和防治情况；收获、屠宰或者捕捞的日期。禁止伪造农产品生产记录。国家鼓励其他农产品生产者建立农产品生产记录。

食用农产品生产企业和农民专业合作经济组织，应当自行或者委托检测机构对农产品质量安全状况进行检测；经检测不符合农产品质量安全标准的农产品，不得销售。

食用农产品生产企业、农民专业合作经济组织以及从事农产品收购的单位或者个人销售的农产品，按照规定应当包装或者附加标识的，须经包装或者附加标识后方可销售。包装物或者标识上应当按照规定标明产品的品名、产地、生产者、生产日期、保质期、产品质量等级等内容；使用添加剂的，还应当按照规定标明添加剂的名称。食用农产品在包装、保鲜、贮存、运输中所使用的保鲜剂、防腐剂、添加剂等材料，应当符合国家有关强制性的技术规范。

无公害、绿色和有机食品生产者必须申请相关认证，所生产、销售的农产品质量必须符合国家有关无公害、绿色和有机农产品标准的规定。禁止冒用无公害、绿色和有机食品标志。属于农业转基因生物的农产品，应当按照农业转基因生物安全管理的有关规定进行标识。依法需要实施检疫的动植物及其产品，应当附具检疫合格标志、检疫合格证明。

4.3.3 加工食品质量与安全管理

(1) 食品加工企业的基本条件和职责

食品生产者应当依照法律、法规和食品安全标准从事生产活动，对社会和公众负责，保证食品安全，接受社会监督，承担社会责任。所生产的食品必须符合国家法律、行政法规和国家标准、行业标准的质量安全规定，满足保障身体健康、生命安全的要求，不存在危及健康和安全的不合理的危险，不得超出有毒有害物质限量要求。因此，从事食品生产加工的企业，必须具备保证食品质量与安全的生产条件（包括生产环境、生产设备、工艺技术、检验条件、人员等），保证持续稳定地生产合格的食品；按规定程序获取工业产品生产许可证（即通过"QS"认证），所生产加工的食品必须经检验合格并加印（贴）食品质量安全市场准入标志后，方可出厂销售；出厂销售的食品应当具有符合国家相关法律法规和标准要求的标签标识；应当明确承诺不滥用食品添加剂、不使用非食品原料生产加工食品、不用有毒有害物质生产加工食品、不生产假冒伪劣食品；建立食品召回制度，发现其生产经营的食品不符合食品安全标准，应当立即停止生产，召回已经上市销售的食品，通知相关生产经营者和消费者，记录召回和通知情况，并将食品召回和处理情况向县级以上质量监督部门报告。

食品加工企业要有效地履行其职责，生产优质、安全食品，必须认真履行《食品安全法》、《食品生产加工企业质量安全监督管理实施细则》等法律法规，以及相关食品标准，特别是强制性标准，建立健全企业相关管理体系并认真实施。

(2) 建立健全食品质量与安全管理体系

食品加工企业的食品质量与安全管理体系主要包括如下几个方面：质量方针和目标；原料采购查验管理制度；食品添加物（食品添加剂）管理制度；生产过程控制管理制度；从业人员食品安全培训制度；从业人员健康管理制度；设备管理制度；卫生管理制度；产品检验管理制度；产品出厂登记制度（产品标识和追溯管理制度）；标准的执行与管理制度；食品包装、贮存、运输管理制度；不合格品管理制度；问题食品召回制度；质量投诉处理制度；食品安全档案管理制度；食品安全风险监测和评估信息收集管理制度；诚信管理制度和质量诚信保障制度；食品安全责任考核制度；质量安全管理员、检验员管理制度；食品安全事故处置方案等。

(3) 建立健全食品质量与安全保证体系

食品加工企业的食品质量与安全保证体系主要包括如下几个方面：目前我国食品

加工强制实行食品质量安全市场准入制度（即"QS"认证），未取得食品生产许可证（资格），即未通过"QS"认证的企业或个人，不得从事食品加工；对开展有机食品、绿色食品及保健食品加工的企业，还必须通过相关认证；国家鼓励食品加工企业建立良好操作规范（GMP），卫生标准操作程序（SSOP）、危害分析与关键控制点（HACCP）或食品安全管理体系（GB/T 22000—2006）、质量管理体系（GB/T 9000）、环境管理体系（GB/T 14000）等体系，申请相关认证。

4.3.4 餐饮服务食品质量与安全管理

(1) 餐饮服务提供的基本条件

餐饮服务提供者应当依照法律、法规、食品安全标准及有关要求从事餐饮服务活动，对社会和公众负责，保证食品安全，接受社会监督，承担餐饮服务食品安全责任。所提供的食品能满足保障身体健康、生命安全的要求，不存在危及健康和安全的危险，不得超出有毒有害物质限量要求。因此，餐饮服务提供者必须具备从事相应餐饮服务项目内容的条件（包括食品加工、经营场所，加工、清洗、消毒、冷藏等设备，人员等）；按规定程序取得《餐饮服务许可证》等。

(2) 餐饮服务管理体系

为了保证食品质量与安全，餐饮服务提供者除了认真履行《食品安全法》、《餐饮服务食品安全监督管理办法》、《餐饮服务食品安全操作规范》等以外，还必须建立健全与其服务项目内容相适应的管理体系：如食品原料采购与索证制度；粗加工管理制度；烹调加工管理制度；面食制作管理制度；食品添加剂使用管理制度；配餐间卫生管理制度；从业人员食品安全知识培训制度；从业人员健康检查制度；从业人员个人卫生管理制度；餐（用）具洗涤、消毒管理制度；预防食品中毒制度；食品卫生综合检查制度；餐厅卫生管理制度；食品留样制度；食品库房管理制度等。

为了提高餐饮服务质量，保证消费者安全，国家鼓励和支持餐饮服务提供者采用先进技术和先进的管理规范，实施危害分析与关键控制点体系，配备先进的食品安全检测设备，对食品进行自行检查或者向具有法定资质的机构送检。

4.3.5 流通环节食品质量与安全管理

食品经营者应当依照法律、法规和食品安全标准从事食品经营活动，建立健全食品安全管理制度，采取有效管理措施，保证食品安全。食品经营者对其经营的食品安全负责，对社会和公众负责，承担社会责任。从事食品经营，必须具备相应的条件（展柜、库房等），依法取得《食品流通许可证》，所经营的食品必须符合《食品安全法》和《流通环节食品安全监督管理办法》的规定。

应当建立健全本单位的食品质量与安全管理制度，如销售管理制度；食品质量承诺制度；食品质量自检制度；从业人员健康管理制度；从业人员卫生管理制度；从业人员食品安全知识培训和宣传教育制度；食品采购管理制度；进货查验制度；食品安全检验制度；索证索票制度；进销货台账制度；散装食品标签标注制度；不合格食品退市制度；消费投诉处理制度；仓库管理制度；岗位责任制度；除虫灭害制度；日常卫生管理制度；卫生检查及奖惩制度；食品信息公示制度；食品事故报告制度；食品安全应急预案制度；突发食品安全事故紧急报告及处理制度等。

鼓励和支持食品经营者为提高食品安全水平采用先进技术和先进管理规范。

4.4 食品质量与安全社会监督

4.4.1 食品质量与安全社会监督的权利、义务和意义

(1) 食品质量与安全社会监督的权利与义务

我国《农产品质量法》、《食品安全法》规定：

国家鼓励单位和个人对食品质量与安全进行社会监督。任何单位和个人都有权对违法行为进行检举、揭发和控告。有关部门收到相关的检举、揭发和控告后，应当及时处理。

新闻媒体应当开展食品安全法律、法规以及食品安全标准和知识的公益宣传，并对违反本法的行为进行舆论监督。

食品行业协会应当加强行业自律，引导食品生产经营者依法生产经营，推动行业诚信建设，宣传、普及食品安全知识。

国家鼓励社会团体、基层群众性自治组织开展食品安全法律、法规以及食品安全标准和知识的普及工作，倡导健康的饮食方式，增强消费者食品安全意识和自我保护能力。

任何组织或者个人有权举报食品生产经营中违反本法的行为，有权向有关部门了解食品安全信息，对食品安全监督管理工作提出意见和建议。

(2) 加强食品质量与安全社会监督的意义

多年来，党和政府高度重视食品质量与安全工作，采取了一系列政策措施强化食品质量与安全监管，食品质量与安全形势总体稳中向好。但当前食品质量与安全工作基础仍然薄弱，形势依然严峻，监管工作任重道远。基层食品质量与安全监管力量严重不足，尚不能完全满足食品质量与安全保障的需要。全面加强食品质量与安全监管，必须坚持政府监管和社会监督相结合、专业监管与社会参与相结合的原则，努力形成全社会共同参与食品质量与安全工作的良好格局。这是新形势下做好食品质量与安全工作的客观需要，也是加强社会管理、创新监管方式的必然要求。因此，采取更加积极有效的措施，创新监管机制和方式方法，加快建立健全食品质量与安全社会监督工作体系，不断提升食品质量与安全能力和水平。

4.4.2 强化食品质量与安全社会监督的措施

(1) 加快建立食品质量与安全协管员、信息员队伍

各级食品监管部门要积极争取地方党委、政府支持，积极探索在乡镇政府和街道办事处确定专职或兼职人员作为食品质量与安全协管员，聘任村委会、社区居委会负责人或热心公益服务并有一定组织能力的人员担任食品质量与安全信息员，将监管触角延伸至乡镇（街道）和村居（社区），加快构建基层食品质量与安全监督网络。要积极指导协管员和信息员宣传普及食品安全法律法规和食品安全知识，协助落实食品质量与安全监管各项要求，负责区域内食品质量与安全信息的收集、整理和报告，以及农村集体聚餐备案和指导等。各地要进一步完善食品质量与安全协管员、信息员管

理制度，积极争取将协管员、信息员的补助纳入地方财政经费保障范围。

（2）建立健全基层群众参与和体验食品质量与安全监管的工作机制

各级食品监管部门要依托基层群众性自治组织，建立健全基层群众参与和体验食品质量与安全监管工作的机制，通过向基层群众宣传介绍食品质量与安全监督执法工作情况，组织参观食品质量与安全示范单位，安排优秀单位介绍食品质量与安全管理工作等，让基层群众通过亲身体验，增强对食品质量与安全的信心。要逐步将基层群众参与和体验食品质量与安全监管工作制度化、规范化，并通过规范执法、科学执法和文明执法，积极争取广大基层群众对食品质量与安全的关心和支持，巩固和扩大食品质量与安全社会监督的群众基础。

（3）充分发挥相关行业协会、学术团体作用

各级食品监管部门要积极探索建立与食品质量与安全相关行业协会、学术团体间的沟通合作机制，充分发挥行业协会、学术团体在食品质量与安全社会监督中的作用。对制度健全、管理规范、自律性高、作用发挥好的相关行业协会、学术团体，可聘请其参与食品质量与安全的政策宣讲、法律普及、专题调研、课题研究、状况调查、规划制定及专项整治等活动。要积极搭建与消费者权益保护协会沟通交流的平台，借助其在消费权益保护、消费观念引导等方面的优势，共同维护消费者的饮食权益。

（4）完善食品质量与安全信息发布机制

各级食品监管部门和食品生产经营者要建立健全食品质量与安全日常监管信息发布制度，针对社会舆论普遍关注的食品质量与安全热点问题，按照科学、客观、透明、有序的要求，加强与社会公众和新闻媒体的交流，适时发布食品质量与安全监管信息，主动接受社会监督，增强社会消费信心。

（5）建立与媒体的沟通合作机制

各级食品监管部门和食品生产经营者要加强与新闻主管部门的沟通与协调，建立与媒体的沟通合作机制，为各类媒体有序、规范参与食品质量与安全监督创造有利条件。要通过通气会、座谈会、现场调研等方式，积极向相关媒体记者介绍食品质量与安全专业知识，进一步增强舆论监督的针对性、准确性和客观性。可邀请媒体共同参与食品安全法律、法规以及食品安全标准和知识的公益宣传，对违法违规行为进行舆论监督。鼓励与当地新闻主管部门联合开展年度食品质量与安全好新闻评选等活动，更好地调动媒体参与食品质量与安全社会监督的积极性和创造性。

（6）建立舆情分析和快速反应机制

各级食品监管部门和食品生产经营者要高度重视广播、电视、报纸、网络等各类媒体有关食品质量与安全的报道，加强舆情分析，从媒体报道中及时发现监管线索，及时开展情况核实，依法进行处理，及时将核查和处理情况向社会公开，对不实信息及时予以澄清。

（7）积极为人大代表、政协委员开展监督创造有利条件

各级食品监管部门要建立定期或不定期听取人大代表、政协委员对食品质量与安全监管工作的意见和建议的工作机制。可通过地方人大、政协常委会邀请人大代表、政协委员参与食品质量与安全专题调研、视察活动等方式，为人大代表、政协委员依法参与食品质量与安全监督提供必要的条件。要高度重视人大代表、政协委员的意见和建议，认真研究，及时办理。

(8) 充分动员有关专业人士参与食品质量与安全社会监督

各级食品监管部门要主动邀请和动员食品安全领域的专家、学者、法律工作者等专业人士参与食品质量与安全社会监督，对食品质量与安全监管工作提出意见和建议。要积极将参与食品质量与安全社会监督的专家、学者、法律工作者等专业人士纳入食品质量与安全专家委员会或专家库，充分发挥专业人士的作用。

(9) 拓宽食品质量与安全投诉举报渠道

各级食品监管部门要积极创造条件，争取地方政府支持，加大资金投入，加快投诉举报机构和队伍建设。在信件、走访等传统受理方式的基础上，进一步完善全国食品质量与安全投诉举报电话网络，通过建立投诉举报网站、设立电子举报信箱、开设网络留言板、开通移动终端平台等方式，为群众投诉举报违法行为提供更加便利、通畅、有效的渠道。建立并落实有奖举报制度，鼓励社会各界举报食品质量与安全违法违规行为，提高社会公众参与食品质量与安全监督的积极性和创造性。

4.5 新时期我国食品质量与安全管理的目标和任务

为进一步加强我国食品安全工作，2012 年 6 月 23 日，国务院印发了《国务院关于加强食品安全工作的决定》（国发〔2012〕20 号）（以下简称《决定》）。《决定》的出台充分说明党和国家对食品安全工作的高度重视和常抓不懈的决心。《决定》是指导当前和今后一个时期我国食品安全工作的纲领性文件。

4.5.1 加强食品安全工作的指导思想、总体要求和工作目标

(1) 指导思想

以邓小平理论和"三个代表"重要思想为指导，深入贯彻落实科学发展观，从维护人民群众根本利益出发，进一步加强对食品安全工作的组织领导，完善食品安全监管体制机制，健全政策法规体系，强化监管手段，提高执法能力，落实企业主体责任，提升诚信守法水平，动员社会各界积极参与，促进我国食品安全形势持续稳定好转。

(2) 总体要求

坚持统一协调与分工负责相结合，严格落实监管责任，强化协作配合，形成全程监管合力。坚持集中治理整顿与严格日常监管相结合，严厉惩处食品安全违法犯罪行为，规范食品生产经营秩序，强化执法力量和技术支撑，切实提高食品安全监管水平。坚持加强政府监管与落实企业主体责任相结合，强化激励约束，治理道德失范，培育诚信守法环境，提升企业管理水平，夯实食品安全基础。坚持执法监督与社会监督相结合，加强宣传教育培训，积极引导社会力量参与，充分发挥群众监督与舆论监督的作用，营造良好社会氛围。

(3) 工作目标

通过不懈努力，用 3 年左右的时间，使我国食品安全治理整顿工作取得明显成

效，违法犯罪行为得到有效遏制，突出问题得到有效解决；用 5 年左右的时间，使我国食品安全监管体制机制、食品安全法律法规和标准体系、检验检测和风险监测等技术支撑体系更加科学完善，生产经营者的食品安全管理水平和诚信意识普遍增强，社会各方广泛参与的食品安全工作格局基本形成，食品安全总体水平得到较大幅度提高。

4.5.2 进一步健全食品安全监管体系

(1) 完善食品安全监管体制

进一步健全科学合理、职能清晰、权责一致的食品安全部门监管分工，加强综合协调，完善监管制度，优化监管方式，强化生产经营各环节监管，形成相互衔接、运转高效的食品安全监管格局。按照统筹规划、科学规范的原则，加快完善食品安全标准、风险监测评估、检验检测等的管理体制。县级以上地方政府统一负责本地区食品安全工作，要加快建立健全食品安全综合协调机构，强化食品安全保障措施，完善地方食品安全监管工作体系。结合本地区实际，细化部门职责分工，发挥监管合力，堵塞监管漏洞，着力解决监管空白、边界不清等问题。及时总结实践经验，逐步完善符合我国国情的食品安全监管体制。

(2) 健全食品安全工作机制

建立健全跨部门、跨地区食品安全信息通报、联合执法、隐患排查、事故处置等协调联动机制，有效整合各类资源，提高监管效能。加强食品生产经营各环节监管执法的密切协作，发现问题迅速调查处理，及时通知上游环节查明原因、下游环节控制危害。推动食品安全全程追溯、检验检测互认和监管执法等方面的区域合作，强化风险防范和控制的支持配合。健全行政执法与刑事司法衔接机制，依法从严惩治食品安全违法犯罪行为。规范食品安全信息报告和信息公布程序，重视舆情反映，增强分析处置能力，及时回应社会关切。加大对食品安全的督促检查和考核评价力度，完善食品安全工作奖惩约束机制。

(3) 强化基层食品安全管理工作体系

推进食品安全工作重心下移、力量配置下移，强化基层食品安全管理责任。乡（镇）政府和街道办事处要将食品安全工作列为重要职责内容，主要负责人要切实负起责任，并明确专门人员具体负责，做好食品安全隐患排查、信息报告、协助执法和宣传教育等工作。乡（镇）政府、街道办事处要与各行政管理派出机构密切协作，形成分区划片、包干负责的食品安全工作责任网。在城市社区和农村建立食品安全信息员、协管员等队伍，充分发挥群众监督作用。基层政府及有关部门要加强对社区和乡村食品安全专、兼职队伍的培训和指导。

4.5.3 加大食品安全监管力度

(1) 深入开展食品安全治理整顿

深化食用农产品和食品生产经营各环节的整治，重点排查和治理带有行业共性的隐患和"潜规则"问题，坚决查处食品非法添加等各类违法违规行为，防范系统性风险；进一步规范生产经营秩序，清理整顿不符合食品安全条件的生产经营单位。以日常消费的大宗食品和婴幼儿食品、保健食品等为重点，深入开展食品安全综合治理，强化全链条安全保障措施，切实解决人民群众反映强烈的突出问题。加大对食品集中交易市场、城乡结合部、中小学校园及周边等重点区域和场所的整治力度，组织经常性检查，及时发现、坚决取缔制售有毒有害食品的"黑工厂"、"黑作坊"和"黑窝点"，依法查处非法食品经营单位。

(2) 严厉打击食品安全违法犯罪行为

各级监管部门要切实履行法定职责，进一步改进执法手段、提高执法效率，大力排查食品安全隐患，依法从严处罚违法违规企业及有关人员。对涉嫌犯罪案件，要及时移送立案，并积极主动配合司法机关调查取证，严禁罚过放行、以罚代刑，确保对犯罪分子的刑事责任追究到位。加强案件查处监督，对食品安全违法犯罪案件未及时查处、重大案件久拖不结的，上级政府和有关部门要组织力量直接查办。各级公安机关要明确机构和人员负责打击食品安全违法犯罪，对隐蔽性强、危害大、涉嫌犯罪的案件，根据需要提前介入，依法采取相应措施。公安机关在案件查处中需要技术鉴定的，监管部门要给予支持。坚持重典治乱，始终保持严厉打击食品安全违法犯罪的高压态势，使严惩重处成为食品安全治理常态。

(3) 加强食用农产品监管

完善农产品质量安全监管体系，加快推进乡镇农产品质量安全监管公共服务机构建设，开展农产品质量安全监管示范县创建，着力提高县级农产品质量安全监管执法能力。严格农业投入品生产经营管理，加强对食用农产品种植养殖活动的规范指导，督促农产品标准化生产示范园（区、场）、农民专业合作经济组织、食用农产品生产企业落实投入品使用记录制度。扩大对食用农产品的例行监测、监督抽查范围，严防不合格产品流入市场和生产加工环节。加强对农产品批发商、经纪人的管理，强化农产品运输、仓储等过程的质量安全监管。加大农产品质量安全培训和先进适用技术推广力度，建立健全农产品产地准出、市场准入制度和农产品质量安全追溯体系，强化农产品包装标识管理。健全畜禽疫病防控体系，规范畜禽屠宰管理，完善畜禽产品检验检疫制度和无害化处理补贴政策，严防病死病害畜禽进入屠宰和肉制品加工环节。加强农产品产地环境监管，加大对农产品产地环境污染的治理和污染区域种植结构调整的力度。

(4) 加强食品生产经营监管

严格实施食品生产经营许可制度，对食品生产经营新业态要依法及时纳入许可管理。不能持续达到食品安全条件、整改后仍不符合要求的生产经营单位，依法撤销其相关许可。强化新资源食品、食品添加剂、食品相关产品新品种的安全性评估审查。加强监督抽检、执法检查和日常巡查，完善现场检查制度，加大对食品生产经营单位的监管力度。建立健全食品退市、召回和销毁管理制度，防止过期食品等不合格食品回流食品生产经营环节。依法查处食品和保健食品虚假宣传以及在商标、包装和标签标识等方面的违法行为。严格进口食品检验检疫准入管理，加强对进出口食品生产企业、进口商、代理商的注册、备案和监管。加强食品认证机构资质管理，严厉查处伪造冒用认证证书和标志等违法行为。加快推进餐饮服务单位量化分级管理和监督检查结果公示制度，建立与餐饮服务业相适应的监督抽检快速检测筛查模式。切实加强对食品生产加工小作坊、食品摊贩、小餐饮单位、小集贸市场及农村食品加工场所等的监管。

4.5.4 落实食品生产经营单位的主体责任

（1）强化食品生产经营单位安全管理

食品生产经营单位要依法履行食品安全主体责任，配备专、兼职食品安全管理人员，建立健全并严格落实进货查验、出厂检验、索证验票、购销台账记录等各项管理制度。规模以上生产企业和相应的经营单位要设置食品安全管理机构，明确分管负责人。食品生产经营单位要保证必要的食品安全投入，建立健全质量安全管理体系，不断改善食品安全保障条件。要严格落实食品安全事故报告制度，向社会公布的本单位食品安全信息必须真实、准确、及时。进一步健全食品行业从业人员培训制度，食品行业从业人员必须先培训后上岗并由单位组织定期培训，单位负责人、关键岗位人员要统一接受培训。

（2）落实企业负责人的责任

食品生产经营企业法定代表人或主要负责人对食品安全负首要责任，企业质量安全主管人员对食品安全负直接责任。要建立健全从业人员岗位责任制，逐级落实责任，加强全员、全过程的食品安全管理。严格落实食品交易场所开办者、食品展销会等集中交易活动举办者、网络交易平台经营者等的食品安全管理责任。对违法违规企业，依法从严追究其负责人的责任，对被吊销证照企业的有关责任人，依法实行行业禁入。

（3）落实不符合安全标准的食品处置及经济赔偿责任

食品生产经营者要严格落实不符合食品安全标准的食品召回和下架退市制度，并及时采取补救、无害化处理、销毁等措施，处置情况要及时向监管部门报告。对未执行主动召回、下架退市制度，或未及时采取补救、无害化处理、销毁等措施的，监管部门要责令其限期执行；拒不执行的，要加大处罚力度，直至停产停业整改、吊销证照。食品经营者要建立并执行临近保质期食品的消费提示制度，严禁更换包装和日期再行销售。食品生产经营者因食品安全问题造成他人人身、财产或者其他损害的，必须依法承担赔偿责任。积极开展食品安全责任强制保险制度试点。

（4）加快食品行业诚信体系建设

加大对道德失范、诚信缺失的治理力度，积极开展守法经营宣传教育，完善行业自律机制。食品生产经营单位要牢固树立诚信意识，打造信誉品牌，培育诚信文化。加快建立各类食品生产经营单位食品安全信用档案，完善执法检查记录，根据信用等级实施分类监管。建设食品生产经营者诚信信息数据库和信息公共服务平台，并与金融机构、证券监管等部门实现共享，及时向社会公布食品生产经营者的信用情况，发布违法违规企业和个人"黑名单"，对失信行为予以惩戒，为诚信者创造良好发展环境。

4.5.5 加强食品安全监管能力和技术支撑体系建设

（1）加强监管队伍建设

各地区要根据本地实际，合理配备和充实食品安全监管人员，重点强化基层监管执法力量。加强食品安全监管执法队伍的装备建设，重点增加现场快速检测和调查取证等设备的配备，提高监管执法能力。加强监管执法队伍法律法规、业务技能、工作作风等方面的教育培训，规范执法程序，提高执法水平，切实做到公正执法、文明执法。

（2）完善食品安全标准体系

坚持公开透明、科学严谨、广泛参与的原则，进一步完善食品、食品添加剂、食品相关产品安全标准的制/修订程序。加强食品安全标准制/修订工作，尽快完成现行食用农产品质量安全、食品卫生、食品质量标准和食品行业标准中强制执行标准的清理整合工作，加快重点品种、领域的标准制/修订工作，充实完善食品安全国家标准体系。各地区要根据监管需要，及时制定食品安全地方标准。鼓励企业制定严于国家标准的食品安全企业标准。加强对食品安全标准宣传和执行情况的跟踪评价，切实做好标准的执行工作。

（3）健全风险监测评估体系

加强监测资源的统筹利用，进一步增设监测点，扩大监测范围、指标和样本量，提高食品安全监测水平和能力。统一制订实施国家食品安全风险监测计划，规范监测数据报送、分析和通报等工作程序，健全食品安全风险监测体系。加强食用农产品质量安全风险监测和例行监测。建立健全食源性疾病监测网络和报告体系。严格监测质量控制，完善数据报送网络，实现数据共享。加强监测数据分析判断，提高发现食品安全风险隐患的能力。完善风险评估制度，强化食品和食用农产品的风险评估，充分发挥其对食品安全监管的支撑作用。建立健全食品安全风险预警制度，加强风险预警相关基础建设，确保预警渠道畅通，努力提高预警能力，科学开展风险交流和预警。

（4）加强检验检测能力建设

严格食品检验检测机构的资质认定和管理，科学统筹、合理布局新建检验检测机构，加大对检验检测能力薄弱地区和重点环节的支持力度，避免重复建设。支持食品检验检测设备国产化。积极稳妥推进食品检验检测机构改革，促进第三方检验检测机构发展。推进食品检验检测数据共享，逐步实现网络化查询。鼓励地方特别是基层根据实际情况开展食品检验检测资源整合试点，积极推广成功经验，逐步建立统筹协调、资源共享的检验检测体系。

（5）加快食品安全信息化建设

按照统筹规划、分级实施、注重应用、安全可靠的原则，依托现有电子政务系统和业务系统等资源，加快建设功能完善的食品安全信息平台，实现各地区、各部门信息互联互通和资源共享，加强信息汇总、分析整理，定期向社会发布食品安全信息。积极应用现代信息技术，创新监管执法方式，提高食品安全监管的科学化、信息化水平。加快推进食品安全电子追溯系统建设，建立统一的追溯手段和技术平台，提高追溯体系的便捷性和有效性。

（6）提高应急处置能力

健全各级食品安全事故应急预案，加强预案演练，完善应对食品安全事故的快速反应机制和程序。加强食品安全事故应急处置体系建设，提高重大食品安全事故应急指挥决策能力。加强应急队伍建设，强化应急装备和应急物资储备，提高应急风险评估、应急检验检测等技术支撑能力，提升事故响应、现场处置、医疗救治等食品安全事故应急处置水平。制定食品安全事故调查处理办法，进一步规范食品安全事故调查处理工作程序。

4.5.6 完善相关保障措施

(1) 完善食品安全政策法规

深入贯彻实施食品安全法，完善配套法规规章和规范性文件，形成有效衔接的食品安全法律法规体系。推动完善严惩重处食品安全违法行为的相关法律依据，着力解决违法成本低的问题。各地区要积极推动地方食品安全立法工作，加强食品生产加工小作坊和食品摊贩管理等具体办法的制/修订工作。定期组织开展执法情况检查，研究解决法律执行中存在的问题，不断改进和加强执法工作。大力推进种植、畜牧、渔业标准化生产。完善促进食品产业优化升级的政策措施，提高食品产业的集约化、规模化水平。提高食品行业准入门槛，加大对食品企业技术进步和技术改造的支持力度，提高食品安全保障能力。推进食品经营场所规范化、标准化建设，大力发展现代化食品物流配送服务体系。积极推进餐饮服务食品安全示范工程建设。完善支持措施，加快推进餐厨废弃物资源化利用和无害化处理试点。

(2) 加大政府资金投入力度

各级政府要建立健全食品安全资金投入保障机制。中央财政要进一步加大投入力度，国家建设投资要给予食品安全监管能力建设更多支持，资金要注意向中西部地区和基层倾斜。地方各级政府要将食品安全监管人员经费及行政管理、风险监测、监督抽检、科普宣教等各项工作经费纳入财政预算予以保障。切实加强食品安全项目和资金的监督管理，提高资金使用效率。

(3) 强化食品安全科技支撑

加强食品安全学科建设和科技人才培养，建设具有自主创新能力的专业化食品安全科研队伍。整合高等院校、科研机构和企业等科研资源，加大食品安全检验检测、风险监测评估、过程控制等方面的技术攻关力度，提高食品安全管理科学化水平。加强科研成果使用前的安全性评估，积极推广应用食品安全科研成果。建立食品安全专家库，为食品安全监管提供技术支持。开展食品安全领域的国际交流与合作，加快先进适用管理制度与技术的引进、消化和吸收。

4.5.7 动员全社会广泛参与

(1) 大力推行食品安全有奖举报

地方各级政府要加快建立健全食品安全有奖举报制度，畅通投诉举报渠道，细化具体措施，完善工作机制，实现食品安全有奖举报工作的制度化、规范化。切实落实财政专项奖励资金，合理确定奖励条件，规范奖励审定、奖金管理和发放等工作程序，确保奖励资金及时兑现。严格执行举报保密制度，保护举报人合法权益。对借举报之名捏造事实的，依法追究责任。

(2) 加强宣传和科普教育

将食品安全纳入公益性宣传范围，列入国民素质教育内容和中小学相关课程，加大宣传教育力度。充分发挥政府、企业、行业组织、社会团体、广大科技工作者和各类媒体的作用，深入开展"食品安全宣传周"等各类宣传科普活动，普及食品安全法律法规及食品安全知识，提高公众食品安全意识和科学素养，努力营造"人人关心食品安全、人人维护食品安全"的良好社会氛围。

（3）构建群防群控工作格局

充分调动人民群众参与食品安全治理的积极性、主动性，组织动员社会各方力量参与食品安全工作，形成强大的社会合力。支持新闻媒体积极开展舆论监督，客观及时、实事求是报道食品安全问题。各级消费者协会要发挥自身优势，提高公众食品安全自我保护能力和维权意识，支持消费者依法维权。充分发挥食品相关行业协会、农民专业合作经济组织的作用，引导和约束食品生产经营者诚信经营。

4.5.8 加强食品安全工作的组织领导

（1）加强组织领导

地方各级政府要把食品安全工作摆上重要议事日程，主要负责同志亲自抓，切实加强统一领导和组织协调。要认真分析评估本地区食品安全状况，加强工作指导，及时采取有针对性的措施，解决影响本地区食品安全的重点难点问题和人民群众反映突出的问题。要细化、明确各级各类食品安全监管岗位的监管职责，主动防范、及早介入，使工作真正落实到基层，力争将各类风险隐患消除在萌芽阶段，守住不发生区域性、系统性食品安全风险的底线。国务院各有关部门要认真履行职责，加强对地方的监督检查和指导。对在食品安全工作中取得显著成绩的单位和个人，要给予表彰。

（2）严格责任追究

建立健全食品安全责任制，上级政府要对下级政府进行年度食品安全绩效考核，并将考核结果作为地方领导班子和领导干部综合考核评价的重要内容。发生重大食品安全事故的地方在文明城市、卫生城市等评优创建活动中实行一票否决。完善食品安全责任追究制，加大行政问责力度，加快制定关于食品安全责任追究的具体规定，明确细化责任追究对象、方式、程序等，确保责任追究到位。

5

食品质量与安全监督管理的依据

内容提要

本章在介绍法律、标准和标准化基本概念和知识的基础上，重点介绍了我国食品法律体系、食品标准体系和主要管理规范，以及我国食品法律体系和食品标准体系的现状、存在的问题及发展。

教学目的和要求

1. 在熟悉法律基本概念和知识的基础上，掌握我国食品法律体系，了解我国食品法的现状、存在的问题及发展情况。

2. 在熟悉标准与标准化基本概念和知识的基础上，掌握我国食品标准体系，了解我国食品标准的现状、存在的问题及发展情况。

3. 熟悉有关食品质量与安全管理的主要规范的概念，初步掌握其特点、内容、要求及实施的意义，了解我国食品质量与安全管理规范体系的建立与实施情况。

重要概念与名词

食品法（律），食品法律体系，标准，标准化，食品标准体系，良好农业规范（GAP），良好操作规范（GMP），卫生标准操作程序（SSOP），危害分析与关键控制点（HACCP）。

思考题

1. 什么是食品安全法律体系？简述我国食品安全法律体系。

2. 你认为我国食品安全法律体系还存在哪些缺陷？并提出改进建议。

3. 什么是标准？什么是标准化？请说明标准化的作用？

4. 食品标准有哪些类别？请举例说明。

5. 什么是强制性标准？什么是推荐性标准？请以国家标准举例说明。

6. 简要说明制定食品安全标准的程序。

7. 简要说明我国《食品安全法》对食品安全标准的制定、实施和管理的规定。

8. 简述我国食品安全标准体系的现状。

9. 简要说明我国"十二五"期间食品安全标准发展的目标和主要任务。

10. CAC 和 ISO 分别是什么样的组织？它们的性质和地位有何不同？

11. 什么是良好农业规范（GAP）？它有哪些基本要求和特点？实施 GAP 有何意义？

12. 什么是良好操作规范（GMP）？其主要内容有哪些？实施 GMP 有何意义？

13. 什么是卫生标准操作程序（SSOP）？其主要内容有哪些？实施 SSOP 有何意义？

14. 什么是危害分析与关键控制点（HACCP）？它有哪些特点和基本原理？实施 HACCP 有何意义？

15. GMP、SSOP 和 HACCP 三者之间有何关系？

16. 食品安全管理体系（ISO 22000：2005 或 GB/T 22000—2006）有哪些特点和要求？其目标是什么？

"没有规矩，不成方圆"出自《孟子·离娄上》："不以规矩，不能成方圆。"原意是说如果没有规和矩，就无法制作出方形和圆形的物品，后来引申为行为举止的标准和规则。这句古语很好地说明了秩序的重要性。众所周知，缺乏明确的法律、规章、制度、标准、流程等，就很难辨明是与非、正与邪，工作就很容易产生混乱。在食品界，不论是食品生产经营，还是食品监督管理，乃至处理食品质量与安全事件，如果没有或不明确相关的法律法规、规章制度、标准、技术规范等，就无法辨明应该怎么做，不该怎么做；食品是安全还是不安全；质量是优还是劣；有关行为是对还是错……。因此，为了保证食品质量与安全，保障人们的身体健康而不受伤害，维护社会秩序稳定，使食品生产经营与监督管理有序地进行，应该制定并自觉遵守相关的法律法规、规章制度、标准、技术规范等，它们是控制、管理和监督食品质量与安全的基础和依据。我国国家标准《标准化工作指南 第 1 部分：标准化和相关活动的通用词汇》（GB/T 20000.1）把这些为各种活动或其结果提供规则、导则或规定特性的文件称为规范性文件，并把其划分为标准、技术规范、规程和法规。

5.1 食品法

5.1.1 法的概念、作用与体系

(1) 法的概念与特征

法是体现统治阶级意志，由国家制定或认可，并以国家强制力保证实施的，以规定当事人权利和义务为内容，具有普遍约束力的行为规范（规则）的总和，也称为法律。所谓国家制定，就是指由国家立法机关按照特定的程序创制具有不同法律效力的规范性文件。所谓国家认可，就是指国家赋予某些早已存在的有利于统治阶级的社会规范（诸如某些风俗、习惯或宗教信条等）以法律效力。

可见，法的本质是统治阶级意志的表现，而且是被提升为国家意志的统治阶级的意志，其内容是由统治阶级的物质生活条件所决定。

法作为一种具有国家强制力的调整社会关系的手段，它是与道德、习惯、风俗和纪律等有着一种近似于相互配合并且以法律为最终底线和标准的社会规范。但是又要明确法律并不是万能的，它有自己的调整领域，并不能取代道德、习惯、风俗和纪律等社会规范的作用。

概括来讲法具有如下特征：

① 法律是调整人们行为的社会规范；

② 法律是由国家制定或认可的社会规范；

③ 法律是以权利和义务的双向规定为调整机制的行为规范；

④ 法律是由国家强制力（即军队、警察、法庭、监狱等）保证实施的社会规范；

⑤ 法律是具有普遍约束力的社会规范，即平常所说的"法律面前人人平等"。

"法律"一词，有广义和狭义两种理解。广义的法律包括法律、有法律效力的解释及行政机关为执行法律而制定的规范性文件的总称（以下统称为法）。狭义上法律则是指由国家最高权力机关，在我国是全国人民代表大会及其常委会制定、颁布的规范性文件的总称（以下统称为法律）。其法律效力和地位仅次于宪法。我国颁布的《食品安全法》、《农产品质量法》等就属于后一种意义上的法律。

（2）法的作用

法的作用是指法对社会发生的影响，包括规范作用与社会作用两个方面。

① 规范作用。是法作为一种行为规范对人的行为的作用，包括指引、评价、预测、强制、教育等方面。

法作为一种行为规范，为人们提供某种行为模式，指引人们可以这样行为，必须这样行为或不得这样行为，从而对行为者本人的行为产生影响。法对人的行为的指引通常采用两种方式：一种是确定的指引，即通过设置法律义务，要求人们做出或抑制一定行为，使社会成员明确自己必须从事或不得从事的行为界限。一种是不确定的指引，又称选择的指引，是指通过宣告法律权利，给人们一定的选择范围。依此可将法律规范区分为禁止性规范、义务性规范和授权性规范。

法的评价作用是指法作为一种行为标准，具有判断、衡量人们的行为合法与否的评判作用。在现代社会，法已经成为评价人的行为的基本标准。

法的预测作用，也是法的可预测性，即人们可以根据法律规范的规定事先估计到当事人双方将如何行为及行为的法律后果。

法的强制作用，亦即法的强制性，即法具有制裁和惩罚违法犯罪行为的作用，并通过作用来强制人们守法。制定法的目的是让人们遵守，是希望法的规定能够转化为社会现实。

法的教育作用是指通过法的实施，使法律规范对人们的行为发生直接或间接的诱导影响。这种作用又具体表现为示警作用和示范作用。法的教育作为对于提高公民法律意识，促使公民自觉遵守法律具有重要作用。

② 社会作用。社会作用是从法的本质和目的这一角度出发确定法的作用，如果说法的规范作用取决于法的特征，那么，法的社会作用就是由法的内容、目的决定的。法的社会作用主要涉及了三个领域和两个方向。三个领域即社会经济生活、政治生活、思想文化生活领域；两个方面即政治职能（通常说的阶级统治的职能）和社会职能（执行社会公共事务的职能）。第一，法在政治方面的作用：确认和维护统治阶级在政治上、经济上的统治地位，镇压被统治阶级的反抗，使其活动控制在统治秩序所允许的范围内；调整和解决统治阶级内部的矛盾和纠纷以及与同盟者的关系；保护

主体的合法行为和合法权益；制裁一切违法犯罪行为；根据统治阶级的需要，开展与世界各国的交往。第二，法在经济方面的作用：确立和维护有利于统治阶级的基本经济制度，为巩固和发展这种经济基础服务；保护合法的财产所有权和财产流转关系，调整和解决各种财产纠纷，维护社会经济秩序；促进社会生产力的发展。第三，法在执行社会公共事务方面的作用：对一切有关全社会的公共事务进行管理，从而保证人类共同体的存在和发展。主要作用有：发展生产；管理和发展文化、教育、科学、技术、人口、公共卫生等事业；保护环境，利用和保护自然资源等。法律执行社会公共事务方面的作用不仅是统治阶级的需要，而且是社会存在和发展的需要。

(3) 法律体系

我国法学界对法律体系的定义、界定总体上比较一致，即法律体系是指一国的全部现行法律规范按一定的标准和原则，划分为不同法律部门而形成的内部和谐一致、有机联系的整体。"具有中国特色社会主义法律体系在范围上应包括一切立法机关、授权立法机关或行政立法机关所制定的阶位不同、效力不同的具有法律形式渊源的一切规范性文件"。对我国的法律体系可从三个方面来认识。

① 立法体制。立法体制是指国家关于立法主体的组织系统、立法权限的划分和行使制度。我国的立法体制是"一元两级多层次"，"一元"是指中华人民共和国全国人民代表大会是最高国家权力机关，行使国家立法权的主体是全国人民代表大会和它的常务委员会。"两级"包括中央一级立法和地方一级立法。在国家行政结构上，分中央与地方，中央领导地方，地方服从中央，这是整体与部分的关系。这一关系在立法体制上的表现是：全国人大及其常委会、国务院作为中央国家机关比地方人大及其常委和政府的政治地位高，处于领导地位。中央国家机关制定（立、改、废）的规范性法律文件的效力高于地方国家机关制定的地方性法规和规章，地方性法规和规章不得同中央国家机关制定的宪法、法律（基本法和基本法以外的法律）和行政法规相抵触。立法体制的"多层次"表现是制定规范性法律文件的主体从中央到地方宝塔式的设置，层次清楚，权限明确，相应的它们制定的规范性法律文件的效力地位也是成梯级的。

② 规范性法律文件体系。这里讲的规范性法律文件体系，是指国家立法机关制定的各类规范性法律文件依其地位和效力不同而构成的体系。我国规范性法律文件的形式体系是以宪法（含修正案）为根本大法，相配有法律、行政法规和军事法规、地方性法规、自治条例和单行条例、规章（包括部门规章、地方政府规章、军事规章）、国际条约等。有人将其概括为法律、行政法规、地方性法规三个层次。

③ 部门法体系。又称法律部门体系。现行法律规范由于调整的社会关系及其调整方法不同，分为不同的、相对独立的法律部门。法律部门是指调整同一种类社会关系的法律规范，是构成法律体系的基本单位。我国法律体系分为七个法律部门，包括宪法及相关法、民商法、行政法、经济法、社会法、刑法、诉讼与非诉讼程序法。分属于各法律部门的法律规范，因其制定主体不同，又有不同的位阶；这些包括不同位阶法律规范的法律部门，共同构成层次分明、结构严谨的法律体系。

此外，我国宪法把法律分为基本法律和基本法律以外的法律。基本法律是指由全国人大制定和修改的，规定或调整国家和社会生活中在某一方面具有根本性和全面性关系的法律，包括关于刑事、民事、国家机构的和其他的基本法律。基本法律以外的法律，也叫"一般法律"，是指由全国人民代表大会常务委员会制定和修改的，规定和调整除基本法律调整以外的，关于国家和社会生活某一方面具体问题的关系的法律。此外，全国人大常委会所作出的决议和决定，如果其内容属于规范性规定，而不是一般宣言或委任令之类的文件，也视为狭义的法律。

（4）法律的效力

法律的效力即其强制力所能达到的范围，包括空间、时间和对人的生效范围。空间上的效力是指法律在哪些地域生效；时间上的效力是指法律生效与终止日期以及溯及力问题；溯及力是指法律对它生效以前的行为是否适用的问题，如果适用就有溯及力，否则则无溯及力；对人的效力是指法律对谁有效力，适用于哪些人。

5.1.2　我国食品法律体系的构成

目前，法学界对食品法及食品法律体系尚无确切的定义。显然食品法属于部门法，是我国法律体系的重要构成部分，其制定的目的在于通过规定食品、食品添加剂以及食品相关产品生产经营者、检验者、监督及相关管理者行为及行为效果，以达到保证食品质量与安全，预防及避免对人体产生伤害，促进经营发展和维护社会稳定。因此，可以把食品法定义为：由国家制定或认可，并以国家强制力保证实施的，以规定食品、食品添加剂以及食品相关产品生产经营者、检验者、监督管理者权利和义务为内容，具有普遍约束力的行为规范（规则）的总和。

既然食品法是我国法律体系的构成部分，那么，我国食品法的制定遵循我国的立法体制。从我国目前制定的有关食品法来看，我国有关食品的规范性法律文件形式体系主要包括法律、行政法规、地方性法规及规章。经过长期的努力，我国目前已形成了以《食品安全法》、《农产品质量安全法》、《产品质量法》、《标准化法》等法律为基础，以《食品生产加工企业质量安全监督管理办法》、《食品标签标注规定》、《食品添加剂管理规定》，以及涉及食品安全要求的大量技术标准等法规为主体，以各省及地方政府关于食品质量与安全的规章为补充的食品法律体系。并在防止食品污染、保证食品质量与安全、保障人民生命安全和健康等方面发挥着重要作用。

（1）食品法律

目前我国颁布实施的，有关食品质量与安全的法律主要有《产品质量法》、《食品安全法》、《农产品质量安全法》、《标准化法》、《农业法》、《进出口商品检验法》、《动植物检疫法》、《进出境动植物检疫法》、《国境卫生检疫法》、《计量法》等。它们在我国食品质量与安全控制、管理与监管方面发挥了重大作用。其中《食品安全法》是我国有关食品安全的基本大法，它明确了食品安全监管体制，统一了食品安全国家标准，取消了"免检制度"，确立了惩罚性赔偿制度，建立了风险监测评估制度，确立了不安全食品的召回制度，确定了严格的法律责任等。它是目前我国食品法律体系中法律效力层次最高的规范性文件，是我国食品法律体系中的核心，是制定从属性的食品法规、规章、标准及其他规范性文件的依据。

（2）食品法规

法规是指依据宪法和法律制定的规范性文件的总称。包括行政法规和地方性法规。

① 行政法规。行政法规是国务院为领导和管理国家各项行政工作，根据宪法和

法律，并且按照《行政法规制定程序暂行条例》的规定而制定的政治、经济、教育、科技、文化、外事等各类法规的总称。《立法法》第 61 条规定："行政法规由总理签署国务院令公布。"行政法规的具体形式有条例、实施细则、规定、办法等：对某一方面的行政工作做比较全面、系统的规定，称"条例"；对某一方面的行政工作做部分的规定，称"规定"；对某一项行政工作做比较具体的规定，称"办法"。它们之间的区别是：在范围上，条例、规定适用于某一方面的行政工作，办法仅用于某一项行政工作；在内容上，条例比较全面、系统，规定则集中于某个部分，办法比条例、规定要具体得多；在名称使用上，条例仅用于法规，规定和办法在规章中也常用到。如我国有关食品的行政法规有：《乳品质量安全监督管理条例》、《食品安全法实施条例》、《农药管理条例》、《兽药管理条例》、《饲料和饲料添加剂管理条例》、《生猪屠宰管理条例》、《突发公共卫生事件应急条例》、《标准化法实施条例》、《产品质量认证管理条例》、《农业转基因生物安全管理条例》、《重大食品安全突发事件应急处理办法》、《认证认可条例》、《标准化法实施条例》等。

②　地方性法规。地方性法规是指依法由有地方立法权的地方人民代表大会及其常委会，在不同宪法、法律和法规相抵触的前提下，就地方性事务以及根据本地区实际情况执行法律、法规的需要所制定的规范性文件。地方性法规对于保证宪法和法律在地方的实施、对于补充国家立法以及各地因地制宜自主解决本地方的事务起到重要作用。近年来，全国各地对食品立法进行了有益的探索。如北京市颁布了《北京市食品安全监督管理规定》，广州市颁布了《广州市食品安全监督管理办法》，苏州市颁布了《苏州市食用农产品安全监督管理办法》，宁夏颁布了《宁夏回族自治区家禽屠宰管理办法》，上海市颁布了《上海市集体用餐配送监督管理办法》等。

③　食品规章。规章通常称行政规章，是国家行政机关依照行政职权所制定、发布的针对某一类事件或某一类人的一般性规定，是抽象行政行为的一种。规章包括部门规章（也称部委规章）和地方人民政府规章。部门规章是指国务院各部门（包括具有行政管理职能的直属机构）根据法律和国务院的行政法规、决定、命令在本部门的权限内按照规定的程序所制定的规定、办法、细则、规则等规范性文件的总称。地方政府规章是指由省、自治区、直辖市和较大的市的人民政府根据法律和法规，并按照规定的程序所制定的普遍适用于本行政区域的规定、办法、细则、规则等规范性文件的总称。《立法法》第 76 条规定："部门规章由部门首长签署命令予以公布。地方政府规章由省长或者自治区主席或者市长签署命令予以公布。"在我国行政管理活动中，规章作为法律、法规的补充形式，发挥着重要作用。目前我国有关食品的规章有：卫生部颁布的《食品卫生许可证管理办法》、《食品添加剂卫生管理办法》、《餐饮业和集体用餐配送单位卫生规范》、《餐饮服务食品安全监督管理办法》等；农业部颁布的《绿色食品标志管理办法》、《生鲜乳质量安全监测工作规范》、《农产品包装和标识管理办法》、《农产品产地安全管理办法》等；国家质量监督检验检疫总局颁布的《进出境肉类产品检验检疫管理办法》、《进出境水产品检验检疫管理办法》、《出口食品生产企业卫生注册登记管理规定》等；国家食品药品监督管理局颁发的《餐饮服务食品安全飞行检查暂行办法》、《国家食品药品监督管理局保健食品化妆品指定实验室管理办法》等。商务部、农业部、国家税务总局和国家标准委颁发的《关于开展农产品批发市场标准化工作的通知》；商务部颁发的《流通领域食品安全管理办法》、《绿色市场

认证管理办法》等。

此外，还有许多由国家和地方行政机关发布的规范性文件，它们也在食品质量与安全监督管理中发挥了重要作用。

5.1.3 我国食品法律体系的发展

按不同时期的特点，我国食品法律体系的发展可分为 4 个阶段。

(1) 食品立法初期

1949～1966 年，有关食品的法律法规主要涉及饲养、屠宰、食堂贮存、猪禽疫病防治、防治布鲁菌病、食品卫生等方面，其中 1965 年 8 月颁布的《食品卫生管理试行条例》具有重要作用。这一时期的特点为：

① 颁布法律法规的部门不多，主要有国务院、卫生部、商业部和粮食部颁布；

② 食品监管工作职责明确，由食品生产、经营单位的主管部门和各级卫生部门负责；

③ 涉及食品种类类型较少，主要为肉类、奶类、蛋类、调味品以及粮油类食物；

④ 监管内容单一，主要从食品标准、食品贮存和食品加工、经营中的卫生管理 3 个方面进行监管。

(2) 食品立法停滞期

1966～1978 年，国家相关法制建设基本处于停滞状态，食品立法较少。

(3) 食品立法高峰期

1978～2008 年是我国食品立法的高峰时期。全国人大制定了《食品卫生法》、《产品质量法》、《农产品质量安全法》、《渔业法》等近 20 部与食品相关的法律，国务院制定了《国务院关于加强食品等产品安全监督管理的特别规定》、《农药管理条例》、《兽药管理条例》、《生猪屠宰管理条例》等近 40 部相关行政法规，国务院的卫生、质检、农业、工商等部门制定了《转基因食品卫生管理办法》、《无公害农产品管理办法》、《新资源食品卫生管理办法》、《农业转基因生物安全评价管理办法》等近 150 部相关部颁规章和近 500 个食品安全卫生标准以及诸如《农业法》、《消费者权益保护法》、《进出口商品检验法》、《刑法》等法律中有关食品的相关规定为补充而构成的集合法群形态。上述法律、行政法规、部门规章和标准体系共同构建了我国食品的基本法律框架，为全面提高我国的食品质量与安全水平发挥了重要作用。其特点为：

① 颁布法律法规数量多；

② 涉及食品种类多，所规范的食品"从农田到餐桌"几乎应有尽有；

③ 法律法规颁布部门多，有全国人大常务委员会、国务院、最高人民法院、最高检察院、卫生部、农业部、质检总局、商务部、工商行政管理总局、国家食品药品监督管理局、教育部等部门；

④ 食品监管部门多，有农业、经贸、质检、工商和卫生部共同负责。

但是，该阶段的食品法律体系仍存在以下突出问题。

① 体系不够完整。当时我国还没有形成一部能够在"从农田到餐桌"整个食品链中有效发挥作用的食品安全基本法。《食品卫生法》规范的是食品生产、加工、贮存、运输、供应、销售等活动，没有涉及种植业和养殖业。《产品质量法》规范的是经过加工制作用于销售的食品的生产、销售活动，也没包括初级农产品。《农业法》

规范的是种植业、畜牧业和渔业等产业以及与其直接相关的产前、产中、产后服务活动，但对农产品及其投入品的卫生质量安全及正确使用的监管并未做出明确的规定。种植、养殖等环节的食品安全问题尚没有专门的法律予以调整。有的环节存在交叉，如在生产环节有卫生、质检双部门管理，在流通领域有农业、卫生、质检、商务等多部门参与。

② 内容不够全面。当时国际上广泛采用的一些重要制度，如食品安全风险评估制度、食品安全预警制度、食品溯源制度、不安全食品召回制度、食品安全事故处理制度、食品安全事故赔偿制度、食品企业食品安全责任保障制度等重要内容尚未纳入法律的调整范围，食品安全保障制度还存在一些空白；缺乏食品安全快速反应机制，在国外有害生物和食品进入我国境内对消费者健康和动植物造成威胁时，没有建立健全的应对国际食品贸易的快速反应机制；消费者、生产者、销售者及食品服务组织等参与食品管理活动的力度不够，没有形成全社会共同参与食品安全监管的氛围。

③ 范围多有重复。在食品生产领域实行食品卫生、食品质量两个管理范畴，如《食品卫生法》规定食品应无毒无害，符合应当有的营养要求等；而《产品质量法》规定为不存在危及人身、财产安全的不合理的危险，具备产品应当具备的使用性能等。从食品卫生与食品质量的具体内容或基本标准、产品标准、方法标准或过程标准、管理标准等看，两者的许多内容是重复的。

④ 法定职责不够清晰。就当时食品法律体制，我国食品管理权限分属卫生、质检、工商、食品、药品、农业、商务等部门，而且不同部门负责食品链的不同环节，形成了"多头分散、齐抓共管"和"多头有责、无人负责"的局面，职责不清、相互矛盾、管理重叠和管理缺位现象突出，严重影响了监督执法的权威性。虽然2004年对相关部委的监管工作进行了具体分工，农业部负责种植、养殖环节，国家质检总局负责加工生产环节，工商总局负责流通中的食品安全，卫生部负责餐饮业的食品安全，食品药品监督管理局负责各部门的综合协调，形成了独具特色的综合监督与具体监管相结合的食品安全监管体制，但各部门之间的衔接仍存在许多问题，综合监督部门所履行的综合监督、组织协调和依法组织开展重大食品安全事故查处的职责没有法律予以规范与保障。

⑤ 法律责任不够适应。从当时打击猖獗的食品违法犯罪行为的迫切要求来看，《食品卫生法》、《产品质量法》等对于违反食品卫生规则而导致食品安全问题的处罚力度较轻，未能从危害公共安全的立法角度设定食品加工、生产销售等各个环节追究公司法人和责任人的民事和刑事责任，对严重危害人民身体健康的违法经营行为起不到惩戒的作用；没有彻底剥夺违法犯罪分子再次违法犯罪的条件和能力，法律的威慑力还没有充分发挥出来。由于现有的规定与刑法没有很好的衔接，执法实践中移送司法处理的案件很少，执法不严、违法不究、以罚代刑的现象比较普遍。此外，现行法律对食品安全监管机关以及食品安全服务机构的法律责任没有明确规定。

(4) 食品安全立法完善期

2008年至今，随着《食品安全法》和《食品安全法实施条例》的实施，标志着我国全面进入了《食品安全法》时代，正形成以《食品安全法》和《食品安全法实施条例》为主导的食品法律体系。

5.2 食品标准

5.2.1 食品标准概述

(1) 基本概念

① 标准化。指在经济、技术、科学及管理等社会实践中，对重复性事物和概念通过制定、发布和实施标准，达到统一，以获得最佳秩序和社会效益的过程。标准化过程是根据客观情况的变化，不断循环、螺旋式上升的动态过程。食品标准化（food standardization）即是为使食品行业获得最佳秩序，保证食品质量与安全，就有关食品生产经营、监督管理以及认证与评价过程中重复性事物和概念制定并实施标准的过程。

② 标准。是标准化活动的成果，也是标准化系统的最基本要素和标准化学科中最基本的概念。是对重复性事物和概念所做的统一规定，它以科学、技术和实践经验的综合成果为基础，经有关方面协商一致，由主管机构批准，以特定形式发布，作为共同遵守的准则和依据。食品标准（food standard）即是对食品行业有关重复性事物和概念所做的统一规定。

对标准和标准化可从如下四个方面来理解：第一，标准化的对象是比较稳定的重复性事物或概念，并不是所有事物或概念。第二，标准产生的客观基础是"科学、技术和实践经验的综合成果"，并且这些成果与经验都要经过分析、比较和选择，综合反映其客观规律性的"成果"。第三，标准在产生过程中要发扬民主、"经有关方面协商一致"，不能凭少数人的主观意志来决定。这样，制定出来的标准才能考虑各方面尤其是使用方的利益，才更具有权威性，科学性和使用性，实施起来也较容易。第四，标准的本质特征是统一。这就是说标准是"由标准主管机构批准以特定形式发布，作为共同遵守的准则和依据"的统一规定。不同级别的标准是在不同适用范围内进行统一，不同类型的标准是从不同侧面进行统一。此外，标准的编制格式也应该是统一的，各种各类标准都有自己统一的"特定形式"，有统一的编制顺序和方法，"标准"的这种编制顺序、方法、印刷、幅面格式和编号方法的统一，既可保证标准的编制质量，又便于标准的使用和管理，同时也体现出"标准"的严肃性和权威性。

③ 标准制定。是指标准制定部门对需要制定标准的项目，编制计划、组织草拟、审批、编号、发布的活动。它是标准化工作任务之一，也是标准化活动的起点。

④ 标准备案。是指一项标准在其发布后，负责制定标准的部门或单位，将该项标准文本及有关材料，送标准化行政主管部门及有关行政主管部门存案以备查考的活动。

⑤ 标准复审。是指对使用一定时期后的标准，由其制定部门根据科学技术的发展和经济建设的需要，对标准的技术内容和指标水平所进行的重新审核，以确认标准有效性的活动。

⑥ 标准实施。是指有组织、有计划、有措施地贯彻执行标准的活动，是标准制定部门、使用部门或企业将标准规定的内容贯彻到生产、流通、使用等领域中去的过程。它是标准化工作的任务之一，也是标准化工作的目的。

⑦ 标准实施监督。是国家行政机关对标准贯彻执行情况进行督促、检查、处理的活动。它是政府标准化行政主管部门和其他有关行政主管部门领导和管理标准化活动的重要手段，也是标准化工作任务之一，其目的是促进标准的贯彻，监督标准贯彻执行的效果，考核标准的先进性和合理性，通过标准实施的监督，随时发现标准中存在的问题，为进一步修订标准提供依据。

⑧ 标准体系。是与实现某一特定的标准化目的有关的标准，按其内在联系，根据一些要求所形成的科学的有机整体。它是有关标准分级和标准属性的总体，反映了标准之间相互连接、相互依存、相互制约的内在联系。

（2）标准化的目的和作用

国际标准化组织（ISO）认为标准化的主要目的是：在生产和贸易方面，全面地节约人力、物力、财力等；在产品、过程和服务质量方面，保护企业、消费者和社会的利益；保护安全、健康及生命；为有关方面提供表达手段。标准化工作是国民经济和社会发展的技术基础，是科技成果转化为生产力的桥梁，是企业现代化、集约化生产的重要条件。其作用主要表现在如下几个方面。

① 标准化是现代化大生产的前提和必要条件。随着科学技术的发展，生产的社会化程度越来越高，生产规模越来越大，技术要求越来越复杂，分工越来越细，专业化程度越来越高，生产协作越来越广泛，这就必须通过制定和使用标准，来保证各生产部门的活动，在技术上保持高度的统一和协调，确立共同遵循的准则，建立稳定的秩序，以使生产正常进行。

② 标准化是提高产品质量和合理发展产品品种的技术保证。合理发展产品品种，提高企业应变能力，以更好地满足社会需求；保证产品质量，维护消费者利益。

③ 标准化是实行现代科学管理和全面质量管理的基础。所谓科学管理，就是依据生产技术的发展规律和客观经济规律对企业进行管理，而各种科学管理制度的形式，都以标准化为基础。

④ 标准化是促进经济全面发展，提高经济效益的有效手段。标准化应用于科学研究，可以避免在研究上的重复劳动；应用于产品设计，可以缩短设计周期；应用于生产，可使生产在科学的和有秩序的基础上进行；应用于管理，可促进统一、协调、高效率等。

⑤ 标准化还是提高社会效益的有效手段。标准化的实施有利于合理利用国家资源，增产节约，保护环境、保持生态平衡，维护人类社会当前和长远利益。

⑥ 标准化是科研、生产、使用三者之间的桥梁。一项科研成果，一旦纳入相应标准，就能迅速得到推广和应用。因此，标准化可使新技术和新科研成果得到推广应用，从而促进技术进步。

⑦ 标准化是国际经济、技术交流的纽带和国际贸易的调节工具。标准化在消除贸易障碍，促进国际技术交流和贸易发展，提高产品在国际市场上的竞争能力方面具有重大作用。

（3）食品标准化的作用

食品标准化是确保食品质量与安全的关键之一。在食品行业实施标准化可起到如下重要作用。

① 是全面提升食品质量与安全水平的关键。通过食品标准化，可以使食品生产

经营全过程规范化，为食品质量与安全提供控制目标、技术依据和技术保证，实现对食品生产经营各个关键环节和影响食品质量与安全的关键因素的有效监控，使食品满足有关标准的规定和要求，全面保证和提升食品质量与安全水平。

② 是食品企业进行科学管理的基础。食品标准化是食品企业提高产品质量与安全水平的前提和保证。如果食品企业管理中离开食品标准，其管理必定陷入无序状态，食品质量与安全就没有保证。

③ 是政府管理食品产业的重要依据。政府管理食品产业的重点是对食品质量与安全性进行监督检查与评价，而监督检查、评价的依据就是食品标准。如果没有食品标准，那么国家对食品生产经营过程及结果的监督检查与评价就成了"无源之水，无本之木"。

④ 是促进食品生产经营的发展重要保证。标准化可使新技术和新科研成果得到推广应用，从而促进技术进步。因此，食品标准化既是实现食品产业专业分工和社会化生产的前提，也是科学技术转化为生产力的桥梁。

⑤ 是提高食品产业社会经营效益的重要手段。标准化可以起到合理利用国家食品资源，增产节约，保护环境、保持生态平衡，维护人类社会当前和长远利益的作用。

⑥ 是调节食品国际贸易的重要工具。通过制定、实施与国际接轨的食品标准，建立技术性贸易措施体系，可以消除贸易技术壁垒，促进国际技术交流和贸易发展，提高产品在国际市场上的竞争能力。

(4) 标准号的构成

标准号是科学、合理使用标准的重要工具，也是标准中使用频率最高的内容之一，因此，这里对标准号作以介绍。

不同标准有不同的标准号，但其构成是基本一致，主要包括标准代号、标准顺序号和标准发布年号。其结构形式一般为：标准代号＋标准顺序号—标准发布年号。

① 标准代号。一般由字母或字母和阿拉伯数字构成，它主要反映标准的级别、类别及性质等信息。如国家强制性标准的代号为 GB，推荐性标准的代号为 GB/T，指导性技术文件的代号为 GB/Z，地方标准代号主要部分为 DB，企业标准代号的主要部分是 Q。

② 标准顺序号。是按各级标准发布的先后顺序编排的顺序号，一般用阿拉伯数字表示。它主要反映标准的种类。应当注意的是，标准顺序号不是事先安排好，而是按标准登记的先后次序编排的，即在某标准第一次登记时在其所属类别标准中所遇到的那个顺序号。当该标准被修订时，其顺序号保持不变；但当该标准被废止后，该顺序号也同时被废止，不能用于其他标准。因此，从标准顺序号即可判断某标准是什么标准。

当一个标准是由若干个相独立的部分（即以单行本的形式发布实施，形式上类似一个独立标准，但它们实际上是某个标准的有机构成部分）构成时，为了在标准号中体现或区别该标准的各构成部分，在标准顺序号之后再加上部分的编号（阿拉伯数字，从 1 开始编号），并用下脚点将其与标准顺序号隔开。如 GB/T 5009.1、GB/T 5009.2。

③ 标准发布年号。是指标准发布实施时的年代号，一般用四位阿拉伯数字表示。

当标准被修订时，年号也随之改变，因此，标准发布年号反映了标准的版本，在使用标准时，一定要选用最新版本的标准。

5.2.2 国际食品标准化概况

(1) 国际标准化组织

涉及食品领域的国际标准化组织主要有国际标准化组织（ISO）、国际食品法典委员会（CAC）、国际乳品联合会（IDF）、国际葡萄与葡萄酒局（IWO）、国际动物卫生组织（OIE）、国际植物保护公约（IPPC）等，其中 ISO、CAC、OIE、IPPC 四大标准组织是世界贸易组织（WTO）认可的国际标准化组织。

① 国际食品法典委员会。国际食品法典委员会（Codex Alimentarius Commission，CAC）是由联合国粮农组织（FAO）和世界卫生组织（WHO）共同建立，以保障消费者的健康和确保食品贸易公平为宗旨的一个制定国际食品标准的政府间组织。CAC 自 1963 年成立至今，已拥有 173 个成员国和 1 个成员国组织（欧盟），覆盖全球 99％的人口。CAC 是 WTO 认可的唯一一向世界各国政府推荐的国际食品法典标准的组织，其标准也是 WTO 在国际食品贸易领域的仲裁标准。目前 CAC 制定的标准、规定包含 237 个食品的产品标准、41 个卫生法规或技术规范、185 个农药评估标准、2374 个农药残余限量标准、25 个污染物限量标准、1005 个食品添加剂评估标准和 54 个兽药评估标准。其中 CAC 制定的食品标准体系有通用标准和专用标准两大类。通用标准包括通用的技术标准、法规和良好规范等，由一般专题委员会负责制定，共 100 项，涉及一般原则和要求、食品标签及包装、食品添加剂、农药和兽药残留标准、污染物、取样和分析方法、食品进出口检验、认证和食品卫生等方面的标准；专用标准是针对某一特定或某一类别食品的标准，由各商品委员会负责制定，共 250 项，包括谷物、豆类及其制品以及植物蛋白、油和油脂、新鲜果蔬、新鲜果汁、乳及乳制品、加工和速冻水果蔬菜、糖、可可制品以及巧克力、肉及肉制品、鱼及鱼制品、营养与特殊膳食用食品等方面的标准。

我国于 1984 年正式成为 CAC 成员国，并由农业部和卫生部联合成立中国食品法典协调小组，秘书处设在卫生部，负责中国食品法典国内协调；联络点设在农业部，负责与 CAC 相关的联络工作。1999 年 6 月新的 CAC 协调小组由农业部、卫生部、国家质量技术监督检验检疫总局等 10 家成员单位组成。近几年，我国参与 CAC 工作的广度和深度都达到前所未有的程度，2006 年 7 月在瑞士日内瓦举行的第 29 届 CAC 大会上，我国申请作为农药残留委员会和食品添加剂委员会主席国获得批准，成为这两个委员会新任主席国。

② 国际标准化组织。国际标准化组织（International organization for standardization，ISO），是世界上最大、最具权威的非政府性标准化专门机构，是国际标准化领域中一个十分重要的组织。成立于 1946 年，现有 148 个成员国。ISO 的宗旨是在全世界范围内促进标准化工作的开展，以利于国际物资交流和互助，并扩大在知识、科学、技术和经济方面的合作。工作领域涉及信息技术、交通运输、农业、保健和环境等。其主要活动是制定国际标准，协调世界范围内的标准化工作，共同研究有关标准化问题。在食品方面，ISO 有专门负责农产食品标准工作的技术委员会 ISO/TC34 和专门负责淀粉包括其衍生物和副产品标准工作的技术委员会 ISO/TC93。ISO 的食

品标准体系由基础标准（术语）、分析和取样方法标准、产品质量与分级标准、包装标准、运输标准、贮存标准等组成。我国于 1978 年 9 月 1 日以中国标准化协会的名义参加 ISO，并在 1982 年 9 月当选并连任理事国（1983～1994 年）。1985 年和 1989年，分别改由国家标准局和国家技术监督局参加。2001 年起，在 ISO 代表中华人民共和国会籍的会员机构是国家标准化管理委员会。我国香港和澳门均是 ISO 通讯成员。

(2) 发达国家和地区食品标准体系概况

① 美国。美国的食品标准分为三个层次：一是国家标准，由农业部、卫生部、环境保护署、FDA 等机构以及联邦政府授权的特定机构制定；二是行业标准，由民间团体如美国奶制品学会等制定，其具有很高的权威性，是美国标准的主体；三是由农场主或公司制定的企业操作规范，相当于我国的企业标准。美国食品标准体系包括常规食品质量标准体系和有机食品标准体系两部分。其中常规食品质量标准体系由产品标准、农业投入品及其合理使用标准、安全卫生标准、生产技术规程、农业生态环境标准和食品包装、贮运、标签标准所组成。

② 欧盟。欧盟的食品标准体系分为两层：上层为欧盟指令，下层为包含具体技术内容的可自愿选择的技术标准。食品和饲料属于指令范围内的产品。目前，欧盟拥有技术标准 10 多万项，其中涉及农产品的达 1/4。2002 年 1 月欧洲委员会出台了欧盟食品安全法，涵盖了食品或饲料生产、加工和流通的各项阶段，包括食品卫生、污染和残留限量控制、新型食品、添加剂、调味及包装和辐射等一系列内容。欧盟的食品安全标准体系将基于此法而建立。

③ 日本。日本的食品标准体系也分为国家标准、行业标准和企业标准三层。国家标准即 JAS 标准，日本的食品标准数量很多，并形成了较为完备的标准体系。目前，共有食品规格标准 500 多项，涉及生鲜食品、加工食品、有机食品、转基因食品等。

(3) 国际标准与区域标准

① 国际标准。国际标准是指由国际标准化组织（ISO）、国际电工委员会（IEC）和国际电信联盟（ITU）所制定的标准，以及 ISO 已列入《国际标准题内关键词索引》（KWIC Index）中的国际组织制定的标准和公认具有国际先进水平的其他国际组织制定的某些标准。国际标准均属于推荐性标准，但它们已为大多数国家承认和不同程度地采用。

② 区域标准。区域标准是指由世界某一区域性标准化组织制定的标准。区域标准的目的在于促进区域性标准化组织成员国进行贸易，便于该地区的技术合作和技术交流，协调该地区与国际标准化组织的关系。

国际上较为重要的区域标准有：欧洲标准化委员会（CEN）制定的欧洲标准（FN）、欧洲电工标准化委员会（CENELEC）制定的标准、亚洲标准咨询委员会（ASAC）制定的标准、泛美技术标准委员会（CPANT）制定的标准、非洲地区标准化组织（ARSO）制定的标准等。

必须清楚，国外标准不等同国际标准或区域标准。国外标准泛指非本国制定的标准，它们有些属于国际标准或区域标准，但有些则不是，只是某个国家的标准。

③ 国外先进标准。是指世界主要经济发达国家制定的国家标准和其他国家某些

具有世界先进水平的国家标准，国际上通行的团体标准以及先进的企业标准。这类标准虽然未被国际或区域标准化组织认可，但它们在国际上有重要影响，在国际贸易中发挥着重要作用。

（4）国际标准的采用

面对经济全球化，加快采用国际标准的步伐，既是满足人民群众日益增长的物质文化的需要，也是发展对外经济贸易，积极参与国际竞争与合作的需要。

采用国际标准，包括采用国外先进标准，是指把国际标准和国外先进标准的内容，通过分析研究，不同程度地转化为本国标准，按本国标准审批发布程序审批发布，并贯彻实施以取得最佳效果的活动。目前，我国采用国际标准的一致性程度划分及代号如下。

① 等同采用（identical）。是指我国标准在技术内容上与国际标准完全相同，编写上不作或稍作编辑性修改，可用图示符号"≡"表示，其缩写字母代号为 idt 或 IDT。

② 等效采用（equivalent）。是指我国标准在技术内容上基本与国际标准相同，仅有小的差异，在编写上则不完全相同于国际标准的方法，可以用图示符号"="表示，其缩写字母代号为 eqv 或 EQV。

③ 非等效采用（not equivalent）。是指我国标准在技术内容的规定上，与国际标准有重大差异。即我国标准与相应国际标准在技术内容和文本结构上不同，同时它们之间的差异也没有被清楚地标明；或在我国标准中只保留了少量或不重要的国际标准条款。可以用图示符号"≠"表示，其缩写字母代号为 neq 或 NEQ。

5.2.3 我国食品标准体系

根据标准的不同特性，可以将标准划分为不同的类别，从而形成不同的标准体系。

（1）食品标准等级体系

标准按照其级别不同，可以分成不同的层次、级别。从世界范围来看，标准可分为国际标准、区域标准、国家标准、行业标准、地方标准和企业标准六类（级）。根据我国《标准化法》的规定，我国制定的标准分为国家标准、行业标准、地方标准和企业标准四级。从标准的法律级别上来讲，国家标准高于行业标准，行业标准高于地方标准，地方标准高于企业标准。但从标准的技术水平来讲却不一定与级别一致，一般来讲，企业标准的某些技术指标严于地方标准、行业标准和国家标准。

① 国家标准。国家标准是指对国家经济、技术发展有重大意义，必须在全国范围内统一的标准。国家标准是我国最高级别的标准，在全国范围内有效。国家标准代号用"国家标准"的汉语拼音大写字母"GB"表示。

我国食品安全国家标准由国务院卫生行政部门负责制定、公布，国务院标准化行政部门提供国家标准编号。食品中农药残留、兽药残留的限量规定及其检验方法与规程由国务院卫生行政部门、国务院农业行政部门制定。屠宰畜、禽的检验规程由国务院有关主管部门会同国务院卫生行政部门制定。

② 行业标准。行业标准是指在没有国家标准而又需在全国某个行业范围内统一的情况下，由国务院有关行政主管部门制定并报国务院标准化行政主管部门备案的标

准。是一类级别低于国家标准而又高于地方标准的标准,在全国某个行业范围内有效。行业标准的代号各不相同,见表5-1。

表 5-1　我国部分行业标准代号

行业标准代号	行业名称	行业标准代号	行业名称
HG	化工	BB	包装
QB	轻工	SN	商检
NY	农业	WM	外经贸
SC	水产	HJ	环保
SL	水利	WS	卫生
SB	商业	YY	医药

③ 地方标准。地方标准是指在没有国家标准和行业标准而又需在省、自治区、直辖市范围内统一工业产品的安全、卫生要求的情况下,由省、自治区、直辖市标准化行政主管部门制定并报国务院标准化行政主管部门和国务院有关行业行政主管部门备案的标准。地方标准只在某一省、自治区、直辖市范围内有效。地方标准的代号是由汉字"地方标准"大写拼音字母"DB"加上省、自治区、直辖市行政区划代码的前两位数字组成,如陕西省地方标准的代号为 DB61。

我国《食品安全法》第24条规定:没有食品安全国家标准的,可以制定食品安全地方标准。省、自治区、直辖市人民政府卫生行政部门参照食品安全国家标准制定的有关规定组织制定食品安全地方标准,并报国务院卫生行政部门备案。

④ 企业标准。我国《食品安全法》第25条规定:企业生产的食品没有食品安全国家标准或者地方标准的,应当制定企业标准,作为组织生产的依据。企业标准应当报省级卫生行政部门备案,在本企业内部适用。国家鼓励食品生产企业制定严于食品安全国家标准或者地方标准的企业标准。这说明企业标准是我国最低级别的标准,但其某些技术指标却严于国家标准、行业标准或地方标准。

企业标准的代号是由汉字"企"的大写拼音字母"Q"加斜线再加企业代号组成,企业代号可用大写拼音字母或阿拉伯数字或两者兼用所组成。企业代号按中央所属企业和地方企业分别由国务院有关行政主管部门或省、自治区、直辖市政府标准化行政主管部门会同同级有关行政主管部门加以规定。

(2) 食品标准化对象体系

按标准化对象不同,通常把标准分为基础标准、技术标准、管理标准和工作标准四大类。

① 基础标准。是指具有广泛的适用范围或包含一个特定领域的通用条款的标准。基础标准可直接应用,也可作为其他标准的基础。如术语标准,符号、代号、代码标准,量与单位标准等都是目前广泛使用的综合性基础标准。在食品标准体系中有《食品工业基本术语》(GB 15091)、《感官分析术语》(GB/T 10221)、《食品机械术语》(SB/T 10291)、《软饮料的分类》(GB/T 10789)、《预包装食品标签通则》(GB 7718)、《预包装特殊膳食用食品标签通则》(GB 13432)、《食品添加剂使用标准》(GB 2760)、《食品企业通用卫生规范》(GB 14881)、《危害分析与关键控制点(HACCP)体系　食品生产企业通用要求》(GB/T 27341)、《农产品质量安全追溯操作规程　通则》(NY/T 1761)、《食品企业通用卫生规范》(GB 14881)等。

②　技术标准。是指对标准化领域中需要协调统一的技术事项所制定的标准，其形式可以是标准、技术规范、规程等文件，以及实物样品等。包括产品标准、工艺标准、检验和试验标准、安全卫生标准、环保标准等。

a. 产品标准。是为保证产品的适用性，对一个或一组产品应达到的技术要求作出规定的标准，也称为产品质量标准。它是一定时期和一定范围内具有约束力的产品技术准则，是产品生产、制造、质量检验、选购验收、使用维护和洽谈贸易的技术依据。食品产品标准是为保证食品的食用价值，对食品必须达到的某些或全部要求所做的规定。从食品质量与安全管理角度来看，还应包括食品添加剂标准、饲料及饮料添加剂标准等。产品标准除了包括适用性的要求外，还可直接地或通过引用间接地包括诸如术语、抽样、测试、包装和标签等方面的要求，有时还可包括工艺要求；产品标准根据其规定的是全部的还是部分的必要要求，可区分为完整的标准和非完整的标准。我国新制（修）订的食品产品标准多通过引用转化为完整标准，一般规定了该产品分类、技术要求、操作规程、试验方法、检验规则、标签、包装、运输、贮存要求。旧标准中大多没有规定"操作规程"要求。目前我国食品企业制定的企业标准多属产品标准。如《食品安全国家标准　稀奶油、奶油和无水奶油》（GB 19646）、《食品安全国家标准　巴氏杀菌乳》（GB 19645）、《食品安全国家标准　乳粉》（GB 19644）、《食品安全国家标准　婴幼儿罐装辅助食品》（GB 10770）、《食品安全国家标准　食品添加剂　柠檬黄》（GB 4481.1）、《食品安全国家标准 食品添加剂　琼脂（琼胶）》（GB 1975）等。

b. 检测、试验标准。是指以产品性能与质量方面的检测、试验方法为对象而制定的标准，也称为方法标准。食品检验标准是对食品的产品性能、质量进行检测、试验、计量所作的统一规定。其内容包括检测或试验的原理、类别、检测规则、抽样、取样测定、操作、精度要求等方面的规定，还包括所用仪器、设备、检测和试验条件、方法、步骤、数据分析、结果计算、评定、合格标准、复验规则等。在食品标准体系中有 GB/T 5009 系列标准、《生活饮用水标准检验方法》（GB/T 5750.1）、《转基因产品检测》（GB/T 19495）等。

c. 工艺标准。又称为过程标准，是指规定过程应满足的要求以确保其适用性的标准。是对产品的工艺方案、工艺过程的程序、工序的操作方法和检验方法、工艺装备和检测仪器所作的技术规定。如指导产品设计人员进行设计的设计规范，指导工人加工产品的工艺规程，指导试验人员做试验的试验标准，指导安装人员安装设备的安装规程……都是关于怎么做的过程标准。规程，简单说就是"规则＋流程"。所谓流程即为实现特定目标而采取的一系列前后相继的行动组合，也即多个活动组成的工作程序。规则则是工作的要求、规定、标准和制度等。因此规程可以定义为：将工作程序贯穿一定的标准、要求和规定。如《出口即食海蜇检验规程》（SN/T 1003）、《无公害食品　西葫芦生产技术规程》（NY/T 5220）、《无公害食品　皮蛋加工技术规程》（NY/T 5296）、《农产品质量安全追溯操作规程　水果》（NY/T 1762）等。

d. 安全卫生标准。安全标准通常是指以保护人和物的安全为目的而制定的标准。主要包括安全技术操作标准、劳保用品使用标准、危险品和毒品使用标准等。在某些产品标准中有时也列出有关安全要求。卫生标准是指为保护人的健康，对食品、药品及其他方面的卫生要求所制定的标准。目前我国趋向把食品卫生标准称为食品安全标准，甚至将所有有关食品的标准（包括产品标准、方法标准、过程标准、管理规范等）均称为"食品安全标准"，这种做法是否合适值得商榷。食品（安全）卫生标准是为了消除、限制或预防食品生产、加工、制造、运输、贮存、销售及食用等活动过程中潜在的危害因素，保障人类食品安全而制定的标准。一般为强制性标准。目前许多产品标准、过程标准和管理标准中均涉及有关食品安全卫生的内容。从狭义来看食品（安全）卫生标准主要包括：食品中污染物限量、农（兽）药残留限量、食品中激素（植物生长素）及抗生素的限量、有害微生物和生物毒素限量等有毒有害物质限量标准等。如《食品安全国家标准　食品中阿维菌素等 85 种农药最大残留限量》（GB 28260）、《食品安全国家标准　食品中真菌毒素限量》（GB 2761）、《油炸小食品卫生标准》（GB 16565）、《干果食品卫生标准》（GB 16325）、《坚果食品卫生标准》（GB 16326）、《膨化食品卫生标准》（GB 17401）等。

③ 管理标准。是指对标准化领域中需要协调统一的管理事项所制定的标准。主要是对管理目标、管理项目、管理程序、管理方法和管理组织方面所做的规定。按其对象可分为技术管理标准、生产组织管理标准、经济管理标准、行政管理标准、业务管理标准等，它是组织和管理生产经营活动的依据和手段。多以规范、指南、要求等形式表达。如《食品安全管理体系—食品链中各类组织的要求》（GB/T 22000—2006/ISO 22000：2005）、《乳制品企业良好生产规范》（GB 12693）、《保健食品良好生产规范》（GB 17405）、《农家乐经营服务规范》（SB/T 10421）、《火锅企业经营服务规范》（SB/T 10531）、《商务酒店服务质量规范》（DB37/T 1159）、《食品安全管理体系　速冻方便食品生产企业要求》（GB/T 27302）、《食品安全管理体系　餐饮业要求》（GB/T 27306）、《食品安全管理体系　审核指南》（SN/T 1443.2）、《水产企业HACCP 管理体系认证指南》（SC/T 0003）等。

④ 工作标准。是指对标准化领域中需要协调统一的工作事项所制定的标准。是为实现整个工作过程的协调，提高工作质量和工作效率，对工作的责任、权利、范围、质量要求、程序、效果、检查方法、考核办法所制定的标准。工作标准一般包括部门工作标准和岗位（个人）工作标准、基本技能要求、检查与考核办法等，如企业针对某特定岗位制定的岗位责任文件等。

(3) 食品标准约束力体系

标准按约束力大小不同，被分为强制性标准、推荐性标准和指导性技术文件三大类。

① 强制性标准。强制性标准是指具有显著的法律属性，在一定范围内通过法律、行政法规等手段强制执行的标准。有关保障人体健康，人身、财产安全的和法律、行政法规规定强制执行的事物应制定强制性标准，其他需要制定标准的事物则可以制定推荐性标准。我国《食品安全法》第 19 条规定："食品安全标准是强制执行的标准。"《标准化法》规定，对不符合强制标准的产品禁止生产、销售和进口。企业和有关部门对涉及其经营、生产、服务、管理有关的强制性标准都必须严格执行，任何单位和个人不得擅自更改或降低标准。对违反强制性标准而造成不良后果，以至重大事故者，由法律、行政法规规定的行政主管部门依法根据情节轻重给予行政处罚，直至由司法机关追究刑事责任。

② 推荐性标准。又称非强制性标准或自愿性标准，是指国家鼓励自愿采用的具

有指导作用而又不宜强制执行的标准，即标准所规定的技术内容和要求具有普遍指导作用，允许使用单位结合自己的实际情况，灵活加以选用。推荐性标准本身并不要求有关各方遵守该标准，但在一定条件下可转化为强制性标准，具有强制性标准的约束力。如以下几种情况：声明采用该标准；被行政法规、规章所引用；被合同、协议所引用。此外，对推荐性标准地采用必须是全部采用，不允许有选择地采用部分条款。

③ 指导性技术文件。是对仍处于技术发展过程中（如变化快的技术领域）的标准化工作提供指南或信息，供科研、设计、生产、使用和管理等有关人员参考使用而制定的标准文件。在技术尚在发展中，需要有相应的标准文件引导其发展或具有标准化价值，尚不能制定为标准的项目；或采用国际标准化组织、国际电工委员会及其他国际组织（包括区域性国际组织）的技术报告的项目的情况下可以制定指导性技术文件。指导性技术文件不宜由标准引用使其具有强制性或行政约束力。如《洋葱生产技术规范》（GB/Z 26589）、《食品营养成分基本术语》（GB/Z 21922）等。

国家标准、行业标准和地方标准均有强制性标准和推荐性标准，企业标准属于强制性标准，目前我国食品领域的指导性技术文件只有国家级，国际标准均为推荐性标准。强制性标准以各级标准的基本代号为代号，如 GB 代表我国强制性国家标准、NY 代表强制性农业行业标准等；推荐性标准的代号是在各级标准基本代号后加"/T"，如 GB/T 代表我国推荐性国家标准、NY/T 代表推荐性农业行业标准等；我国国家指导性技术文件的代号为："GB/Z"。

5.2.4　我国食品标准的制定

(1) 食品安全标准的内容

我国《食品安全法》第 20 条规定，食品安全标准应当包括下列内容：

① 食品、食品相关产品中的致病性微生物、农药残留、兽药残留、重金属、污染物质以及其他危害人体健康物质的限量规定；

② 食品添加剂的品种、使用范围、用量；

③ 专供婴幼儿和其他特定人群的主辅食品的营养成分要求；

④ 对与食品安全、营养有关的标签、标识、说明书的要求；

⑤ 食品生产经营过程的卫生要求；

⑥ 与食品安全有关的质量要求；

⑦ 食品检验方法与规程；

⑧ 其他需要制定为食品安全标准的内容。

(2) 我国食品安全标准的制定程序

食品安全标准的制定一般分为以下几个步骤：制订标准研制计划、确定起草单位、起草标准草案、征求意见、委员会审查、批准、复审。以下以国家标准制定为例进行说明。

① 制订标准研制计划。国务院有关部门以及任何公民、法人、行业协会或者其他组织均可提出制定或者修订食品安全国家标准立项建议。国务院卫生行政部门会同国务院农业行政、质量监督、工商行政管理局和国家食品药品监督管理总局以及国务院商务、工业和信息化等部门制订食品安全国家标准规划及其实施计划，并公开征求意见。国务院卫生行政部门对审查通过的立项建议纳入食品安全国家标准制订或者修

订规划、年度计划。

② 确定起草单位及草案。国务院卫生行政部门应当选择具备相应技术能力的单位起草食品安全国家标准草案。提倡由研究机构、教育机构、学术团体、行业协会等单位共同起草食品安全国家标准草案。标准起草单位的确定应当采用招标或者指定等形式,择优落实。一旦按照标准研制项目确定标准起草单位后,标准研制者应该组成研制小组或者写作组按照标准执行计划完成标准的起草工作。标准制定过程中,既要充分考虑风险评估结果及相关的国际标准,也要充分考虑国情,注重标准的可操作性。

③ 标准征求意见。标准草案制定出来以后,国务院卫生行政部门应当将食品安全国家标准草案向社会公布,公开征求意见。完成征求意见后,标准研制者应当根据征求的意见进行修改,形成标准送审稿,提交食品安全国家标准审评委员会审查。该委员会由卫生部负责组织,按照有关规定定期召开食品安全国家标准审评委员会会议,对送审标准的科学性、实用性、合理性、可行性等多方面进行审查。行业协会、食品生产经营企业及社会团体可以参加标准审查会议。

④ 标准的批准与发布。食品安全国家标准委员会审查通过的标准,一般情况下,涉及国际贸易的标准还应履行向世界贸易组织通报的义务,最终由卫生部批准、国务院标准化行政部门提供国家标准编号后,由卫生部编号并公布。

⑤ 标准的追踪与评价。标准实施后,相关部门、单位要对食品安全标准的执行情况进行跟踪评价,收集、汇总食品安全标准在执行过程中存在的问题,并应当根据评价结果适时组织修订食品安全标准。国务院和省、自治区、直辖市人民政府的农业行政、质量监督、工商行政管理、食品药品监督管理、商务、工业和信息化等部门应当,并及时向同级卫生行政部门通报。食品生产经营者、食品行业协会发现食品安全标准在执行过程中存在问题的,应当立即向食品安全监督管理部门报告。食品安全国家标准审评委员会也应当根据科学技术和经济发展的需要适时进行复审。标准复审周期一般不超过 5 年。

(3) 有关食品安全标准的规定

我国《食品安全法》和《食品安全法实施条例》对食品安全标准的制定、实施与管理做了具体规定。

① 食品安全标准的制定,应当以保障公众身体健康为宗旨,做到科学合理、安全可靠。食品安全标准应当供公众免费查阅。

② 食品安全标准是强制执行的标准。除食品安全标准外,不得制定其他的食品强制性标准。

③ 食品安全国家标准由国务院卫生行政部门负责制定、公布,国务院标准化行政部门提供国家标准编号。食品中农药残留、兽药残留的限量规定及其检验方法与规程由国务院卫生行政部门、国务院农业行政部门制定。屠宰畜、禽的检验规程由国务院有关主管部门会同国务院卫生行政部门制定。有关产品国家标准涉及食品安全国家标准规定内容的,应当与食品安全国家标准相一致。

④ 国务院卫生行政部门应当对现行的食用农产品质量安全标准、食品卫生标准、食品质量标准和有关食品的行业标准中强制执行的标准予以整合,统一公布为食品安全国家标准。《食品安全法》规定的食品安全国家标准公布前,食品生产经营者应当

按照现行食用农产品质量安全标准、食品卫生标准、食品质量标准和有关食品的行业标准生产经营食品。

⑤ 食品安全国家标准应当经食品安全国家标准审评委员会审查通过。食品安全国家标准审评委员会由医学、农业、食品、营养等方面的专家以及国务院有关部门的代表组成。国务院卫生行政部门应当将食品安全国家标准草案向社会公布，公开征求意见。

⑥ 制定食品安全国家标准，应当依据食品安全风险评估结果并充分考虑食用农产品质量安全风险评估结果，参照相关的国际标准和国际食品安全风险评估结果，并广泛听取食品生产经营者和消费者的意见。

⑦ 没有食品安全国家标准的，可以制定食品安全地方标准。省、自治区、直辖市人民政府卫生行政部门组织制定食品安全地方标准，应当参照执行《食品安全法》有关食品安全国家标准制定的规定，并报国务院卫生行政部门备案。

⑧ 企业生产的食品没有食品安全国家标准或者地方标准的，应当制定企业标准，作为组织生产的依据。国家鼓励食品生产企业制定严于食品安全国家标准或者地方标准的企业标准。企业标准应当报省级卫生行政部门备案，在本企业内部适用。

省、自治区、直辖市人民政府卫生行政部门应当将企业依照《食品安全法》规定报送备案的企业标准，向同级农业行政、质量监督、工商行政管理、食品药品监督管理、商务、工业和信息化等部门通报。

5.2.5 我国食品标准现状与发展

2012年6月11日，卫生部等8部门以卫监督发〔2012〕40号印发《食品安全国家标准"十二五"规划》（以下简称《规划》）。该《规划》对食品安全标准现状及"十二五"期间我国食品安全标准发展的指导思想、基本原则、目标、主要任务和保障措施进行了规划。

(1) 食品安全标准现状

① 建设成效。食品安全国家标准属于强制性国家标准，是保护公众身体健康、保障食品安全的重要措施，是实现食品安全科学管理、强化各环节监管的重要基础，也是规范食品生产经营、促进食品行业健康发展的技术保障。近年来，我国食品安全标准工作取得明显成效。《食品安全法》公布施行前，我国已有食品、食品添加剂、食品相关产品国家标准2000余项，行业标准2900余项，地方标准1200余项，基本建立了以国家标准为核心，行业标准、地方标准和企业标准为补充的食品标准体系。

《食品安全法》公布施行后，食品安全标准化工作力度逐步加大，又取得了新进展，主要有：一是完善食品安全标准管理制度。公布实施食品安全国家标准、地方标准管理办法和企业标准备案办法，明确标准制定、修订程序和管理制度。组建食品安全国家标准审评委员会，建立健全食品安全国家标准审评制度。二是加快食品标准清理整合。重点对粮食、植物油、肉制品、乳与乳制品、酒类、调味品、饮料等食品标准进行清理整合，废止和调整了一批标准和指标，初步稳妥处理现行食品标准间交叉、重复、矛盾的问题。三是制定公布新的食品安全国家标准。已制定公布269项食品安全国家标准，包括乳品安全国家标准、食品添加剂使用、复配食品添加剂、真菌毒素限量、预包装食品标签和营养标签、农药残留限量以及部分食品添加剂产品标准，补充完善食品包装材料标准，提高了标准的科学性和实用性。四是推进食品安全国家标准顺利实施。积极开展食品安全国家标准宣传培训，组织开展标准跟踪评价，指导食品行业严格执行新的标准。五是深入参与国际食品法典事务。担任国际食品添加剂和农药残留法典委员会主持国，当选国际食品法典委员会亚洲区域执行委员，主办国际食品添加剂法典会议、农药残留法典会议，充分借鉴国际食品标准制定和管理的经验。

② 存在问题。受食品产业发展水平、风险评估能力等因素制约，现行食品安全标准还存在一些突出问题，主要表现在：一是标准体系有待进一步完善。《食品安全法》公布前，各部门依职责分别制定农产品质量安全、食品卫生、食品质量等国家标准、行业标准，标准总体数量多，但标准间既有交叉重复、又有脱节，标准间的衔接协调程度不高。二是个别重要标准或者重要指标缺失，尚不能满足食品安全监管需求，例如部分配套检测方法、食品包装材料等标准缺失。三是标准科学性和合理性有待提高。目前标准总体上标龄较长，食品产品安全标准通用性不强，部分标准指标欠缺风险评估依据，不能适应食品安全监管和行业发展需要，影响了相关标准的科学性和合理性。四是标准宣传培训和贯彻执行有待加强。食品安全标准指标多、技术性强、强制执行要求高，社会高度关注，需要进一步完善标准管理制度和工作程序，改进征求意见的方式方法，做好标准的宣传解读和解疑释惑等工作。

③ 制约因素。食品安全国家标准工作的制约因素有：一是食品安全国家标准的基础研究滞后，风险评估工作尚处于起步阶段，食品安全暴露评估等数据储备不足，监测评估技术水平有待提高。二是保障机制有待建立完善，目前专门的食品安全国家标准技术管理机构缺乏，人员力量严重不足，标准工作经费严重不足，与当前标准制定、修订工作不相适应，在一定程度上影响了标准工作的质量。三是标准化专业人才队伍建设有待加强。我国食品安全标准研制基础薄弱，专业人才不足且较分散，研制标准的能力和水平不能适应当前的工作需要。

(2)"十二五"食品标准工作的指导思想、基本原则和目标

① 指导思想。以邓小平理论和"三个代表"重要思想为指导，深入实践科学发展观，认真贯彻实施《食品安全法》及其实施条例，坚持"预防为主、科学管理"的原则，以保障公众身体健康为宗旨，以食品安全风险评估为基础，积极借鉴国际经验，加快我国食品标准清理整合，制定科学合理、安全可靠的食品安全国家标准，基本构建保障人民群众健康需要、符合我国国情的食品安全国家标准体系。

② 基本原则

a. 坚持依法制定食品安全国家标准的原则。食品安全国家标准要体现《食品安全法》的立法宗旨，以保护公众健康为出发点和落脚点，落实食品安全法律法规要求，涵盖与人体健康密切相关的食品安全要求。

b. 坚持以风险评估为基础的科学性原则。食品安全国家标准要以食品安全风险评估结果为依据，以对人体健康可能造成食品安全风险的因素为重点，科学合理设置标准内容，提高标准的科学性和实用性。

c. 坚持立足国情与借鉴国际标准相结合的原则。制定食品安全国家标准应当符合我国国情和食品产业发展实际，兼顾行业现实和监管实际需要，适应人民生活水平不断提高的需要，同时要积极借鉴相关国际标准和管理经验，注重标准的操作性。

d. 坚持公开透明的原则。完善标准管理制度，注重在标准制定、修订过程中广泛听取各方意见，拓宽征求意见的范围和方式，鼓励公民、法人和其他组织积极参与食品安全国家标准制定、修订工作，保障公众的知情权和监督权。

③ 主要目标

a. 清理整合现行食品标准。到 2015 年基本完成食用农产品质量安全标准、食品卫生标准、食品质量标准以及行业标准中强制执行内容的清理整合工作，基本解决现行标准交叉、重复、矛盾的问题，形成较为完善的食品安全国家标准体系。

b. 加快制定、修订食品安全国家标准。进一步提高食品安全国家标准的通用性、科学性和实用性，建立基本符合我国国情的、与产业发展和食品安全监管工作相适应的食品安全国家标准体系。

c. 完善食品安全国家标准管理机制。建立程序规范、公开透明、政府主导、部门配合、全社会共同参与的食品安全国家标准管理体制和工作机制，提高食品安全国家标准审评工作的科学性和公正性。

d. 强化标准宣传贯彻和实施工作。大力开展食品安全国家标准的宣传培训，促进各部门、各单位学习贯彻食品安全国家标准，督促食品生产经营单位认真实施食品安全国家标准，进一步改善食品安全状况。

(3)"十二五"食品标准工作的主要任务

① 全面清理整合现行食品标准。对现行食用农产品质量安全标准、食品卫生标准、食品质量标准以及行业标准中强制执行内容进行清理，解决标准间交叉、重复、矛盾等问题。

对涉及食品安全的指标和强制执行的质量指标进行比较分析，确定标准清理的原则和方法并开展清理工作。到 2013 年底，基本完成对现行 2000 余项食品国家标准和 2900 余项食品行业标准中强制执行内容的清理，提出现行相关标准或技术指标继续有效、整合和废止的清理意见。2015 年底前基本完成相关标准的整合和废止工作。

② 加快制定、修订食品安全基础标准。按照"边清理、边完善"的工作原则，在对现行食品标准开展清理的同时，积极借鉴国际组织和国外食品安全标准，加快制定、修订食品安全国家标准，完善我国食品安全国家标准体系，解决食品安全重要标准不足和标准不配套等问题，提高标准的科学性。

重点做好食品中污染物、真菌毒素、致病性微生物等危害人体健康物质限量，农药和兽药残留限量，食品添加剂使用、食品营养强化剂使用，预包装食品标签和营养标签，食品包装材料及其添加剂等食品安全基础标准制定、修订工作。2015 年底前，修订食品污染物、真菌毒素、农药和兽药残留等限量标准和食品添加剂使用、食品营养强化剂使用标准，制定食品中致病性微生物限量标准、食品生产经营过程的指示性微生物控制要求、即食食品微生物控制指南，科学设置食品产品中的微生物指标、限量和控制要求，完善食品容器、包装、加工设备材料标准和食品容器、包装材料用添加剂使用等食品相关产品标准。

③ 完善食品生产经营过程的卫生要求标准。按照加强食品生产经营过程安全控制的要求，做好食品生产经营规范标准制定、修订工作，强化原料、生产过程、运输和贮存、卫生管理等要求，规范食品生产经营过程，预防和控制食品安全风险。

2015 年底前，制定公布食品、食品添加剂生产企业卫生规范、经营企业卫生规范、保健食品良好生产规范等 20 余项食品安全国家标准，基本形成食品生产经营全过程的食品安全控制标准体系。按照食品类别、生产经营方式等特点，进一步细化食品生产经营过程中控制食品污染的要求和规定。

④ 合理设置食品产品安全标准。根据食品不同特性和可能存在的风险因素，以风险评估为依据，将肉类、酒类、植物油、调味品、婴幼儿食品、乳品、保健食品等主要大类食品以及食品添加剂产品标准作为食品产品安全标准工作的优先领域，制定食品安全基础标准不能涵盖的危害因素限量要求和食品安全相关的强制性质量指标，标准制定中将侧重通用性和覆盖面，避免标准间的重复和交叉。

2015 年底前，制定、修订肉类、酒类、植物油、调味品、婴幼儿食品、乳品、食品添加剂、保健食品、水产品、粮食、豆类制品、饮料等主要大类食品产品安全标准，制定已有国际标准或已有进口贸易但我国尚缺失相关标准的食品产品安全标准。

⑤ 建立健全配套食品检验方法标准。以食品安全国家标准规定的限量指标配套检测方法为重点，建立完整配套的食品检验方法与规程标准体系。

2015 年底前，重点制定、修订食品中各类污染物、真菌毒素、致病性微生物、农药和兽药残留以及食品添加剂和食品相关产品等分析检测方法标准，进一步完善食品毒理学安全性评价程序和检验方法等标准。

⑥ 完善食品安全国家标准管理制度。按照食品安全国家标准要科学合理、安全可靠的要求，进一步完善食品安全国家标准管理制度和工作程序。健全食品安全国家标准广泛征求意见的机制，保障反馈意见渠道畅通。

2012 年底前，公布食品安全国家标准跟踪评价规范等相关制度。2013 年底前，完善食品安全国家标准立项、制定、修订、征求意见、标准审评、审评委员会委员管理、标准公布以及标准申报、咨询和解释等管理制度和工作程序，加强标准制定、修订过程中的风险沟通与交流，使标准制定、修订工作更加公开、透明。

⑦ 加强食品安全国家标准的宣传和贯彻实施。加大食品安全国家标准公布实施后的宣传、培训、咨询和跟踪评价等工作力度，促进食品安全国家标准的贯彻实施。重点做好食品安全国家标准宣传和标准相关科普知识的宣传，特别是技术性强、公众普遍关注的标准的宣传和解读，及时解答各方关注的标准问题，督促行业、企业主动执行食品安全国家标准，监管部门依法、依标准做好食品安全监管，开展食品安全国家标准跟踪评价，掌握标准执行情况和存在的问题，适时修订完善食品安全国家标准。

⑧ 开展食品安全国家标准的相关研究。根据食品安全标准制定、修订工作需要，系统开展食品安全国家标准相关基础研究工作，增强食品安全国家标准的科学性和实用性。

2015 年底前，基本完成食品安全风险评估原则在食品安全国家标准制定中的应用研究、国际食品安全标准追踪比较研究、食品中微生物指标体系设置研究、主要功能类别食品添加剂使用原则等基础研究，并在标准工作中积极转化和应用研究成果。

⑨ 提高参与国际食品法典事务的能力。根据食品安全国家标准体系建设需要，积极参与国际食品法典委员会工作，学习和借鉴国际食品标准管理经验，同时参与国际食品法典标准制定、修订工作，维护我国食品贸易利益。

到 2015 年，实现全面参与国际食品法典委员会各项活动，动态跟踪食品法典标准工作，全面了解 WTO 主要贸易成员食品安全标准体系，跟踪其食品安全法规、标准工作进展，做好 WTO/SPS 通报及评议工作，参与或牵头与我国食品贸易利益密切相关的国际食品标准制定、修订和相关技术交流，不断完善国际食品添加剂法典委员会和农药残留法典委员会主持国、亚洲地区执行委员工作。

(4)"十二五"食品标准工作的保障措施

① 建立食品安全国家标准协调配合工作机制。由卫生部、发展改革委、科技部、工业和信息化部、财政部、农业部、商务部、工商总局、质检总局、粮食局、食品药品监管局、国家标准委、国家认监委、国务院食品安全办等部门建立食品安全国家标准会商机制，加强协调配合，共同研究食品安全国家标准体系建设重大问题，协商落实食品安全国家标准规划各项工作，细化分解本规划确定的任务，明确具体工作的目标，确保各项工作有序开展。卫生部牵头本规划的组织实施，会同各相关部门开展标准清理和制定、修订工作。食品各相关监管部门要积极配合，参与食品国家、行业标准的清理，提供日常监测和监督检查数据，敦促行业和企业按照食品安全国家标准组织生产经营，及时收集、汇总食品安全国家标准在执行过程中存在的问题，并及时通报卫生部门。行业部门要主动参与和配合标准体系建设，配合做好标准制定、修订和标准宣传、行业引导等工作。

② 加大对食品安全国家标准建设的投入。国家财政要继续加大对食品安全国家标准制定、修订工作经费的支持力度，重点支持开展已确定的重点标准制定、修订工作，保障经费投入，同时严格监管标准工作经费使用，确保经费使用高效、合规。充分利用现有食品标准研制机构和行业组织，设立各类标准的技术性平台，参与标准制定和修订、宣传和技术咨询等工作。

③ 加强食品安全标准的人才队伍建设。加强国家食品安全风险评估中心和食品安全国家标准审评委员会秘书处建设，引进优秀领军人才，增加标准研制和管理工作人员配备，充实食品安全标准技术力量。加强对重点科研院校、技术机构专业人才的标准化培训，加快培养一支数量足、水平高的从事标准研制的专家队伍，做好食品安全标准制定、修订工作。

④ 督促落实各项工作任务。根据食品安全监管和标准管理要求，卫生部会同有关部门及时、科学、动态调整规划，制订年度实施计划，认真组织落实好规划。同时，及时组织对本规划工作任务进行检查，加强督促检查和效果评估，确保每项任务落实到位。

5.3　食品质量与安全管理规范

为了能有效地预防、控制和管理食品质量与安全，FAO、WHO 等国际组织吸收了许多成功经验，将其转换为国际标准，并推荐给世界各国，建议借鉴实施。近年来，特别是加入世贸组织以来，我国政府和有关组织主张与国际接轨，引进了许多行之有效的管理规范或标准在我国推广应用，并把多种管理规范或标准转换为我国国家标准。本节就对目前在食品质量与安全管理方面行之有效，被国内外普遍采用的管理规范或标准作以简要介绍。

5.3.1 良好农业规范

(1) 良好农业规范的概念

良好农业规范（good aquaculture practices，GAP）是一套针对初级农产品生产的操作标准，它关注种植、养殖、采收、清洗、包装、贮藏和运输过程中的有害物质和有害微生物危害控制。其基本思想是，建立规范的农业生产经营体系，在保证农产品产量和质量安全的同时，更好地配置资源，寻求农业生产和环境保护之间的平衡，实现农业可持续发展。

从广义上讲，良好农业规范（GAP）作为一种适用方法和体系，通过经济的、环境的和社会的可持续发展措施，来保障食品质量和安全。GAP 对食品安全、环境保护、可追溯性和工人福利等提出要求，增强了消费者对 GAP 产品的信心。总体上讲，GAP 在控制食品安全危害的同时，兼顾了可持续发展的要求，以及区域文化和法律法规的要求，并以第三方认证的方式来推广实施。

(2) 良好农业规范的产生与发展

随着化肥、农药、良种等增产要素在农业生产经营活动中的广泛使用，农业生产总量明显增长。但伴随大量农业投入品的使用和农业生产经营活动的不当，土壤板结、肥力下降，农产品农药、兽药和重金属元素残留超标等食品安全、环保问题日趋严重。1991 年 FAO 召开了各国部长参加的"农业与环境会议"，提出了"可持续农业和农村发展（SARDY）"的概念，得到联合国各成员国的广泛支持。良好农业规范就是在此背景下应运而生。

GAP 起源于欧洲。1997 年，欧洲零售商协会 EUREP 自发组织制定了一个包括对食品可追溯性、安全、环境保护、工人福利和动物福利等要求的符合性标准，即后来的欧洲良好农业规范（EUREPGAP）。1998 年美国食品与药物管理局（FDA）和美国农业部（USDA）联合发布了《关于降低新鲜水果与蔬菜微生物危害的企业指南》。在该指南中，首次提出了良好农业规范（GAP）的概念。随后，越来越多的国家认同了 EUREPGAP 标准。EUREPGAP 作为一种评价用的标准体系，目前涉及水果蔬菜、观赏植物、水产养殖、咖啡生产和综合农场保证体系（IFA）。

为改善我国农产品生产现状，增强消费者信心，提高农产品质量安全水平，促进农产品出口。2003 年 4 月，我国认监委首次提出了要在食品链源头建立"良好农业规范"体系，并于 2004 年起，开始了良好农业规范国家系列标准的研究工作，国家标准化管理委员会于 2005 年 12 月 31 日发布了《良好农业规范》系列国家标准（GB/T 20014.1～11）。2006 年 1 月 24 日，国家认证认可监督管理委员会发布了《良好农业规范认证实施规则（试行）》（CNCA-N-004：2006），2007 对其进行修订——《良好农业规范认证实施规则》（CNCA-N-004：2007），自 2008 年 1 月 1 日起施行。

(3) 良好农业规范的基本要求

作为食品链的初端，农产品种植和畜产品的养殖过程直接影响到农产品及其加工食品的安全水平。为达到符合法律法规、相关标准的要求，满足消费者需求，保证食品安全和促进农业的可持续发展，提出以下要求。

① 食品安全危害的管理要求。采用危害分析与关键控制点（HACCP）方法识别、评价和控制食品安全危害。在种植业生产过程中，针对不同作物生产特点，对作

物管理、土壤肥力保持、田间操作、植物保护组织管理等提出要求。在畜禽养殖过程中，针对不同畜禽的生产方式和特点，对养殖场选址、畜禽品种、饲料和饮水的供应、场内的设施设备、畜禽的健康、药物的合理使用、畜禽的养殖方式、畜禽的公路运输、废弃物的无害化处理及养殖生产过程中的记录、追溯，以及对员工的培训等提出了要求。

② 农业可持续发展的环境保护要求。要求生产者遵守环境保护的法规和标准，营造农产品生产过程的良性生态环境，协调农产品生产和环境保护的关系。

③ 员工的职业健康、安全和福利要求。员工的福利健康是 GAP 保证人员福利，提高健康水平的重要内容。员工应享受必要的劳动保护，在保证员工良好经济状况的同时，创建良好的工作环境和劳动保护，充分体现以人为本的原则和"主人翁"的身份，应该为员工提供必要的防护设备（如口罩、耳罩、防护服等）和急救设备。

④ 动物福利要求。对待农场动物要在饲养、运输过程中给予良好的照顾，避免动物受到惊吓、痛苦或伤害，宰杀时要用人道方式进行。

（4）良好农业规范的特点

GAP 具有法规性、唯一性、适用性、见证性等特点。

① 法规性。是指良好农业规范体系文件一旦批准实施，就必须认真执行，文件如需修改，需按规定的程序执行，文件是评价质量体系实际运作符合性的依据。

② 唯一性。是指一个企业或组织在一种质量活动中只能有唯一的良好农业规范文件系统，不能使用重复或无效的版本。

③ 适用性。是指种植养殖场应根据各自的种植养殖类型、生产任务和特点，制定适合自身质量方针及生产特点和需要、具有可操作性的良好农业规范体系文件。

④ 见证性。是指各项质量活动具有可追溯性和见证性，通过各项记录为社会提供各种质量活动的公正数据，及时发现质量体系偏离的未受控环节及质量体系的缺陷和漏洞，对质量体系进行自我监督、自我完善、自我提高。

（5）推行良好农业规范的作用

GAP 是国际通行的从生产源头加强农产品和食品质量与安全控制的有效措施。

① 推行 GAP 是确保食用农产品质量与安全工作的前提保障。

② 推行 GAP 有利于实现国际互认，促进我国农产品出口。

③ 推行 GAP 是深入开展农业标准化及其示范区建设，全面提高农业综合生产能力的有效途径，对于建设社会主义新农村具有重要的现实意义。

④ 推行 GAP 可以提升农产品的附加值，从而增加企业和生产者的经营收入。

⑤ 推行 GAP 有利于增强生产者的安全意识和环保意识，有利于保护劳动者的身体健康。

⑥ 推行 GAP 有利于保护生态环境和增加自然界的生物多样性，有利于自然界的生态平衡和农业的可持续发展。

5.3.2　良好操作规范

（1）良好操作规范的概念

良好操作规范（good manufacturing practice，GMP）是一种具有专业特性的品质保证或制造管理体系，是为保障食品质量与安全而制定的贯穿食品生产过程中的各个环节、各个方面的一系列措施、方法和技术要求，是一种特别注重生产过程中产品品质与卫生安全的自主性管理制度，是一种具体的产品质量保证体系。GMP是将保证食品质量的重点放在成品出厂前的整个生产过程的各个环节上，而不仅仅是着眼于最终产品上，其目的是从全过程入手，根本上保证食品质量。它要求企业从原料、人员、设施、设备、生产过程、包装、贮藏、运输、质量控制等方面按国家有关法规达到卫生质量要求，形成一套可操作的作业规范，帮助企业改善企业卫生环境，及时发现生产过程中存在的问题并加以改善。防止产品在不卫生条件或可能引起污染及品质变坏的环境下生产，减少生产事故的发生，确保产品安全卫生和品质稳定，确保成品的质量符合标准。简要地说，GMP要求食品生产企业应具备良好的生产设备，合理的生产过程，完善的质量管理和严格的检测系统，确保最终产品的质量与安全符合法规和标准的要求。

（2）食品良好操作规范的产生与发展

GMP是在充分总结药品良好操作规范实施的经验和教训基础上发展起来的。人类社会在经历了12次较大的药物灾难，特别是20世纪出现的最大药物灾难"反应停"事件后，公众要求对药品制剂严格监督。在此背景下，美国于1962年修订了《联邦食品药品化妆品法》，并于1963年制定颁布了世界上第一部药品良好操作规范。

食品和药品都是与人类生命息息相关的特殊产品，GMP在药品生产领域取得良好成效之后，很快也被应用到食品卫生质量管理中，并逐步发展形成了食品GMP。1969年美国食品和药物管理局（FDA）制定了《食品良好操作规范的条例及法规》，并陆续制定了各类食品的GMP。目前，美国已立法强制实施食品GMP，且已得到全球范围内很多国家和组织的认可和采纳。1969年，WHO也颁发了自己的GMP，在第22届世界卫生大会上向各成员国首次推荐了GMP，并于1975年向各成员国公布了实施GMP的指导方针。CAC也采纳了GMP体系观点，制定的许多国际标准中都有GMP的内容，制定的《食品卫生通则》，强调对第三国食品卫生的监督。1971年，英国制定了GMP。1972年，欧洲共同体14个成员国公布了GMP总则，指导欧共体国家药品生产。1974年，日本以WHO的GMP为蓝本，颁布了自己的GMP，现已作为一个法规来执行。1988年，东南亚国家联盟也制定了自己的GMP，作为东南亚联盟各国实施GMP的文本。此外，德国、法国、瑞士、澳大利亚、韩国、新西兰、马来西亚及我国台湾等国家和地区，也先后制定了GMP，到目前为止，世界上已有100多个国家、地区实施了GMP或准备实施GMP。

我国在制药企业中推行GMP是在20世纪80年代初。1982年，我国医药工业公司参照一些先进国家的GMP制定了《药品生产管理规范》（试行稿），并开始在一些制药企业试行。1988年国家卫生部颁布了我国第一部《药品生产质量管理规范》，并先后在1992年、1998年和2010年对其进行修订，使药品的生产及管理水平有了较大程度的提高。我国食品质量管理规范的制定开始于20世纪80年代。1984年我国颁布了《食品企业通用卫生规范》（GB 14881—1984），此后，陆续颁布了几十个专用卫生规范。重点对厂房、设备、设施和企业自身卫生管理等方面提出卫生要求，以促进我国食品卫生状况的改善，预防和控制各种有害因素对食品的污染。1998年，卫生部颁布了《保健食品良好生产规范》（GB 17405—1998）和《膨化食品良好生产规范》（GB 17404—1998），这是我国首批颁布的食品GMP强制性标准。同以往的

"卫生规范"相比,最突出的特点是增加了品质管理的内容,对企业人员素质及资格也提出了具体要求,对工厂硬件和生产过程管理及自身卫生管理的要求更加具体、全面、严格。目前我国已制定了多部有关食品的 GMP,并发布实施。

(3) 良好操作规范的主要内容

GMP 要求生产企业应选用良好的原材料,采用规范的厂房及机器设备,采用适当的工艺,由合适的人员来生产与管理。即食品 GMP 的管理要素包含四个 "M":人员(man),要由适任的人员来制造与管理;原料(material),要选用良好的原材料来制造;设备(machine),要采用标准的厂房和机器设备;方法(method),要遵照既定的最适方法来制造。其主要内容如下。

① 先决条件。合适的加工环境、工厂建筑、道路、行程、地表供水系统、废物处理等。

② 设施。制作空间、贮藏空间、冷藏空间、冷冻空间的供给;排风、供水、排水、排污、照明等设施;合适的人员组成等。

③ 加工、贮藏、分配操作。物质购买和贮藏;机器、机器配件、配料、包装材料、添加剂、加工辅助品的使用及合理性;成品外观、包装、标签和成品保存;成品仓库、运输和分配;成品的再加工;成品申请、抽检和试验,良好的实验室操作等。

④ 卫生和食品安全检测。特殊的贮藏条件,热处理、冷藏、冷冻、脱水、化学保藏;清洗计划、清洗操作、污水管理、害虫控制;个人卫生和操作;外来物控制、残存金属检测、碎玻璃检测以及化学物质检测等。

⑤ 管理职责。提供资源、管理和监督、质量保证和技术人员;人员培训;提供卫生监督管理程序;满意程度;产品撤销等。

(4) 食品行业推行 GMP 的目的和意义

① 主要目的。提高食品的品质与卫生安全;保障消费者与生产者的权益;强化食品生产者的自主管理;促进食品工业的健全发展。

② 意义。在食品行业推行 GMP 的意义主要表现在以下几个方面:为食品生产提供一套必须遵循的组合标准;为卫生行政部门、食品卫生监督员提供监督检查的依据;为建立国际食品标准提供基础;便于食品的国际贸易;为食品生产经营人员提供重要教材,以激发对食品质量高度负责的精神,消除不良习惯;促使食品生产企业提高对原料、辅料、包装材料的要求;有助于食品生产企业采用新技术、新设备,从而保证食品质量;促进企业不断加强自身质量保证措施,更好地运用 HACCP 体系,从而保证食品的质量和安全性。

5.3.3 卫生标准操作程序

(1) 卫生标准操作程序的概念

卫生标准操作程序(sanitation standard operating procedure,SSOP)是食品加工企业为了保证达到 GMP 所规定要求,确保加工过程中消除不良的因素,使其加工的食品符合卫生要求而制定的,用于指导食品生产加工过程中如何实施清洗、消毒和卫生保持的作业指导文件。SSOP 是实施 HACCP 的前提条件。

(2) 卫生标准操作程序的起源

20 世纪 90 年代,美国食源性疾病频繁爆发,有大半感染或死亡的原因与肉、禽产品有关。这一情况促使美国农业部重视肉禽生产的状况，建立一套包括生产、加工、运输、销售所有环节在内的肉禽产品生产安全措施，从而保障公众健康。

1995年2月，美国颁布了《肉、禽产品HACCP法规》，第一次提出要求建立一种书面的常规可行的程序——《卫生标准操作规范》（SSOP）；同年12月，FDA颁布的《美国水产品HACCP法规》中进一步明确了SSOP必须包括的八个方面及验证等相关程序，从而建立了SSOP的完整体系。

（3）卫生标准操作程序的内容

食品生产企业应根据GMP的要求，结合本企业生产的特点，编制出适合本企业且形成文件的卫生标准操作程序，即SSOP。一个标准的SSOP应至少包括但不仅限于以下八个方面。

① 水和冰的安全性。生产用水（冰）的卫生质量是影响食品卫生的关键因素。对于任何食品的加工，首要的一点就是要保证水（冰）的安全。食品加工企业一个完整的SSOP计划，首先要考虑与食品接触或与食品接触物表面接触的水（冰）的来源与处理应符合有关规定，并要考虑非生产用水及污水处理的交叉污染问题。

② 食品接触表面的清洁和卫生。保持食品接触表面的清洁是为了防止污染食品。与食品接触的表面一般有两类：一是直接接触表面，如加工设备、工器具和台案、加工人员的手或手套、工作服等；二是间接接触表面，如未经清洗消毒的冷库、卫生间的门把手、垃圾箱等。

③ 防止交叉污染。交叉污染是通过生的食品、食品加工者或食品加工环境把生物或化学的污染物转移到食品的过程。此方面涉及预防污染的人员要求、原材料和熟食产品的隔离和工厂预防污染的设计。

④ 手的清洗与消毒和卫生间设施与卫生保持。手的清洗和消毒的目的是防止交叉污染。卫生间需要进入方便、卫生和良好维护，具有自动关闭、不能开向加工区的门。这关系到空中或飘浮的病原体和寄生虫进入加工区。

⑤ 防止外来污染物。食品加工企业经常要使用一些化学物质，如润滑剂、燃料、杀虫剂、清洁剂、消毒剂等，生产过程中还会产生一些污物和废弃物，如冷凝物和地板污物等。下脚料在生产中要加以控制，防止污染食品及包装。关键卫生条件是保证食品、食品包装材料和食品接触面不被生物的、化学的和物理的污染物污染。

⑥ 有毒化合物的处理，贮存和使用。食品加工需要特定的有毒物质，这些有毒有害化合物主要包括：洗涤剂、消毒剂（如次氯酸钠）、杀虫剂（如1605）、润滑剂、试验室用药品（如氰化钾）、食品添加剂（如硝酸钠）等。没有它们工厂设施无法运转，但使用时必须小心谨慎，按照产品说明书使用，做到正确标记、贮存安全，否则有导致企业加工的食品被污染的风险。

⑦ 雇员的健康状况。食品加工者（包括检验人员）是直接接触食品的人，其身体健康及卫生状况直接影响食品卫生质量。管理好患病或有外伤或其他身体不适的员工，他们可能成为食品的病源微生物污染源。

⑧ 害虫的灭除和控制。害虫主要包括中啮齿类动物、鸟和昆虫等携带某种人类病源菌的动物。通过害虫传播的食源性疾病的数量巨大，因此，害虫的防治对食品加工厂是至关重要的。害虫的灭除和控制包括加工厂（主要是生产区）全范围，甚至包括加工厂周围，重点是厕所、下脚料出口、垃圾箱周围、食堂、贮藏室等。食品和食

品加工区域内保持卫生对控制害虫至关重要。

（4）实施卫生标准操作程序的意义

任何一个食品加工企业，如果没有对食品生产环境的卫生控制，将会导致食品的不安全，美国 21 CFR part 110 GMP 中指出："在不适合生产食品条件下或在不卫生条件下加工的食品为掺假食品（adulterated），这样的食品不适于人类食用。"无论是从人类健康的角度来看，还是食品国际贸易要求来看，都需要食品的生产者在建立一个良好的卫生条件下生产食品。无论企业的大与小、生产的复杂与否，卫生标准操作程序都要起这样的作用。通过实行卫生计划（sanitation program），企业可以对大多数食品安全问题和相关的卫生问题实施最强有力的控制。事实上，对于导致产品不安全或不合法的污染源，卫生计划就是控制它的预防措施。

① 将 GMP 中有关卫生方面的要求具体化，使其转化为可操作的作业指导文件，便于操作实施。

② SSOP 的正确制定和有效实施，可以减少 HACCP 计划中的关键控制点（CCP）数量，使 HACCP 体系将注意力集中在与食品或其生产过程中相关的危害控制上，而不是在生产卫生环节上。但这并不意味着生产卫生控制不重要，实际上，危害是通过 SSOP 和 HACCP 的 CCP 共同予以控制的。

5.3.4 危害分析与关键控制点

（1）危害分析与关键控制点的概念

危害分析与关键控制点（hazard analysis critical control point，HACCP）是一种科学、高效、简便、合理而又专业性很强的食品质量与安全管理体系，是一种控制食品安全性危害的预防性体系。是运用食品加工、微生物学、质量控制和危险评价等有关原理和方法，对食品原料、加工以至最终食用产品等过程中实际存在和潜在性的危害进行分析判定，找出对最终产品质量有影响的关键控制环节，并采取相应控制措施，使食品危险性减少到最低程度，从而达到最终产品有较高安全性的目的。由于 HACCP 强调应沿着食品生产加工的整个过程，连续地、系统地对造成食品污染发生和发展的各种危害因素进行分析和控制，所以，HACCP 又被称为"食品安全的纵向保证法（longitudinal integration of food safety assurance）"。这一管理体系不仅是食品生产经营企业保证产品质量，提高竞争力的自身管理手段，也为食品监督人员提供了进行有效监督的指南。

（2）危害分析与关键控制点的产生和发展

① HACCP 的产生。宇航员在航天飞行中使用的食品必须安全。美国承担开发宇航食品的 Pillsbury 公司认为，他们当时用的质量控制技术并不能提供充分的安全措施来防止食品生产中的污染，而且要想明确判断一种食品是否能为空间旅行所接受，必须做极为大量的检验。除了费用以外，所生产的食品很大部分被用于检验，仅留下小部分提供给空间飞行员。为了解决这一问题，20 世纪 60 年代 Pillsbury 公司的研究人员 H. Bauman 博士等，与宇航局和美国陆军 Natick 研究所共同在用"零缺陷"方法控制宇航员食物的卫生质量开发航天食品时，认为确保安全的唯一方法是研发一个预防性体系，防止生产过程中危害的发生。从而形成了"危害分析与关键控制点（HACCP）"体系，并证实了其可靠性。但 HACCP 不是零风险体系，其设计目

的是为尽量减小食品安全危害。

1971年,在美国第一次国家食品保护会议上,Pillsbury 公开提出了 HACCP 的原理,立即被食品和药物管理局（FDA）接受,并决定在低酸罐头食品的 GMP 中采用。1972年对食品卫生监管人员进行了为期三周的 HACCP 培训。1974年,FDA 正式公布将 HACCP 原理引入低酸罐头食品的 GMP,这是在有关食品生产的联邦法规中首先唯一采用 HACCP 原理的。

1985年,美国科学院（NAS）就食品法规中的 HACCP 方式的有效性发表了评价结果,并发布了行政当局采用 HACCP 的公告。美国食品微生物学基准咨询委员会（NACMCF）,于1992年采纳了食品生产的 HACCP 七个原则。

1993年,FAO/WHO 食品法典委员会批准了《HACCP 体系应用准则》,1997年颁发了新版法典指南《HACCP 体系及其应用准则》,该指南已被广泛地接受并得到国际上地普遍采纳,HACCP 概念已被认可为世界范围内生产安全食品的准则。

② HACCP 的发展。近年来 HACCP 体系已在世界各国得到了广泛的应用和发展。

在 FAO/WHO CAC 第20次会议（1993年）上,CAC 修改《食品卫生的一般性原则》时,把 HACCP 纳入该原则内。北美和西南太平洋食品法典协调委员会第三次会议（1994年）强调了在法典委员会内加快 HACCP 发展的必要性,并将其视作食品法典在 GATT/WTO SPS 和 TBT 应用协议框架下能取得成功的关键,其中包括制定食品控制计划内 HACCP 应用的准则和风险评估（risk assessment）的准则。

FAO/WHO CAC 积极倡导各国食品工业界实施食品安全的 HACCP 体系。为了推动各国应用 HACCP 体系,除了 CAC 食品卫生专业法典委员会制定了 HACCP 法典准则外,各商品专业委员会制定了特定食品的一般性 HACCP 模式。例如,1999年6月在挪威召开的第23次 CCFFP（水产品专业法典委员会）会议讨论了《水产品建议性操作法典草案》,该法典草案列出了新鲜鱼、冻鱼、鱼糜、软体贝类、咸鱼、烟熏鱼、水产罐头、模拟蟹肉、养殖水产品等的 HACCP 模式。FAO/WHO 认为,根据 WTO 的协议,FAO/WHO CAC 制定的法典规范或准则被视为衡量各国食品是否符合卫生、安全要求的尺度。HACCP 体系已越来越广泛地应用于各国的食品生产和进出口管理之中。

(3) 危害分析与关键控制点的特点

HACCP 实际是一种包含危险性评估和危险管理的控制程序,也就是危险分析原理的实际应用。HACCP 具有如下几个方面的特点。

① 预防性。HACCP 是一种以预防为主的质量安全管理工具。HACCP 计划是生产者在生产前制订出的方案。即预先分析生产、加工过程中可能出现的危害,找出关键控制点（CCP）及制定控制措施,并强调企业自身在生产全过程的控制作用,而不是最终的产品检测或者是政府部门的监管作用。这样既最大限度地减少了产生食品安全危害的风险,又避免了单纯依靠对最终产品的检验进行安全控制产生的问题,是一种既经济又高效的食品安全控制方法。

② 针对性。HACCP 具有很强的针对性,其重点是找准关键控制点,也就是食品加工生产过程中可控的并且一旦失控后产品将危及消费者安全和健康的那些环节,使之在受控的情况下运行。使食品潜在的危害得以防止、排除或降至可以接受的水

平，保证食品生产系统中任何可能出现的危害或有危害危险的地方得到控制，从根本上保证所生产食品的安全性。HACCP 的针对性还反映了某种食品加工方法的专一特性，即 HACCP 的具体 CCP 和预防措施是因食品的种类而异的。

③ 全面性。HACCP 是一种系统化方法，涉及食品安全的所有方面（从原材料、种植、收获和购买到最终产品使用），能够鉴别出所能想到的危害，包括实际预见到的可能发生的危害。

④ 非孤立性。HACCP 不是一个孤立的体系，它必须建立在已有良好操作规范（GMP）和卫生标准操作程序（SSOP）的基础之上，否则，HACCP 难以实施。

⑤ 实用性。HACCP 体系原理简单易懂、认证费用低、手续简洁、容易见效。虽然每个企业因产品特性不同，加工条件、生产工艺、人员素质等各有差异，从而使不同企业的 HACCP 计划也各不相同，但每一企业都可以参照常规的步骤来制订各自的 HACCP 计划，并申请得到有关政府部门或国际机构的认可。

⑥ 渐进性。HACCP 体系不是零风险体系，不能完全保证消除所有的危害，但可尽量减少食品安全危害的风险到可接受的水平，此水平受科学技术的发展和人们的认识水平限制。因此，HACCP 体系不是僵硬的、一成不变的，而是与科学技术的发展水平和实际工作密切相关的，需要通过实践—认识—再实践—再认识过程而不断发展完善的体系。

⑦ 经济性。设立关键控制点控制食品的安全卫生，降低了食品安全卫生的检测成本，同以往的食品安全控制体系比较，具有较高的经济效益和社会效益。

(4) 危害分析与关键控制点的基本原理

经过多年的实际应用和修改完善，HACCP 体系基本原理由 7 条组成。

① 进行危害分析，并确定预防措施。根据生产工艺流程图进行危害分析，列出加工过程中可能发生显著危害的工序，并描述预防措施。

② 确定关键控制点。CCP 是能实施控制，可使食品潜在危害得以预防、消除或降低至可接受水平的某个点、步骤或工序。对一个显著危害，必须有一个或多个对其进行控制的关键控制点。

③ 建立关键限值。对每一个 CCP 需要确定一个标准值，即关键限值，以确保每个 CCP 限制在安全值以内。关键控制限值是一些食品保藏的有关参数或工艺参数，如温度、时间、压力、流速、水分、水分活度、pH 值、有效氯以及感官指标，如外观和组织结构等。

④ 关键控制点的监控。监控是有计划、有顺序地观察或测定以判断 CCP 是在控制中，并有准确记录，可用于未来的评价。监控程序应确定监控对象、监控内容、监控方法、监控频率、监控的实施主体。监控程序必须能判断关键控制点是否失去控制。监控最好能快速提供信息，及时进行调整，控制生产，防止超出关键控制限的情况发生。对监控取得的数据评估必须由具有相应知识，并有权采取纠偏行动的人进行。

⑤ 建立纠偏措施。HACCP 中的每一个 CCP 必须建立专门的纠偏措施。纠偏措施必须使关键控制点重新得到控制，包括：利用监控结果纠正或消除不符合要求的原因，调整加工方法，以保持控制；如失控须处理不符合要求的产品；须确定或改正不符合要求的原因；保留纠偏记录。

⑥ 建立验证程序。验证程序是用来确定 HACCP 体系是否按照 HACCP 计划运行或计划是否需要修改及再被确认生效使用的方法、程序、检测及审核手段。包括监控设备的校准、针对性的取样检测、CCP 记录的复查、审核、终产品检验等。

⑦ 建立记录保持程序。建立科学完整的记录体系是 HACCP 成功的关键之一，食品机构的 HACCP 计划必须存档，文件和记录的管理应该与生产的规模和特点相适应。HACCP 体系的有效记录包括制订 HACCP 计划的各种信息和资料等支持性记录、监控记录、纠偏行动记录、验证记录及培训、化验等记录。

（5）实施危害分析与关键控制点的意义

实施 HACCP 管理系统，在实际工作中已以下几方面显示出重要意义。

① 可把预料到的危害确定出来，并有针对性地采取相应预防性措施，对潜在性危害的操作经常进行核查，可判定其产品是否在安全地进行生产，以将危害因素消除在对消费者危害之前。

② 替代传统的操作，为社会提供最大限度保证食品安全的生产方式，且所采取的安全性措施基本上可适用于在任何地方生产同类食品时参考。尽管在开始进行危害分析阶段，所花费的时间比较长，但可减少大量的传统性管理和为新设计的同类食品企业提供大量信息和理论依据。

③ 把技术集中用于主要问题和切实可行的预防措施上，从而减少企业和监督机构人力、物力和财力的支出，降低成本。

④ 在监督工作中，可抓住主要环节，而对那些食品卫生影响不大的环节可花费较少时间进行监督，从而减少食品卫生监督人员对企业的监督频次，改善食品企业与食品卫生监督人员之间的关系，同时也可促进生产者对食品安全控制的责任性。

⑤ 在食品外贸上重视 HACCP 审查，可减少对成品繁琐的检验程序。

（6）HACCP 的应用

虽然 HACCP 最初产生于产品加工领域，但因其对产品质量和安全控制的有效性显著，现已广泛地应用于食物链的各个环节。

① 食品原料质量控制中的应用。人们对绿色食品和健康食品的呼声越来越高，保证食品的安全必须从源头开始，从原料的生态环境着手。在植物性食品原料的生产和动物性食品原料的饲养方面，主要对害虫、有害微生物、农药及其他一些化学物质进行控制。对当今崛起的基因食品，则需要考虑长期的影响。

植物性食品原料的农药控制至关重要，可以用以下方式进行：为种植者提供可使用的农药清单，提供其所需要的农药，并派专人指导使用和监督使用情况。动物性原料更看重对饲料和兽药中的激素、生长调节剂及抗生素的控制，对寄生虫、有害微生物的控制也很重要。通过对饲料的监督、改变生长环境，并对生物体定期检查来满足要求。不同的原料有不同的控制方法，根据具体情况确定 HACCP 关键控制点以得到安全的食品生产原料。

② 食品加工中的应用。食品加工过程中 HACCP 原理的应用尤其重要，目前应用 HACCP 较多的食品加工主要有以下几个方面：水产品加工、冷冻食品加工、罐头食品加工、果汁加工、冷饮加工、奶制品加工、焙烤食品加工、发酵制品加工、油炸食品加工、食品添加剂生产等。

③ 产品流通分配中的应用。应用 HACCP 能够使合格产品在流通过程中减少损失，延长货架期，保证产品以高质量状态到达消费者手中。冷冻食品、冷饮食品、水产品等的分配、运输过程中的质量控制是保证高品质产品的关键。

④ 餐饮业中的应用。烹调的温度（火候）、时间、保存条件及后处理是制备可口饭菜的关键。通过 HACCP 体系确定关键控制点，对从业人员进行培训，提高质量意识，增加消费者对食品的满意程度。新兴的快餐食品配送中心、街头食品等都可以使用 HACCP 体系控制质量，包括对制作过程和发放过程的管理，从原料的选择到产品包装都要严加控制。

(7) GMP、SSOP、HACCP 的关系

从以上的介绍可以看出，GMP、SSOP 与 HACCP 之间有着密切的关系，即 GMP 是整个食品安全控制体系的基础，SSOP 计划是根据 GMP 中有关卫生方面的要求制定的卫生控制程序，HACCP 计划则是控制食品安全的关键程序。任何一个食品企业都必须首先遵守 GMP 法规、然后建立并有效实施 SSOP 计划，如果企业没有达到 GMP 法规的要求，或者没有制定有效的 SSOP 并有效实施，那么 HACCP 计划就是一句空话。

5.3.5 食品安全管理体系

(1) 食品安全管理体系的概念

2005 年 9 月，ISO 发布了 ISO 22000：2005 标准《食品安全管理体系—对食品链中任何组织的要求》。相应的，我国发布了国家标准 GB/T 22000—2006《食品安全管理体系—食品链中各类组织的要求》，它等同采用 ISO 22000：2005 国际标准，并于 2006 年 7 月正式生效实施。

ISO 22000 标准是一个适用于整个食品链相关企业的食品质量与安全管理体系框架，它将 HACCP、GMP、SSOP 等技术方面的要求，扩展到整个食品链并作为一个体系对食品质量安全进行管理。即它适用于农产品生产商、动物饲料生产商、食品生产商、批发商和零售商；也适用于与食品有关的设备供应商、物流供应商、包装材料供应商、农业化学品和食品添加剂供应商，涉及食品的服务供应商和餐厅。ISO 22000 除了要求企业建立完整体系外，还涉及对食品链中可追溯性和召回等的要求，因此增加了复杂性、灵活性和难度，对企业提出了更高的要求。

(2) 食品安全管理体系的主要特点

① 适用于"从农田到餐桌"整个食品链中任何方面和各种规模，并希望通过实施食品安全管理体系以稳定提供安全产品的所有组织。

② 规定了食品安全管理要求，为组织提供了一个基于 HACCP 体系，融合 GMP、GAP 等前提方案，重点更加突出、连贯一致和综合完整的，并且可在已构建的管理体系框架内建立、运行和更新的最有效食品安全管理体系。

③ 结合了相互沟通、体系管理、前提方案和 HACCP 原理这 4 个普遍认同的关键要素。

④ 该标准可用于审核与认证，提供了食品安全管理体系认证结果和认可结果国际互认的基础。

⑤ 既可以单独使用，也可以结合其他管理体系一起使用。

（3）食品安全管理体系的总要求

① 组织应按本标准的要求建立有效的食品安全管理体系，并形成文件，加以实施和保持，必要时进行更新。

② 组织应确定食品安全管理体系的范围。该范围应规定食品安全管理体系中所涉及的产品或产品类别、过程和生产场地。

③ 组织应确保在体系范围内预期发生的、与产品相关的食品安全危害得到识别、评价和控制，以避免组织的产品直接或间接伤害消费者。

④ 组织应在整个食品链内沟通与产品安全有关的适宜信息。

⑤ 应在组织内就有关食品安全管理体系建立、实施和更新进行必要的信息沟通，以满足本标准的要求，确保食品安全。

⑥ 组织应定期评价食品安全管理体系，必要时更新，以确保体系反映组织的活动并包含需控制的食品安全危害的最新信息。

（4）食品安全管理体系实施的目标

① 策划、实施、运行、保持和更新食品安全管理体系，确保产品是安全的。

② 证实其符合适用的食品安全法律法规要求。

③ 为增强顾客满意，评价和评估顾客要求，并证实其符合双方商定的、与食品安全有关的顾客要求。

④ 与供方、顾客及食品链中的其他相关方在食品安全方面进行有效沟通。

⑤ 确保符合其声明的食品安全方针。

⑥ 证实符合其他相关方面的要求。

⑦ 为符合准则，寻求由外部组织对其食品安全管理体系的认证或注册，或进行自我评价、自我声明。

因此依据标准建立和实施食品安全管理体系并通过认证，把对食品安全管理的认识从某一个企业扩大到整个食品供应链，建立了有效的食品安全管理体系，实现了管理的作用和效能，采取了科学的监控方法和措施，强化了对食品安全问题的预防，可把安全隐患通过管理消除在萌芽状态。

6

◀◀◀◀◀◀

食品质量与安全分析评价

内容提要

　　本章介绍了食品质量与安全检验、风险分析和合格评定的概念、分类、特性、作用及发展。

教学目的和要求

　　1. 掌握食品检验概念、程序和内容；熟悉食品检验的职能和常用方法；了解我国食品检验的发展情况。

　　2. 掌握食品风险分析的概念、必要性和内容；初步掌握食品安全评价的基本知识、了解我国食品风险分析的发展情况。

　　3. 掌握合格评定的概念、制度、作用和意义；初步掌握我国食品认证的基本知识；了解合格评定的发展情况。

重要概念与名词

　　食品检验，感官检验，理化检验，风险分析，风险评估，风险管理，风险信息交流，毒理学评价，合格评定，认证、认可。

思考题

　　1. 什么是食品检验？它有哪些职能？

　　2. 食品检验的内容有哪些？检验工作的程序是什么？

　　3. 简要说明检验的分类及其作用或特点。

　　4. 什么是风险分析？包括哪些内容？

　　5. 风险评估过程可分为哪四个步骤？其含义是什么？

　　6. 风险管理可分为哪四个部分？基本内容是什么？

　　7. 什么是食品毒理学安全性评价？简述其相关概念。

　　8. 简要说明食品安全性毒理学评价试验程序及其目的和内容。

　　9. 什么是合格评定？包括哪些内容？

　　10. 什么是认证？什么是产品认证和管理体系认证？两者有哪些异同？

　　11. 开展认证有什么意义和作用？

　　12. 我国目前实施的与食品质量与安全有关的认证有哪些？各自的认证对象、依据和必备条件是什么？

　　13. 简要说明我国合格评定体制。

6.1 食品质量与安全检验

6.1.1 食品检验概述

(1) 食品检验的概念

检验是指通过观察和判断，适当结合测量、试验所进行的符合性评价。这里所说的检验是指借助一定的技术手段，对食品的一项或若干项质量特性（含安全特性）进行诸如测量、检查、试验或度量等，并将其结果与规定要求（如标准）进行比较，确定每项特性，或整个食品是否合格的活动。通常将这类检验称为"判定性检验"。另外还有"信息性检验"和"寻因性检验"。信息性检验是指运用检验过程所获得的信息，直接进行过程控制的现代检验方法，是将质量检验与过程控制相结合，具有非常强的预防功能。信息性检验在科技发达国家已有应用，我国部分先进企业也有应用，效果非常显著。寻因性检验是指在产品设计过程中，通过充分预测，寻找可能产生不合格的原因（寻因），从而有针对性地设计和制造防差错装置，用于产品的生产制造过程，有效杜绝不合格产品的产生。

(2) 检验的职能

① 鉴别职能。不进行鉴别就不能确定食品的质量和安全状况。鉴别职能就是根据技术标准、产品图样、工艺规程和订货合同（协议）的规定，采用相应的检验方法观察、试验、测量食品的质量特性，判定食品质量和安全是否符合规定的要求。鉴别职能是检验的其他各项职能的前提。

② 把关职能。质量"把关"是食品质量检验最重要、最基本的职能。食品生产加工的过程往往是一个复杂的过程，影响食品质量和安全的人、机、料、法、环诸因素都会在这些过程中发生变化和波动，各过程（工序）不可能始终处于等同的技术状态，质量波动是客观存在的，不可避免的。因此，必须通过严格的检验，剔除不合格品并予以"隔离"，实现不合格原材料不投产、不合格半成品不转序、不合格成品不出厂，严把质量关。

③ 预防职能。现代的质量检验不是单纯的事后把关，还同时起到预防的作用。食品检验的预防作用主要体现在以下几个方面。

第一，通过对过程能力的测定起到预防的作用。对过程能力的测定需要通过食品检验取得质量数据，但这种检验的目的不是为了判定食品合格与否，而是为了计算过程能力的大小或反映过程的状态是否受控。如果发现过程能力达不到要求，或者过程出现了异常（异常先兆），都需要及时调整或采取技术、组织措施，提高过程能力或消除异常因素，使过程恢复稳定受控状态。

第二，通过对过程作业的首检与巡检起到预防作用。当一个班次或一批产品开始加工时，一般应进行首件检验，只有当首件检验合格并得到认可时，才能正式投产。此外，当设备进行了调整又开始加工时，也应进行首检，其目的都是为了防止出现成批不合格品。而正式投产后为了及时发现加工过程中的异常变化，还要定时或不定时到加工现场进行巡回抽检，一旦发现问题可以及时采取措施纠正。

第三，广义的预防作用。实际上是对原材料的进货检验和对半成品转序或入库前的检验，既起到把关的作用又起到预防的作用。前工序的把关，对后工序就是预防。特别是应用现代数理统计方法对检验数据进行分析，就能找到或发现质量变异的特征和规律。利用这些特征和规律就能改善食品质量和安全状况，预防不稳定生产状态的出现。

④ 报告职能。为了使领导层和相关的管理部门及时掌握食品加工过程的质量和安全状况，评价和分析质量与安全控制的有效性，把检验获取的数据和信息，经汇总、整理、分析后写成报告，为质量控制、质量改进、质量考核及质量管理决策提供重要信息和依据。

⑤ 监督职能。质量检验部门还担负着企业内的质量监督的职能，包括：食品质量与安全的监督；专职和兼职质量检验人员工作质量的监督；工艺技术执行情况的技术监督。监督职能一般通过设置专职的巡检人员完成。检验也是国家监督管理部门对食品质量与安全进行监督的主要手段。

总之，食品检验对生产企业、流通部门、质量监督部门以及消费者，都是一项重要工作。食品检验是保证食品质量与安全、提高经营管理水平的一项重要内容。生产加工企业通过对生产各环节的食品检验来保证食品质量和安全，促进食品质量不断提高；食品流通部门在流通各环节进行食品检验，及时防止假冒伪劣食品进入流通领域，以减少经济损失，维护消费者利益；质量监督部门通过食品检验，实施食品质量与安全监督，向社会及相关管理部门传递准确的食品质量与安全信息，这对促进我国经济的发展，乃至社会的稳定具有重要作用。

(3) 检验的依据

食品检验是一项科学性、技术性、规范性较强的复杂工作。一项食品检验结果、评价结论或者说检验报告是否会得到国内或国际有关部门、组织或者消费者的认可，一个重要的方面就是检验所采用的方法和评价的依据，因为采用不同的检验方法和不同的评价依据所得到的结果和结论往往是不同的。因此，要使检验结果更具有科学性、客观性、公正性和权威性，并被有关方面认可，就必须根据有关具有法律效力的质量法规、标准及合同等开展食品检验工作。这些法律法规、标准及合同即为检验依据。对食品实施检验，首先要明确检验依据，然后严格按照检验依据的规定进行检验和评价，对符合检验依据要求的评定为合格，否则评定为不合格。

国家有关食品质量的法律、法令、条例、规定、制度等，规定了国家对食品质量的要求，是国家组织、管理、监督和指导食品生产和流通，调整经济关系的准绳，是各部门共同行动的准则，也是食品检验活动的重要依据。

技术标准是指规定和衡量标准化对象的技术特征的标准。技术标准对产品的结构、规格、质量要求、实验检验方法、验收规则、计算方法等均作了统一规定，是生产、检验、验收、使用、洽谈贸易的技术规范，也是食品检验的主要依据，它对保证检验结果的科学性和准确性，具有重要意义。根据《商检法》规定，法律、行政法规规定有强制性标准或者其他必须执行的检验标准的食品，必须依照规定的强制性标准执行检验。未规定强制性标准的食品，在贸易过程中，可依照贸易合同约定的检验标准及有关约定进行检验，在监督管理过程中，可依照政府质量监督部门为了监督检验的需要制定临时检验项目、检验方法、技术指标和判据的检验细则（检验规则）进行检验。

（4）检验工作的基本程序及要求

① 确定并熟悉检验依据。不同种类的食品或检测项目所执行的标准或采用的检测方法是不同的，因此，在开展一项检验工作之前，必须先根据拟检验的食品或项目的情况确定适用的检验依据，即确定要执行的技术标准。同时要熟悉该技术标准的有关规定，以保证整个检验工作过程符合此标准的规定。这是保证检验结果的有效性和可靠性的前提。如果用错标准或方法，即使检测数据再精确也属于无效结果；如果不熟悉检测方法或相关要求，就很难保证检验结果的真实性和可靠性。

② 抽样。食品检验抽样又称取样，是根据技术标准或操作规程所规定的抽样方法和抽样工具，在整批食品中抽取一定数量，在质量特性上都能代表整批食品的样品，并根据对该样品的检验数据对整批食品质量作出评定。

抽样是食品检验的第一个环节，也是关键性环节，因为样品的真实性和可靠性决定检验结果的代表性。如果抽取的样品有问题，检验的结果准确性再好，也不能对整批食品的质量做出客观的、公正的评价。因此，把好抽样这一关对检验是至关重要的。相关产品标准或方法标准一般对抽样做了具体规定。

③ 检测。检测就是按检验依据所规定采用的检测装置、仪器、试剂和操作方法，对样品的一项或多项特性进行定量（或定性）地测量、检查、试验或度量。这是整个检验工作的核心环节。

同一检验项目，如有两个或两个以上检验方法时，可根据不同条件选择使用。但必须以国家标准（GB）方法的第一法为仲裁方法。

检测应保证所用的测量装置或仪器处于受控状态。必须按国家规定及规程计量和校正。这一点在 ISO 9000 标准中明确规定为：测量和监控装置的使用和控制应确保测量能力与测量要求相一致。

④ 判定。首先把检验结果与规定要求（质量标准）相比较，判定所检验的每一个质量特性是否符合规定要求，再根据比较的结果，判定被检验的产品合格或不合格。

⑤ 报告。即将检测所得有关数据和判定所得结论按一定规定填写检验报告书。检测数据的填写必须准确无误，判定结论要简单明确，准确恰当，不可含混其词，模棱两可。

（5）检验的基本原则

在检验工作中，必须遵循一个总的原则，即质量、安全、快速、可操作和经济的原则。

① 质量原则。该原则要求食品检验要保证检测质量，方法成熟、稳定，具有较高的精密度、准确度和良好的选择性，从而确保试验数据和结论的科学性、可信性和重复性。

② 安全原则。该原则要求，食品检验所使用的方法不应对操作人员造成危害，不产生环境污染或形成安全隐患。

③ 快速原则。食品大多具有易腐性，这就要求所使用的检验方法反应速度快，检测效率高。

④ 可操作原则。为了确保检验结果准确无误，以及由于我国目前的检验操作人员，特别是基层质检部门和企业的检验操作人员知识水平相对较低，因此，食品检验

所选用方法的原理可以复杂，但操作必须简单明确，具有基本专业基础的人员经过短期培训都可以理解和掌握。

⑤ 经济原则。该原则要求食品检验方法所要求的条件易于达到，以便方法的推广普及。

(6) 食品检验的内容

食品检验的范围很广，大体上包括以下几个方面。

① 包装检验。包装检验是根据标准、购销合同和其他有关规定，对食品的外包装和内包装及包装标识进行的检验。

包装检验首先核对外包装上的食品包装标志（标记、号码等）、标签是否与有关标准的规定或贸易合同相符。对进口食品主要检验外包装是否完好无损，包装材料、包装方式和衬垫物等是否符合合同、标准规定的要求；外包装破损的食品，要另外进行验残，查明货损责任方及货损程度。对发生残损的食品要检查其是否由于包装不良所引起。对出口食品的包装检验，除包装材料和包装方法必须符合外贸合同、标准规定外，还应检验食品内外包装是否牢固、完整、干燥、清洁，是否适用于长途运输和符合保护食品质量、数量的要求。

② 品质检验。亦称质量检验。即运用各种检验手段，包括感官检验、化学检验、仪器分析、物理测试、微生物学检验等，对食品的感官特性、理化特性和生物学特性等进行的检测，确定其是否符合相关标准、贸易合同等的规定。

食品的感官特性主要包括色泽、气味、滋味、组织形态、肉眼可见杂质等。食品的理化特性主要包括食品的营养成分［如水分、蛋白质、氨基酸、脂肪、糖类、有机酸（或 pH）、矿物质、维生素等］、功能特性（主要针对保健食品）、物理机械特性（如硬度、黏度、复水性、几何尺寸、放射性等）、有毒有害物质（如农残、重金属、微生物毒素等）、食品添加剂（如防腐剂、色素、氧化剂、还原剂等）等。生物学特性主要包括细菌总数、大肠菌群、霉菌、酵母菌、致病菌等。对水产品、肉类还要进行寄生虫检验；对粮食、油料等还要进行害虫、草籽等检验。通常将由法定检疫机构根据国家检疫法律法规，运用相应的技术、方法，对动植物及其产品的疫病、害虫、杂草等有害生物进行检疫检验和监督处理，以防止危害动植物的疫病、害虫、杂草传播蔓延，保障农业生产安全，称为动植物检疫。这些特性在现行的食品标准中一般是以"感官特性"、"理化指标"和"微生物指标"列出。但有些食品标准把理化特性中有关食品卫生或安全的特性与微生物学特性列在一起，称为"卫生（或安全）指标"。

③ 数量或重量检验。食品的数量和重量是贸易双方成交食品的基本计量计价单位，是结算的依据，直接关系到双方的经济利益，也是贸易中最敏感，而且容易引起争议的因素之一。食品的数量和重量检验包括食品的个数、件数、长度、面积、体积、容积、重量等。

6.1.2　食品检验的分类

(1) 按生产过程顺序分类

① 进货检验。是企业对所采购的原材料、辅助材料、包装材料或容器，以及半成品等在入库之前所进行的检验。进货检验的目的是为了防止采购不符合生产要求的原辅材料，避免由于使用不符合要求的原辅材料而影响终产品质量，产生不合格品。

这对于把好产品质量关，减少企业不必要的经济损失和影响企业信誉至关重要。进货检验应由企业专职检验员，严格按照技术文件认真实施。

② 过程检验。也称为工序检验，是在产品形成过程中对各加工工序半成品所进行的检验。其目的在于保证各工序的不合格半成品不流入下道工序，防止对不合格半成品的继续加工和成批半成品不合格，确保正常的生产秩序。由于过程检验是按生产工艺流程和操作规程进行的检验，因而也起到验证工艺规程贯彻执行的作用。

过程检验不是单纯的质量把关，应与质量控制、质量分析、质量改进、工艺监督等相结合，重点是做好质量控制点的效果检查。

③ 最终检验。也称为成品检验，是在生产结束后，产品入库前对产品进行的全面检验。目的在于保证不合格产品不出厂。成品检验由企业质量检验机构负责，检验应按成品检验指导书的规定进行，大批量成品检验一般采用统计抽样检验的方式进行。

检验合格的产品，应在检验员签发合格证后，车间才能办理出、入库手续。对检验不合格的成品，应全部退回车间做返工、返修、降级或报废处理。经返工、返修后的产品必须再次进行全项目检验，检验员要做好返工、返修产品的记录，保证产品质量具有可追溯性。

(2) 按检验方法分类

① 感官检验法。是借助人的感觉器官功能和实践经验来检测评价食品质量的一种方法。即利用人的眼、鼻、舌、耳、手等感觉器官的感知，结合平时积累的实践经验，对食品的外形、组织结构、外观疵点、色泽、声音、滋味、气味、弹性、硬度、包装装潢、标签等进行判断，并对食品的种类、规格等进行识别。感官检验法主要包括视觉检验、嗅觉检验、味觉检验、触觉检验和听觉检验五种方法。

目前不论是食品企业的自检，监督管理部门的现场监督检查，还是消费者的购买消费，均首先对食品进行感官检验，且一般只有在感官检验合格的前提下，才进一步采用其他方法进行检验。此外，受科学技术发展的制约，目前在生产实践中，仍有许多食品特性，如气味、滋味、色泽、质构等只能采用感官检验法，还无法用理化检验方法来检验。可见，感官检验法在食品检验中有着广泛的应用，且起着重要的作用。感官检验法快速、经济、简便易行，不需要专用仪器和设备，不损坏食品，成本较低，因而使用较广泛。但是，感官检验法一般不能检验食品的内在质量；检验的结果常受检验人员技术水平、工作经验及客观环境等因素的影响，而带有主观性和片面性，且只能用专业术语或记分法表示食品质量的高低，得不出准确的定量数值。为提高感官检验结果的准确性，通常是组织评审小组进行检验。

② 理化检验法。是指借助各种仪器、设备和试剂，运用物理、化学的方法来检测评价食品质量的一种方法。理化检验往往在实验室或专门场所进行，故也称实验室检验。理化检验主要用于检验食品的成分、结构、物理性质、化学性质、安全性、卫生性及对环境的污染和破坏等。理化检验法根据其检验的原理不同，可分为物理检验法、化学检验法两大类。

物理检验法又分为一般物理检验法、力学检验法、电学检验法、光学检验法和热学检验法等，主要是以物理学测试仪器来测量食品的某种特性。如硬度、黏度等。

化学检验法又分为化学分析法、仪器分析法。化学分析法是以物质的化学反应为基础的分析方法。化学分析法历史悠久，又称为经典分析法。根据其反应类型、操作方法的不同，又可将其分为：滴定分析法、重量分析法等。仪器分析法就是利用能直接或间接地表征物质各种特性（如物理的、化学的、生理性质等）的实验现象，通过探头或传感器、放大器、分析转化器等转变成人可直接感受的已认识的关于物质成分、含量、分布或结构等信息的分析方法。按其原理不同，又可分为：吸光光度法、原子吸收光谱法、电位分析法、气相色谱法等。

理化检验既可对食品进行定性判断，又可进行定量分析，而且其结果比感官检验法精确、客观，它不受检验人员主观意志的影响，结果可用具体数值表示，能深入分析食品内部结构和性质，能反映内在质量。但是，理化检验法需要一定的仪器设备和实验场所，成本较高；检验时，往往需要破坏一定数量的食品，费用较大；检验时间较长；需要专门的技术人员进行；对于某些食品的某些感官指标，如色、香、味的检验还是无能为力。因此，理化检验法在商业企业直接采用较少，多作为感官检验的补充检验，或委托专门的检验机构进行理化检验。

③ 生物学检验法。是通过仪器、试剂和动物来测定食品、食品添加剂、食品包装等对危害人体健康、安全等性能的检验。生物学检验法在食品安全检验（评价）、保健食品功能特性的验证中被广泛应用。

(3) 按检验目的分类

① 生产检验。又称第一方检验、卖方检验。主要是指由生产企业对其所生产的产品在出厂前进行的检验。目的是检出不合格产品，保证质量，维护企业信誉。即通常所说的出厂检验。

出厂检验是《中华人民共和国质量法》规定的、企业应当承担的、保证产品质量的义务之一。《加强食品质量安全监督管理工作实施意见》对规范和督促企业更好地履行这一义务作出了具体的规定，要求生产加工食品的企业，在产品出厂前依据标准规定的出厂检验项目进行逐项检验，经检验合格方可出厂销售。

② 验收检验。又称第二方检验、买方检验。是由食品的买方为了维护自身及其顾客利益，保证所购食品符合标准或合同要求所进行的检验活动。目的是及时发现问题，反馈质量信息，促使卖方纠正或改进食品质量。在实践中，商业或外贸企业还常派"驻厂员"，对食品质量形成的全过程进行监控，对发现的问题，及时要求生产方解决。

③ 第三方检验。又称公正检验、法定检验。是由处于买卖利益之外的第三方（如专职监督检验机构），以公正、权威的非当事人身份，根据有关法律、标准或合同所进行的食品检验活动。如公证鉴定、仲裁检验、国家质量监督检验等。目的是维护各方面合法权益和国家权益，协调矛盾，促使食品交换活动的正常进行。

发证检验是指质量技术监督部门在受理企业《食品生产许可证》申请时，委托检验机构对企业生产的食品进行的质量安全检验。发证检验根据国家强制性标准和法律、法规的规定，对全部项目特别是涉及安全健康的项目进行检验。发证检验工作由《食品生产许可证》受理机关选择国家质检总局公布的法定检验机构承担，检验机构出具的检验报告作为发证的必备证明材料，发证检验合格是企业获得《食品生产许可证》的必备条件之一。

验证检验指各级政府主管部门所授权的独立检验机构，从企业生产的产品中抽取样品，通过检验验证企业所生产的产品是否符合所执行的质量标准要求的检验。如产品质量认证中的型式试验就属于验证检验。

监督检验是指经各级政府主管部门所授权的独立检验机构，按质量监督管理部门制订的计划，从市场抽取食品或直接从生产企业抽取产品所进行的抽检监督检验。监督检验的目的是对投入市场的产品质量进行宏观控制。

仲裁检验是指当供需双方因产品质量发生争议时，由各级政府主管部门所授权的独立检验机构抽取样品进行检验，提供仲裁机构作为裁决的技术依据。

6.1.3 我国食品检验的现状与发展

(1) 我国食品检验检测体系现状

2007年《中国的食品质量安全状况》白皮书指出，我国已建立了一批具有资质的食品检验检测机构，初步形成了"国家级检验机构为龙头，省级和部门食品检验机构为主体，市、县级食品检验机构为补充"的食品安全检验检测体系。检测能力和水平不断提高，能够满足对产地环境、生产投入品、生产加工、贮藏、流通、消费全过程实施质量安全检测的需要，基本能够满足国家标准、行业标准和相关国际标准对食品安全参数的检测要求。我国对食品实验室实行了与国际通行做法一致的认可管理，加强国际互认、信息共享、科技攻关，保证了检测结果的科学、公正。我国认定了一批食品检验检测机构的资质，共有3913家食品类检测实验室通过了实验室资质认定（计量认证），其中食品类国家产品质检中心48家，重点食品类实验室35家，这些实验室的检测能力和检测水平达到了国际较先进水平。在进出口食品监管方面，形成了以35家"国家级重点实验室"为龙头的进出口食品安全技术支持体系，全国共有进出口食品检验检疫实验室163个，拥有各类大型精密仪器10000多台（套）。全国各进出口食品检验检疫实验室直接从事进出口食品实验室检测的专业技术人员有1189人，年龄结构、专业配置合理。各实验室可检测各类食品中的农兽药残留、添加剂、重金属含量等786个安全卫生项目及各种食源性致病菌。截至2006年，已经建设国家级（部级）农产品质检中心323个、省地县级农产品检测机构1780个，初步形成了部、省、县相互配套、互为补充的农产品质量安全检验检测体系，为加强农产品质量安全监管提供了技术支撑。在"十一五"期间，国家启动实施了《全国农产品质量安全检验检测体系建设规划（2006～2010年)》，总投入59亿元，新建和改扩建农产品部级质检中心49个、省级综合性质检中心30个、县级农产品质检站936个，全国农产品质量安全检验检测能力大幅提升。深入开展了农产品质量安全普查、例行监测、监督抽查和农兽药残留、水产品药物残留、饲料及饲料添加剂等监控计划。针对大中城市消费安全的例行监测范围已经涵盖全国138个城市、101种农产品和86项安全性检测参数，形成了覆盖全国主要城市、主要产区、主要品种的农产品质量安全监测网络。

但目前，我国食品检验体系仍存在一定不足，主要表现在：检测方法不全，有些方面的检测方法还存在空白，多残留检测方法比较少；有些食品检验检测技术水平不高；快速检测技术不成熟；检测仪器设备档次低；检测人员知识及技术水平参差不齐等，有待进一步完善和提高。

（2）我国食品安全检测发展的重点

① 农药残留检测。研究内容包括如下。

第一，农药多残留分析平台研究。按农药品种分组、分类建立一套系统的检验方法和农药多残留检验的样品前处理技术平台，覆盖农药品种的范围（包括有机氯、有机磷、氨基甲酸酯、拟除虫菊酯、杂环类等 150 种以上）能基本满足国内外相关法规和残留限量标准的要求，方法适用于粮谷、茶叶、果蔬和浓缩果汁。

第二，检验技术研究。针对我国新近制定的农药最大残留限量（MRL）标准中缺乏对应检验方法的农药品种，建立相应的检验方法。包括除草剂（苄嘧磺隆、敌草快、甲草胺）、生长调节剂（矮壮素、乙烯利）、杀菌剂（敌菌灵、氯苯嘧啶醇、戊唑醇、腈苯唑、唑螨酯）和杀虫剂（硫丹、灭蝇胺）。

第三，快速检测技术和设备研制。重点为氨基甲酸酯和有机磷农药快速检测方法、试剂盒及相关设备；鼓励其他农药快速检测技术与设备的开发生产。

② 兽药残留检测。从动物源性食品（猪肉、禽肉、水产品）中的重要禁用兽药（激素、β_2 受体激动剂等）残留多组分检测技术研究入手，建立一套从筛选、定量到确证的系统分析方法，使我国在此领域的检验和监控水平与国际同步。建立动物源性食品中抗生素（包括维吉尼亚霉素、恩诺沙星、四环素类等）、磺胺类、β-内酰胺类、氨基糖苷类、大环内酯类、氟喹诺酮类、依维菌素类残留的液相色谱法，青霉素类药物残留的液相色谱法或液相色谱-质谱/质谱法，氯霉素的气相色谱-质谱法，氟喹诺酮类的液相色谱-质谱法等检测方法的研究。研制 β_2 受体激动剂和氯霉素、喹乙醇、呋喃唑酮及其残留标示物 3-甲基-喹噁啉-2-羧酸和氯霉素等禁用兽药残留的快速检测方法、试剂盒及相关设备。

③ 重要有机污染物的痕量与超痕量检测。以稳定性同位素稀释质谱为核心技术，建立食品中某些重要持久性有机污染物（POPs，包括二噁英类、多氯联苯、灭蚁灵、六氯代苯等）和致癌物的标准化检测技术，使我国在此方面具备与国际同步的检验能力，并通过国际实验室质量保证考核或比对研究获得国际认可，开发相关设备并加快产业化。

④ 生物毒素和中毒控制常见毒物检测。通过单克隆抗体技术制备一系列的生物毒素（如霉菌毒素、贝类毒素和藻类毒素）的抗体，研究和开发具有我国自主知识产权的免疫亲和色谱技术和酶联免疫吸附测定（ELISA）试剂盒及检测设备，并加快产业化，满足市场准入和监督工作的需要。研究黄曲霉毒素（粮食、花生）、赭曲霉毒素（粮食）、玉米赤霉烯酮（粮食）、脱氧雪腐镰刀菌烯酮（粮食）、展青霉素（水果）等的检测技术。研究开发亲和色谱检测技术和 ELISA 试剂盒，并以高效液相色谱法（HPLC）进行验证。开发黄曲霉毒素 B_1、B_2、G_1、G_2 的检测方法，并建立硅酸盐溶胶凝胶高效分离微柱技术。建立麻痹性贝类毒素（PSP）、腹泻性贝类毒素（DSP）、遗忘性贝类毒素（ASP）、神经性贝类毒素（NSP）、蛤毒素（PTX）、雪加毒素（CTX）和淡水藻中微囊藻毒素的检测方法，包括免疫法、液相色谱-质谱法和串联质谱法，并以小鼠生物实验法进行验证。

⑤ 食品重要病原体检测。在现阶段要重点发展对人民健康造成的威胁比较大的病原体（如疯牛病、禽流感病、新城疫、口蹄疫和水泡性口炎等）的检验检测技术。对于人兽共患疾病的检测技术，要予以高度关注。加快建立食源性致病菌分子分型电

子网络的步伐，迅速提高对食源性致病菌的检测能力。

6.2 食品风险分析

6.2.1 食品风险分析概述

(1) 食品风险分析的相关定义

① 危害（hazard）。是指食品中所含有的对健康有潜在不良影响的生物、化学、物理因素或存在状况。

② 风险（risk）。是指由于食品中的某种危害而导致的有害于人体健康的可能性和副作用的严重性。

③ 风险分析（risk analysis）。是指对可能遇到的有关灾难和危害的潜在频率和后果做出科学的分析和评估，并提出预防该灾难和危害发生的各种备选方案。食品风险分析（food risk analysis）即是对食品中可能存在的危害及其风险进行科学分析和评估，并提出预防危害发生，降低风险的措施。

④ 食品安全性评价（food safety evaluation）。是指对食品中可能存在的危害对人体健康影响的性质和强度进行评估，提出安全剂量，预测人类食用含这种危害的食品后的安全程度。

(2) 食品风险分析的产生

人类生存在这个地球上，安全是第一需要，安全即"防范潜在的危险"。所谓的危险就是可能造成伤害或破坏的根源，或者是可能导致伤害或破坏的某种状态。在社会活动中发生一些危险是难免的，一般来说，如果遭遇某种危险的概率低于十万分之一，属于低风险，我们稍加提防就能坦然处之；但如果危险概率较高，我们就必须采取适当的防范措施。风险是可以人为地加以控制的，这就是对风险进行分析，根据危害的大小采取相应的风险管理措施去控制或者降低风险。风险分析的应用范围很广，比如金融、投资、保险、工程项目、生态与环境保护、人类健康与安全、微生物等。食品风险分析仅仅是风险分析在食品领域的具体应用。

食品风险分析是针对国际食品安全性而产生的一种宏观管理模式，同时也是一门正在发展中的新兴学科。它经历了由食品安全性评价、现代生物学技术的应用到风险分析这样一个过程。20世纪50年代初期：食品的安全性评价主要以急性和慢性毒性试验为基础的，提出人的每日允许摄入量（ADI），以此制定卫生标准。1960年，美国国会通过 Delaney 修正案，"凡是对任何动物有致癌作用的化学物不得加入食品"，提出了致癌物零阈值的概念。20世纪70年代后期，发现如二噁英等致癌物是难以避免或无法将其完全消除的，或在权衡利弊后尚无法替代的化学物，零阈值演变成可接受风险的概念，以此对外源性化学物进行风险评估。

1986～1994年举行的乌拉圭回合多边贸易谈判，讨论了包括食品在内的产品贸易问题，最终形成了与食品密切相关的两个正式协定，即"实施卫生与动植物检疫措施协定"（SPS协定）和"贸易技术壁垒协定"（TBT协定）。SPS协定确认了各国政府通过采取强制性卫生措施保护该国人民健康、免受进口食品带来危害的权利。为避免隐藏的贸易保护措施，SPS协定要求各国政府采取的卫生措施必须建立在风险评估的基础上。另外，采取的卫生措施必须是非歧视性的和没有超过必要贸易限制的，同时必须建立在充分的科学证据之上，依据有关的国际标准进行。在食品领域，CAC的标准被明确地认为是实施卫生措施的基础。SPS协定第一次以国际贸易协定的形式明确承认，为了在国际贸易中建立合理的、协调的食品规则和标准，需要有一个严格的科学方法。因此，CAC应遵照SPS协定提出一个科学框架。

1991年，FAO、WHO和关贸总协定（GATT）联合召开了"食品标准、食品中的化学物质与食品贸易会议"，建议CAC在制定决定时应采用风险评估原理。同年举行的CAC第19次大会同意采纳这一工作程序。随后在1993年，CAC第20次大会针对有关"CAC及其下属和顾问机构实施风险评估的程序"的议题进行了讨论，提出在CAC框架下，各分委员会及其专家咨询机构（如JECFA和JMPR）应在各自的化学品安全性评估中采纳风险分析的方法。1994年，第41届CAC执行委员会会议建议FAO与WHO就风险分析问题联合召开会议。根据这一建议，1995年3月，在日内瓦WHO总部召开了FAO/WHO联合专家咨询会议，这次会议的召开，是国际食品安全评价领域的一个发展里程碑，会议最终形成了一份题为"风险分析在食品标准问题上的应用"的报告。CAC要求下属所有有关的食品法典分委员会对这一报告进行研究，并且将风险分析的概念应用到具体的工作程序中去。另外，FAO与WTO要求就风险管理和风险情况交流问题继续进行咨询。1997年1月，FAO/WHO联合专家咨询会议在罗马FAO总部召开，会议提交了"风险管理与食品安全"报告，该报告规定了风险管理的框架和基本原理。1998年2月，在罗马召开了FAO/WHO联合专家咨询会议，会议提交了题为"风险情况交流在食品标准和安全问题上的应用"的报告，对风险情况交流的要素和原则进行了规定，同时对进行有效风险情况交流的障碍和策略进行了讨论。至此，有关食品风险分析原理的基本理论框架已经形成。

CAC于1997年正式将有关风险性分析方法的内容列入《法典程序手册》，包括"与食品安全有关的危险性分析术语"以及"CAC一般决策中有关食品安全危险性评估的原则声明"等，指出法典有关健康、安全的决策都要以危险性评估为基础，依照特定步骤以公开的形式进行，尽可能应用定量资料描述出危险性的特征，并将之与危险性管理的功能相区分。《法典程序手册》还敦促各国采用统一的制标原则，促进有关食品安全措施的协调一致。目前，风险分析已被公认为是制定食品安全标准的基础。

（3）食品风险分析体系

食品风险分析包含风险评估、风险管理和风险信息交流三个组成部分，其中风险评估是整个体系的核心和基础。三者的关系如图6-1所示。

风险评估（risk assessment）是指对人体接触食源性危害而产生的对健康已知或潜在的不良作用进行科学评价。即利用已有的资料和技术手段，对食品中可能存在的危害的暴露对人体健康产生的不良后果进行识别、确认和定量，以此确定某种食品或食品有害物质的风险。风险评估过程可分为四个步骤：危害识别，危害特征描述，暴露评估和风险特征描述。

风险管理（risk management）是指在风险评估的科学基础上，权衡选择政策、采取预防和控制措施，尽可能有效地控制食品风险，以保护消费者健康、促进食品贸

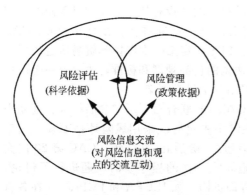

图 6-1　风险分析三要素之间的关系

易的过程。风险管理可以分为四个部分：风险评价、风险管理选择评估、执行管理决定以及监控和审查。

风险信息交流（risk communication）是在风险评估者、风险管理者和其他有关团体之间，相互交流有关风险信息、情报和意见的过程。

食品风险分析是通过风险评估选择适合的风险管理措施以降低风险，同时通过交流达到社会各界的认同或使得风险管理措施更加完善。

（4）开展食品风险分析的必要性

① 了解食品安全状况需要对食品进行风险分析。食品的安全状况是消费者、各国和各级政府最关心的首要问题，而只有通过对食品进行安全评价，才能了解各种食品可能存在的危害及其风险大小，即其安全状况何如。

② 制定有关食品安全标准、法律法规、规章制度需要食品风险分析结果。食品安全标准、法律法规、规章制度是评价食品质量和安全性、开展食品质量与安全控制和监督管理的主要依据，而要保证这些标准、法律法规、规章制度科学、合理，就要求其必须建立在科学的基础之上，此科学基础之一就是食品风险分析结果。

③ 应对食品贸易技术壁垒需要食品安全风险分析。有关国际贸易的 SPS 和 TBT 协定规定，贸易国在实施农产品国际贸易卫生和植物卫生以及采取相应的技术性贸易措施时，必须是建立在科学数据和风险分析的基础之上做出的决定。当 WTO 成员国在农产品国际贸易方面发生质量安全技术争端时，WTO 规定裁决以 CAC、OIE、IPPC 标准为依据。

④ 开展食品安全控制和监督管理需要食品安全风险分析。不论是食品生产经营者开展食品安全控制，还是政府监督管理部门实施食品质量与安全监督管理，既要了解有关食品安全信息，还要科学地选择、实施有效的措施，这均需要食品安全风险分析来支撑。

（5）开展食品风险分析的意义

① 开展食品风险分析，可以使消费者能够科学、全面地了解食品的质量与安全状况，既有利于增强消费信心，方便消费者选择食品，更有利于保证消费者的安全。

② 开展食品风险分析，可以使食品生产经营者及监督管理者了解食品安全问题之所在，有利于抓住主要问题，有针对性地采取科学、有效的控制和监督管理措施，将风险控制在萌芽状态，提高工作成效，降低工作成本。

③ 开展食品风险分析，有利于促进国际贸易。在国际贸易中食品质量与安全方面的争端，无论是进口国，还是世贸组织，均要求以科学数据和风险分析为基础，设立食品进口和双边贸易技术准则，这也是争端调解的基础和前提。因此，在食品安全性管理问题上运用风险分析手段，制定对本国有利的食品安全性风险管理措施，合理合法地设置或者抵御以食品安全性为由的贸易性技术壁垒，以维护国家在对外贸易中

的合法权益，促进本国对外贸易的发展。

④ 开展食品风险分析，有利于促进食品科学技术的发展。目前要开展食品风险分析，本身就有许许多多的技术问题要解决；通过开展食品风险分析可以提高人们的认识水平，从而促使人们改造旧技术（包括分析检测技术、食品贮藏加工技术、包装技术等），开发新技术等。

6.2.2 食品风险评估

食品风险评估是一种系统地组织科学技术信息及其不确定度的方法，用以回答有关健康风险的特定问题。它要求对食品风险进行定性和/或定量分析，同时要明确其中的不确定性，并在某些具体情况下利用现有资料推导出科学、合理的结论，该结论适用于所有国家和人群。风险评估过程中的不确定度来自资料和选择模型两个方面，前者源于可获得资料的有限性及流行病学和毒理学研究实际资料的评价和解释；后者是当试图采用某一特定条件下发生的具体事件的资料来估计或预测另外一种条件下类似事件的发生时产生的。风险评估过程往往是由科学家完成的，是一个纯科学的过程。风险评估的毒理学试验应采用标准化规程，并且具备有关权威组织认可的最少数据量。有时，为了克服知识和资料的不足，在风险评估中可以使用合理的假设。风险评估是风险分析的核心，也是风险管理和信息交流的基础。

(1) 风险评估原则

目前国际上公认的风险评估原则如下。

① 依赖动物模型确立潜在的人体效应。

② 采用体重进行种间比较。

③ 假设动物和人的吸收大致相同。

④ 采用 100 倍的安全系数来调整种间和种内可能存在的易感性差异，在特定的情况下允许偏差存在。安全系数（safety factor）是根据无可见作用剂量水平（NOEL）计算日容许摄入量（ADI）时所用的系数，即将 NOEL 除以一定的系数得出 ADI。所用的安全系数的值取决于受试物毒作用的性质，受试物应用的范围和用量，适用的人群，以及毒理学数据的质量等因素。无可见作用剂量（no-observed effect level，NOEL）也称为最大无作用剂量（maximal no-effect level，MNEL）、未观察到损害作用剂量（no-observed adverse effect level，NOAEL），是指外源化学物在一定时间内按一定方式或途径与机体接触后，根据目前认识的水平，用最灵敏的试验方法和观察指标，未能观察到对机体造成任何损害作用或使机体出现异常反应的最高剂量。ADI 是 acceptable daily intake 的缩写，即每日允许摄入量，是指人类每日摄入某物质直至终生而不产生可检测到的对健康产生危害的量。以每千克体重可摄入的量表示，即 mg/（kg 体重·天）。

⑤ 对发现属于遗传毒性致癌物的食品添加剂、兽药和农药，不制定 ADI 值。对这些物质不进行定量的风险评估。实际上，对具有遗传毒性的食品添加剂、兽药和农药残留还没有认可的可接受的风险水平。

⑥ 允许污染物达到"尽可能低的"水平。

⑦ 在等待提交要求的资料期间，对食品添加剂和兽药残留可制定暂时的 ADI 值。

（2）危害识别

危害识别（hazard identification）是指对可能在食品中存在的，对人体健康产生副作用的生物、化学和物理的致病因子进行鉴定。

对于化学因素（包括食品添加剂、农药和兽药残留、污染物和天然毒素）而言，危害识别主要是指要确定某种物质的毒性（即产生的不良效果），在可能时对这种物质导致不良效果的固有性质进行鉴定。

识别危害的信息可以采用所谓的"证据力"（weight-of-evidence）方法获得。这种方法要求对从适当的数据库、同行评审的文献以及可获得的其他（如企业界）未发表的研究中得到的科学信息进行充分的评议。通常按照下列顺序对不同的研究给予不同的重视：流行病学研究、动物毒理学研究、体外试验和定量的结构-活性关系。阳性的流行病资料以及临床资料对于危害的识别十分有用，但是由于流行病学研究的费用较高，对于大多数危害的研究而言提供的数据有限，因此，实际工作中，危害识别一般采用动物和体外试验（即毒理学评价试验）的资料作为依据。动物试验包括急性和慢性毒性试验，它们必须遵循广泛接受的标准化试验程序，同时必须实施良好实验室规范（GLP）和标准化的质量保证/质量控制（QA/QC）程序。最少数据量应当包含规定的品系数量、两种性别、适当的剂量选择、暴露途径和足够的样本量。动物试验的主要目的在于确定无可见作用剂量水平（NOEL）、无可见不良作用剂量水平（NOAEL）或者临界剂量。通过体外试验可以增加对危害作用机制的了解。通过定量的结构-活性关系研究，对于同一类化学物质（如多环芳烃、多氯联苯、二噁英），可以根据一种或多种化合物已知的毒理学资料，采用毒物当量的方法来预测其他化合物的危害。

（3）危害描述

危害描述（hazard characterization）即对与食品中可能存在的生物、化学和物理因素有关的健康不良效果的性质的定性和/或定量评价。对于化学性致病因子要进行剂量－反应评估（dose-response assessment）；对于生物或物理因子在可以获得资料的情况下也应进行剂量－反应评估。剂量－反应评估是指确定化学的、生物的或物理的致病因子的剂量与相关的对健康副作用的严重性和频度之间的关系。一般是由毒理学试验获得的数据外推到人，计算人体的 ADI 值，严格来说，对于食品添加剂、农药和兽药残留，为制定 ADI 值；对于污染物，为制定暂定每周耐受摄入量（PTWI 值，针对蓄积性污染物如铅、镉、汞）或暂定每日耐受摄入量（PTDI 值，针对非蓄积性污染物如砷）；对于营养素为制定每日推荐摄入量（RNI 值）。

目前，国际上由食品添加剂专家委员会（JECFA）制定食品添加剂和兽药残留的 ADI 值以及污染物的 PTWI/PTDI 值，由农药残留联席会议（JMPR）制定农药残留的 ADI 值。由于食品中所研究的化学物质的实际含量很低，而一般毒理学试验的剂量又必须很高，因此在根据动物试验的结论进行危害描述时，为了与人体的摄入水平相比，需要把动物试验的数据外推到低得多的剂量，这种剂量-反应关系的外推存在质和量两方面的不确定性；此外，剂量的种属间度量系数也是目前争论很大的问题。在实际工作中，这些不确定性可以通过专家判断和进行额外的试验（特别是人体试验）加以克服。这些试验可以在产品上市前或上市后进行。

（4）暴露评估

暴露评估（exposure assessment）是指对于通过食品的可能摄入和其他有关途径可能暴露于人体的生物、化学和物理因素的定性和/或定量评价。主要根据膳食调查和各种食品中化学物质暴露水平调查的数据进行，通过计算，可以得到人体对于该种化学物质的暴露量。进行暴露评估需要有有关食品的消费量和这些食品中相关化学物质浓度两方面的资料。因此，进行膳食调查和国家食品污染监测计划是准确进行暴露评估的基础。膳食暴露评价以 mg/kg 体重或 μg/kg 体重表示。如膳食农药残留暴露评价应以农药残留水平和膳食消费结构为基础进行，农药残留水平主要通过检测分析得出食品中的具体残留量，膳食消费主要通过全膳食研究获得数据。农药残留的膳食暴露评价等于每种食品残留暴露量之和。

（5）风险特征描述

风险特征描述（risk characterization）是指在危害识别、危害特征描述和暴露评估的基础上，对给定人群中已知或潜在的副作用产生的可能性和副作用的严重性，做出定量或定性估价的过程，包括伴随的不确定性的描述。当暴露量小于 ADI 值时，健康不良效果的可能性理论上为零。

目前，对于生物性危害进行定量评估是非常困难的，下面以细菌性危害为例进行说明。

① 危害识别的主要困难在于，调查爆发事件所需的经费和调查的困难，缺乏可靠或完整的流行病学数据，以及无法分离和鉴定新的病原体。

② 在危害描述步骤中，进行剂量-反应关系研究的主要困难包括：宿主对病原菌的易感性有高度差异；病原菌侵袭力的变化范围大；病原菌菌株间的毒力差别大；病原菌的致病力易受因频繁突变产生的遗传变异的影响；食品或人体消化系统的其他细菌的拮抗作用可能影响致病力；食品本身会改变细菌的感染力和/或影响宿主。

③ 在暴露评估步骤中，与化学因素不同，食品中的细菌性病原体会发生动态变化，这主要受到下列因素的影响：细菌性病原体的生态学；食品的加工、包装和贮存；制备过程如烹调可能使细菌灭活；消费者的文化因素。

④ 对于食源性细菌病原体来说，采用定性方法进行风险描述可能是目前唯一的选择。定性的风险评估取决于：特定的食品品种、细菌性病原体的生态学知识、流行病学数据以及专家对与食品生产、加工、贮存和制备等方面有关的危害的判断。

6.2.3 食品安全性毒理学评价概述

（1）食品安全性毒理学评价程序

① 审查配方。当用于食品或接触食品的是一种由许多化学物质组成的复合成分时，必须对配方中每一种物质进行逐个的审查。已进行过毒理学试验并被确认可以使用于食品的物质，方可在配方中保留。若试验结果显示有明显毒性的物质，则从配方中删除。在配方审查中，还要注意各种化学物质的协同作用。

② 审查生产工艺。从生产工艺流程线审查可推测是否有中间体或副产物产生，因为中间体或副产物的毒性有时比合成后物质的毒性更高，所以这一环节应加以控制。生产工艺审查还应包括是否有从生产设备将污染物带到产品中去的可能。

③ 卫生检测。卫生检测项目和指标是分析配方和生产工艺经过审查后定的。检

测方法一般按照国家有关标准执行。特殊项目或无国家标准方法的，再选择适用于企业及基层的方法，但应考虑检验方法的灵敏度、准确性及可行性等方面的因素。

④ 毒理试验。毒理试验是食品安全性评价中很重要的部分。通过毒理试验可制定出食品添加剂使用限量标准和食品中污染物及其有毒有害物质的允许含量标准，并为评价目前迅速开拓发展的新食物资源及新的食品加工、生产等方法提供科学依据。

(2) 食品毒理试验的适用范围

① 用于食品生产、加工和保藏的化学和生物物质，如食品添加剂，食品加工用微生物等。

② 食品生产、加工、运输、销售和保藏等过程中产生和污染的有害物质，如农药残留、重金属、生物毒素、包装材料溶出物、放射性物质和洗涤消毒剂（用于食品容器和食品用工具）等。

③ 新食物资源及其成分。

④ 食品中其他有害物质。

(3) 试验前准备

试验前应了解受试物的基本资料，了解受试物的成分、规格、用途、使用范围，以此了解人类可能接触的途径和剂量，过度接触以及滥用或误用的可能性等，以便预测毒性和进行合理的试验设计。

① 收集受试物质的基本资料。在毒性试验之前要求了解受试物质的化学结构，根据结构式可以预测一些化学物质的毒性大小和致癌活性；了解受试物质的组成成分和杂质，以及理化性质，如熔点、沸点、密度、溶解性、乳化性或混悬性、贮存稳定性等；了解受试物质及代谢产物的定性和定量分析方法。

② 了解受试物质的使用情况。包括该物质的使用方法及人体接触途径、用途及使用范围和使用量。如果受试物曾被人群接触过，应收集人群流行病学资料，若有中毒事故的调查与记载可提供人体中毒和效应的资料。

③ 选用与人类实际接触的产品形式，做好受试材料。用于毒理学安全性评价的受试物应采用与人类实际接触的工业化产品或市售产品，而非纯化学品，以反映人体实际接触的情况。

实验过程中的受试物必须是均匀的、规格一致的产品，当需要确定该化学品的毒性来源于化学物质还是所含杂质时，通常采用纯品和应用品分别试验，再将结果进行比较。

④ 实验动物的选择。选择实验动物时、要求其在接触化合物之后的毒性反应应当与人接触该化合物的反应基本一致。易于获得，品系纯化，价格较低，且易于饲养，试验操作方便。为了有利于预测化合物对人体的危害，一般选用两种以上的实验动物，一种为啮齿动物，一种为非啮齿动物。实际工作中实验动物以大鼠为主，其次为小鼠。

(4) 食品安全性毒理学评价试验程序及其目的和内容

完整的毒理学评价试验分以下四个阶段。

① 第一阶段：急性毒性试验。

急性毒性是指机体（人或实验动物）一次（或 24h 内多次）接触外来化合物之后短期内所引起的中毒或死亡效应。

急性毒性试验的目的是了解受试物的急性毒性强度、性质和可能的靶器官，为急性毒性定级及进一步的剂量设计和毒性判定指标的选择提供依据。

急性毒性试验主要测试经口急性毒性，包括 LD_{50} 和联合急性毒性，并根据 LD_{50} 进行毒性分级。

② 第二阶段：遗传毒性试验。

遗传毒性试验的目的是了解受试物对机体可能造成的潜在危害，并提供靶器官和蓄积性等资料，为亚慢性毒性试验设计提供依据，并初步评价受试物是否存在致突变性或潜在的致癌性，初步估计最大无作用剂量。

遗传毒性试验包括遗传毒性试验、传统致畸试验和短期喂养试验。致畸试验是通过在致畸敏感期（器官形成期）对妊娠动物染毒，在妊娠末期观察胎仔有无发育障碍和畸形，并计算致畸指数，评价受试物的致畸作用。短期喂养试验又称 30 天喂养试验，旨在对只需要进行第一、第二阶段毒性实验的受试物，在急性毒性试验的基础上，通过 30 天喂养试验进一步了解其毒性作用，并可初步估计最大无作用剂量。如受试物需要进行第三、第四阶段毒性试验，可不进行本试验。

③ 第三阶段：亚慢性毒性试验。

亚慢性毒性是指实验动物连续多日（30 天和 90 天喂养试验）接触较大剂量的外来化合物所出现的中毒效应，主要是探讨亚慢性毒性的阈剂量或阈浓度。

亚慢性毒性试验的目的是观察受试物以不同剂量水平较长期喂养，对动物的毒性作用性质和靶器官，并初步确定最大无作用剂量。了解受试物对动物繁殖及对子代的致畸作用；为慢性毒性和致癌性试验的剂量选择提供依据。

亚慢性毒性试验包括 90 天喂养试验、繁殖试验和代谢试验。繁殖试验是通过对实验动物繁殖过程的观察，评价外源性化学物对性腺功能、交配、受精能力、分娩、发育等有无损害。代谢试验是了解受试物在体内的吸收、分布、排泄速度以及蓄积性，寻找可能的靶器官，并了解有无毒性代谢产物的形成。

④ 第四阶段：慢性毒性试验。

慢性毒性试验是研究外源化学物质长时间（大于 1/10 生命周期）少量反复作用于机体后，其对实验动物所产生的毒性效应。是确定外来化合物的毒性下限，即长期接触该化合物可以引起机体危害的阈剂量和无作用剂量。慢性毒性试验（包括致癌试验）的目的是观察长期接触受试物后才出现的毒性作用，尤其是进行性或不可逆的毒性作用以及致癌作用。确定最大无作用剂量，对最终评价受试物能否应用于食品提供依据，为进行该化合物的危险性评价与制定人接触该化合物的安全限量标准提供毒理学依据。

⑤ 人群接触资料。人群接触资料是受试物对人体毒作用和致癌危险性最直接、最可靠的证据，在食品安全性评价中具有决定性作用。资料来源于职业性接触和食物中毒等，人群流行病学调查为食品安全性评价提供了更加宝贵的资料。

(5) 毒性试验的选用原则

① 凡属我国创新的物质一般要求进行四个阶段的试验。特别是对其中化学结构提示有慢性毒性、遗传毒性或致癌性可能者或产量大、使用范围广、摄入机会多者，必须进行全部四个阶段的毒性试验。

② 凡属于与已知物质（指经过安全性评价并允许使用者）的化学结构基本相同

的衍生物或类似物，则根据第一、第二、第三阶段毒性试验结果判断是否需进行第四阶段的毒性试验。

③ 凡属已知的化学物质，世界卫生组织已公布 ADI 者，同时申请单位又有资料证明我国产品的质量规格与国外产品一致，则可先进行第一、第二阶段毒性试验，若试验结果与国外产品的结果一致，一般不要求进行进一步的毒性试验，否则应进行第三阶段毒性试验。

④ 农药、食品添加剂、食品新资源和新资源食品、辐照食品、食品容器、食品工具及设备用清洗消毒剂等，其安全性毒理学评价试验应根据情况分阶段进行。

常用的安全性评价的毒理学项目见表 6-1。

表 6-1　常用的安全性评价的毒理学项目

项目	农药	食品	消毒产品
适用法律	《农药安全性毒理学评价程序》、《农药登记毒理学试验方法》（GB 15670）	《食品安全性毒理学评价程序和方法》（GB 15193.1）	《消毒技术规范》第 8 章：消毒剂毒理试验的程序和方法
第一阶段	急性毒性试验，皮肤与眼黏膜试（皮肤刺激、致敏试验、眼刺激试验）	急性毒性试验	急性毒性试验、皮肤、黏膜试验
第二阶段	蓄积毒性试验，致突变试验	遗传毒性试验，致畸试验，30 天喂养试验	遗传毒性试验，蓄积试验
第三阶段	亚慢性毒性试验，代谢试验	亚慢性毒性试验，繁殖试验，代谢试验	亚慢性毒性试验，致畸试验
第四阶段	慢性代谢试验，致癌试验	慢性毒性试验，致癌试验	慢性毒性试验，致癌试验

6.2.4　食品风险管理

(1) 食品风险管理的目标

风险管理的首要目标是通过选择和实施适当的措施，尽可能有效地控制食品风险，从而保障公众健康，保证食品贸易在公平的竞争环境下顺利进行。

(2) 食品风险管理的内容

① 风险评价。是在风险评估的基础上，对风险发生的概率、损失程度，结合其他因素进行全面考虑，评估发生风险的可能性及危害程度，并与公认的安全指标相比较，以衡量风险的程度，并决定是否需要采取相应的措施的过程。其基本内容包括确认食品安全问题、描述风险概况、对危害进行排序、制定风险评估政策、管理决定及对风险评估结果的审议。

② 风险管理选择评估。包括确定现有的管理选项、选择最佳的管理选项（包括考虑一个合适的安全标准），以及最终的管理决定。

③ 执行风险管理决定。即制定和实施风险管理措施。风险管理措施包括制定最高限量，制定食品标签标准，实施公众教育计划，通过使用其他物质或者改善农业或生产规范以减少某些化学物质的使用等。

④ 监控和审查。是指对实施措施的有效性进行评估，以及在必要时对风险管理和/或评估进行审查、补充和修改。

(3) 食品安全风险管理的一般原则

① 风险管理应当采用一个具有结构化的方法，它包括风险评价、风险管理选择

评估、执行管理决定，以及监控和审查。在某些情况下，并不是所有这些方面都必须包括在风险管理活动当中。

② 在风险管理决策中应当首先考虑保护人体健康。对风险的可接受水平应主要根据对人体健康的考虑决定，同时应避免风险水平上随意性的和不合理的差别。在某些风险管理情况下，尤其是决定将采取的措施时，应适当考虑其他因素（如经济费用、效益、技术可行性和社会习俗）。这些考虑不应是随意性的，而应当保持清楚和明确。

③ 风险管理的决策和执行应当透明。风险管理应当包含风险管理过程（包括决策）所有方面的鉴定和系统文件，从而保证决策和执行的理由对所有有关团体是透明的。

④ 风险评估政策的决定应当作为一个特殊的组成部分包括在风险管理中。风险评估政策是为价值判断和政策选择制定准则，这些准则将在风险评估的特定决定点上应用，因此最好在风险评估之前，与风险评估人员共同制定。从某种意义上讲，决定风险评估政策往往成为进行风险分析实际工作的第一步。

⑤ 风险管理应当通过保持风险管理和风险评估二者功能的分离，确保风险评估过程的科学完整性，减少风险评估和风险管理之间的利益冲突。但是应当认识到，风险分析是一个循环反复的过程，风险管理人员和风险评估人员之间的相互作用在实际应用中是至关重要的。

⑥ 风险管理决策应当考虑风险评估结果的不确定性。如有可能，风险的估计应包括将不确定性量化，并且以易于理解的形式提交给风险管理人员，以便他们在决策时能充分考虑不确定性的范围。例如，如果风险的估计很不确定，风险管理决策将更加保守。

⑦ 在风险管理过程的所有方面，都应当包括与消费者和其他有关团体进行清楚地相互交流。在所有有关团体之间进行持续的相互交流是风险管理过程的一个组成部分。风险情况交流不仅仅是信息的传播，而更重要的功能是将对有效进行风险管理至关重要的信息和意见并入决策的过程。

⑧ 风险管理应当是一个考虑在风险管理决策的评价和审查中所有新产生资料的连续过程。在应用风险管理决定之后，为确定其在实现食品安全目标方面的有效性，应对决定进行定期评价。为进行有效的审查，监控和其他活动可能是必须的。

6.2.5　食品风险信息交流

(1) 食品风险信息交流的范围

食品风险信息的交流应当包括国际组织（包括 CAC、FAO 和 WHO、WTO）、政府机构、企业、消费者和消费者组织、学术界和研究机构，以及大众传播媒体。

为了确保风险管理政策能够将食源性风险减少到最低限度，在风险分析的全部过程中，相互交流起着十分重要的作用。许多步骤是在风险管理人员和风险评估人员之间进行的内部的反复交流。其中两个关键步骤，即危害识别和风险管理方案选择，需要在所有有关方面进行交流，以改善决策的透明度，提高对各种可能产生的结果的接受能力。

食品风险信息的交流应贯穿于风险分析的全过程，即在风险管理的全过程，都应当包括与消费者和其他有关团体进行全面地、持续地相互交流，这是风险管理过程的一个组成部分。风险信息交流不仅仅是信息的传播，更重要的功能是将对有效进行风险管理的至关重要的信息和意见并入决策的过程。

（2）食品风险信息交流的目的

"风险交流是公开的、双向的信息观点的交流，以使风险得到更好的理解，并做出更好的风险管理决定"。食品风险信息交流的目的在于：

① 使所有的参与者在风险分析过程中提高对所研究的特定问题的认识和理解；

② 在达成和执行风险管理决定时增加一致化和透明度；

③ 为理解建议的或执行中的风险管理决定提供坚实的基础；

④ 改善风险分析过程中的整体效果和效率；

⑤ 制定和实施作为风险管理选项的有效的信息和教育计划；

⑥ 培养公众对于食品供应安全性的信任和信心；

⑦ 加强所有参与者的工作关系和相互尊重；

⑧ 在风险情况交流过程中，促进所有有关团体的适当参与；

⑨ 就有关团体对食品及相关问题的风险的知识、态度、估价、实践、理解进行信息交流。

（3）食品风险信息交流的内容

食品风险信息交流的主要内容如下。

① 风险的性质。包括危害的特征和重要性，风险的大小和严重程度，情况的紧迫性，风险的变化趋势，危害暴露的可能性，暴露的分布，能够构成显著风险的暴露量，风险人群的性质和规模，最高风险人群。

② 利益的性质。包括与每种风险有关的实际或者预期利益，受益者和受益方式，风险和利益的平衡点，利益的大小和重要性，所有受影响人群的全部利益。

③ 风险评估的不确定性。包括评估风险的方法，每种不确定性的重要性，所得资料的缺点或不准确度，估计所依据的假设，估计对假设变化的敏感度，有关风险管理决定的估计变化的效果。

④ 风险管理的选择。包括控制或管理风险的行动，可能减少个人风险的个人行动，选择一个特定风险管理选项的理由，特定选择的有效性，特定选择的利益，风险管理的费用和来源，执行风险管理选择后仍然存在的风险。

（4）食品风险信息交流存在的障碍

目前，进行有效的风险信息交流还存在以下三个方面的障碍。

① 在风险分析过程中，企业由于商业等方面的原因、政府机构由于某些原因，不愿意交流他们各自掌握的风险情况，造成信息获取方面的障碍；另外，消费者组织和发展中国家在风险分析过程中的参与程度不够。

② 由于经费缺乏，目前CAC对许多问题无法进行充分的讨论，工作的透明度和效率有所降低，另外，在制定有关标准时，考虑所谓非科学的"合理因素"造成了风险情况交流中的障碍。

③ 由于公众对风险的理解、感受性的不同以及对科学过程缺乏了解，加之信息来源的可信度不同和新闻报道的某些特点，以及社会特征（包括语言、文化、宗教等因素）的不同，造成进行风险情况交流时的障碍。

因此，为了进行有效的风险信息交流，有必要建立一个系统化的方法，包括搜集背景和其他必要的信息、准备和汇编有关风险的通知、进行传播发布、对风险情况交流的效果进行审查和评价。另外，对于不同类型的食品风险问题，应当采取不同的风险信息交流方式。

需要指出的是，在进行一个风险分析的实际项目时，并非风险分析三个部分的所有具体步骤都必须包括在内，但是某些步骤的省略必须建立在合理的前提之上，而且整个风险分析的总体框架结构应当是完整的。

6.2.6 我国食品风险分析的现状与发展

(1) 我国食品风险分析的现状

风险分析是 WTO 和 CAC 制定食品安全法律、法规和标准的必要技术基础和前提，也是各国有效地保护本国国民健康和维护本国食品进出口贸易正常进行的基本手段。如何提供安全营养的食品及证明食品的安全性，一直是世界各国政府努力的目标。我国食品风险分析起步较晚，1975 年春，在上海举办了首届全国食品毒理培训班，为我国食品卫生监督机构、高等医学院及营养与食品卫生研究机构培训了一支具有相当水平和检验能力的食品毒理学队伍。这表明我国有关食品风险分析的人才准备工作的开始。进入 21 世纪后，我国政府对食品风险分析高度重视，使我国食品风险分析快速发展。

① 在机构建设方面。农业部畜牧兽医局于 2002 年成立"动物疫病风险评估小组"，根据我国动物防疫、动物及动物产品对外贸易情况，按世界动物卫生组织（OIE）有关规定，对我国尚未发生的 A 类、B 类动物疫病进行风险评估和风险分析。

2003 年，成立了中国农科院农业质量标准与检测技术研究所，主要以农产品质量安全、农业标准及检测技术为研究对象，开展农产品质量安全政策、风险分析、农业标准制（修）订、农产品质量安全控制技术、检测技术等研究以及检测仪器设备的研发等工作。

2006 年 11 月，成立了农业部农产品质量标准研究中心，主要是承担农产品质量安全风险分析理论和关键技术研究、农产品贸易技术壁垒预警体系建设和快速反应机制研究，负责提供农产品质量安全监控技术支持，参与农产品国际标准的制（修）订等。

2007 年 5 月，农业部成立了国家农产品质量安全风险评估专家委员会，主要职责是：受农业部委托，研究提出国家农产品质量安全风险评估政策建议；组织制定国家农产品质量安全风险评估规划和计划；组织制定农产品质量安全风险评估准则等有关规范性技术文件；组织协调国内农产品质量安全风险评估工作的开展，提供风险评估报告，并提出有关农产品质量安全风险管理措施的建议；组织开展农产品质量安全风险评估工作的国内外学术交流与合作等。

2009 年 12 月，卫生部组建了国家食品安全风险评估专家委员会，承担国家食品安全风险评估工作，参与制定与食品安全风险评估相关的监测和评估计划，拟定国家食品安全风险评估技术规则，解释食品安全风险评估结果，开展风险评估交流，以及承担卫生部委托的其他风险评估相关任务。

2011 年 10 月，成立了国家食品安全风险评估中心，承担国家食品安全风险评估、监测、预警、交流和食品安全标准等技术支持工作。

② 在法律法规及标准建设方面。为了加强农业转基因生物安全评价管理，2002年农业部颁布了《农业转基因生物安全评价管理办法》，该办法第二章安全等级和安全评价对农业转基因生物安全评价和安全等级划分等做了具体规定。

2006年4月颁布的《农产品质量安全法》首次将风险分析写入国家法律。《农产品质量安全法》第6条规定："国务院农业行政主管部门应当设立由有关方面专家组成的农产品质量安全风险评估专家委员会，对可能影响农产品质量安全的潜在危害进行风险分析和评估。"法律规定了食品风险分析运用于农产品质量安全监管中的相关事宜，要求国务院农业主管部门应该对农产品中可能存在的风险进行评估，根据评估采取相应的管理措施，并将评估结果通报国务院各部门。该法律的通过奠定了风险分析在食品安全监管中运用的法律基础。

2009年颁布实施的《食品安全法》及《食品安全法实施条例》对风险分析在食品安全的运用给予了法律上的确认，法律第二章明确规定了食品安全风险检测与评估制度：国家建立食品安全风险评估制度，对食品、食品添加剂中生物性、化学性和物理性危害进行风险评估。国务院卫生行政部门负责组织食品安全风险评估工作，成立由医学、农业、食品、营养等方面的专家组成的食品安全风险评估专家委员会进行食品安全风险评估。食品安全风险评估结果是制定、修订食品安全标准和对食品安全实施监督管理的科学依据。法律规定了食品安全风险分析中的风险评估由食品安全风险评估专家委员会来进行，结果由卫生行政部门负责向国务院有关部门通报。法律对风险分析过程中的信息交流也做了相关规定。可见，《食品安全法》的实施，使得我国食品安全监管更加科学和有效，标志着我国以后的食品安全标准将以风险评估为依据，更加完备和统一。

2010年1月21日，卫生部会同工业和信息化部、农业部、商务部、工商总局、质检总局和国家食品药品监督管理局制定了《食品安全风险评估管理规定（试行）》，规定：国家食品安全风险评估专家委员会依据国家食品安全风险评估专家委员会章程组建。食品安全风险评估以食品安全风险监测和监督管理信息、科学数据以及其他有关信息为基础，遵循科学、透明和个案处理的原则进行。国家食品安全风险评估专家委员会按照风险评估实施方案，遵循危害识别、危害特征描述、暴露评估和风险特征描述的结构化程序开展风险评估，并对食品安全风险评估的机构设置依据、机构设置原则、机构职能、评估范围、适用条件等做了相关界定。

不少地方政府出台了地域性的食品安全综合评价和管理办法。2006年7月6日起，广东省实施了《广东省食品安全综合评价办法》；2007年浙江绍兴市出台了《绍兴市食品安全工作综合评价办法》，方法为评分法，总分100分。综合评价指标包括食品安全工作管理指标、重点品种检测指标、消费者满意度三部分，权重分别为0.55、0.30和0.15。在新食品安全评价方面，有些地区也做了一些工作，如2007年江苏省无锡市锡山区制定了《新食品的安全评价方法和流程》。

1994年我国《食品安全性评价程序和方法》及《食品毒理学试验操作规范》以国标形式颁布，为我国食品毒理安全性评价工作进入规范化、标准化及与国际接轨提供了保证。在大量实践经验的基础上，现已经对此"程序和方法"进行了修改，进一步提高了科学水平和实用性。

《食品中农药最大残留限量标准》（GB 2763—2005）和《食品中污染物限量》（GB 2762—2005）较大程度地引用了 CAC 标准的风险评估数据，等同性均提高到了 85％以上。药典也大幅度采用 CAC 标准的风险评估数据，等同性均提高到了 41.4％。

但是法律法规仍有很多实施细则有待进一步明确，比如说：风险评估机构的具体设置、经费来源、性质、地位、权限、职责等还不够明确；风险交流和风险管理的内容涉及的不够多；食品安全分析各阶段的运作过程以及风险分析三阶段如何联动等实施细则还没有具体细化，所以我们得继续深入探讨，出台相应的法律和落实细则，指明风险分析主体的组成、职责、性质，明确风险分析的运作过程、原则和机理，在制度的框架下还公众一剂放心丸。

③ 科学研究方面。关于食品风险分析国内也开展了大量的研究，如傅泽强等构建了食物安全可持续性综合指数模型，计算了 1950～1998 年我国食物安全可持续性综合指数，对我国食物数量安全进行了单因子和多因子评价。周泽义等将模糊综合评判用于北京市主要蔬菜、水果和肉类中的重金属、农药、多环芳烃、硝酸盐和亚硝酸盐污染调查结果的评价。杜树新等利用模糊数学方法对上海市近年来进口红酒的安全状况进行了评价。李旸等提出，食品安全取决于属性模糊的多项指标，并在综合评价指数法检测基础上，运用质量指数评分法划分了食品安全等级。李为相等将扩展的粗集理论引入食品安全评价中，并对某省 2006 年酱菜的安全状况进行了综合评价。刘华楠等将食品质量安全与信用管理相结合，提出了肉类食品安全信用评价指标体系，建立了模糊层次综合评估模型。

然而，国内对危害物的风险评估和毒理学分析还不广泛，如沙门菌、大肠杆菌、疯牛病等的暴露评估和定量危险性评估仍未涉及。此外，对新技术、新工艺、新食品的安全性研究与评估还不够重视，如大量使用农药的分泌干扰活性筛选评估，广泛使用的植物生长调节剂安全分析，保健食品有效因子含量、功效和安全性等。传统食品发酵技术中采用了没有安全评估的菌种，一些新型食品添加剂、包装材料、酶制剂，以及转基因食品的安全性问题也缺乏研究与评估。

从总体水平来看，我国由于开展风险分析研究的起步较晚，目前还没有广泛地应用危险性评估技术，在化学性和生物性危害的暴露评估和定量危险性评估方面的技术水平还非常低，现有的暴露评估数据，一是项目少，特别是缺乏一些危害性大而目前急需应对的项目，对新技术、新工艺、新资源加工食品的安全性评价的研究远远不够；二是数据不连续；三是覆盖的地区较少；四是生物学标志物的研究薄弱。因此，与国际水平和食品安全控制的需要有很大的差距。

（2）我国食品风险分析的研究重点

参考 WHO/FAO 关于危险性评估的基本原则，建立适合我国国情的评估模型和方法，将与食源性疾病相关的高危因素作为分析重点。在开展危险性评估的过程中，重点进行人群暴露和健康效应评估。要重视针对易感人群的危险性评估。对危险性评估进行适时更新，为制定限量标准提供科学依据。

① 化学污染物危险性评估。将有意和无意加入食品中的化学物及天然存在的毒素都纳入评估范围。在摸清食品中农药残留、兽药残留、食品添加剂、重金属、环境污染物（如多氯联苯和二噁英），以及食品加工过程形成的有害物质（氯丙醇、丙烯

酰胺、亚硝胺、多环芳烃等）等危害因素污染水平的基础上，研究暴露水平及其他相应的生物标志物的变化，并找出其致病性阈值。我国广泛使用的农药、兽药、食品添加剂及其他危害性大的化学污染物是重点评估对象。

制定危险性评估标准程序，确保危险性评估结果的正确性。加强流行病学和临床研究，获得数据资料并充分利用这些资料为开展危险性评估服务。加强动物毒理学研究，确定化学性危害对人体健康产生的不良作用。充分利用生物标志物进行危险性评估，阐明我国主要化学污染物的作用机制、给药剂量、药物作用剂量关系、药物代谢动力学和药效学。

② 生物因素危险性评估。对具有公共卫生意义的致病性细菌、真菌、病毒、寄生虫、原生动物及其产生的有毒物质对人体健康产生的不良作用进行科学评估。微生物污染是影响我国食品安全的最主要因素，其中致病性细菌对食品安全构成的危害是最显著的生物性危害，应当作为重要分析对象，确定其对不同人群和个体的致病剂量。在具体种类上，将常见的生物性危害如单增李斯特菌、沙门菌、空肠弯曲菌、副溶血性弧菌、出血性大肠杆菌、疯牛病、高致病性禽流感等作为重点分析对象。在进行定性分析的基础上，逐步对生物性危害产生的不良作用进行半定量、定量评估。重点进行人群暴露与健康效应的定量评估及涉及食品安全突发性事件的危险性评估。

6.3 食品合格评定

6.3.1 合格评定概述

(1) 合格评定的概念

合格评定是对与产品、过程、体系、人员或机构有关的规定要求得到满足的证实。广义的合格评定包括认证、检测、检查和认可等活动；狭义的合格评定通常指认证、检测和检查等活动。其中，认证、检测和检查的对象是产品、过程、体系、人员等，而认可的对象则是从事认证、检测和检查活动的机构。认证是指与产品、过程、体系或人员有关的第三方证明。检测是指按照程序确定合格评定对象的一个或多个特性的活动。检查是指审查产品设计、产品、过程或安装并确定其与特定要求的符合性，或根据专业判断确定其与通用要求的符合性的活动。

从事认证、检测和检查活动的机构通常称为认证机构、实验室和检查机构，统称为合格评定机构或认证认可机构。从事认可活动的机构称为认可机构，认可机构通常由于政府的授权而具有权威性。认可活动属于合格评定活动，但认可机构不属于合格评定机构。

合格评定制度是指实施合格评定的规则、程序和对实施合格评定的管理，也称为"合格评定体系"。广义的合格评定制度可以包括认证制度、检测制度和检查制度，以及对它们的认可制度；鉴于认可制度与认证制度、检测制度和检查制度所针对的对象存在较大差异，狭义的合格评定制度通常限于认证制度、检测制度和检查制度等作为认可对象的合格评定机构所实施的制度。

认可制度通常指实施认可的规则、程序和对认可的管理。认证制度通常指实施认证的规则、程序和对认证的管理。检测制度通常指实施检测的规则、程序和对检测的管理。检查制度通常指实施检查的规则、程序和对检查的管理。

（2）我国合格评定体制

我国合格评定体制由四个层次构成。

第一，政府主管部门。国家质量监督检验检疫总局下设的国家认监委（CNCA）是国务院授权的履行行政管理职能，统一管理、监督和综合协调全国认可工作的主管机构。政府主管部门对认可认证工作的管理，不是以行政手段干预具体的认可和认证业务，而是管理授权和批准发证以及实施监督。

第二，认可机构。这是经国家认监委授权的、具体进行认可工作的机构。中国合格评定国家认可委员会（CNAS）是根据《中华人民共和国认证认可条例》（以下简称《认证认可条例》）的规定，由CNCA批准设立并授权的国家认可机构。CNAS由政府部门、合格评定机构、合格评定服务对象、合格评定使用方和专业机构与技术专家5个方面，总计64个单位组成。由于认可工作涉及的方面较多，而且专业性较强，认可机构根据不同业务，分设若干专家工作委员会。该委员会按符合国际标准及导则的认可程序对产品认证机构、质量体系认证（注册）机构、检验及校准实验室、培训机构（培训课程）以及认证人员作出评价，进行资格审查认可。CNAS组织机构包括：全体委员会、执行委员会、认证机构技术委员会、实验室技术委员会、检查机构技术委员会、评定委员会、申诉委员会、最终用户委员会和秘书处。

第三，认证机构，包括产品认证机构、管理体系认证（注册）机构和检验及校准实验室。这些机构都是有独立法律地位的实体，他们得到认可机构的认可并经国家认监委的批准授权后，就有资格在授权范围内独立地开展认证业务（参见中国合格评定国家认可委员会网，http：//www.cnas.org.cn/）。在进行资格认可时，按国际导则要求，每一个认证机构都必须编制自己的质量手册，以确保认证工作的质量。认证审核人员的培训机构以及认证咨询机构也可以通过申请国家认可机构的认可，增强在认证市场上的竞争力。从事认证工作的审核人员，必须经过国家认可机构的考核，取得认可机构所颁发的评审人员资格证书，才有资格受聘于认证机构，进行企业质量体系的审核，签发有效的审核文件。

第四，申请认证的企业。根据我国《产品质量法》的规定，企业法人可以独立地决定自己是否申请认证，独立地选择有资格的认证机构进行认证，任何地区或部门不得进行行政干预，强求企业到本地区、本行业指定的认证机构申请认证。

6.3.2　认证

（1）认证的概念

"认证"一词的英文原意是一种出具证明文件的行动。ISO/IEC指南2：1986《标准化及相关活动—通用术语》将"认证"定义为："由可以充分信任的第三方证实某一经鉴定的产品、过程或服务符合特定标准或规范性文件的活动。"1991年ISO将其定义为：第三方依据程序对产品、过程或服务符合规定的要求给予书面保证（合格证书）。我国《认证认可条例》把认证定义为：由认证机构证明产品、服务、管理体系符合相关技术规范、相关技术规范的强制性要求或者标准的合格评定活动。由于认证的依据是标准或技术规范，认证的基础是鉴定结果，包括对企业产品质量的抽样检验结果和对企业管理体系的审核评定结果，故又称认证为质量认证。

（2）按认证对象对认证的分类

根据认证对象的不同，可将认证分为产品认证、服务认证和管理体系认证。

① 服务认证。服务是一种无形产品，服务认证就是认证机构按照一定的程序规则证明服务符合相关的服务质量标准要求的合格评定活动。所以，通常把服务认证归于产品认证，因而可将认证分为产品认证和管理体系认证两类。

② 产品认证。也称为产品质量认证。《中华人民共和国产品质量认证管理条例》第 2 条规定："产品质量认证是根据产品标准和相应技术要求，经认证机构确定，并通过颁发认证证书和认证标志来证明某一产品符合相应标准和相应技术要求的活动。"

产品认证的对象是产品。这里所指的产品可以是广义的产品，包括服务。产品认证的依据是产品标准。这里的产品标准应是符合有关规范（如 ISO/IEC 指南 7《关于制定用于合格评定标准的指南》），由国际/国家标准化机构制定发布的，同时被认证机构采纳的产品标准、技术规范等。获准认证的条件是产品（服务）质量要符合指定的标准的要求，质量体系要满足指定的质量保证标准的要求。证明获准认证的方式是颁发产品认证证书和认证标志。

产品认证又可分为安全认证和合格认证两种，依据标准中的安全要求进行的认证称为安全认证，是依据强制性标准实行强制性认证，主要是针对涉及人身安全的产品，如我国目前对保健食品实行强制性认证；依据标准中的性能要求进行的认证称为合格认证，是依据产品技术条件等推荐性标准实行自愿性认证。

③ 管理体系认证。也称为质量体系认证或质量管理体系认证，是指第三方对供方（或卖方）的管理体系进行审核、评定和注册活动，其目的在于通过审核、评定和事后监督来证明供方的管理体系符合某种质量保证标准，并以注册及颁发认证证书的形式，证明其质量体系和质量保证能力符合要求。管理体系认证在国际上亦称为企业认证、质量体系注册、质量体系评审、质量体系审核等。我国《产品质量法》在第 9 条中对认证的管理、认证的方式以及认证的对象等给予原则性的规定，并明确了质量体系认证是国家产品质量监督管理的宏观调控手段之一。

管理体系认证起源于产品质量认证中的"企业质量保证能力评定"。这种评定着重对保证质量条件进行检查，以确认该企业能否保证其申请产品能长期稳定地符合特定的产品标准。因此，不能把产品质量认证中的质保能力评定与单独的质量体系认证等同起来，质量保证能力评定只是质量体系认证中的一部分。

管理体系认证的对象是供方的管理体系本身，不是该企业的某一产品或服务。当然，管理体系认证必然会涉及该体系覆盖的产品或服务，有的企业申请包括企业各类产品或服务在内的总的管理体系的认证，有的申请只包括某个或部分产品（或服务）的管理体系认证。尽管涉及产品的范围有大有小，但认证的对象都是供方的管理体系。进行管理体系认证，往往是供方为了对外提供质量保证的需要，故认证依据是有关质量保证模式标准，如我国依据《质量管理体系 要求》（GB/T 19001—2008，等同于 ISO 9001：2008）开展的质量管理体系认证，依据《环境管理体系 要求及使用指南》（GB/T 24001—2004，等同于 ISO 14001：2004）开展的环境管理体系认证，以《食品安全管理体系—食品链中各类组织的要求》（GB/T 22000—2006，等同于 ISO 22000：2005）标准为依据开展的食品安全管理体系认证等。管理体系认证获准的标识是注册和发给证书。按规定程序申请认证的管理体系，当评定结果判为合格后，由认证机构对认证企业给予注册和发给证书，列入管理体系认证企业名录，并公开发布。获准认证的企业，可在宣传品、展销会和其他促销活动中使用注册标志，但不得将该标志直接用于产品或其包装上，以免与产品认证相混淆。注册标志受法律保护，不得冒用与伪造。管理体系认证一般是企业自愿，主动地提出申请，属于企业自主行为。但是不申请认证的企业，往往会受到市场自然形成的不信任压力或贸易壁垒的压力，而迫使企业不得不争取进入认证企业的行列，但这不是认证制度或政府法令的强制作用。

值得说明的是，获得管理体系认证，只能说明一个组织已经按照某个认证标准或规范通过了认证机构的最低评价和认可，并不表示该组织的管理体系是优秀模式，也不表示该组织生产、销售的产品具有优良的品质。

(3) 按认证的强制程度不同对认证的分类

根据认证的强制程度不同，可将认证分为自愿性和强制性两种。

① 强制性认证。包括强制性产品认证（CCC）和官方认证。CCC认证是国家强制要求的对在中国大陆市场销售的产品实行的一种认证制度，除特殊用途的产品外（符合免于CCC认证的产品），无论国内生产还是国外进口，凡列入CCC目录内且在国内销售的产品均需获得CCC认证。如我国目前对保健食品、有机食品、绿色食品的认证就属于强制性产品认证。CCC认证由国家认可的认证机构实施认证。官方认证即市场准入性的行政许可，是国家行政机关依法对列入行政许可目录的项目所实施的许可管理，凡是需经官方认证的项目，必须获得行政许可方可准予生产、经营、仓储或销售。行政许可针对的是产品，但考核的是管理体系。行政许可包括内销产品（国内生产国内销售和国外进口国内销售）和外销产品（国内生产出口产品）。如在食品领域目前实施的食品生产许可、食品经营许可、餐饮服务许可、食品质量安全（QS）认证等均属于官方认证。

② 自愿性认证。是组织根据组织本身或其顾客、相关方的要求自愿申请的认证。自愿性认证多是管理体系认证，也包括企业对未列入CCC认证目录的产品所申请的认证。目前，我国食品领域的自愿性管理体系认证包括：质量管理体系认证，环境管理体系认证，食品安全管理体系认证，依据《食品生产企业危害分析和关键控制点（HACCP）管理体系认证管理规定》[相当于CAC《危害分析和关键控制点（HAC-CP）体系及其应用准则》]开展的HACCP认证，依据《乳制品企业良好生产规范》（GB 12693）等食品企业良好生产规范开展的食品生产质量管理规范（GMP）认证等。

(4) 认证的作用和意义

要保证食品质量与安全，必须有动力来源。法律法规强制是必不可少的，但是，法律法规强制属于外在力量，仅仅凭此解决不了根本问题。要真正保证食品质量与安全，必须有食品监督管理部门的充分参与，必须激发食品企业的内在动力。在食品产业链中建立食品质量与安全认证系统，既可保证从食品的生产加工开始就确保其质量和安全，又可帮助消费者鉴别企业行为的规范性。

① 质量认证是贯彻"以质取胜"的经济发展战略方针的重大措施。有经济学家预言：本世纪是质量世纪。世界上已有不少国家把发展高科技、高质量产品作为争夺国际市场的战略措施来实施，并取得了显著成效。如英国某苯二甲酸工厂在采用质量

体系标准前，有 5.5％的产品不符合技术规范，采用后该数据于 1987 年降至 1.75％，1988 年经英国 BSI 按 BS 5750/ISO 9000 标准认证后，数据又进一步下降至 1％。我国党和国家领导人一贯重视产品质量工作，先后对质量工作作了重要的指示和题词，中心思想是产品质量反映了民族素质，要把质量兴国作为国民经济发展战略来实施。一项国际民意测验表明，85％的工业化国家公民在选择食品时首选有机食品。尽管有机食品在国际市场上的价格比传统的食品高出 50％～150％，但市场销售额仍在不断上升，有机食品正成为国际食品市场上的宠儿，2010 年，有机产品全球销售额接近 600 亿美元。

② 质量认证有利于提高企业的质量信誉。质量是企业的生命。良好的质量信誉是企业赢得市场的根本法宝，有了市场不仅给企业带来良好的经济效益，而且会取得良好的社会效益。现实情况已证实，通过了质量认证的企业及其产品普遍受到人们的信赖。

③ 质量认证是创名牌的基础。名牌是在长期生产持续稳定的高质量产品基础上逐步形成的。要达到这点，必须既有"硬件"的基础，又有"软件"的保证。企业按照 GB/T 19000 族标准建立质量管理和质量保证体系，并开展认证工作，就是完善"硬件"和"软件"的最好途径。只要每个职工都按质量体系进行生产、控制，就能保证产品质量的稳定提高，就能获得高效益，这样企业才有可能发展。而名牌正是市场经济条件下，把高质量产品变成高效益产品最重要、最可靠的途径。反过来创名牌又成了完善质量体系、生产高质量产品最重要、最可靠的途径，而且是相辅相成的。企业经国家有关认证机构检查合格，被授予认证证书和产品认证标志，并在报刊上公告，提高了企业的知名度，从而换来了声誉，创名牌也就有了希望。

④ 质量认证有利于顾客选择产品，保护顾客利益。随着科学技术的高速发展，产品的技术含量越来越高，这对专业知识和条件有限的普通消费者却带来鉴别产品质量的难题。特别是目前还存在不少非法经营者，利用普通消费者的这一弱点，生产加工伪劣产品，谋取暴利。实行质量认证制度后，便可使消费者依据有关认证标志从纷乱繁杂的市场中选择优质产品，从而保护了消费者的合法权益。

⑤ 质量认证有利于促进企业健全质量体系。不论是质量体系认证还是产品认证，均要对企业的质量体系，即企业的质量保证能力进行审核和评定。这种审核和评定在某种程度上起到了专家咨询的作用。检查中发现的问题，企业必须认真整改，否则不予通过；通过认证后还得随时准备接受监督性抽查，这就迫使企业必须不断进行自我完善和控制企业的质量体系，从而确保了企业质量体系的有效性和效率。

⑥ 质量认证有利于增强企业的国际竞争能力。在世界经济发展的今天，一些国家利用质量认证作为技术壁垒，阻碍别的国家的商品流入本国，实行贸易保护。为了消除这种贸易技术壁垒，国际间不断协调，使质量认证跨越国界，推动质量认证的国际互认。有人称质量认证是商品进入国际市场的通行证。如果获得国际上有权威性的认证机构的认证，便会得到世界各国的普遍认可，并按认证合用协议享受一定的优惠待遇，如免检、减免税和优价等。可见通过质量认证不仅可以使企业产品打入国际市场，而且可增强在国际市场中的竞争能力。

⑦ 质量认证有利于减少社会重复检验费用。在任何产品交易中，为了保护买方的合法权益，在每次交易中，都免不了要对产品质量进行检验，这往往要耗费大量人

力、物力、财力和时间。而通过质量认证后的产品，这种检验频率便可大大减小。

⑧ 质量认证有利于丰富企业文化内涵。企业获得认证证书和认证标志，是企业文化、质量文化的重要表现。争取获得认证标志，生产高质量产品，不仅是物质成果，也是精神的产物，是企业文化的结晶。开展认证工作是企业追求进步、文明的表现，反映了企业形象、民族的精神，为消费者提供物质与文化精神享受的同时，每个职工也可以实现自己的理想和信念，因而它能够激发职工的责任感和使命感，事业心和上进心，增强凝聚力，形成强大的企业精神支柱。所以，开展认证和创名牌是企业文化、质量文化建设最好的载体。

⑨ 质量认证有利于保护企业的合法权益。我国的产品质量认证管理条例规定："产品未经认证或者认证不合格而使用认证标志出厂销售的，由标准化行政主管部门责令停止销售，处以违法所得三倍以下的罚款，并可对违法单位负责人处以 5000 元以下的罚款。"如果企业的产品获得了认证资格，当发现有其他厂家生产的同类产品冒用认证标志时，认证机构将依法处理，从而保护认证厂家的合法权益。

6.3.3　认可

(1) 认可的概念

认可是指由认可机构对认证机构、检查机构、实验室以及从事评审、审核等认证活动人员的能力和执业资格，予以承认的合格评定活动。

认可是对合格评定机构和工作人员满足所规定要求的一种证实，是对从业者和从业单位专业性的肯定。认可是以诚信为基础，以相关标准或规范性文件为准则，对申请认可的合格评定机构的特定能力（包括技术能力和管理能力）实施评审，证实该机构具备按照规定要求开展合格评定活动和出具合格评定证书或报告的能力，在其被认可范围内按照规定的程序出具的合格评定证书或报告应该是可信的。因此，通过认可，可以大大增强政府、监管者、公众、用户和消费者对合格评定机构和工作人员的信任，以及对经过认可的合格评定机构所评定的产品、过程、体系、人员的信任。这种证实在市场，特别是国际贸易以及政府监管中起到了相当重要的作用。

(2) 认可的特征

认可作为一种传递信任的手段，具有权威性、独立性、公正性、技术性、规范性、统一性和国际性等特征。这些特征相辅相成，互相促进。权威性是认可机构的基本特征；独立性是认可公正性的重要保障；公正性、技术性和规范性是认可及其认可结果获得政府和公众信任的根本条件，同时也促进了认可机构的权威性；统一性是国际认可制度发展的趋势，集中统一的认可制度已成为认可国际化的基础；国际性则是国际贸易对认可的要求，经济全球化需要国际化的认可制度，国际化的认可制度也促进了国际贸易的发展。

(3) 认可的分类

按认可对象不同，认可可分为认证机构认可、实验室认可及相关机构认可和检查机构认可等。

① 认证机构认可。是指认可机构依据法律法规，基于 GB/T 27011《合格评定认可机构通用要求》的要求，并以 GB/T 27021《合格评定 管理体系审核认证机构的要求》（等同采用国际标准 ISO/IEC 17021）为准则，对管理体系认证机构进行评审，

证实其是否具备开展管理体系认证活动的能力；以 GB/T 27065《产品认证机构通用要求》（等同采用国际标准 ISO/IEC 指南 65）为准则，对产品认证机构进行评审，证实其是否具备开展产品认证活动的能力；以 GB/T 27024《合格评定 人员认证机构通用要求》（等同采用国际标准 ISO/IEC 17024）为准则，对人员认证机构进行评审，证实其是否具备开展人员认证活动的能力。

② 实验室认可及相关机构认可。即检测机构认可，食品实验室认可和食品检验机构资质认定是指认可机构依据法律法规，基于 GB/T 27011 的要求，并按照《实验室认可准则》、《实验室资质认定评审准则》和《食品检验机构资质认定评审准则》的要求进行评审，证实其是否具备开展食品检测活动的能力。通常称此为"双认证"。

③ 检查机构认可。是指认可机构依据法律法规，基于 GB/T 27011 的要求，并以 GB/T 18346《检查机构能力的通用要求》（等同采用国际标准 ISO/IEC 17020）为准则，对检查机构进行评审，证实其是否具备开展检查活动的能力。

在以上 3 种认可活动中，认可机构对于满足要求的机构予以正式承认，并颁发认可证书，以证明该机构具备实施特定认证、合格评定及检查活动的技术和管理能力。

(4) 认可的作用

认可作为合格评定机构能力证明的一种重要手段和传递信任的一种重要方式，在适应经济全球化，促进产品质量与安全，规范市场行为，指导消费，保护环境和生命健康，促进经济建设和社会发展等方面发挥着积极作用。

① 在评价能力方面。认可机构通过对合格评定机构的技术能力和管理能力进行评价，既可证实合格评定机构实施特定合格评定的能力，也可促进合格评定机构能力的持续发展，为合格评定机构广泛开展合格评定活动奠定基础，并使其获得政府和公众的信任和承认。

② 在政府监管方面。认可为政府部门制定相关政策提供技术支撑，在宏观调控、规范合格评定市场和保护消费者权益方面起到技术保障作用，促进合格评定市场的诚信体系建设。认可增加政府管理部门使用认证、检测和检查等合格评定结果的信心，减少做出相关决定的不确定性和行政许可中的技术评价环节，降低行政监管的风险和成本，增强社会公信力。

③ 在促进贸易方面。在国际贸易中，由于各国实施的技术法规和标准各不相同，差异较大，给生产者和进出口商造成困难，甚至形成技术壁垒，影响进出口贸易。为了约束各国的贸易壁垒行为和增强国际贸易的便利性，世界贸易组织制定了《世界贸易组织贸易技术壁垒协议》（简称 WTO/TBT 协议），对技术法规、标准和合格评定程序的制定与实施，以及解决争端等问题做出了规定。

认可作为对合格评定程序的一致性评价活动，也作为应对技术性贸易壁垒的手段，通过与国际组织、区域组织或国外认可机构签署多边或双边互认协议，促进合格评定结果的国际互认，避免重复认证、检测和检查，降低成本，简化程序，提高效率，有效促进国际贸易的顺利进行。

④ 在非贸易领域方面。随着社会和经济的发展，认可在健康、安全和社会服务等非贸易领域方面的作用越来越受到重视。如国际标准化组织和一些国家管理部门在医学实验室、病原微生物实验室以及司法鉴定机构等领域发布了相关质量、能力和安全方面的要求以及相关管理规定，认可作为国际通行的评价手段，在这些领域发挥积

极作用。认可向非贸易领域拓展已成为发展趋势，必将促进该领域在规范性、质量和能力等方面的提高和促进相关标准在全球范围内的一体化进程。

⑤ 在市场竞争方面。认可能够帮助合格评定机构向政府或公众证明具备提供满足规定要求的合格评定活动的能力，也能够帮助合格评定机构的客户向社会或顾客证明其自身具备提供满足规定要求的产品的能力，以及具备确保其符合相关法律法规要求及顾客要求的能力。认可帮助合格评定机构及其客户增强社会知名度和市场竞争能力，赢得政府部门、行业组织及社会各界的信任，并有助于合格评定机构的评定结果及其客户或客户所提供产品被接受或承认，提升市场竞争力。

⑥ 在持续改进方面。认可通过对合格评定机构进行系统、规范的技术评价和持续监督，有助于合格评定机构及其客户实现自我改进和自我完善，不断推动合格评定机构及其客户管理水平和技术能力的改进和提高，降低其市场风险和增强其适应市场要求的能力。

(5) 认可与行政许可、行政监管以及市场准入制度的关系

有人认为某企业一旦通过了获准认可的合格评定机构的认证、检测或检查，该企业的产品就应能进入市场；一旦取得带有国际互认标志的认证证书、检测或检查报告，就可以直接通关；还有人将认可机构对合格评定机构的监督等同于国家行政机关的监管等。这些认识都是由于对认可与行政许可、认可与行政监管、认可与市场准入制度关系的概念模糊造成的。

① 认可与行政许可。根据《中华人民共和国行政许可法》第 2 条，行政许可是指国家行政机关根据公民、法人或者其他组织的申请，经依法审查，准予其从事特定活动的行为。

根据行政许可的定义，行政许可的执行主体是国家行政机关，依据的是国家法律、法规或规章，并对公民、法人或者其他组织从事特定活动的行为予以批准。

根据需要，某一行政许可制度可以将合格评定机构获得认可资格作为行政许可批准的一个必要条件。

② 认可与行政监管。行政监管是国家行政机关以法定职权对行政相对人遵守法律、法规或规章等情况进行的监督。

认可机构所实施的认可监督是对合格评定机构获得认可资格后能否继续符合认可要求所进行的一种监督活动。如果认可机构通过监督发现合格评定机构不能继续符合认可要求，将暂停或撤销所授予合格评定机构的认可资格。

如果认可机构授予合格评定机构的认可资格成为行政监管的一个参考依据或必要条件，认可机构对合格评定机构的监督结果也将影响国家行政机关对相应合格评定机构所实施的监督。

在我国的认证认可监管体系中，认可已经成为"法律规范、行政监管、认可约束、行业自律、社会监督"五位一体监管体系的一部分，既发挥着认可监督的特有作用，同时还在行政监管中发挥着积极的技术支持作用。

③ 认可与市场准入制度。市场准入通常是与某个具体领域的法规或规章密切联系的，市场准入通常是政府依据一定的规则，允许市场主体及交易对象进入某个市场领域的直接控制或干预。

当市场准入将产品通过获认可的合格评定机构的认证、检测或检查作为必要和充分要求时，则该产品在满足认证、检测或检查要求的情况下可以直接进入市场；否则，即使该产品通过获认可的合格评定机构的认证、检测或检查，还须按照市场准入的要求依法获得进入市场的资格。

在国际贸易中，对于具有特定市场准入要求，并对合格评定在认可之外还有其他要求的产品，即使有了认可机构的国际互认协议，还须具有政府对认可结果的承认，通过获认可的合格评定机构的认证、检测或检查的相关产品才能依法获得相关国家或地区的市场准入资格。

根据国际认可组织近年来对各国的调查显示，获认可的合格评定结果被各国政府监管部门采用的程度得到了持续的增长。

6.3.4　认证认可的历史与发展

（1）认证认可的历史

认证是随着工业化生产和商品经济的发展而产生、发展起来的，其历史可以追溯到 100 多年前，经历了民间自发认证、国家法规认证、国际统一认证、国际互认四个阶段。

自 19 世纪下半叶开始，在工业化国家率先开展起来一种由不受产销双方经济利益支配的第三方，用公正、科学的方法对市场上流通的商品进行评价、监督以正确指导公众购买，保证公众基本利益的活动。

1903 年，英国首先出现以英国权威标准为依据对英国铁轨进行认证，英国工程标准委员会首创了世界上第一个用于符合尺寸的铁轨的标志，即"BS 标志"或"风筝标志"，对认证合格的铁轨授予风筝标志。该标志于 1922 年按英国商标法注册，成为受法律保护的认证标志，从而开创了认证制度的先河。一些工业化国家建立起以本国法规标准为依据，仅对在本国市场上流通的本国产品实施认证制度。

第二次世界大战以后，认证得以迅速发展，为提高本国产品的国际竞争力，部分国家开始推行质量认证，或为保护消费者安全推行安全认证。另一方面，各国认识到不同的认证制度对国际贸易将造成技术壁垒，国际组织特别是 WTO 积极推动各国建立一致的认证认可制度，因此，开始了本国认证制度对外开放，国与国之间认证制度的双边、多边认可，进而发展到以区域标准为依据的区域认证制。20 世纪 80 年代初，国际电工委员会（IEC）开始试点在电子元器件、电工产品领域建立国际认证制度。

认证工作经历一个多世纪发展之后，一些国家的政府为规范本国认证机构和从业人员的行为，决定设立国家认可机构，通过国家认可机构对认证机构的能力和行为等进行监督管理，由此形成了本国的认可制度。随着国家认证认可工作的国际化，国际上也建立起了相应的国际组织和国际互认制度。

目前，认证认可已经广泛存在于商品和服务的形成与生产、流通、管理等各个环节，渗透到商品经济、社会生活、国家安全、环境保护等各个方面，在质量认证方面，形成了产品质量认证、质量体系认证和认可（注册）、实验室认可、认证人员及培训机构注册四大系列。

（2）我国认证认可的发展

我国认证工作始于 20 世纪 70 年代末 80 年代初，是伴随着我国改革开放而发展起来的。1978 年 9 月，我国加入了国际标准化组织。1981 年 4 月，我国开始了认证试点工作，并建立了第一个产品认证机构——中国电子元器件质量认证委员会（QC-CECC），对电子元器件产品开始实施认证。1983 年启动实验室认可制度。1984 年成立了中国电工产品认证委员会（CCEE），并于 1985 年 9 月成为国际电工产品认证组织（IECEE）管理委员会成员，1989 年 6 月成为认证机构委员会（CCB）成员。1988 年 12 月 29 日，全国人大颁布了《中华人民共和国标准化法》，首次将我国的质量认证认可工作纳入法制轨道，并就质量认证工作的管理，采用的标准及认证的形式等作了明确的规定。1989 年 8 月，《中华人民共和国进出口商品检验法》颁布实施，明确在进出口商品领域开展质量认证工作。1991 年 5 月，国务院发布了《中华人民共和国产品质量认证管理条例》，全面规定了认证的宗旨、性质、组织管理、认证条件和程序、认证机构、罚则等。1993 年 2 月，《中华人民共和国产品质量法》颁布，明确质量认证制度为国家的基本质量监督制度。2003 年 9 月 3 日，国务院颁布了《中华人民共和国认证认可条例》，表明中国认证认可法律法规体系已基本形成，中国的认证认可工作进入国家统一管理，全面规范化、法治化阶段。

　　2001 年 8 月，国务院组建中华人民共和国国家认证认可监督管理委员会（中华人民共和国国家认证认可监督管理局，简称国家认监委，CNCA），授权其统一管理、监督和综合协调全国认证认可工作。2002 年 7 月，由原中国质量体系认证机构国家认可委员会（CNACR）、原中国产品认证机构国家认可委员会（CNACP）、原中国国家进出口企业认证机构认可委员会（CNAB）和原中国环境管理体系认证机构认可委员会（CACEB）整合成立了中国认证机构国家认可委员会（CNAB），负责对从事各类管理体系认证和产品认证的认证机构进行认证能力的资格认可。同时，在原国家技术监督局成立的实验室国家认可组织——中国实验室国家认可委员会（CNACL）和原国家进出口商品检验局成立的进出口领域的实验室和检查机构能力资格认可的国家实验室认可组织——中国国家出入境检验检疫实验室认可委员会（CCIBLAC）的基础上合并成立了中国实验室国家认可委员会（CNAL），统一负责实验室和检查机构认可及相关工作的国家认可机构。2004 年 4 月，根据国家认证认可监督管理委员会与有关部门协调的意见和决定，原全国职业健康安全管理体系认证机构认可委员会（CNASC）、原有机产品认可委员会分别将职业健康安全管理体系及有机产品认证认可工作移交 CNAB，进一步促进了统一的认证机构认可制度的深度融合。2006 年 3 月在原中国认证机构国家认可委员会（CNAB）和原中国实验室国家认可委员会（CNAL）基础上整合成立了中国合格评定国家认可委员会（CNAS），统一负责对认证机构、实验室和检查机构等相关机构的认可工作。为加强对认证认可活动的管理，我国还制定发布了《国家认可机构监督管理办法》、《认证培训机构管理办法》、《认证咨询机构管理办法》、《认证证书和标志管理办法》等规章。表明我国认证认可体制基本形成，并逐渐趋向合理化。

　　中国合格评定国家认可制度在国际认可活动中有着重要的地位，其认可活动已经融入国际认可互认体系，并发挥着重要的作用。CNAS 是国际认可论坛（IAF）、国际实验室认可合作组织（ILAC）、亚太实验室认可合作组织（APLAC）和太平洋认可合作组织（PAC）的正式成员。目前我国已与其他国家和地区的 54 个质量管理体系认证和环境管理体系认证的认可机构签署了互认协议，已与其他国家和地区的 74

个实验室认可机构签署了互认协议。

截至 2012 年 4 月底，CNAS 累计认可各类认证机构 128 家，这些机构颁发的各类认证证书数量 60 多万份，其中质量管理体系认证证书数量和获证企业居全球第一；累计认可实验室 4972 家，其中检测实验室 4215 家、校准实验室 600 家、医学实验室 97 家、生物安全实验室 33 家、标准物质生产者 6 家、能力验证提供者 21 家；累计认可检查机构 340 家。伴随着我国经济的发展，认证认可在促进国家经济建设和社会发展、构建和谐社会等方面发挥着越来越重要的作用，已经成为政府管理经济社会、企业提高管理服务水平的重要手段。

（3）认证认可的发展趋势

随着市场经济的成熟以及标准化水平的提高，现代认证认可已经发展成为市场经济体制的一个有机组成部分，一个复杂的技术经济体系，认证本身已经形成一个新的产业。在国际贸易日益发展的今天，认证已经成为商品进入工业化国家市场的一个主要的技术要求，日益受到各国政府和工商界的高度重视并获得迅猛的发展。总的来说，当前认证认可的发展趋势如下。

① 认证认可工作正向规范化方向发展。国际上越来越重视通过法制、法规建设来保证认证认可工作的有序有效发展。欧美等国家已经建立了本国的认证认可法律法规体系。随着区域性认证制度的建立，区域性认证认可法规逐渐建立起来，特别是欧盟，从立法形式、合格评定模式、认证认可类型、组织形式以及监督管理等方面建立了一套完整的法律、法规体系。国际认证制度和国际互认的要求，促进了国际规范的形成。如 20 世纪 80 年代的国际标准化和国际电工委员会制定的一系列指导性文件，都为各国建立本国的合格评定制度及国际互认奠定了基础。考虑到认证认可及其他技术壁垒对世界贸易的影响，WTO 制定了《技术性贸易壁垒协定》（TBT），为各国的合格评定等技术壁垒措施制定了六大原则：非歧视性原则、遵守国际准则的原则、一致性原则、透明的原则、国际化原则和有限干预原则。

② 认证认可向国际化的方向发展。随着世界经济一体化进程加快，商品跨国界自由流通成为发展趋势，为适应投资便利化和贸易自由化的需求，合格评定"一站式"服务成为企业界的呼声，即一次合格评定活动，在世界范围内普遍接受。为此，认证认可方面的国际组织、区域性合作组织做了大量努力。他们制定了国际通用的标准和指南，发展了国际互认安排。目前区域性和国际间的认可合作组织主要有：国际认可论坛（IAF）、国际实验室认可合作组织（ILAC）、国际审核员培训与注册协会（IATCA）、太平洋认可合作组织（PAC）等。这些组织在促进国际互认和国际贸易方面正在发挥积极的作用。

6.3.5 我国食品认证体系

食品质量与安全是一个国家经济发展水平和人民生活质量的重要标志。食品认证是一项系统工程，它包括食品生产、加工、销售、消费等各相关环节，并着眼于现实资源和技术条件，以消费者的身体健康和安全为最高目的，以制定标准、实施标准为主要环节，按照统一、简化、协调、选优的原则，在各有关方面的协作下，对产品的生产、加工、贮藏、运输、销售全过程进行标准化管理。

我国政府立足从源头抓质量的工作方针，建立健全食品质量与安全监管体系和认证制度，全面加强食品质量与安全立法和标准体系建设，对食品实行严格的质量与安全监管。现已基本形成了统一管理、规范运作、共同实施的食品、农产品认证认可工作局面，基本建立了从农田到餐桌全过程的食品、农产品认证认可体系。包括以HACCP、GMP、GAP、GB/T 9000、GB/T 14000、GB/T 22000等为主的食品质量与安全管理体系认证体系，并与国际接轨；包括以食品质量安全市场准入制度（即"QS"认证）、无公害农产品认证、有机食品认证和绿色食品认证等为主要产品认证体系。

目前，我国有机产品认证获证企业有2000多家，认证面积达230万公顷，已进入世界前10位；良好农业规范（GAP）认证从无到有，已在全国18个省份286家出口企业及农业标准化示范基地开展认证试点工作；2843家食品生产企业获得了HACCP认证；13375家企业、20976个产品获无公害农产品认证；饲料产品认证、食品质量等级认证、绿色市场认证均获得突破性进展。

(1) "QS"认证

①"QS"认证的概念与特性。为确保食品安全，从2002年7月开始，借鉴国外成功经验，按照事前审查与事后监督相结合、分类管理和分步实施等原则，经过近一年的研究准备，建立了一套符合社会主义市场经济要求、运行有效的国内食品质量安全监管新机制，即食品质量安全市场准入制度，又称为"QS"认证。QS是英文quality safety（质量安全）的缩写。食品质量安全市场准入制度，即围绕原材料进厂把关、生产设备、工艺流程、产品标准、检验设备与能力、环境条件、贮运、包装等方面进行审查，对食品生产加工企业实施食品生产许可证制度，对生产的食品实施强制检验制度，检验合格的食品出厂前要加印（贴）食品质量安全市场准入标志制度。

a. 生产许可证制度。食品生产许可证制度是工业产品许可证制度的一个组成部分，是为保证食品的质量安全，由国家主管食品生产领域质量监督工作的行政部门制定并实施的一项旨在控制食品生产加工企业生产条件的监控制度。该制度规定：从事食品生产加工的公民、法人或其他组织，必须具备保证产品质量安全的基本生产条件，按规定程序获得《食品生产许可证》，方可从事相关食品的生产。没有取得《食品生产许可证》的企业不得生产食品，否则视为无证生产，任何企业和个人不得销售无证食品。

b. 强制检验制度。强制检验就是为了保证食品质量安全和符合规定的要求，用法律法规的形式要求企业或者监督管理部门为履行其质量责任和义务必须开展的某些检验，未经检验或经检验不合格的食品不准出厂销售。强制检验包括发证检验、出厂检验和监督检验。

c. 市场准入标志制度。对已取得《食品生产许可证》的企业生产的、经检验合格的食品要在销售单元上加印（贴）市场准入标志，即QS标志（见图6-2），没有加贴QS标志的食品不准进入市场销售。这样做，便于广大消费者识别和监督，便于有关行政执法部门监督检查，同时，也有利于促进生产企业提高对食品质量安全的责任感。

②申请"QS"认证必备条件。即从事食品加工生产必须在如下三个方面满足相关要求。生产场所必须符合国家生产企业的卫生标准和各个产品的审查细则以及通则；必须做到工艺合理、设备齐全；必须建立企业自己的实验制度，并具备实验条

件，同时必须有相应的检验设备和试剂。

③"QS"认证范围。"QS"认证最初主要针对加工食品，目前"QS"认证不仅包括所有经过加工的食品（不包括现做现卖的、初级加工的产品），而且包括与食品加工相关的产品，如塑料和纸包装容器、食用化工产品、食品加工用的相关设备等，此外，我国对化妆品和牙膏也要求实施"QS"认证。

图 6-2 食品质量安全
市场准入标志

④"QS"认证程序。食品生产加工企业按照下列程序申请获得食品生产许可证：

a. 食品生产加工企业按照地域管辖和分级管理的原则，到所在地的市（地）级以上质量技术监督部门提出办理食品生产许可证的申请；

b. 企业填写申请书，准备相关材料，然后报所在地的质量技术监督部门；

c. 接到质量技术监督部门通知后，领取《食品生产许可证受理通知书》；

d. 接受审查组对企业必备条件和出厂检验能力的现场审查；

e. 符合发证条件的企业，即可领取食品生产许可证及其副本。

(2) 绿色食品认证

① 绿色食品必须具备的条件。绿色食品是指产自优良环境，按照规定的技术规范生产，实行全程质量控制，无污染、安全、优质，并使用专用标志的食用农产品及加工品。为了保证绿色食品产品无污染、安全、优质、营养的特性，开发绿色食品有一套较为完整的质量标准体系。绿色食品标准包括产地环境质量标准、生产技术标准、产品质量和卫生标准、包装标准、贮藏和运输标准以及其他相关标准。绿色食品标准以 CAC 标准为基础，参照发达国家标准制定，总体达到国际先进水平。具体来说，绿色食品必须具备如下条件：

a. 产品或产品原料产地必须符合绿色食品生态环境质量标准；

b. 农作物种植、畜禽饲养、水产养殖及食品加工必须符合绿色食品的生产操作规程；

c. 产品必须符合绿色食品质量和卫生标准；

d. 产品外包装必须符合国家《食品标签通用标准》（GB 7718），符合绿色食品特定的包装、装潢和标签规定。

② 绿色食品认证机构。1990 年 5 月 15 日，中国正式宣布开始发展绿色食品。农业部 1992 年成立了中国绿色食品发展中心，专门负责全国绿色食品开发和管理工作。其主要职能是：受农业部委托，制定绿色食品发展方针、政策及规划，组织制定和推行各类绿色食品的标准；依据标准，认证绿色食品；依据《农产品质量安全法》、《中华人民共和国商标法》，实施绿色食品产品质量监督和标志商标管理；组织开展绿色食品科研、示范、技术推广、培训、信息交流与合作等工作；指导各省、市、区绿色食品管理机构的工作；组织、协调绿色食品产地环境和产品质量监测工作。目前中心在全国组建设立了 42 个地方绿色食品管理机构，定点委托了 46 个绿色食品产品质量检测机构，72 个绿色食品产地环境监测机构，基本形成了全国统一的绿色食品认证、

检测体系。

③ 绿色食品认证程序。绿色食品认证依据《绿色食品认证程序》的规定进行。其流程如图 6-3 所示。

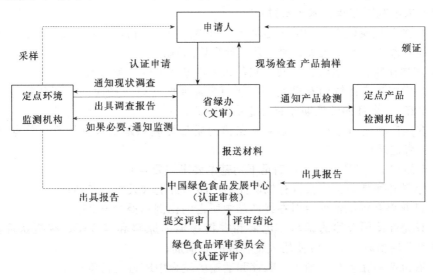

图 6-3　绿色食品认证流程

④ 绿色食品标志。绿色食品标志是在绿色食品上使用，用以证明绿色食品无污染、安全、优质的品质特征，区分此类产品与普通食品的特定标志，是一种在国家工商行政管理局商标局注册了的产品质量证明商标。它包括绿色食品标志图形、中文"绿色食品"、英文"GREEN FOOD"及中英文与图形组合共四种形式（见图 6-4）。绿色食品标志管理的手段包括技术手段和法律手段。技术手段是指按照绿色食品标准体系对绿色食品产地环境、生产过程及产品质量进行认证，只有符合绿色食品标准的企业和产品才能使用绿色食品标志商标。此标志受《商标法》的保护，所有权归中国绿色食品发展中心，使用权归经过认证的食品生产企业。

截止 2008 年，我国绿色食品企业总数达到 6176 家，产品总数达到 17512 种，年产品总量接近 9000 万吨，年销售额达到 2597 亿元，年出口额达到 232000 万美元，绿色食品产地环境监测达到 0.166 亿公顷。绿色食品产品质量年度抽检合格率达到 98.4％，产品质量稳定可靠，取得了良好的经济效益、生态效益和社会效益。

图 6-4　绿色食品标志

（3）有机食品认证

① 有机食品认证必须具备的条件。

有机食品指来自有机农业生产体系，根据有机农业生产要求和相应标准生产加工，并且通过合法的有机食品认证机构认证的农副产品及其加工品，包括粮食、蔬菜、水果、奶制品、禽畜产品、水产品、蜂产品、调料等。

有机食品认证，在生产方面必须满足下列基本要求（要点）：

a. 生产基地在最近三年内未使用过农药、化肥等违禁物质；种子或种苗来自于自然界，未经基因工程技术改造过；

b. 生产基地应建立长期的土地培肥、植物保护、作物轮作和畜禽养殖计划；

c. 生产基地无水土流失、风蚀及其他环境问题；

d. 作物在收获、清洁、干燥、贮存和运输过程中应避免污染；

e. 从常规生产系统向有机生产转换通常需要两年以上的时间，新开荒地、撂荒地需至少经 12 个月的转换期才有可能获得颁证；

f. 在生产和流通过程中，必须有完善的质量控制和跟踪审查体系，并有完整的生产和销售记录档案。

在产品加工/贸易方面必须满足下列基本要求（要点）：

a. 原料必须是来自已获得有机认证的产品和野生（天然）产品；

b. 已获得有机认证的原料在终产品中所占的比例不得少于 95%；

c. 只允许使用天然的调料、色素和香料等辅助原料和《OFDC 有机认证标准》中允许使用的物质，不允许使用人工合成的添加剂；

d. 有机产品在生产、加工、贮存和运输的过程中应避免污染；

e. 加工/贸易全过程必须有完整的档案记录，包括相应的票据。

② 有机食品认证机构。有机食品认证是一种国际性认证，认证机构很多，目前，经国家认监委批准可以开展有机认证的认证机构有 29 家，其中获得中国合格评定国家认可委员会（CNAS）认可的机构有 15 家。国家环境保护总局有机食品发展中心（OFDC）是我国成立最早、规模最大的专业从事有机产品研发、检查和认证的机构，也是我国唯一获得国际有机农业运动联盟（简称 IFOAM）认可的有机认证机构。中绿华夏有机食品认证中心（COFCC）是中国农业部推动有机农业运动发展和从事有机食品认证、管理的专门机构，也是国家认监委（CNCA）批准设立，并获得中国合格评定国家认可委员会（CNAS）认可的国内第一家有机食品认证机构，并在国家工商局依法注册，具有独立的法人资格。COFCC 的主要职责包括：有机产品的认证和管理；有机产品检查员培训；支持企业培育有机食品市场；开展与国际相关机构的各种合作，促进有机产品国际贸易；提供有机产品信息服务；开展有机农业发展的理论研究；为中国政府提供有机产品标准和有机农业政策制定依据；接受国务院认证认可监管部门监督管理。COFCC 有机食品标志如图 6-5 所示。

图 6-5　COFCC 有机食品标志

③ COFCC 有机食品认证依据。COFCC 有机食品认证的主要依据有 GB/T 19630《有机产品》和 GB/T 19011《质量和（或）环境管理体系审核指南》。GB/T 19630 标准包括四个部分，即生产、加工、标识与销售和管理体系。GB/T 19011 是 GB/T 19000 族标准（等同采用 ISO 9000 族标准）之一，等同采用 ISO 19011：2002。

④ COFCC 有机食品认证程序。有机食品认证的流程如图 6-6 所示。

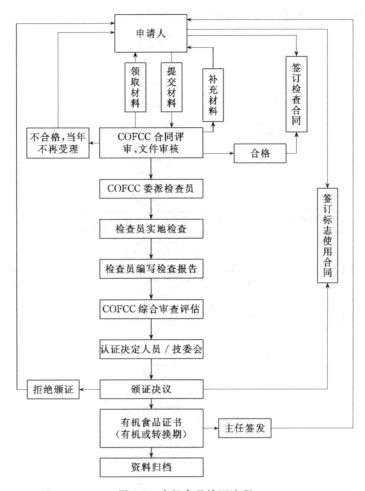

图 6-6　有机食品认证流程

(4) 食品安全管理体系认证

我国颁布的《食品安全管理体系认证实施规则》对食品安全管理体系认证的目的、范围、认证机构和人员要求、认证依据、认证程序、认证证书等做了具体规定。

① 认证机构和人员要求。从事食品安全管理体系认证活动的认证机构，应当具有《认证认可条例》规定的基本条件和从事食品安全管理体系认证的技术能力，并获得国家认监委批准。认证机构中参加认证活动的人员应当具备必要的个人素质和食品生产、食品安全及认证检查、检验等方面的教育、培训和（或）工作经历。食品安全管理体系认证审核员应符合以下条件：具有国家承认的食品工程或相近专业本科或以上的学历；满足 GB/T 22003《食品安全管理体系审核与认证机构要求》中关于审核员的教育、食品安全培训、审核培训、工作经历和审核经历的要求；具备实施危害分析的能力；按照《认证及认证培训、咨询人员管理办法》有关规定取得人员注册机构的执业资格注册。

② 认证依据。食品安全管理体系认证的依据由基本认证依据和专项技术要求组

成。认证机构实施食品安全管理体系认证时，在基本认证依据要求的基础上，还应将《规则》规定的专项技术规范作为认证依据同时使用。

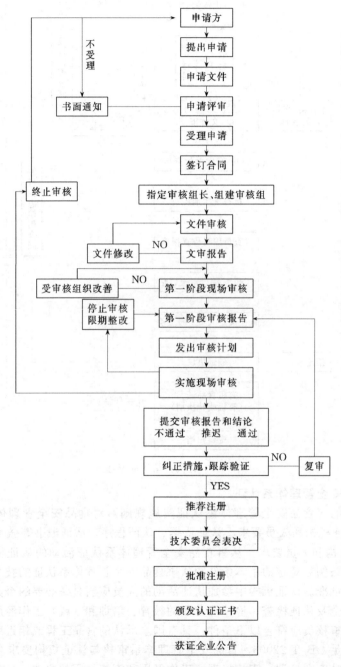

图 6-7　食品安全管理体系认证流程

基本认证依据为 GB/T 22000《食品安全管理体系 食品链中各类组织的要求》。专项技术要求是指《规则》规定的专项技术规范，如 GB/T 27301—2008《食品安全管理体系肉及肉制品生产企业要求》、GB/T 27302—2008《食品安全管理体系速冻方便食品生产企业要求》、GB/T 27303—2008《食品安全管理体系 罐头食品生产企业要求》、GB/T 27304—2008《食品安全管理体系水产品加工企业要求》、GB/T 27305—2008《食品安全管理体系果汁和蔬菜汁类生产企业要求》、GB/T 27306—2008《食品安全管理体系餐饮业要求》、GB/T 27307—2008《食品安全管理体系速冻果蔬生产企业要求》等。

为提高食品安全管理体系认证的科学性和有效性，《规则》未提供专项技术规范的，认证机构在对相应组织实施食品安全管理体系认证前，应当依据基本认证依据的要求，按照 GB/T 22003《食品安全管理体系审核与认证机构要求》附录 A 中行业类别或种类的划分，制定对该类别产品和（或）服务种类组织的专项技术规范，并按照《认证技术规范管理办法》要求予以备案。经备案后的专项技术规范，须经《规则》确认方可用于开展食品安全管理体系认证活动。如 CNCA/CTS 0006—2008《食品安全管理体系 谷物磨制品生产企业要求》、CNCA/CTS 0007—2008《食品安全管理体系 饲料加工企业要求》、CNCA/CTS 0008—2008《食品安全管理体系 食用植物油生产企业要求》等。

③ 食品安全管理体系认证程序。食品安全管理体系认证流程如图 6-7 所示。

7

◀◀◀◀◀◀

食品质量与安全控制

内容提要

本章在介绍食品质量与安全控制的概念、分类及发展的基础上，重点介绍食品化学污染和微生物污染控制技术。

教学目的和要求

1. 掌握食品质量与安全控制的概念和种类，了解我国食品质量与安全控制的现状和发展。

2. 掌握食品质量与安全控制的管理措施。

3. 掌握控制食品化学污染的基本途径，熟悉控制食品化学污染的常用技术。

4. 掌握控制食品微生物污染的基本途径，熟悉控制食品微生物污染的常用技术。

重要概念与名词

食品质量与安全控制，热力杀菌，冷杀菌。

思考题

1. 什么是食品质量与安全控制？它有哪些种类？

2. 控制食品质量与安全的管理措施有哪些？

3. 什么是病虫害的物理防治？它有哪些方法？

4. 如何科学使用农药？

5. 降低食品农药残留的方法有哪些？

6. 在食品加工中如何控制化学污染？

7. 预防食品微生物污染的措施有哪些？

8. 抑制食品上微生物生长繁殖的途径有哪些？并作简要说明。

9. 什么是热力杀菌？目前常用的热力杀菌方法有哪些？

10. 什么是冷杀菌？目前常用的冷杀菌方法有哪些？

7.1 食品质量与安全控制概述

7.1.1 食品质量与安全控制的概念

国际上目前还没有关于食品质量与安全控制的明确定义，但人们普遍认为，食品质量与安全控制是指食品生产者、经营者、政府、消费者、中介组织、科技机构等食品质量与安全的相关参与主体为保障食品在生产、加工（烹饪）、贮藏、运输、销售及消费过程中的安全、卫生，产品宜于人类消费，符合相关法律法规和标准的要求，而实施的各种行为与活动。

从广义的学科范围和体系分析，食品质量与安全控制包括了毒理学、公共营养与卫生学、药学、食品原料学、食品微生物学、食品化学、食品科学与工程、管理学、法学、传媒学等领域有关的控制活动。公共营养与卫生领域的食源性疾病的控制、生物毒素的检测与控制，食品微生物学领域的微生物控制，化学领域的农药残留控制、兽药残留控制，管理学领域的政府监管、食品企业的自我管理、食品安全利益相关者的控制，法学领域的食品法规制定与修订，传媒学领域的媒体控制等都属于食品质量与安全控制的范畴。

狭义控制则主要指从事食品生产、加工（烹饪）、贮藏、运输、销售等业者为了避免食品被外来物质（特别是有毒有害物质）污染和腐败变质，以及在贮藏加工过程中尽可能减少有毒有害物质的产生，以保障食品品质、卫生和安全而实施的各种行为和活动。

可以看出，食品质量与安全控制是一项系统工程，需要在系统工程的理论和方法的指导和运用下才会得以实现。

7.1.2　食品质量与安全控制的分类

根据食品质量与安全问题的具体情况，食品质量与安全控制可按食品的类别、控制环节的完整性、控制方式的主动性、所处的历史阶段等进行分类。

(1) 按食品的类别不同分类

根据食品类别的不同，食品质量与安全控制可划分为粮食类食品质量与安全控制、果品质量与安全控制、蔬菜质量与安全控制、畜产品质量与安全控制、水产食品质量与安全控制、转基因食品质量与安全控制等。此外，按安全食品的不同等级可以划分为常规食品质量与安全控制、无公害食品质量与安全控制、绿色食品质量与安全控制和有机食品质量与安全控制等。

(2) 按食物链环节不同分类

根据食物链环节的不同，食品质量与安全控制可划分为食用农产品生产质量与安全控制、食品加工质量与安全控制、食品流通质量与安全控制等，也可以进一步细分。此外，按控制环节的多少不同，又可分为单一环节控制、多环节控制和全程综合控制。农业投入品使用环节质量与安全控制、食品加工环节质量与安全控制、食品物流环节质量与安全控制等属于单一环节控制；食品生产、加工双环节控制，食品贮藏、运输、销售等多流通环节控制属于多环节控制；"从农田到餐桌"、食品供应链控制等则属于全程综合控制。

(3) 按被控制因素不同分类

根据被控制的因素不同，食品质量与安全控制主要包括有害生物控制，包括有害微生物、寄生虫、害虫等；化学性污染控制，如农药、兽药等的残留；物理性污染控制，如放射性物质污染等。

(4) 按控制的主动性不同分类

根据控制的主动性不同，食品质量与安全控制可划分为被动应付型控制和主动保障型控制。被动应付型控制是一种事后控制，主要特征是对已有的食品进行分析检测，剔除不合格品，避免有问题食品销售、进入消费过程。主动保障型控制则是一种事前控制，主要特征是在食品的生产、加工等前端环节实施控制手段，如绿色农药的施用、实施 GMP、HACCP 等，避免有问题原料进入生产过程、避免生产过程的污染等，从而保证所生产的食品质量和安全均符合相关标准的要求。

(5) 按控制方式不同分类

根据控制方式不同，食品质量与安全控制可划分为管理控制和技术控制。管理控制即通过制定、实施相关法律法规、标准、规范、制度，以及加强诚信教育等方式来实现。技术控制即通过对工艺技术、操作规程、设备等的改进来实现。

上述各种分类方法是密切联系的，各种划分方法存在交叉，并互为补充。较为先进的食品质量与安全控制应该是多因素、管理与技术并用的主动保障型全程综合控制。

本章主要对危及食品安全的主要因素的控制作以介绍。

7.1.3 我国食品质量与安全控制的现状与发展

(1) 食品质量与安全控制体系已基本形成，但应用尚不广泛

食品质量与安全控制体系包括法规体系、管理体系和科技体系。《农产品质量法》、《食品安全法》、《食品安全法实施条例》等法律及相关法律、标准的制定、颁布和实施，为食品质量与安全的控制提供了法律依据和保障。GAP、GMP、SSOP、HACCP、GB/T 22000—2005 等标准、规范的制定、实施和认证使我国食品质量与安全管理基本上从经验管理走向了科学管理的道路。风险评估、检测监测技术、溯源预警技术和全程控制技术等技术的研发，为我国食品质量与安全控制奠定了一定的科学基础。

但与一些发达国家相比，我国在这方面的差距还很大。首先，我国目前的法律、标准体系还不健全，特别是执法力度还远远不够，在食品行业法盲、不法分子还大有人在。其次，GAP、GMP、SSOP、HACCP、GB/T 22000—2005 等标准、规范尚未强制实施，目前真正严格制定、实施这些标准、规范的企业或产品还很少。第三，风险评估、溯源预警技术、全程控制技术和新的、进行的检测监测技术的研发刚刚开始，成熟、实用的技术、数据还相对较少，还远远不能满足食品质量与安全控制的要求。

(2) 我国食品质量与安全控制技术还比较落后

与发达国家相比，我国在食品质量与安全控制技术开发及应用方面还很不足，主要体现在如下几个方面：

① 清洁生产技术和产地环境净化技术缺乏且没有很广泛应用；

② 行之有效的投入品安全控制技术缺乏，如农药、兽药等化学污染仍十分严重；

③ 安全食品生产技术在农业生产过程中推广面不够宽广，如有机肥料、绿色农药的开发应用还不能满足安全食品生产的需要；

④ 食品加工过程的安全控制技术还比较落后，如有毒有害因素的污染、产生及

消除技术有待改进、开发、应用；

⑤ 食品包装和贮藏过程的安全控制技术落后；

⑥ 缺乏对新原料、新技术、新工艺应用带来的不良影响的控制技术。

特别是有效的食品污染控制技术、食品中有毒有害因素的消除技术有待进一步开发。

(3) 食品质量与安全控制技术发展的重点

根据对"从农田到餐桌"进行全程控制的要求，应大力发展食品生产、加工、贮运、包装等多环节的质量与安全控制技术，建立对食品质量与安全进行全程控制的技术体系。

① 发展食用农产品中主要污染物残留控制技术

a. 加快发展农药残留控制技术。组织科技力量，对农产品中农药残留和环境中农药污染消除技术进行攻关；研究农药分子在植株内的吸收、传导、代谢规律，以及在环境中的吸附、淋溶、迁移、降解规律，为降低污染、消除污染物技术的开发奠定基础。

继续淘汰和限制高毒、高残留的农药品种。组织科技力量，研制、开发高毒、高残留农药的替代品，改进当前剧毒、高残留的农药剂型和使用方法。推出一批安全、高效、低毒和相对便宜的化学农药和生物农药。

选择涉及残留问题的重点农药，优先开展农药科学合理使用国家标准制（修）订工作，健全农药科学使用标准，使主要农产品生产中使用农药有标准可依。

加大病虫害综合防治技术的培训工作，大力推广综合防治技术，进一步提高技术到位率，逐步减少对传统农药的依赖。加强对基层植保技术人员和广大农民的安全合理用药技术指导和宣传培训，提高农药的利用率。通过试验示范，大力推广高效低毒新农药、新剂型和新的用药技术，降低单位面积上的农药使用量。

b. 加快发展兽药残留控制技术。开展有关兽药残留问题的基础科学研究工作，主要包括动物体内药物代谢动力学研究，兽药安全性的毒理学评价、兽药在动物体内残留消除规律的研究、最大残留限量和休药期的研究。

加速高效疫苗、新型兽药研究与产业化开发，争取在较短的时期内开发出一批具有我国自主知识产权的兽药品种。

制定和颁布我国兽药检测方法标准、兽药残留限量和兽药休药期标准。制定符合我国国情的更具有科学性和可操作性的兽药使用规范，明确规定允许使用兽药的畜禽种类、用药时期、药物种类和剂量，明确规定禁止使用的兽药和其他化合物的种类。

② 发展饲料质量与安全控制技术。开发和推广安全、无污染、高效饲料品种及安全高效、质优价廉的天然药物饲料添加剂。开发饲料安全配制技术。不断改进饲料的加工工艺和设备，降低饲料中有毒成分残留。

③ 发展食品生产、加工、贮藏、包装与运输过程中质量与安全性控制技术。在农业生产环节，推广清洁生产技术，尽可能依靠有机肥、作物轮作、种植豆科作物并合理使用化肥等来培肥地力，利用生物技术和物理方法控制作物病虫害。大力发展种植、养殖业病害检测和防治技术、健康养殖技术与设备设施的研究开发。

在加工环节，制定并实施科学合理的生产操作技术规范，研究食品加工过程中有害物质形成的机理及影响因素，加强技术改造和安全、可靠的替代技术开发。

在贮运环节，研究食品贮藏过程中有害物质形成规律和采后杀菌剂、杀虫剂的变迁规律，研制安全、经济、高效的食品贮藏技术措施。发展食品辐照技术，确定不同类食品最低辐照有效剂量及相关辐照剂量参数。发展食品综合保鲜技术，研究新型清洗剂、保鲜剂、保鲜纸，延长食品保藏期。大力发展农产品专储、专运技术。

研究和推广食品包装过程中的安全控制技术。研究食品包装材料和容器成分迁移的规律和贮藏运输条件的影响，评价包装材料的安全性，科学合理地筛选、推广、应用包装材料。发展鲜切类产品可食用膜、气调包装技术。

④ 开展食品添加剂安全评价及科学使用食品添加剂技术研究，研制开发安全食品添加剂。

7.2 食品质量与安全控制管理措施

(1) 加强食品生产经营者教育培训

目前我国食品安全问题发生的一个重要原因是食品生产经营者缺乏应有的科学技术知识和技术、法律常识及食品安全意识，以及职业道德和诚信缺失。因此，通过相关知识和技术的培训教育，提高其知识和技术水平，增强食品安全意识和法治观念，培养良好的职业道德和信誉，提高其控制食品质量与安全的自觉性和主动性，强化其职业道德和诚信意识，避免在食品生产经营过程中有意使用某些有害物品、制假、售假的现象发生。这是缓解我国目前食品安全的有效措施之一。培训教育内容参见本书第 10 章。

(2) 进一步完善相关法律法规和标准体系，并加大实施力度

在农业生产环节，通过示范等方式在生产规模较大的农业生产单位或个人（如种植、养殖大户）实施 GAP、GVP（良好兽医规范）、GVDP（良好兽药规范）、HACCP 等规范，带动小型农户仿照开展农业生产。在食品加工企业，特别是大型企业大力推行 GMP、SSOP、HACCP 或 GB/T 22000、ISO 9000 等规范的实施，提高食品质量与安全管理的规范化、科学化。参见本书第 5、第 6 章。

(3) 建立健全食品生产经营信息体系

食品生产经营信息是分析评价、控制和监督食品质量与安全的重要依据，也是实现食品溯源和召回的前提。因此，食品生产经营者必须及时收集、汇总、分析食品生产经营过程的相关资料，如从危害食用农产品质量与安全的因素分析可知，危害食用农产品安全的主要因素是农药和兽药残留。而造成食用农产品化学污染超标的主要原因则是农药、兽药、饲料添加剂等的滥用。因此建立农药、兽药、饲料添加剂等农业投入品，特别是剧毒、高残留产品的销售实名登记制度，控制其流向；在使用过程中对其使用对象、剂量、频次进行登记，以便控制其使用范围和剂量，并为食用农产品质量与安全评价提供基础数据。参见本书第 8 章。

(4) 强化食品质量与安全监管

目前，我国食品质量与安全监管的最薄弱环节是农村、小作坊、流动摊贩等，因此，强化农业生产、小作坊等的监管人力、财力，增加监管检查频次，并使其常态化。同时，须增加监管人员的责任意识、技术水平及职业道德。改变"视察式"监管方式，实行"实地核查式"监管，督促、指导农业生产者科学合理地使用农业投入

品，并如实进行登记，定期、不定期核查农药、兽药、饲料添加剂等重点农业投入的使用情况。督促、指导小作坊经营者加强原料采购、生产环境、生产过程、生产人员卫生等的管理，减轻污染，保证产品质量和安全。参见本书第 4 章。

7.3 食品化学污染控制技术

7.3.1 食品农药残留控制技术

农药残留是目前危及食用农产品安全的关键所在，因此，有效控制食用农产品农药残留是食用农产品质量与安全控制的重点。

(1) 病虫害的生物防治

生物防治（biological control）就是利用一种生物对付另外一种生物的方法。目前用于生物防治的生物可分为三类：捕食性生物，包括草蛉、瓢虫、步行虫、畸螯螨、钝绥螨、蜘蛛、蛙、蟾蜍、食蚊鱼、叉尾鱼以及许多食虫益鸟等；寄生性生物，包括寄生蜂、寄生蝇等；病原微生物，包括苏云金杆菌、白僵菌等。它是降低杂草和害虫等有害生物种群密度的一种方法。它利用了生物物种间的相互关系，以一种或一类生物抑制另一种或另一类生物。其最大优点是不污染环境，是农药等非生物防治病虫害方法所不能比的。

① 保护和利用天敌资源。利用有益生物进行生物防治是农业害虫生态调控的有力手段。充分发挥田间天敌控制害虫，首先要选用适合天敌生存和繁殖的栽培方式，保持天敌生存的环境。比如果园生草栽培法，就可保持一个利于天敌生存的环境，达到保护天敌的目的。其次要注意，农作物一旦发现害虫为害，应尽量避免使用对天敌杀伤力大的化学农药，而应优先选用生物农药。

② 生物农药防治。生物农药是指利用生物活体或其代谢产物对害虫、病菌、杂草、线虫、鼠类等有害生物进行防治的一类农药制剂，或者是通过仿生合成具有特异作用的农药制剂。常用生物农药种类有：BT 生物杀虫剂和抗生素类杀虫杀菌剂，如浏阳霉素、阿维菌素、甲氧基阿维菌素、农抗 120、武夷菌素、井冈霉素、农用链霉素等；昆虫病毒类杀虫剂，如奥绿 1 号。保幼激素类杀虫剂，如灭幼脲（虫索敌）、抑太保；植物源杀虫剂，如苦参素、绿浪等。

(2) 病虫害的农业防治

农业防治（agricultural control）是指为防治农作物病、虫、草害所采取的农业技术综合措施，调整和改善作物的生长环境，以增强作物对病、虫、草害的抵抗力，创造不利于病原物、害虫和杂草生长发育或传播的条件，以控制、避免或减轻病、虫、草的危害。主要措施有选用抗病、虫品种，调整品种布局、选留健康种苗、轮作，深耕灭茬、调节播种期、合理施肥、及时灌溉排水、适度整枝打杈、搞好田园卫生等。农业防治如能同物理、化学防治等配合进行，可取得更好的效果。

(3) 病虫害的物理防治

物理防治（physical prevention and cure）是利用害虫的某些生理特性或习性，用简单工具和各种物理因子，如光、热、电、温度、湿度和放射能、声波等防治病虫害的措施。

① 利用害虫对颜色的趋性进行诱杀。田间悬挂黄色粘虫胶纸（板）可防治蚜虫、白粉虱、斑潜蝇、蓟马等害虫；蓝色胶板可防治棕榈蓟马。

② 利用地膜、黑膜、防虫网等各种功能膜防病、抑虫、除草。防虫网覆盖技术是隔离防治蔬菜害虫的一种方式，主要是利用人工构建隔离屏障，将害虫拒之网外，在夏秋季多种蔬菜害虫发生阶段应用防虫网全程覆盖能有效隔离蔬菜部分害虫的发生，如叶甲、菜粉蝶、夜蛾科害虫等，达到防虫保菜的目的。但防虫网的目数、孔径、颜色等不同规格，其防虫效果也将不同，采用的目数、颜色可根据季节、种植蔬菜的品种来确定。防虫网覆盖前须清理田间杂草、清除枯枝残叶，在播种或移栽前用药剂进行土壤处理，尽可能减少地下害虫的发生。覆盖方式可采用顶部为大棚防雨膜，裙边用防虫网。整个生长期要将防虫网四周压实封严，以防害虫潜入为害。

③ 利用害虫的趋化性诱杀。如用糖醋液诱杀、性信息素诱杀小菜蛾、斜纹夜蛾、地老虎等，杨树枝诱杀棉铃虫害虫等。

④ 利用害虫趋光性诱杀。用白炽灯、高压汞灯、频振式诱虫灯诱杀有趋光性的夜蛾科等害虫。频振式杀虫灯是运用光、波、色、味四种诱杀方式杀灭害虫，近距离用光、远距离用波、加上黄色外壳和味引诱害虫扑灯，灯外配以频振式高压电网触杀，达到杀灭成虫、降低田间落卵量、压缩害虫基数、控制其为害作物的目的。诱蛾效果好，方法简便，试验研究表明：频振式杀虫灯能诱杀菜田的害虫涉及 17 科 30 多种，包括斜纹夜蛾、甜菜夜蛾、豆野螟、地老虎、大猿叶虫、跳甲、蝼蛄等主要害虫，控害效果十分明显。在夏秋季使用频振式杀虫灯，可减少田间害虫的发生与为害，降低农药的使用次数，具有明显的生态、经济和社会效益。目前灯诱技术已在无公害蔬菜生产区较大规模推广。

⑤ 利用热能进行防治。晒种、温汤浸种等高温处理种子，高温灭杀土壤中的病虫；温室大棚利用阳光高温（45℃）闷棚 2h 对黄瓜霜霉病有一定的抑制作用。

⑥ 人工捕杀和清除病株、病部等。

⑦ 果实套袋技术。在适当时候对苹果的果实套袋往往可以避免桃小食心虫等害虫的侵蚀和减少蝇粪病、煤污病、炭疽病、日灼病和轮纹病等众多病害的发生，而且还有效保障了果实外观的整洁度，同时也降低了因为使用农药而产生的化学污染残留。

（4）科学使用化学农药防治病虫害

应根据农药的性质，病虫草害的发生、发展规律，辨证地施用农药，力争以最少的用量获得最大的防治效果。合理用药一般应注意以下几个问题。

① 正确选择农药品种。市场上农药品种繁多，在选用农药时：一要保证所选农药的有效性，即要对症用药；二要注意国内、国际贸易对产品农药残留的规定。因此，尽可能选用一些高效、低毒、低残留的农药品种。

② 适时施用农药。即在关键时期施药是病虫化学防治的关键。其一应按防治指标来施药。当虫口密度或罹病率超过防治指标时才辅以化学防治，改变见虫就治和全面喷药的做法，减少盲目用药。其二应抓住病虫对农药最敏感的时期用药，才能达到最佳效果。如蚧类和粉虱类应掌握卵孵化盛末期施药防治；卷叶蛾类应在幼虫卷边期施药；鳞翅目食叶害虫应在 3 龄前幼虫期施药；茶树病害应在病害发生前或发病初期施药，若使用保护性杀菌剂应在病菌侵入叶片前施药。其三应根据农药特性或害虫的

活动习性掌握最佳喷药时间。如丽纹象甲在午后二时至黄昏间活动最频繁。黑毒蛾在夜晚至清晨活动最频繁。害虫活动的时间就是喷药的最佳时间段。适时施用农药既能达到很好的防治效果，又能减少用药量和用药次数，减少农药残留。

③ 严格控制用药量和施药次数。掌握正确的农药使用量是化学防治的重要环节。要严格按照有效剂量和浓度配药，切勿随意增加用量，要尽量减少农药的施用次数。增加用量和次数虽然有短期的良好效果，但会杀伤大量天敌，加速病虫抗药性的产生，增加产品农药残留量。

④ 实行轮换、混合用药。实践证明，在同一作物长期使用同一种或同一类型的农药，防治效果越来越差。一般每年使用同一种农药的次数不应超过两次。合理混用农药可以兼治和扩大防治范围，有增效、减少用药量的作用，但应注意农药间的适混性，如酸性类农药与碱性农药不能混用，生物农药与杀菌剂不能混用。

⑤ 提高用药效果。一是讲究农药的配制技术。重视加水方法。稀释农药时，应先加入农药，再加入少量水进行搅拌，然后再按照规定的浓度加足水量，使药剂均匀一致，保证农药的使用质量。二是采用低量、细雾的喷施方法（比如机动弥雾器或手动吹雾器或小喷孔片手动喷雾器）将农药尽量喷撒到目标靶体上，从而节省农药用量，减少环境污染。

⑥ 严格遵守安全间隔期。农药喷洒到农作物上之后，无论在露地或保护地内，都会逐渐光解或水解，消失毒力。当药剂在农作物上消失到单位重量时，农作物上所残留的农药不足以对人体健康构成危害时，这段时间称为"安全间隔期"。"安全间隔期"内的作物是不能采摘食用的，只有在超过安全间隔期之后的作物才可收获上市。如苏云金杆菌（Bt）没有安全间隔期限制，喹硫磷 24 天、马拉硫磷 10 天、倍硫磷 14 天、西维因 14 天、敌百虫 7 天、敌敌畏 6 天、乐果 9 天等。

(5) 土壤和水体中农药残留的控制

土壤和水体中残留的农药也是导致食用农产品农药残留的重要途径。环境污染物治理常用的方法有：物理（如超声波）处理方法、化学（如电化学）处理方法和生物（包括微生物、酶、植物和动物）处理方法。由于生物处理方法具有成本低、效率高、无二次污染、易操作等优点，被认为是环境污染物治理最有效、最可行和最可靠的方法，称此为生物修复技术。

生物修复技术是指利用环境中的各种生物吸收、降解和转化环境中的污染物，使环境中的污染物含量降低到可接受的水平或将有毒有害的污染物转化为无害物质的过程。根据所用生物种类不同，可分为植物修复、动物修复和微生物修复三种类型。植物修复是利用植物能忍耐和超量积累环境中污染物的功能，通过植物在生长过程中对环境中的金属元素、有机污染物以及放射性物质等的吸收、降解、过滤和固定等功能来净化环境的一项修复技术。动物修复是指通过土壤动物群的直接（吸收、转化和分解）或间接作用（改善土壤理化性质，提高土壤肥力，促进植物和微生物的生长）而修复土壤污染的过程。土壤中的一些大型土生动物如蚯蚓和某些鼠类，能吸收或富集土壤中的残留农药，并通过自身的代谢作用，把部分农药分解为低毒或无毒产物。微生物修复即利用土壤微生物将有机污染物作为碳源和能源，将土壤中有害的有机污染物降解为无害的无机物（CO_2 和 H_2O）或其他无害物质的过程。目前对微生物修复技术的研究已相当成熟。世界各国的科研工作者分离筛选了大量的降解性微生物，利用基因工程技术，人们按照需要构建具有特殊功能、降解效率高、降解范围广和表达稳定的新菌株。

微生物修复所利用的微生物主要有土著微生物、外来微生物和基因工程菌 3 种类型。微生物修复技术可分为原位修复、异位修复和原位-异位结合修复。原位修复是污染土壤不经搅动或移动，在原位和易残留部位进行的处理方法，操作简单、成本低，而且不破坏植物生长所需要的土壤环境，污染物氧化安全，无二次污染，处理效果好，是一种高效、经济和生态可承受的环保技术。

(6) 降低食品农药残留的方法

① 放置、晾晒。新采摘的农作物在空气中放置一段时间（24h），可使其表面农药分解。或者通过紫外线照射，加速其分解。阳光照射可使蔬菜中的部分农药被分解、破坏。据测定，蔬菜在阳光下照射 5min，有机氯、有机汞农药的残留量损失可达到 60％左右。

② 去皮、去壳。农作物表面残留农药较多，削去外皮及果壳可以有效降低残留农药。据报道，去皮可使甜瓜上代森锰锌、抑霉唑和啶虫脒三种农药的残留含量减少超过 90％，灭蝇胺、多菌灵和噻虫嗪三种农药降低 50％。

③ 浸泡、淘洗。在加工前，可先将农作物浸泡在淡盐水中或对其淘洗，淡盐水可以加快农药溶于水的速度。试验证明，用自来水将蔬菜浸泡 10～60min 后再稍加搓洗，就可以除去 15％～60％的农药残留。用专用的蔬果洗涤剂浸泡，对于减少农药的附着更为有效。将洗涤剂按 1∶200 的比例用水稀释后浸泡果蔬，10～60min 内，农药残留量可以减少 50％～80％；特别是在浸泡的前 10min 内，农药残留下降非常明显，可以达到 50％左右。然后，稍加搓洗，用清水冲洗干净就可以基本上清除农药残留。此外，淘米水洗菜和适当阳光照射，对于减少蔬菜上的农药也能起到一定的作用。

④ 热处理。部分农药化学性质稳定，但经加热处理还是可以去除一部分。一般含脂肪量高的食品加热除去效果明显。实验证明，一些耐热的蔬菜，如菜花、豆角、青椒、芹菜等，洗干净后再用开水烫几分钟，可以使农药残留下降 30％左右，再经高温烹炒，就可以清除蔬菜上 90％的农药。

⑤ 臭氧处理。K.C Ong 等用氯和臭氧处理苹果表面及苹果汁中的谷硫磷、盐酸抗螨脒和克菌丹，结果表明，臭氧对以上三种农药的降解率在 29％～42％之间。Eun-Sun Hwang 等用臭氧和其他氧化剂降解苹果上的代森锰锌，1mg/L 的臭氧水作用 30min 后，仅有 16％的代森锰锌残留；而 3mg/L 的臭氧水作用 30min 后，仅有 3％的代森锰锌残留。臭氧降解代森锰锌的最佳 pH 值为 7.0。Soon-Dong Kim 等在用臭氧培养豆芽的实验中发现，臭氧可以有效降解豆芽上的农药。将豆芽用 3mg/L 的臭氧水浸泡 30min 后再培养 8h，其上的农药降解如下：克菌丹 100％，二嗪农76％，毒死蜱 70％，敌敌畏 96％，倍硫磷 82％。龚勇等用臭氧水降解水中的甲基对硫磷、马拉硫磷和氯氰菊酯，取得了较为理想的效果。杨学昌等用臭氧处理西红柿等果蔬上的百菌清、氧化乐果、敌百虫、杀灭菊酯和敌敌畏，处理后的农残均达到国际允许标准。

⑥ 冷冻干燥和烘干处理。袁玉伟等（2008）的研究表明，有机磷农药和拟除虫菊酯农药在菠菜冷冻干燥和烘干过程中损失不同，烘干过程中农药的损失与农药

的蒸气压相关性比较大，蒸气压高的农药损失率比蒸气压低的要高。有机磷农药比拟除虫菊酯类农药损失大，这与有机磷农药的热稳定性低和蒸气压比较高相关。马拉硫磷的热稳定性差，在低浓度烘干过程中损失接近100%。冷冻干燥过程中农药的损失与农药的溶解度相关性比较大，溶解度大的农药损失小。如乐果的溶解度为25g/L(25℃)，冻干造成的损失接近零。主要原因是由于乐果的溶解度大，在冷冻干燥过程中最后才被析出而损失小。在冷冻干燥蔬菜过程中要注意田间病虫害防治时农药的使用，对于农药溶解度高的农药要注意，因为溶解度高的农药在冷冻干燥过程中损失小。热风干燥的蔬菜要注意田间病虫害防治时农药的使用，生产中要使用蒸气压高、稳定性差的农药，以有利于农药的挥发和损失。

7.3.2 食品兽药残留控制技术

应当说兽药和饲料添加剂的使用是科技进步的表现，对促进畜牧业发展起到了积极的作用。从整个畜牧生产的发展趋势看，无论是防病治病，还是促进畜禽生长，使用兽药和饲料添加剂也是不可避免的。但随着兽药和饲料添加剂使用品种和数量的不断增加，兽药和饲料添加剂残留已成为影响动物源性食品安全性的重要因素，兽药和饲料添加剂残留不仅直接对人体产生急慢性毒性作用，引起细菌耐药性的增加，还通过环境和食物链的作用间接对人体健康造成潜在危害。减少和控制兽药残留，可从以下几个方面着手。

(1) 畜禽疫病预防

对畜禽疫病要坚持预防为主的原则。防止畜禽发生疫病，避免动物发病用药，确保畜禽及产品健康安全、无兽药残留。畜禽疫病的预防可采用如下措施。

① 接种疫苗。在搞好疫情监测的基础上，有计划、有目的、适时合理地选用疫(菌)苗对畜禽进行预防，防止动物疫情发生。

② 消毒。为了预防疫病，消毒是养殖场必不可少的一项工作，要有适宜的消毒设施，消毒剂的选择应根据消毒目的而定，通常应选高效、低廉、使用方便，对人和家畜家禽安全、无残留毒性，并且在动物体内不产生有害物质的消毒剂。在反复消毒时最好选用两种以上化学性质不同的消毒剂，同时也必须遵守消毒剂配合使用的原则及配伍禁忌的原则。

③ 及时淘汰患病畜禽。一旦畜禽发病，要及早淘汰病畜禽。发生传染病时要根据实际情况及时采取隔离、扑杀等无害化处理措施，以防疫情扩散。

(2) 正确使用饲料

一定要做好饲料原料检测、脱毒、保鲜等工作，尤其是饲料添加剂、配合饲料应具有一定的新鲜度，无发霉、变质、结块、异味、异臭，无残毒，且不得使用违禁药物。尽可能使用微生态制剂、低聚糖、酶制剂、酸制剂、防腐剂、中草药等绿色添加剂。要按照不同畜禽、不同的生长阶段，正确使用畜禽饲料，尽可能饲喂绿色饲料。不应将含药的前中期饲料错用于动物饲养后期，不得将成药或原药直接拌料使用。不得在饲料中自行再添加药物或含药饲料添加物。不得将人畜共用的抗菌药物作饲料添加剂使用。

(3) 科学使用兽药

① 科学用药，对症下药，适度用药。

② 按照兽药的使用对象、使用期限、使用剂量以及休药期等规定使用兽药。在畜禽出栏或屠宰前，或其产品上市前及时停药，以避免残留药物污染畜禽及其产品，进而影响人体健康。

③ 严禁使用国家明令禁止、国际卫生组织禁止使用的所有药物，如己烯雌酚、盐酸克伦特罗和氯霉素等。

7.3.3 食品其他化学污染控制技术

(1) 化肥污染的控制

农业生产应增施有机肥，减少化学肥料施用是减轻食品被化肥污染的主要途径。高显彪等人的试验结果显示，增施有机肥能有效地减少蔬菜中硝酸盐的含量。如在施用氮、磷、钾化肥的基础上增施有机肥，黄瓜硝酸盐含量由 247.0mg/kg，降低到197.2mg/kg；如果试验是以施有机肥为主，少施或不施化肥，产品中硝酸盐含量自然会更低。

(2) 食品（饲料）添加物污染的控制

添加物的使用是目前加工食品（饲料）安全问题的关键之一。

① 要严格执行《食品添加剂使用标准》（GB 2760），控制食品（饲料）添加剂（包括营养强化剂和加工助剂）的使用范围和用量。

② 禁止在食品（饲料）中添加非食用物质，特别是对人体有副作用的物质。

③ 严惩用食品添加剂制假行为等。

(3) 食品包装污染的控制

根据食品的性质，如脂溶性（高油脂食品）、水溶性（低油脂食品）、食品的 pH值等科学选用食品包装材料、容器和方式，避免包装材料及油墨等溶解、浸透对食品造成污染。

(4) 食品加工过程中化学污染的控制

① 食品加工用水必须符合《生活饮用水卫生标准》（GB 5749），以避免水中有害物质对食品的污染。

② 食品加工设备或其与食品接触面必须是用不锈钢材料制成，且结构科学合理，密封性良好，以避免重金属、润滑油等对食品造成污染。

③ 科学控制食品加工温度和时间，特别是油炸、熏烤温度，尽可能减少有害物质产生或使天然存在的有毒有害物质灭活，如豆类中的蛋白质抑制剂。

④ 科学选用熏烟材料、熏烤方式和温度，对熏烟进行必要的净化处理，以减少熏烟对食品的污染。

⑤ 科学选择或控制腌制菌种、方式和时间及原料，以减少食品腌制过程中产生有害物质等。

(5) 食品流通过程化学污染的控制

① 食品，特别是散装食品不得在不洁净的场所贮藏或销售，不得用不洁净的运输工具运输，不得与非食品商品，特别是有毒有害商品混存、混运和交叉陈列。

② 食品贮运前处理必须科学合理，不得用有毒有害药剂进行处理。

③ 严格控制食品，特别是鲜活食品贮藏、运输和销售环境条件，避免食品在流通过程中因生理生化变化产生有毒有害物质。如土豆发芽产生龙葵素。

7.4 食品微生物污染控制技术

微生物是造成食品腐败变质及产生安全问题的主要原因之一。对食品微生物污染的控制主要有三条途径：一是预防食品被微生物污染；二是抑制食品上的微生物生长繁殖；三是杀灭或清除食品上的微生物。

7.4.1 微生物污染食品的预防措施

食品在加工前、加工过程和加工后，都有被微生物污染的可能，如不采取相应措施加以防止和控制，必然会对食品的质量与安全产生影响。为了保证食品的质量与安全，不仅要求食品加工原料所带微生物数量降低到最小程度，而且要求在加工过程和加工后的贮存、运输和销售环节不再或非常少地受到微生物污染，要达到以上要求，必须采取以下措施。

(1) 加强环境卫生管理

环境卫生的好坏，对食品质量与安全的影响很大。环境卫生搞得好，其含菌量会大大降低，这样就会减少对食品的污染。若环境卫生状况很差，其含菌量一定很高，这样容易增加污染的机会。所以加强环境卫生管理，是保证和提高食品质量与安全的重要一环。环境卫生管理重点要做好如下几点。

① 科学选择厂址。食品工厂应建在远离重工业区，周围不应有农药厂、化肥工厂、垃圾场、粪场、污水坑及大医院等。以免受到废水、废气、废渣和病原微生物及其他污染物的污染。

② 粪便卫生管理。做好粪便卫生管理不仅可以提高肥料的利用率，而且可以减少对环境的污染，因为在粪便中常常含有肠道致病菌、寄生虫卵和病毒等，这些都有可能成为食品的污染源。粪便卫生管理重点要做好粪便的收集和无害化处理。

③ 污水卫生管理。污水包括生活污水和工业污水。生活污水中含有大量的有机物质和肠道病原菌，工业污水含有不同的有毒物质，为了保护环境，保护食用水源，必须做好污水无害化处理工作。目前污水处理的方法很多，较为常用的是利用活性污泥的曝气池来处理污水。

④ 垃圾卫生管理。垃圾主要指固体废弃物，从来源看有生活垃圾和生产垃圾，从组成看有无机垃圾和有机垃圾。垃圾往往携带有大量的微生物和寄生虫。有机垃圾常用堆肥法进行处理，由于在堆肥过程中，微生物不仅可使有机物质得到分解，转化为植物能吸收利用的无机质和腐殖质，而且在堆肥过程中产生高温，以及微生物之间的拮抗作用而杀死有机垃圾中的病原菌和寄生虫卵，从而达到无害化的要求。

(2) 加强企业卫生管理

加强环境卫生管理，降低了环境中的含菌量，减少食品污染的机会，从而可以促进食品质量与安全的提高。但是只注意外界环境卫生，而不注意食品企业内部的卫生管理，再好的食品原料或食品还是会受到微生物的污染，进而发生腐败变质，所以搞好企业卫生管理就显得更为重要。

① 原料卫生。食品原料在栽培、捕捞、屠宰、运输等过程中都有可能被微生物污染，造成原材料的腐败变质，并会增加加工过程中消毒灭菌的困难，从而影响产品

的卫生质量。因此，首先要注意原材料的选择与处理，减少其带菌量。被选用的食品材料应是无病和无寄生虫的物料，同时，应及时洗涤，清洗泥沙、杂质、腐烂变质部分及表面附着的部分微生物；食品生产的水源、用水必须符合国家《饮用水卫生标准》的要求，而人口密集和工矿业发达区、医院附近等的水域中，微生物的种类和数量都很多，均必须严格地经过人工净化和消毒处理，而且使用方法也必须得当。

② 食品生产卫生。食品生产车间要求环境清洁，生产容器及设备能进行清洗消毒；车间应有防尘、防蝇和防鼠设施；车间应有空气净化设施等。食品生产要求工艺合理，流程尽可能短，并尽可能实行生产的连续化、自动化和密闭化。

③ 食品贮藏卫生。食品（包括原料）贮藏要注意场所、温度、湿度等因素。场所要保持高度的清洁状态，无尘、无蝇、无鼠，温湿度要符合食品贮藏的要求，并尽可能采用低温贮藏。贮藏所用器具或设施要经过清洗消毒处理。要定期检查贮藏食品质量，及时剔除变质食品。

④ 食品运输卫生 食品在运输过程中是否受到污染，与运输方式、运输工具、运输时间长短、包装状况及运输工具的卫生状况有关。

⑤ 食品销售卫生。食品在销售过程中，要做到及时进货，防积压，要注意食品包装的完整，防止破损，要有防尘、防蝇、防鼠措施等。

⑥ 食品从业人员卫生。对食品从业人员，尤其是直接接触食品的人员，必须符合国家有关规定，如患有痢疾、伤寒、传染性肝炎等消化道传染病（包括带菌者）、活动性肺结核、化脓性或渗出性皮肤病者，不得从事直接接触食品的工作；并加强人员卫生管理和教育，使其养成遵守卫生制度的良好习惯；要定期对从业人员进行健康检查和带菌检查等。

(3) 加强食品卫生检验

加强食品卫生的检验工作，才能对食品的卫生状况做到心中有数。原则上食品企业应设立化验室，及时进行相关检验。从检验结果中分析出影响食品卫生质量的因素，再反馈到工艺规程中加以改进，如此循环反馈不断提高本企业的食品卫生质量。

7.4.2　食品微生物生长繁殖的控制技术

在食品生产、加工过程中，虽然人们采取了一系列措施，如前述的各种卫生管理措施，食品消毒、灭菌等，但要彻底消除食品上的微生物是不可能的，也是没有必要的，也就是说，在各种食品上，往往或多或少都有微生物的存在，那么控制食品上微生物的生长、繁殖就显得特别必要和重要了。微生物控制技术的理论依据是任何微生物生长、繁殖都需要一定的营养、水分活度、温度、合适的 pH 及气体，因此，通过对这些因素的人为控制即可达到控制微生物的目的。从目前的技术水平来看，可用于食品微生物控制的技术主要有如下几类。

(1) 温度控制

微生物生长、繁殖需要适宜的温度条件，低于适宜温度即会对微生物的生长产生抑制作用，甚至停止生长，如果长时间维持一定的低温也有可能导致微生物死亡。病原菌和腐败菌大多为中温菌，其最适生长温度为 $20\sim40℃$，在 $10℃$ 以下大多数微生物便难于生长、繁殖；$-10℃$ 以下仅有少数嗜冷性微生物还能活动；$-18℃$ 以下几乎所有的微生物不再发育。温度控制抑菌就是利用微生物的这一特性，通过降低食品温度来抑制食品中微生物的生长、繁殖，从而达到抑制食品中微生物数量增加、避免食品腐败变质的目的。低温同时也抑制了鲜活食品中酶的活性，从而抑制了鲜活食品的生理生化变化，抑制了食品贮藏期间营养物质的损失，抑制了某些植物性食品的生长、发芽、成熟、老化等质量劣变过程，延长了食品的保质期。低温抑菌主要有如下几种措施：冷藏、冻藏、低温加工、低温运输和销售。

① 冷藏。一般是指在食品冰点以上温度的贮藏，即食品在非冻结状态下的贮藏，一般冷藏温度在 $-1\sim5℃$。冷藏只用于食品的短期贮藏，或鲜活食品的贮藏。

② 冻藏。即指在食品冰点以下温度的贮藏，即食品在冻结状态下贮藏，国内目前主要指在 $-18℃$ 左右温度的贮藏。此外，在水产品领域，还存在一种 $-5℃$ 左右下的贮藏，通常称其为微冻贮藏。冻藏用于食品的长期贮藏，广泛用于肉类、水产品的贮藏。

③ 低温运输。又称为冷藏运输，即用带有制冷系统的运输工具对食品的运输。

④ 环境温度控制。即在食品加工、销售过程中，利用空气调节或带制冷系统的展销装置对加工、销售环境的温度加以控制，以抑制微生物的生长、繁殖，避免食品在加工、销售过程遭受微生物的为害。

值得注意的是，微生物，特别是低温或者嗜冷微生物，在最低生长温度时，仍在进行生命活动。如霉菌中的侧孢霉属（Sporotrichum）、枝孢属（Cladosporium）在-6.7℃还能生长；青霉属和丛梗孢霉属的最低生长温度为 4℃；细菌中假单孢菌属、无色杆菌属、产碱杆菌属、微球菌属等在 $-4\sim7.5℃$ 下生长；酵母菌中，一种红色酵母在 $-34℃$ 冰冻温度时仍能缓慢发育。

（2）水分活度或水分控制

水分活度（water activity，A_w）是指食品的水蒸气压与该温度下纯水的饱和蒸气压的比值。食品的水分活度与食品的稳定性有着密切关系，是反映食品货架寿命长短的重要指标之一。

微生物生长、繁殖需要一定水分活度，且不同类群微生物生长繁殖的最低水分活度范围不同，如大多数细菌为 $0.99\sim0.94$，大多数霉菌为 $0.94\sim0.80$，大多数耐盐细菌为 0.75，耐干燥霉菌和耐高渗透压酵母为 $0.65\sim0.60$。在水分活度低于 0.60 时，绝大多数微生物就无法生长。

因此，降低微生物生活环境（如食品）的水分活度即可抑制微生物的生长、繁殖，长时间维持低水分活度，或水分活度过低也有可能导致微生物死亡。目前在食品领域降低食品水分活度的方法主要有脱水干燥、盐腌、糖渍等。

此外，通过控制食品的水分活度，还可以抑制食品中的化学变化，如脂肪自动氧化、酶促褐变、非酶促褐变等。

① 干燥。食品干燥的方法很多，可以区分为自然和人工干燥两大类。

a. 自然干制。在自然环境条件下干制食品的方法有晒干、风干、阴干。

b. 人工干制。即在常压或减压环境下利用人工控制的工艺条件对食品进行的干制。常见的方法包括热风对流干燥、喷雾干燥、真空干燥、冷冻干燥、红外干燥以及微波干燥等。热风对流干燥法是指利用热空气以一定速度在食品表面或穿透食品的流动，并与食品进行热湿交换使食品干燥的方法。喷雾干燥是将液体食品通过雾化器的作用，雾化成极细的雾状液滴，并依靠干燥介质（热空气）与雾滴的均匀混合进行能量交换，使水分汽化的过程。真空干燥是一种将物料置于负压条件下，并适当通过加热来干燥物料的干燥方式。冷冻干燥又称真空冷冻干燥、冷冻升华干燥等，是先将食品冷冻，使食品中的水变成冰，再在高真空度下，使冰直接从固态变成水蒸气（升华）而使食品脱水，故又称为升华干燥。微波干燥是利用频率为 915MHz 或 2450MHz 的微波能量使物料本身发热升温、蒸发水分进行干燥的方法。微波一般是指频率在 300～300000MHz 的电磁波。目前 915MHz 和 2450MHz 两个频率已广泛地应用于微波加热。915MHz，可以获得较大穿透厚度，适用于加热含水量高、厚度或体积较大的食品；对含水量低的食品宜选用 2450MHz。

② 腌渍。食品腌渍主要利用腌渍剂来降低食品的水分含量和水分活度，抑制微生物生长、繁殖，提高制品的贮藏性。腌渍同时还可以改善制品的风味和色泽，提高制品的保水性，从而改善制品的质量。常用的腌渍剂有食盐和糖，在腌渍过程中食盐或糖渗入食品组织内，降低其水分活度，提高其渗透压，从而抑制腐败菌的生长，防止食品的腐败变质，获得更好的感官品质，并延长保质期。通常把盐腌称为腌制；糖腌称为糖渍。

(3) 渗透压控制

渗透压与微生物的生命活动有一定的关系。如将微生物置于低渗溶液中，菌体吸收水分发生膨胀，甚至破裂；若置于高渗溶液中，菌体则发生脱水，甚至死亡。一般来讲，微生物在低渗透压的食品中有一定的抵抗力，较易生长；而在高渗食品中，微生物常因脱水而死亡。

不同种类的微生物对渗透压的耐受能力大不相同。绝大多数细菌不能在较高渗透压的食品中生长，只有少数种能在高渗环境中生长，如盐杆菌属中的一些种，在 20%～30% 的食盐浓度的食品中能够生活；肠膜明串珠菌能耐高浓度糖。而酵母菌和霉菌一般能耐受较高的渗透压，如异常汉逊酵母、鲁氏糖酵母、膜毕赤酵母等能耐受高糖，常引起糖浆、果酱、果汁等高糖食品的变质。霉菌中比较突出的代表是灰绿曲霉、青霉属、芽枝霉属等。

食盐和糖是形成不同渗透压的主要物质。在食品中加入不同量的糖或盐，可以形成不同的渗透压。所加的糖或盐越多，则浓度越高，渗透压越大，食品的 A_w 值就越小。为了防止食品腐败变质，常用盐腌和糖渍方法来较长时间地保存食品。

(4) 气体成分控制

微生物的生长、繁殖与环境中 O_2、N_2 和 CO_2 等气体有着十分密切的关系。一般来讲，在正常的空气环境中，微生物进行有氧呼吸，生长、代谢速度快，食品变质速度也快；如增加环境气体中 CO_2、N_2 比例，降低 O_2 比例，则微生物的生物、繁殖即受到抑制。例如当 A_w 值是 0.86 时，无氧存在情况下金黄色葡萄球菌不能生长或生长极其缓慢；而在有氧情况下则能良好生长。因此，通过调节控制食品封存环境中空气的组成即可起到控制微生物的生长，同时还具有抑制新鲜果蔬的呼吸、抑制食品的氧化变质（如脂肪氧化酸败，色素氧化变色等）等作用，从而可防止食品变质，延长食品的货架寿命。常用气体调节方法有如下几种。

① 依靠鲜活食品及微生物的呼吸作用消耗密封环境中的 O_2，从而使密封环境的 O_2 浓度降低，CO_2、N_2 的比例提高。称此为自然气调法（modified atmosphere, MA）。

② 通过人工的方法将密封环境中的 O_2、CO_2、N_2 等的浓度或比例调节控制在一定的范围内。称为人工气调法（controlled atmosphere，CA）。

③ 通过在密封环境中放置具有吸附或释放某种气体成分的物质来调节控制密封环境中气体的组成和浓度。称具有此功能的物质为气体调节剂，如脱氧剂、CO_2 发生剂等。

④ 通过人工的方法抽除密封环境中的空气，降低其中的 O_2 含量。即抽真空，如低压或真空包装。

⑤ 通过人工的方法向密封环境中充入 CO_2 或 N_2，以降低其中的 O_2 含量。称此为置换气调法，如充气（氮）包装。

常用的气调方式有气调库、气调车、气调账、气调袋、气调包装等。目前大规模的气调贮藏往往与冷藏结合在一起，如气调冷库。

(5) pH 控制

微生物的生命活动受环境酸碱度的影响较大。每种微生物都有最适宜的 pH 值和一定的 pH 适应范围。大多数细菌、藻类和原生动物的最适宜 pH 为 6.5～7.5，在 pII 4.0～10.0 之间也能生长。放线菌一般为微碱性，pH 7.5～8.0 最适宜。酵母菌和霉菌在 pH 5～6 的酸性环境中较适宜，但可生长的范围在 pH 1.5～10.0 之间。有些细菌可在很强的酸性或碱性环境中生活，例如有些硝化细菌则能在 pH11.0 的环境中生活，氧化硫硫杆菌能在 pH 1.0～2.0 的环境中生活。

各种微生物处于最适 pH 范围时酶活性最高，如果其他条件适合，微生物的生长速率也最高。当低于最低 pH 值或超过最高 pH 值时，将抑制微生物生长，甚至导致死亡。因此可利用微生物对 pH 要求的不同，通过调节食品的 pH 值，以控制有害微生物生长。调节食品 pH 值的技术有如下几种。

① 酸化。即直接向低酸食品中加酸或酸性物质。常添加的酸有很多种，如醋酸、乳酸和柠檬酸。除用酸酸化食品外，可用天然酸性食品如番茄作为添加配料，来酸化低酸食品。

② 腌渍。即用酸类物质腌渍食品，如腌渍洋葱，腌渍芦笋、酸黄瓜等。

③ 发酵。即通过发酵产生酸使食品的 pH 值降低，酸度提高，如泡菜和酸奶等。

(6) 化学防腐剂控制

在物理性抑/杀方法不足以控制食品中微生物生长时，可考虑使用食品化学防腐剂。防腐剂按其来源和性质可分成有机防腐剂和无机防腐剂两类。有机防腐剂包括有苯甲酸及其盐类、山梨酸及其盐类、脱氢醋酸及其盐类、对羟基苯甲酸酯类、丙酸盐类、双乙酸钠、邻苯基苯酚、联苯、噻苯咪唑等。此外还包括天然的细菌素（如 Nisin）、溶菌酶、海藻糖、甘露聚糖、壳聚糖、辛辣成分等。无机防腐剂包括过氧化氢、硝酸盐和亚硝酸盐、二氧化硫、亚硫酸盐等。对化学防腐剂的使用必须按照《食品添加剂使用标准》（GB 2760）的规定执行。

7.4.3 食品杀菌技术

即用物理或化学方法杀灭食品中的微生物。要彻底消除微生物对食品的危害，并使食品在常温下也能长期贮存，最有效的方法就是杀灭食品中的微生物。

(1) 热力杀菌

目前在食品工业中常用的杀灭和控制微生物生长的方法是加热。但应注意不同的致病菌具有不同的热耐受性，同一致病菌的芽孢比其营养体耐热性高得多，就是同种致病菌的个体耐热性也有差异。例如，创伤弧菌具有很强的热敏感性，而单核李斯特菌非常耐热，肉毒梭菌和蜡样芽孢杆菌，除了高压杀菌，在许多种热处理的情况下这两种菌都能存活。这就是为什么在相同的热处理条件下，不同致病性微生物不会同时死亡；同一个食品中的同一种致病菌的数千个细胞不会同时死亡的原因。

常用的热力杀菌方法有常压杀菌（巴氏消毒法）、加压杀菌、高温瞬时杀菌、微波杀菌、远红外线加热杀菌和欧姆杀菌等。

① 常压杀菌。即在常压、100℃以下条件下进行的杀菌操作，又称为巴氏消毒法。此法只能杀死微生物的营养体（包括病原菌），而不能达到完全灭菌。常压杀菌因产品不同，杀灭的目标菌不同。如巴氏灭菌奶的杀菌对象主要是对热较稳定的病原菌如立克次体，同样它能有效地杀灭单核李斯特菌。巴氏灭菌蟹肉常压杀菌的对象菌是 E 型肉毒梭菌，可能同时杀灭所有致病菌的营养细胞，但对 A 型肉毒梭菌无效，因为它更耐热，但可以通过冷藏控制 A 型肉毒梭菌，因为它无法在 10℃ 以下繁殖。

巴氏消毒的操作方法有多种，其设备、温度和时间各不相同，目前鲜乳的消毒灭菌方法主要有以下几种。

a. 低温长时消毒法。60～65℃、加热保温 30min，目前市场上见到的玻璃瓶装、罐装的消毒奶、啤酒、酸渍食品、盐渍食品采用的就是这种常压喷淋杀菌法。但此法由于消毒时间长，杀菌效果不太理想，目前许多乳品厂已不使用。

b. 高温短时消毒法。将牛乳置于 72～75℃加热 4～6min，或 80～85℃加热 10～15s，可杀灭原有菌数 99.9%。用此法对牛乳消毒时，有利于牛奶的连续消毒，但如果原料污染严重时，难以保证消毒的效果。

c. 高温瞬时消毒法。这是目前普遍采用的消毒方法，即控制条件为 85～95℃，2～3s加热杀菌，其消毒效果比前两种方法好，但对牛乳的质量有影响，如容易出现乳清蛋白凝固、褐变和加热臭等现象。

② 加压杀菌。常用于肉类制品、中酸性及低酸性罐头食品的杀菌，是通过加压来提高杀菌温度的一种热力杀菌方法。通常指温度控制在 121℃ 左右，对应压力在 0.107MPa（表压）的杀菌。高压杀菌的目的是生产商业无菌食品，即使食品中所有在正常非冷藏条件下贮藏能够生长的病原菌和非病原菌都被杀死。这种杀菌通常将肉毒梭菌 A 型的芽孢作为对象菌。当然杀菌温度和时间随罐内物料、形态、罐形大小、灭菌要求和贮藏时间而异。在罐头行业中，常用 D 值和 F 值来表示杀菌温度和时间。

a. D（DRT）值。是指在一定温度下，细菌死亡 90%（即活菌数减少一个对数周期）所需要的时间（min）。121.1℃（250 $^\circ$F[1] 的 D（DRT）值常写作 D_r。例如嗜热脂肪芽孢杆菌的 $D_r = 4.0～4.5min$；A、B 型肉毒梭状芽孢杆菌的 $D_r = 0.1～0.2min$。

b. F 值。是指在一定基质中，在 121.1℃下加热杀死一定数量的微生物所需要的时间（min）。在罐头特别是肉罐头中常用。由于罐头种类、包装规格大小及配方的

---

[1] $t/℃ = \dfrac{5}{9}(t/℉ - 32)$。

不同，F 值也就不同，故生产上每种罐头都要预先进行 F 值测定。

许多科学家做了大量的试验，发现在保证相同杀菌效果的前提下，提高温度比延长杀菌时间对营养成分的损失要小些，因而目前比较盛行的灭菌方法是超高温瞬时灭菌法，即 UHTST（ultra high temperature for short times）杀菌，简称 UHT。如牛乳先经 75~85℃预热 4~6min，接着通过 136~150℃ 的高温（对应表压在 0.20MPa 以上）2~3s。预热过程中，可使大部分的细菌被杀死，其后的超高温瞬时加热，主要是杀死耐热的细菌芽孢。该方法生产的液态奶可保存很长时间。采用超高温瞬时杀菌既能满足灭菌要求，又能减少对食品品质的损害。

③ 微波杀菌。微波杀菌的机理是基于热效应和非热生化效应两方面。微波作用于食品，食品表里同时吸收微波能，温度升高。污染的微生物细胞在微波场的作用下，其分子被极化并做高频振荡，产生热效应，温度的快速升高使其蛋白质结构发生变化，从而使菌体死亡。微波也可以使微生物的生命化学过程产生大量的电子、离子，导致微生物生理活性物质发生变化；电场也使细胞膜附近的电荷分布改变，导致膜功能障碍，使微生物细胞的生长受到抑制，甚至停止生长或死亡。另外，微波还可以导致细胞 DNA 和 RNA 分子结构中的氢键松弛、断裂和重新组合，诱发基因突变。

有报道利用 2450MHz 的微波处理酱油，可以抑制霉菌的生长及杀灭肠道致病菌。用于啤酒的灭菌，取得良好的效果，且使啤酒风味保持良好。用于处理蛋糕、月饼、切片面包和春卷皮，可使其保鲜期由原来的 3~4 天，延长到 30 天。国外在 20 世纪六七十年代就开始考虑将微波技术应用到鲜奶、啤酒、饼干、面包、猪肉、牛肉的加工等实际生产中；到 90 年代，工艺参数和优化已成为研究的热门课题。

④ 远红外线加热杀菌。远红外线是指波长为 2.5~1000μm 的电磁波。食品的很多成分对 3~10μm 的远红外线有强烈的吸收，因此食品往往选择这一波段的远红外线进行加热。远红外线加热具有热辐射率高；热损失少；加热速度快，传热效率高；食品受热均匀，不会出现局部过热或夹生现象；食物营养成分损失少等特点。

远红外线杀菌、灭酶效果明显。日本山野藤吾曾将细菌、酵母、霉菌悬浮液装入塑料袋中，进行远红外线杀菌试验，远红外线照射的功率分别为 6kW、8kW、10kW、12kW，试验结果表明，照射 10min，能使不耐热细菌全部杀死，使耐热细菌数量降低 10^5~10^8 个数量级。照射强度越大，残活菌越少，但要达到食品保藏要求，照射功率要在 12kW 以上或延长照射时间。

远红外线加热杀菌不需经过热媒，照射到待杀菌的物品上，加热直接由表面渗透到内部。远红外线加热已广泛应用于食品的烘烤、干燥、解冻，以及坚果类、粉状、块状、袋装食品的杀菌和灭酶。

⑤ 欧姆杀菌。这是一种新型的热杀菌方法。欧姆加热是利用电极，将电流直接导入食品，由食品本身介电性质所产生的热量，以达到直接杀菌的目的。一般所使用的电流是 50~60Hz 的低频交流电。

欧姆杀菌与传统罐装食品的杀菌相比具有不需要传热面，热量在固体产品内部产生，适合于处理含大颗粒固体产品和高黏度的物料；系统操作连续、平稳，易于自动化控制；维护费用、操作费用低等优点。

对于带颗粒（粒径小于 15mm）的食品，采用欧姆加热，可使颗粒的加热速率接近液体的加热速率，获得比常规方法更快的颗粒加热速率（约 1~2℃/s），缩短了加工时间，使产品品质在微生物安全性、蒸煮效果及营养成分（如维生素）保持等方面得到改善，因此该技术已成功地应用于各类含颗粒食品杀菌，如生产新鲜、味美的大颗粒产品，处理高颗粒密度、高黏度食品物料。

(2) 冷杀菌

冷杀菌即非加热杀菌，是相对于加热杀菌而言的，无需对物料进行加热，利用其他灭菌机理杀灭微生物，因而避免了食品成分因热而被破坏。冷杀菌方法有多种，如放射线辐照杀菌、超声波杀菌、高压放电杀菌、高压杀菌、紫外线杀菌、磁场杀菌、臭氧杀菌等。

① 放射线辐照杀菌。即利用紫外线、X 射线和 γ 射线等来杀灭食品中的微生物。其中紫外线穿透力弱，只有表面杀菌作用，而 X 射线和 γ 射线（比紫外线波长更短）是高能电磁波，能激发被辐照物质的分子，使之引起电离作用，进而影响生物的各种生命活动。γ 射线的放射源为放射性同位素钴 60（^{60}Co）、铯 187（^{187}Cs）等。

微生物受电离放射线的辐照，细胞膜、细胞质分子引起电离，进而引起各种化学变化，使细胞直接死亡；在放射线高能量的作用下，水电离为 OH^- 和 H^+，从而也间接引起微生物细胞的致死作用；微生物细胞中的脱氧核糖核酸（DNA）、核糖核酸（RNA）对放射线的作用尤为敏感，放射线的高能量导致 DNA 的较大损伤和突变，直接影响着细胞的遗传和蛋白质的合成。

不同微生物对放射线的抵抗性不同，一般来说耐热性大的微生物，对放射线的抵抗力也往往比较大。三大类微生物中细菌芽孢对放射线的抵抗力大于酵母，酵母大于霉菌和细菌营养体，革兰阳性菌的抗辐射较强。另外，食品的状态、营养成分、环境温度、氧气存在与否、微生物的种类、数量等都影响着辐照杀菌的效果。此外，照射剂量影响微生物的存活，通常微生物随着照射剂量的增加，其活菌的残存率逐渐下降。

杀灭食品中活菌数的 90% 所需要吸收的射线剂量称为 "D" 值，其单位为 "戈瑞"（Gy，即 1kg 被辐照物质吸收 1J 的能量为 1 Gy），常用千戈瑞（kGy）表示。若按罐藏食品的杀菌要求，必须完全杀灭肉毒芽孢杆菌 A、B 型菌的芽孢，多数研究者认为需要的剂量为 40～60kGy，根据 $12D$ 的杀菌要求（$12D$ 是指将微生物菌群从初始数量减少 12 个对数周期，即使每单位质量的产品初始芽孢数高达 1000，$12D$ 加工法会使初始菌数减少到 10^{-9} 的存活概率），破坏 E 型肉毒杆菌芽孢的 D 值为 21kGy。

② 超声波杀菌。超声波是指频率在 9～20KHz 以上的声波。超声波对细菌的破坏作用主要是强烈的机械震荡使细胞破裂、死亡；超声波作用于液体物料，产生空化效应，空化泡剧烈收缩和崩溃的瞬间，泡内会产生几百兆帕的高压、强大的冲击波及数千度的高温，对微生物会产生粉碎和杀灭作用。

不同微生物对超声波的抵抗力是有差异的。伤寒沙门菌在频率为 4.6MHz 的超声中可全部杀死，但对葡萄球菌和链球菌只能部分地受到伤害；个体大的细菌更易被破坏，杆菌比球菌更易于被杀死，但芽孢杆菌的芽孢不易被杀死。

超声波灭菌可用于食品杀菌、食具的消毒和灭菌及洗手消毒等。据报道，用超声波对牛乳经 15～16s 消毒后，乳液可以保持 5 天不发生腐败；常规消毒乳再经超声波处理，冷藏条件下，保存 18 个月未发现变质。日本生产的气流式超声餐具清洗机，清洗餐具可使细菌总数及大肠菌群降低 10^5～10^6 以上，若同时使用洗涤剂或杀菌剂，可做到完全无菌。

③ 高压放电杀菌。高压放电杀菌是近年来出现的新型杀菌技术，采用的电源一般为脉冲电压。用 LG 震荡电路产生高压脉冲电场，产生强度为 15～100kV/cm，脉冲为 1～100kHz，放电频率为 1～20Hz。

脉冲放电杀菌是电化学效应、冲击波空化效应、电磁效应和热效应等综合作用结果，并以电化学效应和冲击波空化效应为主要作用。可使细胞膜穿孔；液体介质电离产生臭氧，微量的臭氧可有效杀灭微生物。高压放电杀菌的效果取决于电场强度、脉冲宽度、电极种类、液体食品的电阻、pH 值、微生物种类以及原始污染程度等因素。由于放电杀菌的介质为液体，故只能用于液态食品的杀菌。现在，高压放电杀菌已成功地用于牛奶、果汁等的杀菌。

④ 高压杀菌。就是将食品物料以某种方式包装以后，置于高压（200MPa 以上）装置中加压，使微生物的形态、结构、生物化学反应、基因机制以及细胞壁（膜）发生多方面的变化，进而使微生物的生理机能丧失或发生不可逆变化而致死，达到灭菌、长期安全保存的目的。高压杀菌技术也是近年来出现的新型杀菌技术，需要有特殊的加压设备和耐高压容器及辅助设备，目前尚处于试验研究与开发阶段，但其在食品工业中的应用前景是可喜的。

⑤ 臭氧杀菌。臭氧具有极强的氧化能力，在水中的氧化还原电位为 2.07V，仅次于氟电位 2.87V，居第二位，它的氧化能力高于氯（1.36V）、二氧化氯（1.5V）。正因为臭氧具有强烈的氧化性，所以对细菌、霉菌、病毒具有强烈的杀灭性而且在食品的脱臭、脱色等方面也展示了广阔的前景。其杀菌机理一般认为：臭氧很容易同细菌细胞壁中的脂蛋白或细胞膜中的磷脂质、蛋白质发生化学反应，从而使细菌的细胞壁和细胞受到破坏（即所谓的溶菌作用），细胞膜的通透性增加，细胞内物质外流，使其失去活性；臭氧破坏或分解细胞壁，迅速扩散到细胞里，氧化了细胞内的酶或 DNA、RNA，从而致死病原体。所以食品在采用气体置换包装、真空包装、封入脱氧剂包装和封入粉末酒精包装时，充入臭氧以杀灭酵母菌可以解决这些包装的食品变质问题。臭氧在矿泉水、汽水、果汁等生产过程中，对盛装容器、管路、设备、车间环境的消毒也取得了令人满意的效果

⑥ 脉冲强光杀菌。脉冲强光杀菌是利用强烈白光闪照的杀菌技术。其系统主要包括动力单元和灯单元。动力单元为惰性气体灯提供能量，灯便放出只持续数百微秒的强光脉冲，脉冲宽度小于 800μs，其波长由紫外光区域至近红外光区域，光谱与太阳光相似，但比阳光强几千倍至数万倍。起杀菌作用的波段可能为紫外光区，其他波段可能有协同作用。由于只处理食品表面，从而对食品营养成分影响很小。Joseph Dunn 等的研究表明，脉冲强光对多数微生物有致死作用。周万龙等的研究表明，光脉冲输入能量为 700J，光脉冲宽度小于 800μs，闪照 30 次后，对枯草芽孢杆菌、大肠杆菌、酵母都有较强的致死效果，可使这些菌由 10^5 个减少到 0 个。对溶液中淀粉酶、蛋白酶的活性也有明显的钝化作用。脉冲强光杀菌对菌悬液的电导率影响不大，引起电位的变化，其原因及对微生物形态结构的影响尚待进一步研究。

⑦ 膜过滤除菌。随着材料科学的发展，各种可用于物料分离的膜相继出现，膜分离技术已在食品、生物制药等工业生产中得到广泛应用，例如生化物质的提取、纯水的制备、果汁的浓缩等。

通常膜的孔径为 $0.0001\sim10\mu m$，而物料中微生物粒子大小一般在 $0.5\sim2\mu m$，若选用孔径小于微生物的膜，使料液通过膜过滤器进行过滤，则菌体粒子被截留，称之为过滤除菌。褚良银等人采用孔径为 $0.5\mu m$ 陶瓷膜处理除菌率达 100％。在谷氨酸发酵液除菌中，王焕章等人采用微孔陶瓷膜过滤器过滤，实现除菌、浓缩连续操作，除菌率高于 99.98％，浓缩倍数达 25 倍，膜平均通量为 80L/（m^2·h），当加水量达到发酵液的 0.1 倍时，谷氨酸收率达 99.7％。在牛奶及果酒的除菌过滤中，采用膜孔径为 $1\sim1.5\mu m$ 的微孔陶瓷膜脱除低脂牛奶中细菌的效率达 99.6％，滤速达 $500\sim700L/$（m^2·h），产品在低温下的保存期由未处理前的 $6\sim8$ 天延长至 $16\sim21$ 天。

膜过滤除菌技术具有耗能少、在常温下操作、适于热敏性物料、工艺适应性强等优点，其应用前景广阔，现已广泛用于食品、生化、制药、用水及空气、乳品、果汁等的过滤除菌。

8

<<<<<<

食品质量与安全信息及应用

内容提要

本章在介绍信息和信息系统基本知识的基础上，重点介绍食品质量与安全信息的概念、作用和要求，食品质量与安全信息源和内容、信息管理和信息体系，以及食品质量与安全信息的应用——追溯和预警。

教学目的和要求

1. 掌握信息的概念和特性，熟悉信息系统的构成与设计原则。

2. 掌握食品质量与安全信息的概念、作用、要求、内容和发布。

3. 了解我国食品质量与安全信息体系的现状和构建。

4. 了解国内外食品安全追溯的发展和现状，掌握食品追溯的概念和建立食品追溯体系的必要性，熟悉常用追溯技术。

5. 了解国内外食品安全预警的发展和现状，掌握食品安全预警的概念和作用，熟悉食品安全预警系统的构成和指标体系。

重要概念与名词

信息，信息源，信息系统，食品质量与安全信息，食品追溯，食品安全预警。

思考题

1. 什么是信息？信息的基本构成要素有哪些？信息具有哪些特性？

2. 什么是信息系统？一个组织的信息系统一般由哪几个部分构成？设计信息系统的原则是什么？

3. 什么是食品质量与安全信息？它应符合哪些要求？你是如何认识食品质量与安全信息的作用？

4. 食品质量与安全信息源有哪些？各信息源可能产生哪些有价值的信息？

5. 我国在食品安全信息发布的主体、内容和程序方面的规定是什么？

6. 目前我国的食品质量与安全信息体系还存在哪些问题？

7. 你认为食品质量与安全信息交流平台应该包括哪些内容？

8. 你是如何理解食品追溯的？为什么要建立食品追溯体系？食品追溯的关键技

术有哪些？

    9. 什么是食品安全预警？其作用是什么？食品安全预警系统一般应包括哪几个部分？如何来确定食品安全预警指标？

8.1 信息概述

8.1.1 信息的基本概念

(1) 信息的定义

在信息化社会的今天，信息（information，message）是工作、学习和生活中出现频率最高的名词术语，但到底什么是信息，目前仍没有一个确定的、被大家公认的定义。不同学科、不同行业对信息的定义不同。字典、辞海中将"信息"解释为：音信、消息；信息是信息论中的一个术语，常常把消息中有意义的内容称为信息；信息是指事物发出的消息、指令、数据、符号等所包含的内容。人通过获得、识别自然界和社会的不同信息来区别不同事物，得以认识和改造世界。

信息按其来源及加工处理程度不同，可分为一次信息、二次信息……。一次信息即原创信息；二次信息则为根据一次信息经过一定的、必要的加工处理后所产生的信息。

(2) 信息的基本构成

任何信息均具备如下五个基本构成要素，缺一不可。

① 信息源（information source）。是指信息的发源地，即信息的源头。任何信息都不可能是"无源之水"，即虚假信息也有其产生的根源。也可以指制造信息的人或组织。

② 内容。即信息所反映的事实。

③ 载体。信息本身不是实体，只是消息、情报、指令、数据和信号中所包含的内容，必须靠某种媒介进行传递。因此，信息的载体就是在信息传播中携带信息的媒介，是信息赖以附载的物质基础。即用于记录、传输、积累和保存信息的实体。包括以能源和介质为特征，运用声波、光波、电波传递信息的无形载体和以实物形态记录为特征，运用纸张、胶卷、胶片、磁带、磁盘传递和贮存信息的有形载体。

④ 传输。信息传输一方面是指信息传递过程，包括发送和接收；另一方面则是指信息传递的方式，如果面对面交流、网络、电视、电话、传真、邮寄等。

⑤ 接受者。即接收信息的人或组织。

如果一则信息不能借助某种载体，通过某种方式传给接受者，而始终保留在信息制造者（即信息源）那里，那这种信息是无任何实际价值的。只有当信息被接受者接收，并加以利用，这样的信息才是有实际价值的信息。

(3) 信息的特性

信息具有多种特性，有学者甚至将信息的特性归纳为十多条，这里仅对与食品质量与安全监督、管理等关系最密切的几个特性做以说明。

① 真伪性。信息有真伪之分，客观反映事件真相的信息才是真实信息，只有真实的信息才能发挥信息的有效作用，而虚假的信息只能起误导作用。

② 层级性。信息是分等级的。不论是食品质量与安全信息的产生、加工处理，还是发布均具有层级性，比如在有关食品安全信息的发布上，《食品安全信息公布管理办法》（卫监督发〔2010〕93 号）对国务院卫生行政部门、省级卫生行政部门和县级以上卫生行政部门、农业行政部门、质量监督部门、工商行政部门、食品药品监管部门、商务行政（部门）以及出入境检验检疫部门所发布的食品安全信息做了严格规定。

③ 时效性和时滞性。信息在一定的时间内是有效的信息，在此时间之外就是无效信息。即信息一经生成，其反映的内容越新，它的价值越大；时间延长，价值随之减小，一旦信息的内容被人们了解了，信息的价值也就消失了。信息的使用价值还取决于使用者的需求及其对信息的理解、认识和利用的能力。另外，任何信息从信源传播到信宿需要经过一定的时间，有时滞性。

④ 可处理性。信息可以通过一定的手段进行加工处理。如对所收集的信息资料进行归纳、整理、汇总，形式转换（表→图）等。

⑤ 可传递性。即信息可在国与国之间、组织之间、部门之间、个人之间等通过语言、文字、图形等形式，文件、报刊、广播、电视、电话、网络等方式或途径进行交流、传播。

⑥ 共享性。信息作为一种资源，不同个体或群体在同一时间或不同时间可以共同享用。这是信息与实物的显著区别。信息交流与实物交流有本质的区别。实物交流，一方有所得，必使另一方有所失。而信息交流不会因一方拥有而使另一方失去拥有的可能，也不会因使用次数的累加而损耗信息的内容。信息可共享的特点，使信息资源能够发挥最大的效用。

（4）信息资源

信息资源（information resources）是指人们在科研活动、生产经营活动和其他一切活动中所产生的成果和各种原始记录，以及对这些成果和原始记录加工整理得到的成品的集合。这是对信息资源的狭义理解。

广义上，可将信息资源理解为：人类社会信息活动中积累起来的信息、信息生产者、信息技术等信息活动要素的集合。包括下述几个部分：人类社会经济活动中经过加工处理有序化并大量积累起来的信息集合；为某种目的而生产信息的信息生产者的集合；加工、处理和传递信息的信息技术的集合；其他信息活动要素（如信息设备、设施、信息活动经费等）的集合。

（5）信息技术

信息技术（information technology，IT）是指人类获取信息、加工处理信息、传输信息，以及使用信息的技术。现代信息技术主要是由计算机技术、通信技术、微电子技术，传感技术结合而成，因此，现代信息技术是利用计算机进行信息处理，利用现代电子通信技术从事信息采集、存储、加工、利用以及相关产品制造、技术开发、信息服务的新学科。

（6）信息化

信息化（informationalization）可以理解为在经济和社会活动中，通过普遍地采用信息技术和电子信息设备，更有效地开发和利用信息资源，推动经济发展和社会进步，使由于利用了信息资源，而创造的劳动价值（信息经济增加值）在国民生产总值中的比重逐步上升直到占主导地位的过程；也可以理解为相对工业化而言的一种新的经济与社会格局，在这个新格局中，信息作为管理的基础、决策的依据和竞争的第一要素，已成为比物质和能源更重要的资源。

《2006～2020年国家信息化发展战略》把信息化定义为：是充分利用信息技术，开发利用信息资源，促进信息交流和知识共享，提高经济增长质量，推动经济社会发展转型的历史进程。

信息化是当今世界发展的大趋势，是推动经济社会变革的重要力量。大力推进信息化，是完善我国现代化建设全局的战略举措，是贯彻落实科学发展观、全面建设小康社会、构建社会主义和谐社会和建设创新型国家的迫切需要和必然选择。

8.1.2 信息系统的构成与设计原则

(1) 信息系统的概念与构成

在信息化社会，任何组织内部的各部门，时时事事都在不断产生新的信息，并在组织内部的各部门之间，以及组织与外界之间进行各种各样信息的交流，形成了一个复杂且多变的信息网。同时，组织所产生、发布及接收的信息不仅数据庞大，而且种类繁多，可以说是处在信息的海洋之中。在这样的情况下，要全靠人工完成信息的处理、存储、传输是不可能的了，必须借助现代信息技术及装备，建立信息网络系统来实现信息化，为组织服务。所谓信息系统就是指那些专门为组织收集、加工、存储、提供信息的部门和机构，以及所采用的技术和装备所构成的有机体系。

对一个组织来说，一个完整、理想的信息系统主要由以下部分构成。

① 信息源。是一个信息系统的始端，主要解决应从哪里收集组织所需要的信息的问题。根据信息源所在地不同，可将信息源分为内源和外源。内源是指组织内部的信息制造部门、机构或工序，内源信息主要是一次信息；外源则是指外部的与组织有着密切业务关系，以及那些虽与组织没有业务关系，但可能产生对组织有重要作用信息的组织或个人，外源信息既有一次信息，也有二次信息。科学选择信息源是信息系统及时、准确地为组织及外部提供有用信息，进行有效服务的重要前提。

② 信息接收系统。主要解决以什么方式来收集组织所需信息的问题。随着科学技术的发展，人们收集信息的方式多种多样，其中有直接的人工收集方式，也有采用无线电传感技术进行信息收集的方式。及时、真实、完整地收集相关信息，是保证信息系统其他环节工作质量及成效的重要基础。因此，根据组织的需要，考虑技术和经济上的可能，选择适当的信息收集方式和相应的信息接收装备是构建组织信息系统的重要环节。

③ 信息处理系统。主要解决如何对所收集的信息进行加工、存储并输送给用户的问题。包括信息加工、存储和输出技术及装备。根据技术条件的不同，信息处理可采用多种方式。目前，信息加工和存储越来越多地运用电子计算机，特别是微型电脑。与此相适应，信息传输也越来越多地采用现代化通信设备，如卫星通信和光纤通信等。

④ 信息控制系统。为了保证信息系统不断为组织或用户提供及时、准确、可靠的信息，信息系统应建立灵敏的信息控制系统，以不断取得反馈信息，纠正工作中的偏差，控制整个信息系统按照组织或用户的需要提供有效的服务。

⑤ 信息工作者。信息工作者是信息系统最重要的构成要素。其主要任务是负责对信息系统进行设计、调控和管理。在信息系统的每一个工作环节编制程序、操作设备，形成有效的人-机系统，对信息进行收集、加工、存储和输出。所以，在现代化信息系统中，既要有懂组织业务的人员，也要有懂计算机和现代化通信技术的人员。而且信息系统在技术上越是现代化，信息工作者的作用就越重要。为此，不断提高信息工作者的素质，是保证信息系统有效运转的关键。

综合上述各要素，信息系统的构成和运转情况可用图 8-1 表示。

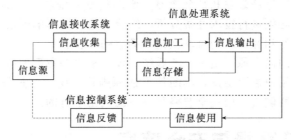

图 8-1　信息系统的构成与运转

（2）信息系统的设计原则

要组建一个能为组织及时、准确、适量、经济地提供有效信息的系统，必须遵循以下原则。

① 目的性原则。任何一个信息系统的组建都是为了向某一组织提供有效的信息服务。因此信息系统的设计必须首先明确组织，即服务对象的性质、范围及其所需信息种类、范围、数量、质量、时间等方面的要求。因此，在信息系统设计前，要详细调查组织的情况，摸清所服务的对象经常需要哪些信息，这些信息应从哪里获取，以什么方式收集和传递，摸清这些情况，系统设计才能有明确的目的。

② 完整性和统一性原则。完整性就是根据信息工作需要，必须具备的环节不能缺少，同时要保证各环节的相互联系和正常运转；统一性就是要求整个信息系统的工作要统一，要制度化。整个系统各个工作环节所加工和输送的信息在语法、语意和格式上要标准化、规范化。坚持信息系统设计的统一性，主要是为了各个环节工作的协调，同时便于与别的信息系统联系、合作，所加工的信息也便于各个管理系统使用。

③ 科学性与可靠性原则。信息系统的科学性体现了系统的先进性，在信息技术迅猛发展的今天，应特别注意新技术、新装备的应用。可靠性集中表现在所提供的信息的准确性、适用性和及时性。只有这样，才能赢得用户的信任并乐于采用。可靠性是信息系统的生命所在，为了保证信息系统的可靠性，必须使整个系统有良好的素质，其中包括设备、人员、服务态度、工作作风等素质。同时还有必要在整个系统中配备一定的控制装置和监督人员。

④ 相对独立性原则。信息种类很多，各种信息的内容不同，用途或作用也不同，其中有的信息需要向全社会公布，为整个社会提供服务；有的信息只宜在一定范围内传播，如上下级之间、同行之间，为一定业务服务；还有些信息属于组织机密，只允许在很小的范围传播。因此，信息系统应具有相对独立性，即对信息的接受对象有一定的限制。

⑤ 适应性和灵活性原则。科学技术日新月异，社会和经济形势千变万化，这就要求信息系统既能很好地适应当时工作的需要，又要具有一定的灵活性，能及时根据情况的变化调整系统的功能和技术特性。当然重视适应性、灵活性原则，并不排斥相对的稳定性，这就要在设备采用、人员配备、机构设置等方面正确处理好需要与可能、稳定与灵活、长远与眼前的关系。

⑥ 经济性原则。所谓经济性，就是不但要考虑所提供信息的准确性、适用性、及时性，而且要考虑获取、加工和输送这些信息的费用或成本。实际上就是要讲究信息系统的工作效率、经济效益和社会效益。影响信息系统经济性的因素很多，为此，进行信息系统设计必须进行技术经济分析，综合考虑各种影响因素，使设备上的先进性、技术上的可行性和经济上的合算性达到满意的结合。

信息系统设计的以上原则是一个矛盾统一体。从总的方面说信息系统的设计过程就是要从如何满足用户需要出发，不断使上述原则达到统一的过程。在这个过程中，根据需要有可能有所侧重，但完全忽略某一方面则是不行的。

8.2 食品质量与安全信息

8.2.1 食品质量与安全信息的作用与要求

(1) 食品质量与安全信息的概念

《食品安全监管信息发布暂行管理办法》（国食药监协〔2004〕556号）把食品安全信息界定为："国务院有关部门在食品及其原料种植、养殖、生产加工、运输、贮存、销售、检验检疫等监督管理过程中获得的涉及人体健康的信息。"《食品安全信息公布管理办法》（卫监督发〔2010〕93号）把食品安全信息界定为："县级以上食品安全综合协调部门、监管部门及其他政府相关部门在履行职责过程中制作或获知的，以一定形式记录、保存的食品生产、流通、餐饮消费以及进出口等环节的有关信息。"主要是指"卫生行政部门统一公布的食品安全信息和各有关监督管理部门依据各自职责公布的食品安全日常监督管理的信息。"《农产品质量安全信息发布管理办法（试行）》（农质发〔2010〕10号）把农产品质量安全信息界定为："各农业行政主管部门在履行农产品质量安全监管职责过程中制作或获取的，以一定形式记录、保存的相关信息。"显然，这些均是从食品质量与安全监督管理角度对食品质量与安全信息的定义，并没有包括食品质量与安全信息的全部。食品质量与安全信息，不仅包括政府监管层面的信息，还包括食品生产经营环节、食品生产加工技术、食品安全标准、食品安全风险分析、食品安全认证、追溯、召回等相关层面的信息。

概括来讲，食品质量与安全信息是指在食品的生产、加工、流通、贸易、消费、科研、监督管理等过程中产生的，并以一定形式记录、保存的所有与食品的质量和安全有关的、真实且有价值的信息。

(2) 食品质量与安全信息的作用

食品质量与安全信息的产生与传播会产生正反两方面的作用。

① 食品质量与安全信息的有益作用。食品质量与安全信息是国家制定食品安全政策、法规、标准的重要基础和依据；对食品生产经营者改变经营理念，加强和更新技术设备，

强化企业管理等具有重大的促进作用；食品生产经营单位所产生的食品质量与安全信息是实施食品追溯和召回的依据；是发现和处理食品质量与安全问题、事故的依据；是分析研究、预警食品安全危害、风险的重要依据；是消费者了解国家有关法律法规、政策及规章制度，了解食品质量与安全状况，寻求安全食品及安全消费食品的依据。

② 食品质量与安全信息的负面作用。食品质量与安全信息的负面作用主要由有关食品危害、风险，以及食品质量与安全问题、事件和事故方面的信息所引起，可称此类信息为负面信息。

食品质量与安全关系到人民群众的切身利益乃至生命安全，如果在披露、发布有关食品质量与安全的负面信息时，未及时加强正面引导，就有可能引起人人自危，影响到人心的安定，乃至社会稳定。

随着信息技术的高速、高水平发展，信息传播迅速，一旦出现食品安全的不良信息和负面信息，短时间内即可传至世界各地，必然会影响国家形象和食品贸易。例如"阜阳奶粉"和"三聚氰胺"事件的发生，使不少消费者不愿意消费国产奶粉；又如韩国人因担心进口美国牛肉会传染"疯牛病"，我国台湾人因担心食用含"瘦肉精"的美国牛肉危害健康而示威游行，反对进口美国牛肉。

一些不法商家可能会利用网络等媒体传播不良信息，进行恶意竞争。

因此，必须加强食品质量与安全信息及媒体的监督管理，科学、合理地规划食品质量与安全信息，特别是负面信息的发布；坚决杜绝不良信息、虚假信息的传播，严惩不良信息、虚假信息的制造者和传播者。

(3) 食品质量与安全信息的要求

为了确保食品质量与安全信息能充分发挥其正面作用，消除不良影响，在食品质量与安全信息制造、处理、发布等时要保证信息符合如下要求。

① 科学性。食品质量与安全信息，特别是要向社会发布有关危害、安全事件的信息时，不能只报道表面现象，必须持科学的态度对其本质加以说明、解释，让广大群众不仅知道是什么？而且要明白为什么、怎么应对？以避免引起恐慌、混乱。例如2011年"抢盐"风波的发生，就与人民群众不了解核辐射的传播规律，以及我国食盐的生产及分布情况有着直接关系。同时信息接受者也必须持科学态度，对所获得的信息进行科学分析和判断，不能"听风就是雨"。

② 真实性。食品质量与安全信息必须反映事实真相，特别是各大媒体在报道时不能道听途说、想当然，更不能捏造事实、编造谎言。食品生产经营者不能编造虚假生产记录、检验报告，修改包装标签，也不能夸大宣传。

③ 及时性。食品质量与安全信息具有很强的时效性，特别是有关食品安全事件的信息，必须及时收集、处理、报告或发布，否则可能会使公众误解，产生不良后果，造成一些不必要的损失。

④ 完整性。或称持续性，对食品质量与安全信息的报道必须全面、连续或完整，即要让信息接受者对事件有全面、完整的了解。否则会引起许多不实的猜测、假想，产生不良后果。

8.2.2　食品质量与安全信息源及内容

食品质量与安全信息的来源比较广泛，概括来讲主要有食物链各环节、食品添加剂和食品相关产品生产部门、各级行政监督管理部门、食品质量检验机构、大专院校和科研机构、环保部门及媒体、行业协会、社区、消费者等其他方面。其中食物链各环节所产生的信息是食品追溯、召回及食品安全事件处理的重要依据；大专院校、科研机构和食品质量检验机构，以及行政监督管理部门的检验机构所产生的信息是食品风险分析、食品安全评价及食品质量评价的重要依据；而行政监督管理部门和媒体等其他方面所产生的信息则在食品质量与安全事件的分析和处理中具有重要作用。

(1) 食用农产品生产环节

食用农产品生产环节可能产生的有关食品质量与安全方面的信息主要有：所产食用农产品属于有机食品、绿色食品、无公害食品，还是普遍食用农产品；农药使用情况、兽药使用情况、化肥使用情况、饲料使用情况，以及土壤、灌溉用水及大气质量情况（此方面的信息也产生于环保、水文、气象等部门）；产地、生产者、生产方式、生产时间或季节、销售情况（如销售地或采购人、数量等）。

例如《农产品质量安全法》第24条规定：农产品生产企业和农民专业合作经济组织应当建立农产品生产记录，如实记载下列事项：使用农业投入品的名称、来源、用法、用量和使用、停用的日期；动物疫病、植物病虫草害的发生和防治情况；收获、屠宰或者捕捞的日期。农产品生产记录应当保存二年。禁止伪造农产品生产记录。国家鼓励其他农产品生产者建立农产品生产记录。第28条规定：包装物或者标识上应当按照规定标明产品的品名、产地、生产者、生产日期、保质期、产品质量等级等内容；使用添加剂的，还应当按照规定标明添加剂的名称。第30条规定：属于农业转基因生物的农产品，应当按照农业转基因生物安全管理的有关规定进行标识。

(2) 食品加工环节

食品加工（包括餐饮）环节可能产生的有关食品质量与安全方面的信息主要有：食品加工原辅料方面的信息（如产地、生产者或供货商、采购人员、购货票据、质量验收情况、进货时间、存放地点及环境状况或条件等）；加工过程方面的信息（如工艺技术、加工班次或时间及人员、食品添加剂及加工助剂的使用情况、加工用水情况、操作人员情况、加工设备及包装材料或容器情况、车间环境状况或条件等）；质量检验方面的信息（包括对原辅料、半成品及成品的检验，除检验结果即检验报告外，还有执行的标准或检验方法情况、检验过程、检验人员、检验时间等）；产品包装方面的信息（如包装标签、包装材料、包装方式、包装技术等）；产品贮存方面的信息（如存放地点和环境条件、贮存时间、出入库时间及验收情况、管理人员情况等）；产品销售方面的信息（如购货单位或人员情况、发货时间、地点、发货人、数量、品种、规格、运输方式和工具等）；企业管理方面的信息（如执行的标准、企业的相关规章制度、监督管理人员等）。

例如《食品安全法》第36条规定：食品生产企业应当建立食品原料、食品添加剂、食品相关产品进货查验记录制度，如实记录食品原料、食品添加剂、食品相关产品的名称、规格、数量、供货者名称及联系方式、进货日期等内容。食品原料、食品添加剂、食品相关产品进货查验记录应当真实，保存期限不得少于二年。第37条规定：食品生产企业应当建立食品出厂检验记录制度，查验出厂食品的检验合格证和安全状况，并如实记录食品的名称、规格、数量、生产日期、生产批号、检验合格证号、购货者名称及联系方式、销售日期等内容。食品出厂检验记录应当真实，保存期限不得少于二年。第 42 条规定：预包装食品的包装上应当有标签。标签应当标明下列事项：名称、规格、净含量、生产日期；成分或者配料表；生产者的名称、地址、联系方式；保质期；产品标准代号；贮存条件；所使用的食品添加剂在国家标准中的通用名称；生产许可证编号；法律、法规或者食品安全标准规定必须标明的其他事项。专供婴幼儿和其他特定人群的主辅食品，其标签还应当标明主要营养成分及其含量。

（3）食品流通环节

食品流通环节可能产生的有关食品质量与安全方面的信息主要有：进货情况（包括供货商、采购人、购货品种、规格及数量、采购相关票据、购货时间、到货时间和地点等）；贮存情况（包括贮存场所及环境情况、出入库时间、出入库验收及检验情况、仓库管理人员等）；运输情况（包括进货和销售运输所用运输方式和工具、在送货情况下的押运人员及运输途中的情况等）；销售情况（包括销售地点、人员、环境情况、销售时间等）。

例如《食品安全法》第 39 条规定：食品经营者采购食品，应当查验供货者的许可证和食品合格的证明文件。食品经营企业应当建立食品进货查验记录制度，如实记录食品的名称、规格、数量、生产批号、保质期、供货者名称及联系方式、进货日期等内容。食品进货查验记录应当真实，保存期限不得少于二年。实行统一配送经营方式的食品经营企业，可以由企业总部统一查验供货者的许可证和食品合格的证明文件，进行食品进货查验记录。第 41 条规定：食品经营者贮存散装食品，应当在贮存位置标明食品的名称、生产日期、保质期、生产者名称及联系方式等内容。食品经营者销售散装食品，应当在散装食品的容器、外包装上标明食品的名称、生产日期、保质期、生产经营者名称及联系方式等内容。

（4）食品质量检验机构

食品质量检验机构是指有食品质量检验资质的法人单位。该机构可能产生的有关食品质量与安全方面的信息主要有：所检食品的货主或提供者（可能是食品生产经营企业、行政监督管理部门），所检食品的种类、品种、规格、样品数量等，检验结果即检验报告，检验执行的标准、所用仪器、试剂，检验地点和人员等。

例如《食品安全法》第 59 条规定：食品检验实行食品检验机构与检验人负责制。食品检验报告应当加盖食品检验机构公章，并有检验人的签名或者盖章。食品检验机构和检验人对出具的食品检验报告负责。

（5）行政监督管理部门

行政监督管理部门可能产生的有关食品质量与安全方面的信息主要有：有关法律法规、规章制度、标准等有关监督管理的依据及其发展变化情况，食品生产经营者的有关信息（如生产、经营许可情况），监督执法过程所产生的相关信息（如定期或不定期抽检情况、所发现的相关问题及处理情况等），食品风险分析、安全评价信息，全国或区域食品质量与安全状况等。

例如《食品安全法》第 78 条规定：县级以上质量监督、工商行政管理、食品药品监督管理部门对食品生产经营者进行监督检查，应当记录监督检查的情况和处理结果。监督检查记录经监督检查人员和食品生产经营者签字后归档。第 79 条规定：县级以上质量监督、工商行政管理、食品药品监督管理部门应当建立食品生产经营者食品安全信用档案，记录许可证颁发、日常监督检查结果、违法行为查处等情况。

(6) 大专院校和科研机构

在大专院校和科研机构主要产生有关食品质量与安全方面研究的成果，如新的食品检验技术、方法、试剂和仪器；可以提高食品质量或安全性的新产品、新技术、新方法、新设备；可以有效提高食品质量与安全监督管理或企业经营管理新改革措施、新管理措施等；有关食品质量与安全的新发现（如与食品有关的某化学物质毒性、致病或致癌性，某食品加工技术应用对食品可能产生的负面影响等）。

除以上信息源外，环保部门及媒体、行业协会、社区、消费者等也是食品质量与安全的重要信息源，如环保部门可能产生有关可能影响食品质量与安全的环境污染信息，行业协会制定的有关行业规范，消费者在消费不安全食品时可能会产生不良反应。媒体和社区不是真正意义上的食品质量与安全信息源，但他们可能发现食品质量与安全问题，并加以报道或报告。

8.2.3 食品质量与安全信息管理

(1) 食品安全信息的发布与通报（报告）的原则与途径

发布是指向全社会公开有关食品质量与安全的情况，也称为公布；通报是指相关部门、组织机构之间相互传递有关食品质量与安全的情况；报告则是指下级部门向上级部门传递有关食品质量与安全的情况。

关于食品安全信息的发布与通报（报告），《食品安全法》、《食品安全法实施条例》、《食品安全信息公布管理办法》和《农产品质量安全信息发布管理办法（试行）》作了具体规定。

① 食品安全信息发布的原则。食品安全信息公布应当准确、及时、客观。应当有利于加强食品质量与安全监管，有利于维护消费者和生产经营者的合法权益、知情权和监督权，有利于市场消费和食品产业的健康发展。负责食品安全信息报告、通报、会商职责的有关部门，应当依法及时报告、通报和会商食品安全信息，不得隐瞒、谎报、缓报。

② 食品安全信息发布的途径。《食品安全信息公布管理办法》第 5 条规定：县级以上食品监管部门应当建立食品安全信息公布制度，通过政府网站、政府公报、新闻发布会以及报刊、广播、电视等便于公众知晓的方式向社会公布食品安全信息。各地应当逐步建立统一的食品安全信息公布平台，实现信息共享。

(2) 食品安全信息发布的主体、内容和程序

我国根据信息的性质实行分级发布，《食品安全信息公布管理办法》规定有如下内容。

① 国家食品药品监督管理总局负责统一公布的食品安全信息（注：原定由国务院卫生行政部门负责。类似情况同样处理，不再说明。）

a. 国家食品安全总体情况。包括国家年度食品安全总体状况、国家食品安全风险监测计划实施情况、食品安全国家标准的制定和修订工作情况等。

b. 食品安全风险评估信息。

c. 食品安全风险警示信息。包括对食品存在或潜在的有毒有害因素进行预警的信息；具有较高程度食品安全风险食品的风险警示信息。

d. 重大食品安全事故及其处理信息。包括重大食品安全事故的发生地和责任单位基本情况、伤亡人员数量及救治情况、事故原因、事故责任调查情况、应急处置措施等。

e. 其他重要的食品安全信息和国务院确定的需要统一公布的信息。

各相关部门应当向国家食品药品监督管理总局及时提供获知的涉及上述食品安全信息的相关信息。

② 省级食品药品监督管理局负责公布的食品安全信息

省级食品药品监督管理局负责公布影响仅限于本辖区的以下食品安全信息。

a. 食品安全风险监测方案实施情况、食品安全地方标准制订和修订情况及企业标准备案情况等。

b. 本地区首次出现的，已有食品安全风险评估结果的食品安全风险因素。

c. 影响仅限于本辖区全部或者部分的食品安全风险警示信息，包括对食品存在或潜在的有毒有害因素进行预警的信息；具有较高程度食品安全风险食品的风险警示信息及相应的监管措施和有关建议。

d. 本地区重大食品安全事故及其处理信息。发生重大食品安全事故后，负责食品安全事故处置的省级食品药品监督管理局会同有关部门，在当地政府统一领导下，在事故发生后第一时间拟定信息发布方案，由省级食品药品监督管理局公布简要信息，随后公布初步核实情况、应对和处置措施等，并根据事态发展和处置情况滚动公布相关信息。

③ 县级以上监督管理部门的职责

a. 县级以上食品监管部门依据各自职责依法公布食品安全日常监督管理信息。食品安全日常监督管理信息包括：依照《食品安全法》实施行政许可的情况；责令停止生产经营的食品、食品添加剂、食品相关产品的名录；查处食品生产经营违法行为的情况；专项检查整治工作情况；法律、行政法规规定的其他食品安全日常监督管理信息。日常食品安全监督管理信息涉及两个以上食品安全监督管理部门职责的，由相关部门联合公布。

b. 县级以上地方食品监督管理部门获知属于上级部门管理权限的需要统一公布的信息，应当向上级主管部门报告，由上级主管部门立即报告国务院食品药品监督管理总局；必要时，可以直接向国务院食品药品监督管理总局报告。

c. 食品监督管理部门在日常监督管理中发现食品安全事故，或者接到有关食品安全事故的举报，应当立即向当地食品药品监督管理局通报。发生重大食品安全事故的，接到报告的县级食品药品监督管理局应当按照规定向本级人民政府和上级食品药品监督管理局报告。县级人民政府和上级食品药品监督管理局应当按照规定上报。

d. 县级以上食品药品监督管理局接到食品安全事故的报告后，应当做好信息发布工作，依法对食品安全事故及其处理情况进行发布，并对可能产生的危害加以解释、说明。

e. 县级以上食品监督管理部门应当相互通报获知的食品安全信息。各有关部门应当建立信息通报的工作机制，明确信息通报的形式、通报渠道和责任部门。接到信息通报的部门应当及时对食品安全信息依据职责分工进行处理。对食品安全事故等紧急信息应当按照《食品安全法》有关规定立即进行处理。

f. 县级以上食品安全各监督管理部门公布食品安全信息，应当及时通报各相关部门，必要时应当与相关部门进行会商，同时将会商情况报告当地政府。各食品安全监管部门对于获知涉及其监管职责，但无法判定是否属于应当统一公布的食品安全信息的，可以通报同级食品药品监督管理局；食品药品监督管理局认为不属于统一公布的食品安全信息的，应当书面反馈相关部门。

g. 食品安全监督管理部门应当及时将获知的涉及进出口食品安全的信息向国家出入境检验检疫部门通报。

h. 各有关部门应当向社会公布日常食品安全监督管理信息的咨询、查询方式，为公众查阅提供便利，不得收取任何费用。

④ 国家出入境检验检疫部门的职责

a. 国家出入境检验检疫部门建立进出口食品的进口商、出口商和出口食品生产企业的信誉记录，并予以公布。应当收集、汇总进出口食品安全信息，并及时通报相关部门、机构和企业。

b. 应当建立信息收集网络，依照《食品安全法》的规定，收集、汇总、通报下列信息：出入境检验检疫机构对进出口食品实施检验检疫发现的食品安全信息；行业协会、消费者反映的进口食品安全信息；国际组织、境外政府机构发布的食品安全信息、风险预警信息，以及境外行业协会等组织、消费者反映的食品安全信息；其他食品安全信息。

c. 接到通报的部门必要时应当采取相应处理措施。

⑤ 事故发生单位和接收病人进行治疗的单位应当及时向事故发生地县级食品药品监督管理局报告。

⑥ 任何单位或者个人未经政府或有关部门授权，不得发布食品安全信息。

(3) 食品安全信息的监督管理

对食品安全信息的监督管理着重在如下几个方面。

① 确保信息的真实性。各相关部门在公布食品安全信息前，可以组织专家对信息内容进行研究和分析，提供科学意见和建议。在公布食品安全信息时，应当组织专家解释和澄清食品安全信息中的科学问题，加强食品安全知识的宣传、普及，倡导健康生活方式，增强消费者食品安全意识和自我保护能力。食品和食品添加剂的标签、说明书，不得含有虚假、夸大的内容，不得涉及疾病预防、治疗功能。生产者对标签、说明书上所载明的内容负责。

② 加强信息公布情况的监督检查。地方各级食品药品监督管理局和有关部门的上级主管部门应当组织食品安全信息公布情况的监督检查，不定期对食品安全监管各部门的食品安全信息公布、报告和通报情况进行考核和评议。必要时有关部门可以纠正下级部门发布的食品安全信息，并重新发布有关食品安全信息。对涉及事故的各种谣言、传言，应当迅速公开澄清事实，消除不良影响。

③ 充分发挥新闻媒体信息传播和舆论监督作用。各地、各部门要充分发挥新闻媒体信息传播和舆论监督作用，积极支持新闻媒体开展食品安全信息报道，畅通与新闻媒体信息交流的渠道，为采访报道提供相关便利，不得封锁消息、干涉舆论监督。对重大食品安全问题要在第一时间通过权威部门向新闻媒体公布，并适时通报事件进展情况及处理结果，同时注意做好舆情收集和分析。对于新闻媒体反映的食品安全问

题，要及时调查处理，并通过适当方式公开处理结果，对不实和错误报道，要及时予以澄清。

④ 重视公众的监督作用。任何单位和个人有权向有关部门咨询和了解有关食品安全的情况，并对食品安全信息管理工作提出意见和建议。公民、法人和其他组织对公布的食品安全信息持有异议的，公布食品安全信息的部门应当对异议信息予以核实处理。经核实确属不当的，应当在原公布范围内予以更正，并告知持有异议者。

⑤ 实行信息发布责任制。国务院有关食品安全监管部门应当制定本部门的食品安全信息公布管理制度。公布食品安全信息的部门应当根据《食品安全法》规定的职责对公布的信息承担责任。任何单位或个人违法发布食品安全信息，应当立即整改，消除不良影响。任何单位或者个人不得对食品安全事故隐瞒、谎报、缓报，不得毁灭有关证据。

8.3　食品质量与安全信息体系

8.3.1　我国食品质量与安全信息体系的现状

目前，我国食品质量与安全信息体系还未形成，还处于探索阶段。

(1) 我国食品质量与安全信息管理制度建设初见成效

2004 年，国务院发布了《关于进一步加强食品安全工作的决定》，强调加强食品安全信息管理和综合利用，构建部门间信息沟通平台，实现互联互通和资源共享。2004 年国家食品药品监督管理局、公安部、农业部、商务部、卫生部、海关总署、国家工商行政管理总局、国家质量监督检验检疫总局联合发布了《食品安全监管信息发布暂行管理办法》，对食品安全信息发布有关事项做了具体规定。2008 年 5 月 1 日施行的《中华人民共和国政府信息公开条例》明确规定，行政机关重点公开突发公共事件的应急预案、预警信息及应对情况等有关信息，并明确食品药品、产品质量等监督检查情况的政府信息应当主动公开。2006 年国务院颁布了《农产品质量安全法》，2009 年国务院颁布了《食品安全法》和《食品安全法实施条例》，国家食品药品监督管理局发布了《国家食品药品监督管理局政府信息公开工作办法》，2010 年农业部发布了《农产品质量安全信息发布管理办法（试行）》，卫生部会同农业部、商务部、工商总局、质检总局、食品药品监管局发布了《食品安全信息公布管理办法》，规定国家建立统一的食品安全信息报告制度，并对信息发布主体、要求、内容、公开范围、方式和程序、监督和保障及责任等问题进行了较为详细的规定。

(2) 食品质量与安全信息工作主体已明确

通过《食品安全法》等法律法规的制定颁布，明确了我国有关食品质量与安全信息采集、处理、发布及监督管理的主体。如《食品安全法》明确规定，国家层面的食品安全信息由国家食品药品监督管理总局负责、地方食品安全信息由地方食品药品监督管理部门负责、县级以上食品监督部门负责发布日常工作中所获取的信息，国家出入境检验检疫部门应当收集、汇总进出口食品安全信息等。

(3) 食品安全信息监测体系建设已基本形成

农业部建立了全国疫情监控体系，建立了 13 个国家级、268 个部级质检中心和

179 个省级质检中心，各省级农业主管行政部门也相继建立了 450 余个农药、兽药、饲料、种子、肥料、农机等质检站（所、中心），开始建立一套部级质检中心、省级综合性质检中心和县级综合性监测站三级布局的农产品质量检验检测工作体系，并推广速测技术，旨在收集农业种植、养殖过程的疫病疫情；卫生部也成立了卫生应急办公室，组建了公共食品卫生事件监测和预警系统，在全国部分地区设置食品污染物监测网络，完善重大传染病疫情、食物中毒等各类突发公共卫生事件通报标准及反应、处理程序；国家质量监督检验检疫总局在全国设置的食品质量检测机构超过 3000 个；商务部门市场监测初步建立，全国大型农副产品市场已普遍配备了卫生质量检测设备和专职人员，开展检测的零售市场也在不断增加。

(4) 食品质量与安全监管信息披露的范围与内容基本明确

信息披露内容主要是有关部门在食品及其原料种植、养殖、生产加工、运输、贮存、销售、检验检疫等监督管理过程中获得的涉及人体健康的信息，主要包括：能够对中国食品安全总体趋势进行分析预测、预警的总体趋势信息；通过有计划监测获得的反映中国食品安全现状的监测评估信息；通过有计划、有针对性监督检查（含抽检）而获得的监督检查信息；食物中毒、突发食品污染事件及人畜共患病等涉及食品安全的食品安全事件信息；其他食品安全监管信息等。

(5) 食品质量与安全信息发布的渠道和方式已确定

目前，我国食品质量与安全信息的发布主要是通过以下渠道。

① 政府新闻发布会和新闻发言人制度。政府的新闻发布会，是统一、权威的公布政府消息的主渠道和正规渠道，是一种快速、直接让公众了解危机信息的方式，已经成为公众、媒体了解政府信息的一个重要途径。农业部、卫生部、国家质量监督检验检疫总局、国家食品药品监督管理总局、国家环保总局等都建立了自主的、每个月定期的新闻发布会机制。

② 利用网络及广播、电视、报纸、杂志等大众媒体。如今网络已经成为人们获取信息和沟通必不可少的渠道，因此充分利用网络资源成为降低信息披露成本的首选举措，农业部、卫生部、国家质量监督检验检疫总局、国家环保总局等负有食品安全管理职能的部门都建立了各自的政府网站，充分发挥网络覆盖面广、传播速度快、传播效果好的优势，及时为公众提供各种信息。

(6) 食品质量与安全信息网络系统初步建成

目前国家各食品质量与安全监督管理部门均建立了《食品安全信息网》，大部分省、市、自治区也建立了自己的《食品安全信息网》，有的县级及以下部门也建立了自己的《食品安全信息网》，为食品质量与安全信息的发布、交流提供方便。

8.3.2 我国食品质量与安全信息体系存在的问题

通过近几年全国各方面的共同努力，我国食品质量与安全信息体系建设已取得了可喜成果，并发挥了重要作用，但仍存在许多不足之处，有些方面的问题还相当严重，距保障人民群众身体安全、健康和国家的要求还较远，需要进一步改进、完善。目前，各地发布的食品安全监管信息在数量上和质量上总体水平还比较低，对信息的加工处理和高水平的综合利用仍是弱项。信息的制度化、规范化、法律化方面还需要进一步完善。信息的科学性、系统性、准确性、透明性还有待加强。信息的收集、传输、处理及发布上还没有达到系统、规范和信息资源共享。食品安全监管信息基本上由各食品监管部门单独进行披露，存在分散、口径不一致、项目不全、发布不及时、不能反映食品安全全貌和趋势等问题。

(1) 食品质量与安全信息法律法规体系有待进一步完善

目前我国虽然已制定、颁布了一些有关食品质量与安全信息管理方面的法律法规、规章制度，但仍没有形成完整的体系，许多方面还处于"空白地带"；就是已实施的法律法规相互之间的兼容性还存在问题、可操作性较低。如《食品安全法》第82条规定的"其他重要的食品安全信息和国务院确定的需要统一公布的信息"在实践中的判断缺乏明确的标准；"影响限于特定区域"的规定，在实践中由谁按照什么标准进行判断，几乎不具有可操作性。而且现代社会信息化快速发展，食品流通速度和范围可以轻易地跨越国界，食品安全信息的影响也几乎很难仅仅限于特定区域。法律规定有关部门就"获知"的信息上报或公布，但是，如何获知却缺乏操作性的规定，更没有授以某个具体部门承担某类具体食品安全信息收集之职责，可能导致相关部门缺乏收集信息的主动性。即使相关部门已获知信息，其至是食品安全事故已经发生后的信息整理，往往也非常滞后，难以发挥有效的预防作用。

此外，现行的有关法律、办法中几乎没有涉及对食品生产经营者、大专院校、科研机构等重要食品质量与安全信息源的监督管理问题，虽然《食品安全信息公布管理办法》第16条规定："任何单位或者个人未经政府或有关部门授权，不得发布食品安全信息。"第13条规定：有关监督管理部门"应当依法及时报告、通报和会商食品安全信息，不得隐瞒、谎报、缓报"。但对如果违犯了此规定怎么办只字未提。第14条规定："必要时有关部门可以纠正下级部门发布的食品安全信息，并重新发布有关食品安全信息。""重新发布"的"信息"还具有"时效性"吗？"重新发布"就了事了？对应当向公众或有关监督管理部门提供相关信息而未提供或未如实提供者（如食品生产经营者），怎么办？

(2) 信息资源不足，信息不够全面和系统

《食品安全法》等法律法规规定，监督管理部门发布的信息只限于其在监督管理过程中所获取的信息，而实际上有关食品质量与安全的信息源和资源是相当丰富的，其中大多数是监督管理人员在工作过程中所接触不到的。从类型上看，食品安全信息应该包括管理信息、标准信息、科学技术信息、风险评估信息、检测检验及认证信息、生产供应链质量信息及市场信息等。因此，食品安全信息，除管理层面的信息以外，还包括从农产品生产供应链、科学技术、标准制（修）订、风险分析、认证与溯源等层面的信息，比如生产基地的环境质量（大气、水、土壤等）、生产过程中农业投入品（化肥、农药、饲料、兽药等）、最终产品的有毒有害物质残留的检测信息。实践中，在涉及食品安全监管各环节的政府机构网站，基本上都设置有政府信息公开专栏。但是，就政府信息公开的内容，主要是机构设置、职能、办事指南、政府信息公开目录、法律法规、食品安全标准等内容。即对于政策性信息、部分新闻媒体信息的披露偏多，而深层次信息很少，大部分采摘于各媒体，如报纸、网站等，缺乏各部门独有信息。食品安全信息披露内容狭窄，即使涉及质量检测信息，也过于狭窄与笼统，公众几乎无法据以进行任何判断。

此外，食品安全教育与培训信息严重不足，广大生产者的食品安全意识很浅薄。

作为生产者，他们没有进行安全生产的意识，没有主动承担生产安全食品的责任，安全生产的标准和操作规程也没有成为他们自觉和自律的行动规范。在实际生产中，为了降低成本，追逐利润，违反安全生产标准的事件时有发生。作为消费者，他们不知道安全食品与非安全食品有什么区别，有什么特定的内涵，如何去判断，所以很难知道哪些食品是安全的，哪些是不安全的，也不易经常保持警惕，不利于消费者的选择。

（3）已有资源分散，公众不易获得全面、系统的信息，且易出现口径不一的情况

由于我国食品安全实行"分段监管"和"属地监管"，所以，《食品安全法》确立了食品安全信息的统一与分散公布相协调、中央与地方公布相结合的信息发布网络。但是目前各职能部门大多各自为政，没有统一的协调机制，使得信息资源出现离散状态，各部门网站的建设没有形成信息资源共享共建的局面。特别是各相关部门在食品安全事件处理和信息、建议发布方面没有形成一套互相协调、协商和统一发布口径的机制，在某些敏感问题和重大问题上，往往是各部门依据本部门所掌握的资料信息单独宣布各自的观点和所要采取的行动，而其他部门由于所持有的材料和工作领域不同，异议甚多，严重影响了我国整个食品安全管理组织体系的正常、有效运转，也给信息用户使用这些信息带来诸多不便和问题，降低了信息的权威性和指导性作用。

食品生产经营过程所产生的信息主要掌握在食品生产经营者手中；大专院校、科研机构的相关研究成果大多以学术论文的方式公布，散见于各种报刊、杂志。这些内容无人进行收集、归纳、整理和发布，使公众无法了解，或不能全面了解，处于严重的信息不对称状态。

（4）对信息的权威性分析不多，预测分析信息不足

在食品安全信息的需求中，无论是制定政策、监督管理的各级部门，还是实际进行食品生产经营的企业和个人，最需要的不是未经加工的原始信息，而是经过专家研究和分析的权威性信息。目前我国食品安全信息分析预测工作刚刚起步，处于摸索和积累经验阶段，对信息的加工处理、预测分析严重不足，主要以突发食品污染事件及人畜共患病等涉及食品安全的事后处理结果信息的披露为主，缺乏对事件的科学分析，对危机、危害的事前预警信息的披露。无论是从发布的时间还是从分析的内容和范围来看，都不能满足管理决策层和基层群众的需要。

（5）信息交流平台不完善，缺乏共享机制和互动功能

目前，各食品安全监管部门的食品安全信息公开一般采用官方网站、新闻发布会、公报等形式，但这种公开方式不具有常态性，对于普通消费者可利用性和实用性不强，往往是比较重大的个案效果才会比较明显。而对于某些不发达地区，或者某些条件不具备的食品消费者来说，在消费时甚至在受害后，往往仍不能获得有关准确的食品安全信息。食品安全信息公开渠道在很大程度上影响甚至决定食品安全信息公布的效果，而目前各政府部门网站的建设局限于本部门，信息资源共享共建局面难以有所突破，食品安全信息资源呈现离散状态。且目前普遍采用的信息公开方式大多不具有与公众的互动功能，导致公众的意见和建议无法反馈；信息发布处于非控制状态，既不利于食品质量与安全的监督管理，也不利于社会稳定。

（6）专业人才缺乏，建设、业务经费不足

食品质量与安全问题本来就是一个复杂、多变的问题，将其与信息技术结合形成食品质量与安全信息体系或系统，便使问题更加复杂化，技术性、专业性、复杂性也更加突出。因此，食品质量与安全信息工作需要专业人员，而且是多学科专业人才有机配合来完成，并需要一定的财力支持。而目前我国专门负责食品质量与安全监督管理及信息工作的部门大多缺少这类专业人才和专项经费，这可能是造成我国目前食品质量与安全体系存在上述问题的关键之一。

8.3.3　我国食品质量与安全信息体系的构建

(1) 对食品质量与安全信息体系的认识

食品质量与安全信息体系可以从三个层面来认识。

① 信息流体系。即由信息主体和客体按信息流方向构成一个信息网络。

② 信息处理系统。为开展信息的制造、采集、加工处理、发布、报告或通报、监督管理、接收而形成的一套信息技术体系。某一组织内部的信息处理系统构成见图8-1。

③ 信息管理体系。为了规范信息的制造、采集、加工处理、发布、报告或通报、监督管理及培训教育而形成的一套信息管理体系。主要包括法律法规（如目前已有的《食品安全法》、《农产品质量安全法》、《食品安全法实施条例》等）、信息制造与采集规范或管理办法、信息加工处理规范或管理办法，信息发布、报告或通报规范或管理办法（如目前已有的《食品安全信息发布管理办法》、《农产品质量安全信息发布管理办法》等），食品质量与安全信息化监督管理办法等。

信息体系又可根据其作用或功能、服务对象或范围等分为若干个子系统。

(2) 食品质量与安全信息系统的建立

食品质量与安全信息系统应该包括以下六个平台。

① 食品质量与安全信息数据收集和分析平台。对食品质量与安全信息数据的收集必须坚持准确、及时、客观、全面的原则。确定数据收集点，收集全面、完整和充分的食品安全数据，是建立有效的食品安全交流平台的基础。食品安全信息分析是指对直接获取的食品安全信息进行分类汇总、时间趋势分析、空间格局分析，通过对不同行业、不同类别、不同产地、不同检测指标、不同标准级别等参数进行不同方式的组合，研究我国各类食品安全的基本概况和发展趋势，完成信息的实时动态分析，并以文字、图形、报表等多种方式进行存储。

② 食品安全专业数据库平台。食品安全专业数据库应该涵盖以下内容：食品生产经营者的基本情况数据库；全国、各地市食品重点监测项目和企业数据库；食品企业注册认证数据库，如保健食品数据库、新资源食品数据库、绿色食品数据库；食品安全标准数据库；食品相关政策法规数据库；食品市场信息（国内外市场供求行情、价格等）；食品安全限量指标数据库，包括农药残留、兽药残留等；食品安全专家信息库、食品生产经营数据库、食品监督管理数据库等。这些数据库的建立可根据情况实行集中或分散形式，如食品生产经营数据库和食品监督管理数据库宜由各职能部门负责分散建立，特别是食品生产经营数据库可能涉及企业的商业秘密。将分散建立的数据库与集中建立的数据库链接在一起。

食品安全专业数据库特别是食品生产经营者信息数据库的建立有利于构建食品安全信用体系、食品追溯体系及召回机制。倡导建立以食品生产经营者信用为核心，通过政府监管、行业自律和社会监督，加大失信惩戒力度，建立健全食品生产经营企业质量档案和食品安全监管信用档案，强化食品生产经营者的责任意识，逐步建立食品安全信用体系的基本框架和运行机制。为食品追溯和召回的实施提供网络支持和技术支持。

③ 食品安全信息的共享服务平台。信息共享的意义在于最大限度地利用有效信息资源，不同渠道获得的信息可以在一个共同的平台上进行管理、分析，且各食品安全管理部门可在统一的食品安全数据管理框架下实现信息互通，根据各自不同的需求，进行具有针对性的分析研究，从而最大限度地避免重复投资而造成的资源浪费。在农业阶段，以农药残留安全检测为主，在加工阶段，以加工环境和添加剂安全检测为主，在市场和消费阶段，以消费者不良反应监测为主。这就需要对食品安全信息进行共享。

实现食品安全资源共享需要三个基本条件：首先是数据，包括基础监测数据、知识经验数据和二次处理数据；其次是技术支撑，包括计算机技术、通讯技术、网络技术、数据库技术等现代化高新技术手段；第三是共享的标准，包括规范、政策、法律等。从技术层面上看，食品安全信息采用的技术主要是研究信息的定位、管理、获取、操作等方法。研究内容包括食品数据提取和转换工具、数据存储、网络传输、安全与授权、报表和图形显示、分布式计算等技术。借助本体（ontology）对数据进行整合。最后实现的共享，就要求用户能够通过一个单一的接口访问异构环境下的食品安全网络上的所有被授权的资源。

④ 食品安全信息管理和综合服务平台。有关部门要能及时利用网络技术向食品安全委员会等统一协调部门报送食品安全信息，食品安全协调委员会要负责信息的处理，做到信息收集全面、汇总及时、传递迅速及分析整理，这些都需要通过高效统一的食品安全信息管理和综合服务系统软件实现。

食品安全管理信息系统包括食品安全标准的制定机构、食品安全的检测机构、食品安全的风险评估机构、食品安全信用评估机构，食品安全的信息收集、分析、披露机构，它是一个体系完整、结构和谐的组织架构。

⑤ 食品安全信息发布平台。作为一个完善的食品安全信息交流平台，特别是网络平台，应该分为内部网和外部网。通过内部网，政府可以高效实现食品安全管理与服务的各项工作，例如进行联合执法，开展食品监控、监测、监管，办理食品备案、企业备案及其信息发布，进行食品安全事件的快速响应和处理。通过外部网，可以向社会发布食品安全信息和监管信息，发布政策法规、食品科普知识、食品检测等各项信息，受理食品质量与安全事件的投诉、反馈，组织食品安全讨论，展开食品安全市场调查等，从而营造放心消费环境，引导、教育和增强食品生产经营企业和消费者的食品安全意识，促进市场自律，实现政府与公众的互动。

一个完善的食品安全信息发布机制，要求食品安全信息的发布作到准确、及时、公正、客观、畅通，从而增强政府食品安全信息发布的主动性、时效性、准确性，保障群众的知情权和监督权，保护消费者利益，促进食品产业健康发展。

⑥ 食品安全信息查询和反馈平台。为了提高消费者的食品安全意识，选择安全的食品和健康的消费方式，食品安全信息查询平台将为消费者提供相关查询业务，如通过查询生产许可证 QS 可以判断食品的真假。同时通过在线提问、免费热线、调查

与评估等方式获取公众对披露信息的意见、反应，通过综合评价，以评价报道的方式予以公开，保证信息的适用性。

8.4　食品追溯

8.4.1　食品追溯概念与技术

(1) 食品追溯

追溯（traceability）即追踪和溯源，又称为回溯、追踪、溯源等。在 ISO 8402：1994，ISO 9000 和 ISO 9001：2000 中将追溯定义为"通过记录的信息（这种）方式追溯一个实体历史、应用或位置的能力"。欧盟委员会在 EC 178/2002 条例中将食品可追溯性（food traceability）解释为：在生产、加工及销售的各个环节中，对食品、饲料、食用性动物及有可能成为食品或饲料组成成分的所有物质的追溯或追踪能力。CAC 给出的定义是"可追溯性/产品追踪：在生产、加工和流通等具体环节中跟踪食品运动的能力"。对食物成分的溯源能力是保证食品足够安全和符合质量标准，以及在出现问题时能够及时有效得到解决的基本条件。

无论从理论上还是实践上讲，"追溯"均包括追踪和溯源两层含义，"追踪"（follow the trail of；track；trace）：追索踪迹，按踪迹或线索追寻；"溯源"（trace to the source；go back to the origin）：往上游寻找发源地，追本溯源。所以"食品追踪"是要解决"食品现在在哪里"的问题，即通过对食品"从农田到餐桌"的运动全程进行详细记录，使该食品的生产者或经销者能随时找到它的踪迹，并在必要时能顺利地将其召回。这是实施食品召回制度的前提。而"食品溯源"则是要解决"该食品或该食品中的某种成分是从哪里来"的问题，即通过对食品"从农田到餐桌"的运动全程进行详细记录（较追踪的要求更详细、更具体），使有关方面（主要是国家有关监督管理部门）能查明该食品是由谁生产加工的，在其流通过程中都经过谁的手，以及他们对该食品进行了哪些加工处理、使用了什么物质、在什么环境下加工处理的等等，最终能查明该食品中的某（些）物质（一般是指对人体有害或有潜在危害的物质）是在哪里、是怎么进入该食品的。

就食品追溯系统建设及管理的主体来说，食品追溯有内部追溯和全链追溯（或称外部追溯）两个层面。内部追溯指食品链各环节，特别是食品生产经营实体内部的追溯，它注重收集食品在本环节内的流转及加工处理信息，实现食品在本环节内的追溯，但该追溯系统设置有与外界相关环节的链接，并可以与外界相关环节进行信息交流、查询等。全链追溯指食品链上环节之间或不同经营实体之间的延续追溯。全链追溯注重于伴随产品从一个环节到下一个外部环节的追溯能力的延伸，使任何产品从初始生产到最终消费的全过程都具有双向可查询性。

可见食品追溯是信息技术在食品领域的具体应用，只有当食品的有关信息比较完备时，该食品才具有可追溯性，否则该食品一旦脱离了生产者之手，就无法找到它的踪影；或一旦在流通领域或消费领域发现该食品存在质量或安全问题，也无法查明该问题产生的原因及责任者。显然，要使食品具备良好的可追溯性，相关信息技术的开发和应用是关键。

（2）食品追溯系统

追溯系统，又叫溯源系统、可溯源系统，已经被广泛应用于各个行业中，它其实就是一种可以对产品进行正向、逆向或不定向追踪的控制系统，可适用于各种类型的过程和生产控制。食品追溯系统（food traceability system）就是在食品生产、加工、贮运、销售的整个过程中对产品的各种相关信息进行记录、查询、监督的信息系统。

食品追溯系统的基本框架都包括数据采集系统、中央数据库和终端查询系统三部分。无论是内部追溯还是全链追溯，每个追溯系统都需要三个基本元素：产品或组件的识别方法，以查询形式存在的物品信息（即是什么，来自哪里，去往哪里，什么时间和什么样的方式，简称 3W1H），识别方法和物品信息之间的链接，如图 8-2 所示。

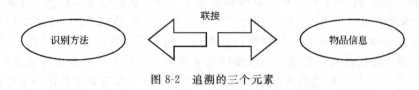

图 8-2　追溯的三个元素

图 8-3 为蔬菜安全追溯流程，图 8-4 为牛肉安全追溯系统，均属于全链追溯。

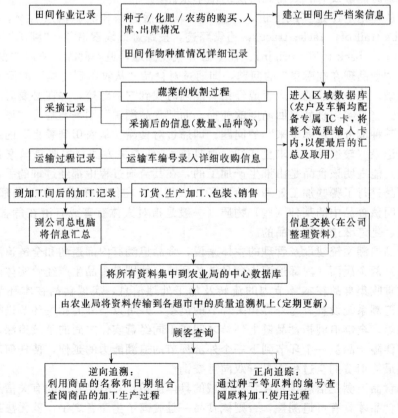

图 8-3　蔬菜安全追溯流程

（3）食品追溯关键技术

食品追溯系统主要涉及产品个体或批次的标识、产品流转时间和地点信息，以及

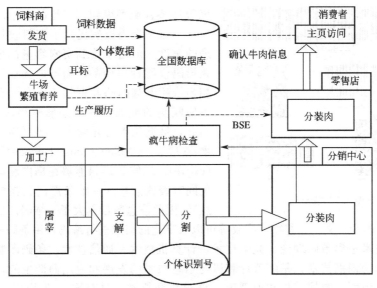

图 8-4　牛肉安全追溯系统

数据库和信息传递系统等三个方面的基本要素。其关键技术主要有两个方面：一是标识技术，即可追溯信息链源头信息的载体技术。食品追溯系统的核心在于对食品个体"身份"的跟踪与识别，通过数据载体把信息流与实物流联系起来，实现各个环节的数据交换。具体来说，就是利用特定的标签，以某种技术手段与拟识别的食品个体相对应，可随时对食品个体的相关属性进行跟踪与管理。现代食品个体标识自动识别技术是以计算机和通信为基础的综合性科学技术，利用计算机系统，对食品的个体标识的信息化数据进行自动编码、自动识别、自动采集输入计算机的一种信息技术。目前国内外使用的个体标识技术主要有条形码、电子纽扣式标签、塑料标签、血型鉴定、虹膜图像识别、基于蛋白质或脂类化合物的标识方法、红外线光谱法、全球定位系统（GPS）和地理信息系统（GIS）技术、脱氧核糖核酸指纹技术、卡识别技术等。二是数据库和信息传递系统。在现代信息"爆炸"社会，基于纸质记录已很难满足信息记载和传递的需要，在食品质量与安全控制与管理领域也一样，必须借助现代数据库和网络。目前，国内外用于食品追溯系统的网络技术主要有局域网（LAN）、广域网（WAN）等有线网络技术，通用分组无线业务（general packet radio service, GPRS）、蓝牙（bluetooth）等无线通信技术以及 Internet 技术等。下面仅对最常用的几种标识技术做以简要介绍。

　　① 条形码识别技术。条形码（barcode），简称条码。目前常见的条形码是一维条码，即由反射率相差很大的黑条（简称条）和白条（简称空），按照一定的编码规则排列成图形标识符，见图 8-5（a,b）。它表达了一定的信息，并能用特定的设备识读，转换成与计算机兼容的二进制和十进制信息。通常对于每一种物品，它的编码是唯一的，对于普通的一维条码来说，还要通过数据库建立条码与商品信息的对应关系，当条码的数据传到计算机上时，由计算机上的应用程序对数据进行操作和处理。条形码可以标出物品的生产国、制造厂家、商品名称、生产日期、图书分类号、邮件起止地点、类别、日期等许多信息，因而在商品流通、图书管理、邮政管理、银行系

图 8-5 条形码

统等许多领域都得到了广泛的应用。

一维条形码虽然提高了资料收集与资料处理的速度，但由于受到资料容量的限制，一维条形码仅能标识商品，而不能描述商品，因此相当依赖电脑网路和资料库。在没有资料库或不便联网的地方，一维条形码很难派上用场。因此，最近几年已开发出一些贮存量较高的二维条形码（2-dimensional barcode），见图 8-5（c,d,e）。二维条形码能够在横向和纵向两个方位同时表达信息（一维条形码只在横向表达信息），因此信息容量远大于一维码。二维条码可以把图片、声音、文字、签字、指纹等可以数字化的信息进行编码，用条码表示出来。

条码技术是集条码理论、光电技术、计算机技术、通信技术、条码印制技术于一体的一种自动识别技术，是随着计算机与信息技术的发展和应用而诞生的，它是集编码、印刷、识别、数据采集和处理于一身的新型技术，具有输入速度快、准确度高、成本低、可靠性强等优点，在当今的自动识别技术中占有重要的地位。

② 射频识别技术。射频识别即 RFID（Radio Frequency Identification）技术，又称电子标签、无线射频识别，是一种通信技术，可通过无线电讯号识别特定目标并读写相关数据，而无需识别系统与特定目标之间建立机械或光学接触。其主要核心部件是一个电子标签，直径不足 2mm，其存储的数据量可高达 2^{96} 以上。通过相距几厘米到几米距离内传感器发射的无线电波，可读取电子标签内贮存的信息，识别它所代表的物件身份等。与传统条形码识别技术相比，RFID 具有快速自动扫描、体积小、信息容量大、耐久性强、可重复使用、安全保密性高等优势，因此，近年来备受瞩目。

RFID 是一种简单的无线系统，只有两个基本器件，该系统用于控制、检测和跟踪物体。一套完整的 RFID 系统，是由阅读器（Reader）与电子标签（Tag）（也称应答器 Transponder）及应用软件系统三个部分所组成，电子标签由耦合元件及芯片组成，每个标签具有唯一的电子编码，附着在物体上标识目标对象；阅读器是读取（有时还可以写入）标签信息的设备，可设计为手持式或固定式。其工作原理是阅读器发射一特定频率的无线电波能量给电子标签，用以驱动电子标签电路将内部的数据送出，此时阅读器便依序接收解读数据，送给应用程序做相应的处理。

③ 物流跟踪定位技术（GIS/GPS）。GIS 和 GPS 技术可以解决物流运输过程中的准确跟踪和实时定位的难题。GIS（Geographic Information System，地理信息系统），是以地理空间数据库为基础，在计算机软硬件的支持下，对空间相关数据进行采集、管理、操作、分析、模拟和显示，并采用地理模型分析方法，适时提供多种空间和动态的地理信息。近些年，GIS 以其强大的地理信息空间分析功能，在 GPS 及路径优化中发挥着越来越重要的作用。GPS（Navigation Satellite Timing And Ranging/Global Position System，卫星测时测距导航/全球卫星定位系统）是一种利用地球同步卫星与地面接收装置组成的，可以实时计算当前目标装置（接收装置）的经纬度坐标，以实现定位功能的系统。现在越来越多的物流系统采用 GIS 与 GPS 结合，以确定运输车辆的运行状况。食品溯源系统通过组建一张运输定位系统，可以有效地对食品进行监控与定位。

8.4.2　食品追溯系统的建设

(1) 建立食品追溯系统的必要性

① 通过食品追溯系统，可在发现食品安全问题时及时查明原因和召回食品。即在发生食品安全问题时，一方面，可以通过追溯系统向下游跟踪该食品的所在地，迅速召回该产品，避免事态进一步扩大，把影响减小到最低程度；另一方面通过追溯系统向上游追溯，查明问题产生环节和成因，避免事件再次发生。

② 通过食品追溯系统，可以增强政府管理部门对食品安全的监管程度。政府管理部门可以通过食品可追溯体系掌握食品生产经营过程中与质量和安全有关的信息，及时调整政府管理部门对食品质量与安全的监管手段，提高监管效率，预防食品质量与安全事件的发生，加强食品安全风险控制管理。一旦发生食品安全事件，可以迅速追查原因，追究责任，消除或控制危害的扩展。

③ 通过食品追溯系统，使消费者及时、全面了解食品质量状况，增强消费者的安全感。在当前食品安全令人担忧的形势下，即使企业能够生产安全合格的产品，消费者也仍然会心存疑虑。也就是说，产品是安全的，而消费者却不一定放心。要使消费者放心，最好的办法就是将生产经营过程中与质量和安全有关的信息记录下来，让消费者随时可以查询，给消费者以充分的知情权，明确了食品的来龙去脉，无疑是给消费者吃下一颗食品安全的定心丸。

④ 通过建立食品追溯系统，可以提高生产经营企业的诚信意识，科学、规范地开展食品生产经营活动。随着食品质量与安全信息透明度的提高，消费者对食品质量与安全状况的了解就越全面，对食品质量与安全的判断能力就越强，购买的决策就越客观、科学，决不会去购买一点不了解的或夸大宣传、弄虚作假的产品。这必然会迫使食品生产经营者规范自己的行为，生产经营高质量、安全的产品，并及时公开自己的产品及生产经营信息。食品生产经营者也可以通过追溯系统获得有关食品安全生产、经营、管理及消费者要求方面的信息，改进食品生产、经营活动，提高生产经营管理效率，提高产品品质。

⑤ 通过建立食品追溯体系，有助于我国食品打破国外技术壁垒。我国加入 WTO后，有越来越多的食品出口到欧盟、日本、美国等国家和地区。近年来随着技术壁垒、绿色壁垒的实施，使我国处于明显的被动适应地位，极不利于我国食品贸易。通过建立食品追溯体系，可以使我国的食品生产经营管理在尽可能短的时间里与国际接轨，符合国外食品安全跟踪与追溯的要求，提高我国食品质量与安全水平，突破技术壁垒，增加食品的国际竞争力，扩大对外出口。

(2) 我国食品追溯的制度建设

食品追溯体系的建立和实施，需要相应的制度和法规与之协调配套。2001 年 7月在上海市政府颁布的《上海市食用食品安全监管暂行办法》中，首先提出了在流通环节建立"市场档案可溯源制"，预示我国食品溯源研究工作的开始。2002 年，中国物品编码中心参照国际物品编码协会出版的相关应用指南，结合我国的 实际情况在研究和实施过程中，逐步制定了一些相关的标准和指南。2002 年，北京市商委制定了《食品信息可追踪制度》，明确要求食品经营者在购进和销售食品时要有明细账，即对购进食品按产地、供应商、购进日期和批次建立档案。同时，批发企业建立主要销售对象档案，便于经营企业发现食品安全问题后追查供货源头。为了应对欧盟在2005年开始实施的水产品贸易可追溯制度，国家质检总局出台了《出境水产品溯源规程（试行）》，陕西标准化研究院编制了《牛肉质量跟踪与溯源系统实用方案》。2006年4月29日，我国颁布了《农产品质量安全法》，首次在国家法律层面提出有关食品质量与安全追溯方面的问题，即《农产品质量安全法》规定："农产品生产企业和农民专业合作经济组织应当建立农产品生产记录，如实记载下列事项：①使用农业投入品的名称、来源、用法、用量和使用、停用的日期；②动物疫病、植物病虫害的发生和防治情况；③收获、屠宰或者捕捞的日期。"2007年11月，中国物品编码中心编制了《产品溯源通用规范》，规范了我国产品溯源系统的建设。2009年2月28日我国颁布了《食品安全法》，规定了食用农产品生产者的生产记录制度、食品生产者的原材料进货查验记录制度和食品出厂检验记录制度以及食品经营者的食品进货查验记录制度。这是将《农产品质量安全法》关于农产品生产记录的做法扩大适用到食品生产加工、出厂检验和经营等环节中，是对《农产品质量安全法》所引进的食品溯源制度的延伸。此外，国内还先后编制了《牛肉产品跟踪与追溯指南》、《水果、蔬菜跟踪与追溯指南》、《食品安全追溯应用案例集》、《农产品追溯信息编码和标识规范》、《产品溯源通用规范》等。

(3) 我国食品溯源信息系统和网络交换平台建设情况

目前，国内已建成多种适用于各类食品溯源系统，如水产养殖产品质量安全全程管理与追溯系统、猪肉生产加工信息追溯系统、农业部农垦局的"农垦农产品质量安全信息网"、上海的"上海蔬菜流通安全信息追溯系统"、宁夏的"宁夏动物及动物产品卫生安全RFID追溯系统"、山东的"无公害蔬菜质量安全追溯系统"、北京的"种植类产品质量安全追溯系统"和"猪肉质量安全可追溯系统"、江苏的"肉鸡安全生产质量监控可追溯系统"、深圳的"牛肉安全生产全过程质量跟踪与可追溯系统"、海南的"海南省热带农产品质量安全追溯系统平台"以及各大学和众多IT公司开发的追溯系统等。这里简要介绍几个较有影响力的系统。

① 国家食品安全追溯平台。是中国物品编码中心基于商品条码标识系统进行溯源的商品条码食品安全追溯平台（http：//safefood.gs1cn.org）。该平台具有追溯码全球唯一，可兼容不同行业追溯子系统，可追溯到厂商、品类、批次、单品，集中统一数据、用户查询方便，子系统直接管理追溯数据、及时有效，GS1标准数据传输接口，追溯信息实现全球联网等特点。主要有面向公众开放查询、引导企业进行追溯和辅助政府实现监管三大功能。

② 上海食用农副产品质量安全信息查询系统。该系统是上海市科技兴农重点攻关项目，于2003年由上海农业信息有限公司与中国物品编码中心上海分中心合作实施。该系统在我国首次采用信息技术和条码技术，实现生产监控条码识别和网络查询的系统管理，帮助企业实现标准化生产、规范化经营，实现"从农田到餐桌"的全程质量控制管理。该系统于2004年元旦投入试运行，经过不断地完善，现在已基本成熟。其功能包括：蔬菜、畜禽、禽蛋、粮食、瓜果、食用菌6个子系统。安装查询平台的超市大卖场已接近50家，包括农工商、联华、华联等国内超市，以及好又多、家乐福等外资超市。

③ 北京市农业局食用食品（蔬菜）质量安全追溯系统。该系统是北京市农业局为实施食品质量安全管理，界定生产与经销主体责任，保障消费者知情权而建立的管理系统。系统的主要功能是实现食品生产、包装、贮运和销售全过程的信息跟踪。从

2006年初确立到目前已经基本开发完成，开通了4种查询模式（网站、短信、电话、触摸查询屏），该系统已经在北京天安门农业发展有限公司（小汤山特菜基地）、东升方圆农业种植开发有限公司等40家蔬菜加工配送企业内进行了推广应用，覆盖生产基地面积0.8万平方公顷，其中有5个生产基地可实现生产过程查询，供应带有追溯码的蔬菜品种150多个，产品销往超市、便利店、食堂等170多家用户。另外，为了方便消费者查询，在华堂商场、亚运村店、美廉美超市北太平庄店、易初莲花通州店、沃尔玛石景山店等多家超市内安放了触摸查询屏。

④ 国家蔬菜质量安全追溯体系。山东省标准化研究院联合当地龙头企业，以燎原果菜生产基地为试点，开展食品供应链的跟踪和追溯研究。从2003年开始研发实施食品质量安全追溯系统，经过几年的试运行，目前在食品安全追溯领域已经形成"一个平台，多套系统"的格局。一个平台是"食品质量安全追溯与监管平台"，多套系统是"从源头到餐桌"的果蔬、禽肉、水产、粮油等质量安全追溯系统及市场终端追溯管理系统。以上的每套系统都包含内销企业版和外销企业版，并可根据企业规模的大小提供网上B/S版或C/S版两种系统架构形式。该系统主要由企业端管理信息系统、食品安全质量数据平台和超市端查询系统3个部分组成。消费者通过互联网、电话、短信、超市终端查询机查到产品信息以及企业的相关认证信息。

⑤ 中国肉牛全程质量安全追溯管理系统。由中国农业大学和北京华芯同源科技有限公司研制，是国家重点科技应用项目——农业部"948"项目的重要组成部分，基于无线射频识别技术（RFID）和电子化管理技术原理，建立肉牛生产全程质量安全可追溯体系。目前，"从产地到餐桌"全程质量安全可追溯体系的关键技术攻关成功，建立了牛肉产品生产商、销售商和顾客之间"面对面"的关系。北京试点企业完成了肉牛佩戴电子耳标，RFID追溯牛肉已经在首都易初莲花超市建立了专卖点，成为首都市场第一个全程追溯的放心肉食品。根据项目统一安排，北京华芯同源科技有限公司已在北京金维福仁清真食品有限公司、大连雪龙产业集团有限公司、陕西秦宝牧业发展有限公司等试点企业开展了从肉牛饲养、屠宰、物流运输到超市销售的整个产业链的示范应用。通过示范推广，使产业链企业的管理过程更加规范，提高了整个产业链的附加值，为上游广大养殖户解决了增产增收问题。目前消费者可以在易初莲花超市世纪金源店肉类专柜实现查询。

⑥ 世纪三农"食品安全溯源管理系统"。该系统提供一种用来追踪食品或食品成分在生产过程和食物供应链中流通的机制，它可以通过记录保存食品生产、流通、销售等过程中每个环节的信息来实现。该系统按照实现流程及应用范围，共包括中心数据系统、溯源信息公示系统、供应链管理系统、种植养殖场管理系统、检疫监控管理系统、安全生产加工管理系统六大系统，能够全面实现种植养殖管理、食品源地管理、销售流通管理、食品安全事前预警管理、防疫检疫管理、生产加工管理、信息查询管理、消费终端高效互动等追溯管理功能。

(4) 我国食品溯源系统存在的问题

由于现有食品溯源系统开发目标、原则及所采用的技术不同，已有系统存在溯源信息内容不规范、信息流程不一致、系统软件不兼容等问题，造成溯源信息不能实现资源的共享和交换等缺陷。

① 起步晚、涉及的范围和覆盖面小。近年来，我国各方面在食品追溯体系研究、

建设方面做了大量工作，也已建成、应用了多种系统，但终因起步较晚，目前仍处于试点阶段，所建成的系统涉及的食品生产经营范围还很小，在全国的普及、推广应用还很有限，远远不能适应大范围食品质量与安全控制、监督管理的要求。

② 食品溯源相关法规及制度不完善。食品质量安全在我国已提升到国家安全的高度，在相关的法律法规方面也得到了进一步的完善，这几年国家虽然也出台了一些有关或涉及食品追溯问题的法律法规、规章制度，但还不系统、不完善。导致食品追溯的法律支撑作用不强，在各地的追溯执行上缺乏有效的保障，也阻碍了追溯系统的推进。

③ 各系统不能实现互联互通，信息量大小差异很大。目前的各追溯系统设计、建设都各自为政，针对的食品对象也不尽相同，所采用的识别、数据库和终端查询技术及设备各不相同，各个系统因系统软件多不能兼容，缺乏互联互通，故数据库和查询平台均不能共享，无法进行跨系统查询。所用的终端查询多为超市内的触摸操作屏，模式单一，不够便捷，且不兼容，这样零售客户若销售多种采用追溯系统监控生产的产品，则需准备多个查询平台或终端查询设备，既不利于消费者对各种产品追溯信息的查询，又增加了零售客户的运行成本和维护费用，制约了食品安全追溯系统的推广普及。

另外，不同系统所涉及的信息内容（项目、参数）不一致，有简有繁，且追溯链条长短不一，有的没有实现上下游企业之间的追溯信息的传递。

④ 信息的真实性缺乏监控。食品质量与安全追溯系统要想发挥预期的作用，就要保证每一个环节信息的录入都必须真实、准确、及时。但我国目前还没有一个有效的机制对整个过程录入的信息进行有效的监管，所有录入信息的真实性仅仅依靠从业人员的诚信和自律，无法保证所有信息的真实性。

⑤ 信息采集难度大。要保证食品安全，必须将所有食品及食物链各个环节均纳入监控、追溯范围之内。而我国目前农业生产仍以分散为主，加工、流通企业普遍规模小、数量多、分布范围广，从业人员素质还不高，很难熟练地使用现代化工具进行数据的采集和录入，使整个系统信息的完整性、准确性、及时性难以保证。此外，系统建设的成本也是食品生产经营者考虑的重要问题之一。

(5) 国外食品追溯发展概况

追溯技术最初应用于精密工业工程领域。20 世纪 90 年代，英国疯牛病蔓延、丹麦的猪肉沙门菌污染事件、苏格兰大肠杆菌事件的发生，引起了欧洲各国对食品安全的高度重视，并于 1997 年开始了追溯技术在食品生产领域应用的研究。2000 年，欧盟出台了新牛肉标签法规，要求自 2002 年起所有在欧盟国家上市销售的牛肉必须具备可追溯性。欧洲议会和欧盟理事会 2002 年 1 月 28 日出台了规定食品法通用原则与要求、建立欧洲食品安全局以及规定食品安全相关程序的法规（EC）178/2002 号，要求从 2005 年 1 月 1 日起，凡是在欧盟国家销售的食品必须具备可追溯功能，否则不允许上市销售，不具备可追溯性的食品禁止进口。在欧盟出台的法规基础上，欧盟的一些国家还出台了一些更为具体和详细的法令，例如比利时出台了关于食品供应链安全方面的比利时联邦皇家法令。加拿大从 2002 年 7 月 1 日起，开始实施强制性活牛及牛肉制品标识制度，要求所有的牛肉制品采用符合标准的条码来标识。巴西农业部决定，从 2004 年 3 月 15 日起，对肉牛实施强制性生长记录，实行从出生到餐桌的生长情况监控。

美国食品与药物管理局（FDA）要求在美国国内外从事生产、加工、包装或掌握人群或动物消费的食品部门，于 2003 年 12 月 12 日前必须向 FDA 登记，以便进行食品安全追踪与溯源；2004 年又公布了《食品安全跟踪条例》，要求所有涉及食品运输、配送和进口的企业要建立并保全相关食品流通的全过程记录。该规定不仅适用于美国食品外贸企业，而且适用于在美国国内从事食品生产、包装、运输及进口的企业。美国 FDA 于 2004 年 12 月 9 日发布了一个《2002 年公共卫生安全和生物恐怖防范应对法》的附属规定，叫做"建立和保持记录"。此规定要求由生产、加工、包装、运输、分送、接收、贮存或进口到美国准备用于人和动物消费的某些本国的人建立和保持记录，此外，这些要求适用于生产、加工、包装、运输、分送、接收、贮存或进口到美国准备用于人和动物消费的食品的某些外国人；这些记录应该能确定食品的前一直接供货方和后一直接收货方。法规详细列出了食品供应链上各环节组织/实体要建立和保持的记录内容，各类记录应保持的时间（参见表 8-1）；法规要求所有企业在管理当局提出要求后，正常工作日期间要在 24h 内做出反应和提供记录。

表 8-1   美国 FDA 记录保持时间要求

食品极易出现腐败、价值损失或风味损失风险的时间	记录保持时间要求	
	食品链上企业（运输者除外）	运输者
≤60 天	6 个月	6 个月
>60 天，但≤6 个月	1 年	1 年
>6 个月	2 年	1 年
包括宠物食品在内的所有动物饲料	1 年	1 年

日本是亚洲最先开始食品追溯研究和应用的国家。日本从 2001 年起在肉牛生产供应体系中全面引入信息可追踪系统，要求肉牛业实施强制性的零售点到农场的可追溯系统，系统允许消费者通过互联网输入包装盒上的牛肉身份号码，获取他们所购买牛肉的原始生产信息。2002 年日本农林水产部正式决定，将食品信息可追溯系统推广到全国肉食品行业，使消费者在购买食品时通过商品包装就可以获得品种、产地以及生产加工流通过程等相关信息。并于 2003 年通过了《牛只个体识别信息管理特别措施法》，2004 年开始立法实施牛肉以外食品的追溯制度。

2002 年，法国等部分欧盟国家在 CAC 生物技术食品政府间特别工作组会议上提出一种旨在加强食品安全信息传递，控制食源性疾病危害和保障消费者利益的食品安全信息管理体系——食品可追溯体系（food traceability system）。

新西兰的动物标识溯源系统作为农场集成管理系统（IFMS）的一部分，提供动物身份识别和溯源，最终实现食品溯源，保证食品安全。英国政府建立了基于互联网的家畜跟踪系统（CTS），该系统记录了家畜从出生到死亡的转栏情况，农场主通过该系统的在线网络来登记注册新的家畜，查询其拥有的其他家畜的情况。美国农业部/动植物卫生检验处（USDA/APHIS）集中运用条码（bar codes）识别、射频识别（RFID）等电子标识，建立了一套国家动物身份识别系统（animal ID system），可以快速追溯每头动物到它的源头，并且能快速识别出可能患同样疫病的其他动物。

针对食品安全追溯的需求，国际物品编码协会（GS1）研究开发了采用 GS1 系统（全球统一编码及标识系统）跟踪与追溯食品类产品的应用方案，适用于加工食品、饮料、牛肉产品、水产品、葡萄酒、水果和蔬菜等多个领域。在商品条码中增加食品安全的相关信息，一旦出现了食品安全问题，监管部门就可以通过查询系统很快找到问题的出处，最大可能地减少食品安全事故的发生。目前全世界已有几十个国家和地区采用 GS1 系统对食品的生产过程进行跟踪与追溯，获得了良好的效果。联合国欧洲经济委员会（UN/ECE）正式推荐 GS1 系统用于食品的跟踪与追溯，并称之为 UN/ECE 追溯标准。

8.5 食品安全预警

8.5.1 食品安全预警概述

（1）食品安全预警的概念与作用

① 预警的概念。从字面上看，预警（early-warning）可解释为事先警告，事先发出警报，提醒他人注意或警惕。而从管理角度看，预警是指在灾害或灾难以及其他需要提防的危险发生之前，根据以往总结的规律或观测得到的可能性前兆，向有关方面发出信号，报告危险的情况、可能发生的时空范围和危害程度，并提出相应的防范措施，以避免危害在不知情或准备不足的情况下发生，从而最大程度地减少危害所造成的损失的行为。

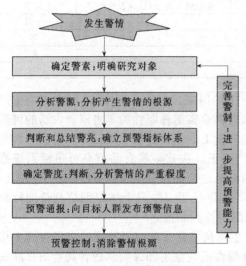

图 8-6 逻辑预警流程

将某一需要警惕的问题发生时所表现出来的状态和情况称为警情。按照逻辑层次来考察，预警可以分为确定警情的主要影响因素、分析因素变化的原因和条件、因素表征和警情程度控制与趋势预报四个主要过程，也可以简称为警素、警源、警兆和警度。这四个主要过程服从逻辑关系。就食品安全预警来说，警素是食品安全问题的主要影响因素，是进行预警的关键和基础；警源是引发食品安全问题的根本原因；警兆是发生食品安全问题时所表现出来的特征；警度则是用来表征食品安全问题的严重程度。逻辑预警流程参见图8-6。

② 食品安全预警的概念。食品安全预警就是要在明确食品安全问题的表征的基础上，探询和分析食品安全问题产生的根源，判断和总结食品可能发生的安全问题或已经发生安全问题时所具有的特性，分析问题严重程度，并向目标人群发出通报。也就是将风险预警相关理论引入到食品安全研究与管理中来，建立高效、动态的食品安全风险预警系统，加强食品质量安全监管、预测力度，及时发现隐患，并向有关方面报告，以尽快采取适当可行的措施对可能发生的食品安全事件加以消除或控制，阻止有害物质的扩散与传播，防止大规模的、严重的食品安全事件发生，以避免对消费者的健康造成不利影响。

食品安全预警是一种预防性的安全保障措施。因为食品安全风险从萌芽到暴露是有一个过程的，如果在萌芽状态时就能够掌握其动态并进行准确的预警提示，及时采取控制措施，就不会使食品安全问题的解决陷入被动。

③ 食品安全的警素。既然食品消费可能存在风险或潜在危害，为避免其影响，应采取积极的态度，即能够预先辨识食品成分中的危害物，了解其危害程度，对消费

风险较大的食品事先告诫消费者谨慎食用，尽量将食品消费的风险控制在可接受的范围。另外，对消费者健康影响不明确的物质，要通过科学试验，评估其消费风险，建立有效的预防措施。只要食品对消费者构成的健康危害超过人们预期的风险承受度，无论这种危害是短期影响还是长期影响，都需要采取一定的预防行为或在威胁发生之前采取高水平的健康风险保障措施，目的是降低安全隐患，减少不确定性影响，进而对人类不良的生产与消费行为加以有意识的引导。

广义的食品安全预警，不仅涵盖食品质量安全预警，还可以包括像 SARS、禽流感等重大疫情以及公共卫生安全问题的预警。

④ 食品安全预警体系。食品安全预警体系是为了达到降低风险、减小损失和避免发生食品安全问题的目的，应用预警理论和方法，按照预警的一般流程运行，并针对食品安全的特性而建立的一整套预警制度和预警管理系统。即是在现有法律法规、标准体系的基础上，利用现代食品安全预警相关技术，对食品中的添加剂或者其他微生物含量等可能对食品安全产生影响的要素进行调查、监测，并应用预警理论和方法对调查、监测结果进行统计分析、预警判断，然后结合媒体及相关政府监管部门进行预警信息的发布和传递，为政府相关部门和有关各方高效应对食品安全问题提供科学的依据，进而降低其带来的风险和社会经济损失，维护社会的和谐稳定。

食品安全预警系统是食品质量与安全管理体系不可或缺的内容，是实现食品安全控制管理的有效手段。食品安全预警通过指标体系的运用来解析各种食品及原辅料的安全状态、食品风险与突变等现象，揭示食品安全的内在发展机制、成因背景、表现方式和预防控制措施，从而最大限度地减少灾害效应，维护社会的可持续发展。

⑤ 食品安全预警的作用。鉴于食品安全预警的关键在于及时发现高于预期的食品安全风险，并向公众提供警示信息，以便提前采取预防措施，消除或避免食品不安全事件的发生或蔓延。因此，通过食品安全预警可以起到如下作用：促进食品安全监测和风险评估，及时发现或预见不安全因子，即警素；促进食品安全信息管理体系完善，构建食品安全信息的交流与沟通机制，保证预警信息及时、准确传递；有利于消费者科学选择食品，避免食品安全事故发生；有利于食品生产品经营者及时采取措施，避免生产或销售不安全食品；有利于监督管理部门把握监督管理重点，提高监管效果；减少或避免突发、重大食品安全事故发生，减少经济损失和人员伤害，避免出现公众惊慌，稳定社会秩序等。

（2）国外食品安全预警系统的发展

世界各国均很重视食品安全预警方面的研究，并在实际应用中积累了丰富的经验，形成各自独具特色的警报系统。如 WHO 于 1996 年建起"全球疫情警报和反应系统"，并启动"全球疫情警报和反应网络"（GOARN），共有 60 多个国家和 140 多个技术合作伙伴参与，2002 年 WHO 还建立了"化学事件预警及反应系统"，2006 年进一步拓展该系统，涉及其他环境卫生领域。

2002 年，鉴于欧盟严峻的食品安全形势，为了加强成员国之间食品安全问题信息通报和预警功能，欧盟发布了 178/2002 号食品安全基本法，并建立了"欧盟食品和饲料快速预警系统"（RASFF），该系统涵盖了 25 个欧盟成员国、欧洲经济区的挪威、冰岛、列支敦士登、欧盟委员会健康和消费者保护总署、食品安全管理局等系统，体现了欧洲食品安全高科技大系统的现代预警特征。

该预警系统首次将"预警"和"信息"进行了区分，设定了预警通报和信息通报两种通报类型。其中，预警通报是与食品安全紧密相关的信息，如产品的市场撤回行为等，而信息通报是人们通常所泛指的相关信息。该系统实现了有效的系统管理，即使是没有一个明确的商品名录、没有相应独立的快速报警制度或通报系统的成员国，也可以使用该系统实现风险管理，以防范或应对食品安全事件的发生。同时，该系统的信息流并非单向的，而是互动的。国家联系点不仅收集本国内的食品和饲料安全信息并上传到欧盟委员会，同时也负责接收欧盟委员会传来的其他成员国的信息并向本国进行通报。此外，预警系统还通过其通报以及第三国信函的方式将信息扩展到第三国，引起原产地国和地区的注意，防止问题的再次发生，进一步提高食品安全保障。

RASFF 系统仅限于在出现可能对超过一个以上的欧盟成员国造成危害的食品的情况下启动，一旦发现来自成员国或者第三方国家的食品与饲料可能会对人体健康产生危害，而该国没有能力完全控制风险时，欧盟委员会将借助于欧盟委员会的通信与信息资源管理中心（Communication & Information Resource Centre Administrator，CIRCA）发布通报制度、通报分级、通报类型、采取的措施、后续反应行动、新闻发布制度和公司召回制度等信息，并采取终止或限制问题食品或饲料的销售、使用等紧急控制措施。成员国获取预警信息后，会采取相应的措施，并将危害情况通知公众。为避免被监测到的问题再度出现，欧盟食品和饲料快速预警系统还设立了第三国特殊保障机制以及时将发现的问题反馈给原产国。

美国主要采用三套监测网工具系统，即食源性疾病主动监测网系统（FoodNet）、脉冲凝胶电泳 DNA 指纹图谱监测网系统（PulseNet）和国家抗生素耐药性监测网系统（NARMS，National Antimicrobial Resistance Monitoring System），对全国食源性疾病发生及变化趋势进行监测。除此之外，美国对于常规食品安全的预警也非常灵敏，一旦监测发现相关食品可能存在危险后，会立即发布既简明又准确的食品安全预警公告。例如 2007 年 9 月 21 日，美国 FDA 警告消费者不要食用商标为"有机牧场A 级生奶油"的未经高温消毒的奶油，产品为 1 品脱塑料瓶装，由加利福尼亚弗雷斯诺有机牧场牛奶公司销售，原因是产品可能受单增李斯特菌（*L. monocytogenes*，LM）污染。2008 年 3 月 29 日，美国农业部食品安全检疫署对冷冻填馅的初加工鸡肉产品发布公众健康警告信息，原因是它们可能受到沙门菌的污染，受到影响的产品是由美国 Serenade Foods 公司生产的，食品安全检疫署还提醒公众一定要烹熟之后再食用类似的初加工鸡肉产品。2009 年 5 月 15 日美国 FDA 发布沙门菌预警，告知美国 M Companies 公司召回一批甜瓜，原因是该批甜瓜可能受到沙门菌的污染。

8.5.2 食品安全预警系统

关于食品安全预警系统国内外学者做了大量研究探讨，并提出了多种方案。虽然这些方案各不相同，但其基本构成是相似的，即目前普遍认为食品安全预警系统主要包括预警信息采集子系统、预警分析子系统和预警响应子系统，各子系统又包括多个模块。

（1）预警信息采集子系统

预警信息采集子系统也称为预警信息源系统。其核心是收集监测数据的数据库系统，是食品安全预警系统运行的数据基础。信息源系统的功能是负责收集、整理、更新和补充相关的数据和信息。信息源系统的输入端是食品安全信息源，即从各信息源获取各种相关数据和信息，并把这些整理好的信息存入数据库，输出端是预警分析子系统，即将所得到的有效数据和信息输送到预警分析子系统，进行风险分析、评估。

为了满足食品安全预警系统对数据和信息的需求，信息源系统必须持续、可靠地保障数据采集和供给，及时进行信息和数据的补充和更新，充分支撑食品安全预警系统的信息产出和加工需求。数据信息体系及其保障机制的优劣，将直接影响到整个预警体系的性能，影响预防控制措施的决策判断。因此，信息源体系在整个体系中处于举足轻重的地位，保证整个体系的优化必须首先保证信息源体系的优化。另外，由于食品本身的多样性、复杂性，要长期保持数据的完整性、统一性非常困难，因此，食品安全预警系统的数据库建设是一个相当艰巨的工程。

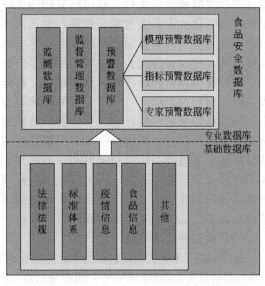

图 8-7　食品安全数据库结构分布示意

丁玉洁（2011）认为，可将食品安全数据库的构成分为基础数据库和专用数据库两个层次，见图 8-7。其中，食品安全专业数据库主要包含与食品安全监测相关的所有信息，如最新的食品安全监测技术、各食品安全组织管理机构的职责、全面的食品安全预警理论和方法以及食品安全专家资源等信息。因此，食品安全专业数据库可以看做由监测数据库、监督管理数据库和预警数据库 3 个子库构成，而预警数据库又可以根据预警方法和侧重点的不同分为模型预警数据库、指标预警数据库和专家预警数据库。

基础数据库中所提供的各类数据和技术标准、知识信息，为食品安全评估专家或系统实施数据库技术、在线分析和数据处理技术和元数据管理技术提供相应的数据分析基础，将它们的分析结果应用于预警和数据库的建设，为食品安全提供同期评价和下期预警的操作提供科学的数据支持。

（2）预警分析子系统

预警分析就是利用采集系统提供的风险信息资料，计算出具体的指标值，并根据预先设定的警戒线（阈值），对不同预警对象进行预测和推断，甄别出高危品种、高危地区、高危人群等。食品安全预警分析系统的主要职责是根据出现的警情来寻找食品不安全警兆，或者根据一些非直接指标显示的警兆，运用分析模型等，采用正向推理判断食品安全警情发生的可能性。

预警分析子系统是整个预警系统的关键与核心部分，其功能将直接影响食品安全预警的质量。预警分析子系统的输入端是信息源系统，输出端是预警信息发布子系统，将经充分分析、论证后，需要发布的食品安全风险信息输送给预警信息发布系统。

一般的预警分析子系统包括指标模块和分析模型模块两部分。指标模块主要是设置食品安全风险的评价项目，要求指标具有典型性和科学性，并从相关因子中选择出能超前反映食品安全态势的领先指标。指标的数据提供来源于信息源系统。分析模型模块有风险分析模型和专家评估两个子模块。风险分析模型是理论分析方法，主要是通过统计数据和限定条件，利用已有的预警模型进行理论计算，并得出分析结果。但预警模型的建立需要大量相关数据，且任何模型均有其适用条件，不具有通用性。因此，在食品安全监测数据缺乏的今天，单凭风险分析模型进行预警信息分析是不能满足要求的。经验告诉我们，可以利用专家们的实际经验、专业知识积累和科学研究成果，进行警情判断和评估以及预测趋势，称此为专家评估。建立一支稳定的、具有相当实践经验的专家群体，利用专家的实际调查研究和智慧判断，参与预警分析方案的拟订和预测结果的评估，改进和完善单纯模型极难完成的预警分析任务，可以保证食品安全早期预警的分析质量。专家预警和模型预警的相互补充，既可以通过应用模型预警减轻专家组的工作量，又可利用专家预警解决单纯模型预警不能解决的问题，扩大了食品安全预警的范围，大大保证了食品安全早期预警的分析质量。因此，预警分析系统是一套综合的、可以最优化运用监测信息、统计数据、抽样调查资料和专家意见对食品安全运行状态做出判断性预测的体系。

（3）预警响应子系统

预警响应子系统主要是根据预警分析子系统的评估结果做出反应的系统，因此，该系统输出的是食品安全预警控制指令，也根据预警分析的输出结果采取预警发布机制、应急预案机制等决策方案。通常情况下，预警分析的结果有两种情况：一是食品安全状态正常，无警情；二是食品安全状态出现危机，有警情，需要采取相应的调控措施予以应对。在无警情的情况下，响应系统不需要采取任何措施，只需要继续正常运行即可；在有警情的情况下，则需要根据警情的严重程度采取预警信息发布机制，启动相应的应急预案机制。

因此，响应系统在得到预警分析系统的评估结果后，首先要进行警情判断，评定可能发生的食品安全事件的等级，并且进行分级响应。潘春华等（2010）将食品风险预警分为：检测要求项没有完全检测而触发的未检项异常预警、食品来自疫区及污染地区而触发的 A 类风险预警、食品中含有病原微生物、禁用物质类危害物而触发的 B 类风险预警、食品中含有限量类危害物超标而触发的 C 类风险预警、对危害物施检频率不当而触发的 D 类风险预警。

① 未检异常预警。上市食品必须符合我国食品安全标准要求，其中包括各种危害物残留量必须低于我国最大残留限量。因此对于上市食品，其含有的危害物的残留量必须严格限制在我国标准检测危害物的残留量范围内。如果食品中有的危害物未进行检测，则存在一定的风险，需要发出预警报告，并列出相应的未检测项目。

② A 类预警。如由我国进口食品安全局根据世界各地发生的疫情、食品污染事件等信息及时在预警系统中设立有关条件，该类预警控制主要在商品报验和现场查验阶段，只要满足设立的条件，无需实验对其相关的危害物实施进一步的检验，即可发出预警，并拒绝入境。

③ B 类预警。食品若含有病原微生物、禁用物质类危害物，即食品被检测出有各类致病性细菌（如沙门菌、金黄色葡萄球菌、溶血性链球菌等），部分食品中的农药、兽药的残留（如蔬菜中的甲胺磷、对硫磷，肉制品中的盐酸克伦特罗，水产品中的氯霉素等）以及一些生物毒素和化学污染物，一旦被检测出来，即被视为阳性，进入预警状态。由于阳性是对于该类危害物预警的一个重要的阈值和明显标志，所以危

害物未检测出时的情形，检测数据本身并没有多少信息可提供。故该类危害物的预警将主要关注危害物何时有阳性检出，以及在一定的监测周期内，检测出的频率有多少。

④ C 类预警。C 类预警是指限量类危害物的风险预警，主要指有着最大残留量（MRL）规定的危害物，其类别包括农药残留、兽药残留、食品添加剂、有害元素、工业污染物等。危害物的最大残留限量是该类预警中最重要的阈值指标。针对每一个项目指标，权威的管理部门都会制定相应的国际或国家标准，标准中会规定该项目的最大残留量（MRL），即在食品中有毒有害物质、致病微生物等有害指标在食品安全风险预警指标体系中的上限标准。

而方法的检出底限，即不可忽略的危害物含量是另一个重要的阈值指标。当检测结果值超过所规定的 MRL 时，称为危害物超标；当检测结果大于所用方法检测底限时，则称为危害物检出。因此发出相应的预警。

⑤ D 类预警。食品中若含有较高风险的危害物，相应的应有较高的施检频率；而对于那些风险程度较低的，相应的可降低其施检频率。当实际的施检频率与危害物风险的高低发生背离时，系统将发出一个 D 类预警，提醒管理人员及时地调整该类危害物的施检频率。

预警信息的发布是实现预警的根本，信息发布的准确性及发布流程直接影响着食品安全预警的效果。预警信息发布是一件政策性很强的工作，需要建立一套完善的预警信息发布制度。通常情况下，按照预警信息的通报层级关系，可以分为从下往上的预警和从上往下的预警。在经济全球化的今天，食品进出口贸易越来越频繁，因此，在发布重大或特大食品安全预警信息时，从上往下的预警和从下往上的预警往往是同时进行的，以保障更大范围内的食品质量安全。在信息的发布渠道方面，预警信息要通过食品安全权威机构，按照规定的程序在规定的传媒和渠道公示，实现信息的合理规范传播。

8.5.3 食品安全预警指标体系

食品安全预警系统是依赖于食品安全预警指标体系的评估结果进行预警的。因此，食品安全预警指标体系既是整个食品安全预警体系的基础，也是食品安全预警体系的核心组成部分。毋庸置疑，所选取的食品安全预警指标的科学性和适用性直接影响着食品安全预警体系的预警效果。因此，构建一套完善的食品安全预警指标体系首先要明确预警指标，然后在分析食品安全影响因素的基础上，按照科学性原则进行预警指标的选取及指标体系的构建。

(1) 食品安全综合评价理论

食品安全预警指标体系的构建就是对食品安全状态进行综合评价，以实现对食品安全状态的监测和预警。而所谓的评价是指某一个或某一些特定对象的属性与一定参照标准进行比较，从而得到其好坏优劣的评价，并通过评价而得到对评价对象的认识，进而辅助管理和决策。

对整个食品安全状态的综合评价是一个复杂的统计与分析的过程，该过程可以划分为以下四个阶段：第一阶段首先要明确食品安全综合评价的目的，即摸清整个食品安全或某类食品的安全状态，并对食品安全状态做出客观评价，进而为相关监管部门提供科学的决策依据；第二阶段则是在食品安全影响因素分析的基础上，建立以食品安全综合指数为核心的评价指标体系，并对各评价指标进行细化；第三阶段负责给出食品安全评价的方法，确定评价的标准和规则；第四阶段进行相关数据的采集，并进行统计分析，确定指标体系的参数和权重，实施食品安全综合评价，并对评价结果进行分析。

（2）指标体系的设计原则

为建立一套数量适度而又能最大限度地反映食品安全状态，并揭示其内在规律的可信赖的指标体系，必须坚持相对完整性原则和最优化原则。

① 指标体系的相对完整性原则。这一原则要求指标体系能够全面地表达所有的食品安全预警问题，但是，由于食品安全问题是处于不断发展的，食品安全预警系统的制度建设和机制运行仍在不断完善中，食品检测技术和预警信息、数据的积累也都是动态发展的，所以指标体系的完整性也是相对的。要保证食品安全预警指标体系的相对完整性，就需要不断加深对食品安全问题的认识，并适时对体系中的指标及其权重进行调整，以有效地保证指标体系预警效果的可靠性。

② 指标体系的最优化原则。指标体系的最优化原则就是在保证指标体系相对完整性的基础上，对预警效果类似或对预警意义不大的多个指标进行精简，使得指标数量减少到最小。这样，一方面可减少工作量，另一方面，也排除了一部分多余因素的影响，加快了指标分析速度，达到最优效果。如果以食源性疾病作为指标，中毒死亡率指标可以不纳入指标体系，从而提高指标体系的运行效率。因此，指标体系的最优化原则也必然是一个逐步优化的过程。

（3）食品安全预警指标选取原则

在确定食品安全预警指标体系的总体设计思路之后，指标的选取是否有代表性，以及所选取指标是否具有实际操作性及操作的难易直接影响着食品安全预警的效果。食品安全预警指标体系是由一系列单项指标有机组合而成的，为实现指标体系的完整性和最优化，考虑到食品本身的特殊性、复杂性，以及食品安全预警系统的要求，预警指标的选择应遵循以下原则。

① 科学性原则。科学性原则是选取指标的基础性原则，就是要坚持辩证唯物主义，以及动态发展的观点确立食品安全预警指标体系。科学性原则一方面要求所选指标能够反映食品安全的基本内涵，并且具有明确的预警意义；另一方面要考虑食品质量安全是动态变化的，过去、现在的数据和信息应该能够建立合理的时间序列。

② 可操作性原则。预警模型最终是要应用到实际中去的，因此要求它的指标体系要具有可操作性。这一原则要求所有指标尽可能是有统计资料、可测量、可实施的，具有表征食品安全状态和对食品安全变化趋势具有可预测性的特性。

③ 灵敏性原则。食品安全风险预警系统应是一种动态的分析与监测系统，而不是一种静态的反映系统。该系统不仅要在分析过去的基础上，准确把握未来的发展趋势，而且要求所选指标对食品安全风险的变化情况能够准确、科学、及时地反映，这样才能保持系统的先进性，增强系统的生命力。

（4）食品安全预警指标

从理论上来讲，对食品安全状态进行分析，内容应包括所有对食品安全有影响的因素，然而考虑到目前的实际状况与监测的可行性，食品安全风险预警指标体系的内容应围绕导致食品不安全的主要因素来进行设计，主要包括食品中的致病性微生物污染程度；激素、抗生素、农药以及化肥残留水平；非法和超量使用食品添加剂；环境污染物、食物中的霉菌毒素和放射性物质；疫病等等。

9 ◄◄◄◄◄◄

食品安全事件管理

内容提要

　　本章在介绍食品安全事件（事故）的概念和类型的基础上，进一步介绍食品安全事件的认定、处置和法律责任的认定，同时介绍了食品安全应急和食品召回相关内容。

教学目的和要求

　　1. 掌握食品安全事件和事故的概念与界定，熟悉食品安全事件的类型。

　　2. 掌握食品安全事件认定的原则和依据，以及食品安全事件流行病学调查和处置的有关规定。

　　3. 掌握食品安全应急的概念和我国的有关规定。

　　4. 掌握食品召回的概念和我国的有关规定。

　　5. 在熟悉法律责任基本知识的基础上，明确食品安全事件责任的构成要件和法律责任形式。

重要概念与名词

　　食品安全事件，食品安全事故，食品安全事件法律责任，食品安全应急，食品召回。

思考题

　　1. 什么是食品安全事件和事故？如何对其进行界定？

　　2. 如何对食品安全事故进行分类？

　　3. 什么是食品安全事件的认定？简要说明认定的原则和依据。

　　4. 如何进行食品安全事件流行病学调查？

　　5. 我国《食品安全法》对食品安全事件处置的规定是什么？

　　6. 食品安全应急处置应遵循哪些原则？

　　7. 简要说明应急组织机构及其职责。

　　8. 简要说明食品安全应急程序及相关规定。

　　9. 什么是食品召回？实现食品召回的前提条件是什么？

　　10. 实施食品召回制度有什么意义？

　　11. 食品召回实施和监督的主体及其职责是什么？

　　12. 食品召回有哪几种？简要说明食品召回的程序。

13. 什么是食品安全事件法律责任？它有哪几种形式？

14. 简要说明构成食品安全事件的要件。

9.1 食品安全事件概述

9.1.1 食品安全事件的概念

(1) 事件

事件（event，incident）一般是指历史上或社会上已经发生的产生相当影响的事情。事件可以来源于人类社会生活的方方面面，如来源于政治领域、军事领域，或者生活领域；也可能来源于自然界的突然变化，如自然灾害。因此，事件可以分为自然事件和人文事件。

在法学上，事件是法律事实的一种。是指与当事人意志无关的那些客观现象，即这些事实的出现与否，是当事人无法预见或控制的。

(2) 事故

事故（accident）是发生于预期之外的造成人身伤害或财产或经济损失的事件。主要是指发生在人们的生产、生活活动中的意外事件。在事故的种种定义中，伯克霍夫（Berckhoff）的定义较著名。伯克霍夫认为，事故是人（个人或集体）在为实现某种意图而进行的活动过程中，突然发生的、违反人的意志的、迫使活动暂时或永久停止、或迫使之前存续的状态发生暂时或永久性改变的事件。事故的含义包括如下内容。

① 事故是一种发生在人类生产、生活活动中的特殊事件，人类的任何生产、生活活动过程中都可能发生事故。

② 事故是一种突然发生的、出乎人们意料的意外事件。由于导致事故发生的原因非常复杂，往往包括许多偶然因素，因而事故的发生具有随机性质。在一起事故发生之前，人们无法准确地预测什么时候、什么地方、发生什么样的事故。

③ 事故是一种迫使进行着的生产、生活活动暂时或永久停止的事件。事故中断、终止人们正常活动的进行，必然给人们的生产、生活带来某种形式的影响。因此，事故是一种违背人们意志的事件，是人们不希望发生的事件。

④ 事故是一种动态事件，它开始于危险的激化，并以一系列原因事件，按一定的逻辑顺序流经系统而造成损失。

从此可以看出，事故只是事件中影响较为严重或重大的部分。

(3) 食品安全事件与事故的界定

根据对事件的理解，可以把食品安全事件定义为与食品安全有关，并对人体健康或社会产生一定负面影响或可能产生负面影响的事件。

关于食品安全事故，《食品安全法》将其定义为：食品安全事故是指食物中毒、食源性疾病、食品污染等源于食品，对人体健康有危害或者可能有危害的事故。

怎么来界定食品安全事故和食品安全事件，目前还没有一个肯定的说法，下面先考察其他领域对事故和事件的界定情况。

国际原子能机构（IAEA）和经济合作发展组织（OECD）的核能机构（NEA）

联合组织专家制定的国际核事件分级表中，把核事件分为 0~7 级，其中 0 级属于在安全上没有重要意义的偏差现象，1~3 级称为核事件，4~7 级称为核事故。

广西电网公司在其企业标准《事故与事件管理标准》（Q/GXD 207.38—2009）中把事件定义为："事件：是指由于设备和人为差错等诱发产生的，未构成事故和障碍，但在社会或企业造成重大影响的状态或行为。"

目前我国各省按《国家食品安全事故应急预案》（2011 年）把食品安全事故分为四级，其中最低一级，即一般食品安全事故，是指事故涉及 2 个以上乡镇或中毒人数在 30~100 人。对事故涉及范围小于 2 个乡镇或少于 30 人的情况均未界定。

因此为了方便区分，可以把食物中毒、食源性疾病及食品污染在未达到事故认定标准时的情况称为食品安全事件。即认为食品安全事件是指较食品安全事故对人类或社会产生的负面影响较轻的事件。这是对食品安全事件的狭义理解。

此外，食品安全问题不仅包括食物中毒、食源性疾病及食品污染，还包括诸如质量不合格，食品添加剂使用、标签标识、广告宣传不规范等问题，以及食品生产经营者、检验机构（人）、监督管理部门（人）弄虚作假、滥用职权、玩忽职守、徇私舞弊等现象。因此，认为在食品安全问题研究、监督管理、控制、问题处理等过程中，采用"食品安全事件"（广义）较为科学、合理。

9.1.2　食品安全事件的类型

根据食品安全事件的不同特性，可将其区分为不同种类。

（1）根据事件的危害程度不同分类

《国家食品安全事故应急预案》将食品安全事故共分四级，即特别重大食品安全事故、重大食品安全事故、较大食品安全事故和一般食品安全事故。并规定事故等级的评估核定，由国家食品药品监督管理总局（注：原定卫生行政部门）会同有关部门依照有关规定进行。

目前对各级食品安全事故包括的内容国家尚未界定，不过各省在所编制的急应预案中对此按食品安全事故的性质、危害程度和涉及范围，做出了基本相似的界定，只是在表述上稍有不同。具体如下。

① 特别重大食品安全事故。包括事故危害特别严重，对 2 个以上省份造成严重威胁，并有进一步扩散趋势的；超出事发地省级人民政府处置范围的；发生跨地区（香港、澳门、台湾）、跨国食品安全事故，造成特别严重社会影响的；国务院认为需要由国务院或国务院授权有关部门负责处置的。

② 重大食品安全事故。包括事故危害严重，影响范围涉及省内 2 个以上设区市级行政区域的，或超过发生地市级人民政府处置范围的；造成伤害人数超过 100 人并出现死亡病例的；造成 10 例以上死亡病例的；食品（食物）疑似含有或被有毒有害物质污染，涉及不同监管领域或省级不同部门，需要省政府统一组织协调的；省政府认定的重大食品安全事故。

③ 较大食品安全事故。包括事故影响范围涉及市辖区内 2 个以上县级区域，给人民群众饮食安全带来严重危害的；造成伤害人数超过 100 人，或者出现死亡病例的；市人民政府认定的较重大食品安全事故。

④ 一般食品安全事故。包括事故影响范围涉及县（区）辖区内 2 个以上乡镇，

给消费者饮食安全带来严重危害的；造成伤害人数在 30~100 人，无死亡病例报告的；县（区）人民政府认定的一般重大食品安全事故。

⑤ 食品安全事件。即未达到上述食品安全事故程度的事件。

（2）根据事件产生的原因不同分类

食品安全事件产生的具体原因很多，但大致可将其分为不可预知事件和人为事件。

① 人为食品安全事件。是指食品生产经营者故意或过失违反食品安全法律法规，生产或经营有毒有害食品，影响了食用者的身体健康或生命安全。如"阜阳奶粉事件"、"假酒事件"、"三聚氰胺事件"等。

② 不可预知食品安全事件。是属于人类不可抗力的因素引起的事件。如"禽流感"、SARS 等。这类事件往往由于受科学技术及人类认识水平的限制，在人类尚未认识某因素可能会损害人身健康时有意或无意地将其引入食品，结果导致食用者身体健康受到伤害。

人为事件和不可预知事件的划分不是绝对的，具有很强的"时效性"，例如六六六、DDT 农药，"瘦肉精"、三聚氰胺、"吊白块"等在人们认识其对人体具有伤害作用之前，因其引起的食品安全事件属于不可预知事件，而在今天认识到它们对人身健康有危害，且明令禁止在食品生产中使用后，如果再使用就属于人为事件了。

（3）根据事件存在的形态不同分类

根据食品安全事件的存在形态不同，可将其分为显性事件和隐性事件。

① 显性食品安全事件。是指引起食品安全事件的原因、危害结果、损害事实均以外在形态表现出来而为人们直接认识和判断的事件。如食物中毒事件、"禽流感"、SARS 等。

② 隐性食品安全事件。是指引起食品安全事件的原因、危害结果、损害事实不是以直接的、外在的形态表现出来，而必须借助特定的科学技术手段才能被人们所认识或者在现今状态下无法被人所认识或在一个相对较短的时间内不能被人所认识的事件。例如人们目前仍不能肯定辐射技术、转基因产品是否对人体有害。又如三聚氰胺奶粉和阜阳奶粉均是在婴儿食用了一定量、一定时间后才显现出对婴儿身体的伤害。

9.2　食品安全事件的认定与处置

9.2.1　食品安全事件的认定

（1）食品安全事件认定的概念与目的

食品安全事件的认定是指依照特定标准对某一食品安全事件是否构成食品安全事故，以及食品安全事故是何性质进行判断和确定的法律行为。

通过对食品安全事件的认定，分清事件责任，以便对当事人准确地进行行政处罚、刑事处罚以及解决民事损害赔偿等工作，所以食品安全事件的认定是对食品安全事件及时进行法律处理的前提条件。食品安全事件认定的根本目的是为了维护当事人的合法权益及切身利益，同时也是为了维护社会公共秩序的正常运行，保证社会主义现代化建设的顺利进行。

（2）食品安全事件认定的原则

为了客观、公正、准确地对食品安全事件做出认定，事件的认定工作必须遵循以下基本原则。

① 以事实为依据的原则。以事实为依据是指认定食品安全事件的基础是经过事件处理机构查证的客观事实。这是认定食品安全事件的根本出发点，也是基本前提。

事实清楚是指有关食品安全事件发生的基本过程、原因等事件情况已了解清楚，且各方当事人对这些基本事实的认定无异议。食品安全事件何时、何地发生，造成何种后果，当事人有何违法行为、违法行为与事件之间是否有因果关系等一系列情况都是食品安全事件的基本事实，这些事实是认定食品安全事件的前提与基础。确定事实是否清楚是建立在证据是否确实充分的基础上的。证据确实充分是指用于食品安全事件认定的基本事实均有足够充分的经查证属实的证据予以证明。能够证明食品安全事件事实情况的一切客观真实情况即为食品安全事件中的证据。

② 依法认定的原则。食品卫生行政部门认定食品安全事件责任，主要依照食品卫生行政法律、法规和有关事件处理办法的规定，依法认定。我国现行认定食品安全事件的法律依据主要有《食品安全法》、《农产品质量安全法》等。这些法律规范不仅规定如何进行食品安全事件认定，还对事件认定的法定程序和时限做出了严格的规定。食品卫生行政部门在事件处理中必须以相关法律法规为依据，依法认定食品安全事件。

③ 依靠科学技术的原则。食品安全事件的认定需要借助医学上的判断，如《食物中毒诊断标准及技术处理总则》中明确规定食物中毒患者的认定由食品卫生医师以上（含食品卫生医师）诊断确定；食物中毒诊断的基础是在食物中毒调查中所占有的资料，把这些资料进行整理，用流行病学的方法进行分析，结合各类各种食物中毒的特点进行综合判断；食物中毒的确定应尽可能有实验室资料，从不同病人和中毒食品中检出相同的病原。对原因不明的食物中毒，流行病学的分析报告至关重要，该报告必须满足食物中毒流行病学特征性的要求，必要时可由三名副主任医师以上的食品卫生专家进行评定。

（3）食品安全事件认定的依据

食品安全事件认定的依据包括事实依据、法律依据和理论依据。

① 事实依据。是指运用各种证据证明的与食品安全事件发生的相关事实。包括食品生产经营者和监督管理部门的过程记录，事件调查、分析评估结果，医院诊断结果等。例如食品中毒事件认定的事实依据主要包括：可疑及中毒病人的发病人数、发病时间、发病地点、临床症状及体征、诊断、抢救治疗情况陈述；可疑及中毒病人发病前48h以内的进餐食谱及特殊情况下的72h以内的可疑进餐食谱和同餐人员发病情况调查结果；可疑中毒食物的生产经营场所及生产经营过程的卫生情况检查结果；从业人员健康状况证明；采集可疑食物和中毒病人的呕吐物（洗胃液）、血、便及其他需要采集的样品进行检验，必要时可做动物试验，所取得的检验或试验结果；食物中毒调查登记表。食品污染事件认定的事实依据主要包括：被污染食品的名称、数量、来源、流向情况说明；污染物的名称、数量、可疑污染环节说明；取证、采集样品进行检验结果；调查笔录。

证据是能够证明案件事实的客观情况，是法院和行政机关定案、做出行政处理决定的根本依据，所以证据对于案件来说起着举足轻重的作用。在食品安全事件认定中可以作为证据的材料有诸多种类。在诸多证据材料中，不同类型的证据对食品安全事件认定的证明力有所不同。因此，在调查取证的过程中应努力做好以下各方面的工作：依法及时、全面、客观地收集各类证据；充分运用证据学原理，对收集到的证据进行认真的分析和研究，判断和运用好证据；根据证据证明了的当事人的违法行为，分析判断其违法与否及其与食品安全事件的因果关系。

② 法律依据。是指有关的食品安全事件法律、法规和食品安全事件处理相关办法等。我国目前与食品安全事件认定有关的法律法规、办法等主要有：《食品安全法》、《食品安全法实施条例》、《农产品质量安全法》、《突发事件应对法》、《突发公共卫生事件应急条例》、《传染病防治法》、《食品安全事故流行病学调查工作规范》、《行政处罚法》、《食品卫生行政处罚办法》、《食物中毒事故处理办法》、《食品卫生监督程序》、《食物中毒诊断标准及技术处理总则》、《食品广告管理办法》、《保健食品管理办法》，等等。此外，有关食品及相关产品的质量、安全标准也是认定食品安全事件的重要依据。

③ 理论依据。是指食品安全事故认定依据的流行病学等科学理论。

9.2.2 食品安全事件流行病学调查

我国颁布的《食品安全事故流行病学调查工作规范》对食品安全事件流行病学调查工作做了具体规定。

(1) 调查的任务与内容

食品安全事件流行病学调查的任务是利用流行病学方法调查事件有关因素，提出预防和控制事件的建议。这里所说的食品安全事件是指已发生或可能发生损害健康的食品安全事件。其调查内容包括人群流行病学调查、危害因素调查和实验室检验，具体调查技术应当遵循流行病学调查相关技术指南。

(2) 调查机构及管理

我国食品安全事件流行病学调查是在卫生行政部门的组织下，主要由县级以上疾病预防控制机构及相关机构承担，调查员由具有 1 年以上流行病学调查工作经验的卫生相关专业人员担任。调查工作的开展遵循属地管理、分级负责、依法有序、科学循证、多方协作的原则，并与有关食品安全监管部门对事故的调查处理工作同步进行、相互配合。

食品安全事件流行病学调查实行调查机构负责制。调查机构应当按照国家有关事故调查处理的分级管辖原则承担事故流行病学调查任务。应当做好事故流行病学调查的物资储备，并及时更新，保障调查工作的正常进行。

卫生行政部门应当为调查机构承担事故流行病学调查的能力建设提供保障。上级调查机构负责对下级调查机构开展事故流行病学调查提供技术支持。卫生监督等相关机构应当在同级卫生行政部门的组织下，对事故流行病学调查给予支持和协助。

(3) 调查方法

流行病学调查方法主要包括观察性研究、实验性研究和数学模型研究。

① 观察性研究。是指研究者不对被观察者的暴露情况加以限制，通过现场调查分析的方法，进行流行病学研究。在概念上与实验性研究相对立。观察性研究主要包

括横断面研究、病例对照研究和定群研究三种方法。

② 实验性研究。是指在研究者控制下，对研究对象施加或消除某种因素或措施，以观察此因素或措施对研究对象的影响。实验性研究可划分为临床试验、现场试验和社区干预试验三种试验方式。

③ 数学模型研究。又称理论流行病学研究，即通过数学模型的方法来模拟疾病流行的过程，以探讨疾病流行的动力学，从而为疾病的预防和控制、卫生策略的制定服务。例如人们通过模拟 AIDS/HIV 在不同人群中和社会经济状况下的流行规律来预测 AIDS/HIV 对人类的威胁并比较不同干预策略预防和控制 AIDS/HIV 的效果。

(4) 调查内容

① 人群流行病学调查包括以下内容：制定病例定义，开展病例搜索；统一个案调查方法，开展个案调查；采集有关标本和样品；描述发病人群、发病时间和发病地区分布特征；初步判断事故可疑致病因素、可疑餐次和可疑食品；根据调查需要，开展病例对照研究或队列研究。

人群流行病学调查结果可以判定事故有关因素的，应当及时作出事故流行病学调查结论。

② 危害因素调查包括以下内容：访谈相关人员，查阅有关资料，获取就餐环境、可疑食品、配方、加工工艺流程、生产经营过程危害因素控制、生产经营记录、从业人员健康状况等信息；现场调查可疑食品的原料、生产加工、贮存、运输、销售、食用等过程中的相关危害因素；采集可疑食品、原料、半成品、环境样品等，以及相关从业人员生物标本。

(5) 调查程序

① 成立调查组。调查机构接到卫生行政部门开展事件流行病学调查的通知后，应当迅速启动调查工作。成立事件流行病学调查组，调查组应当由 3 名以上调查员组成，并指定 1 名负责人。

② 现场调查。调查员根据流行病学调查工作的需要，有权进入医疗机构、事故发生现场、食品生产经营场所等相关场所，根据调查需要和相关规范采集标本和样品，了解有关情况和监管部门意见，有关事故发生单位、监管部门及相关机构应当为调查提供便利并如实提供有关情况。被调查者应当在其提供的材料上签字确认，拒绝签字的，由调查员会同 1 名以上现场见证人员在相应材料上注明原因并签字。

③ 分析检验。承担事故标本和样品检验工作的技术机构应当按照相关检验工作规范的规定，及时完成检验，出具检验报告，对检验结果负责。送检标本和样品应当由调查员提供检验项目和样品相关信息，由具备检验能力的技术机构检验。标本和样品应当尽可能在采集后 24h 内进行检验。实验室应当妥善保存标本和样品，并按照规定期限留样。

④ 调查结论。调查组应当综合分析人群流行病学调查、危害因素调查和实验室检验三方面结果，依据相关诊断原则，作出事故调查结论。事故调查结论应当包括事故范围、发病人数、致病因素、污染食品及污染原因，不能作出调查结论的事项应当说明原因。

对符合病例定义的病人，调查组应当结合其诊疗资料、个案调查表和相关实验室检验结果做出是否与事故有关的判定。

⑤ 报告与建议。调查机构根据调查组调查结论，向卫生行政部门提交事故流行病学调查报告。并根据健康危害控制需要，应当向卫生行政部门提出卫生处理或向公众发出警示信息的建议。调查组在调查过程中，应当根据同级卫生行政部门的要求，及时提交阶段性调查结果。

未经同级卫生行政部门同意，任何人不得擅自发布事故流行病学调查信息。

9.2.3 食品安全事件的处置

《食品安全法》等对食品安全事件的处置做了明确规定。

(1) 应急处理

《食品安全法》和《食品安全法实施条例》规定，国务院组织制订国家食品安全事故应急预案。县级以上地方人民政府应当根据有关法律、法规的规定和上级人民政府的食品安全事故应急预案以及本地区的实际情况，制订本行政区域的食品安全事故应急预案，并报上一级人民政府备案。食品生产经营企业应当制订食品安全事故处置方案，定期检查本企业各项食品安全防范措施的落实情况，及时消除食品安全事故隐患。关于食品安全事件应急预案下节将专门介绍。

(2) 报告制度

《食品安全法》规定，事故发生单位和接收病人进行治疗的单位应当及时向事故发生地县级食品药品监督管理局报告。食品监督管理部门在日常监督管理中发现食品安全事故，或者接到有关食品安全事故的举报，应当立即向食品药品监督管理局通报。发生重大食品安全事故的，接到报告的县级食品药品监督管理局应当按照规定向本级人民政府和上级食品药品监督管理局报告。县级人民政府和上级食品药品监督管理局应当按照规定上报。任何单位或者个人不得对食品安全事故隐瞒、谎报、缓报，不得毁灭有关证据。

(3) 事件调查处理

《食品安全法》规定，发生食品安全事故的单位应当立即予以处置，对导致或者可能导致食品安全事故的食品及原料、工具、设备等，应当立即采取封存等控制措施，防止事故扩大，并自事故发生之时起 2h 内向所在地县级食品药品监督管理局报告。

县级以上食品药品监督管理局接到食品安全事故的报告后，应当立即会同有关食品监督管理部门进行调查处理，并采取下列措施，防止或者减轻社会危害：开展应急救援工作，对因食品安全事故导致人身伤害的人员，应当立即组织救治；封存可能导致食品安全事故的食品及其原料，并立即进行检验；对确认属于被污染的食品及其原料，责令食品生产经营者依照《食品安全法》第 53 条的规定予以召回、停止经营并销毁；封存被污染的食品用工具及用具，并责令进行清洗消毒；做好信息发布工作，依法对食品安全事故及其处理情况进行发布，并对可能产生的危害加以解释、说明。

发生重大食品安全事故的，县级以上人民政府应当立即成立食品安全事故处置指挥机构，启动应急预案，依照《食品安全法》的有关规定进行处置。发生重大食品安全事故，设区的市级以上食品药品监督管理局应当立即会同有关部门进行事故责任调查，督促有关部门履行职责，向本级人民政府提出事故责任调查处理报告。重大食品安全事故涉及两个以上省、自治区、直辖市的，由国家食品药品监督管理总局依照

《食品安全法》的有关规定组织事故责任调查。

发生食品安全事故，县级以上疾病预防控制机构应当协助食品药品监督管理局和有关部门对事故现场进行卫生处理，并对与食品安全事故有关的因素开展流行病学调查。

调查食品安全事故，除了查明事故单位的责任，还应当查明负有监督管理和认证职责的监督管理部门、认证机构的工作人员失职、渎职情况。

调查食品安全事故，应当坚持实事求是、尊重科学的原则，及时、准确查清事故性质和原因，认定事故责任，提出整改措施。参与食品安全事故调查的部门应当在食品药品监督管理局的统一组织协调下分工协作、相互配合，提高事故调查处理的工作效率。食品安全事故的调查处理办法由国家食品药品监督管理总局会同国务院有关部门制定。

参与食品安全事故调查的部门有权向有关单位和个人了解与事故有关的情况，并要求提供相关资料和样品。有关单位和个人应当配合食品安全事故调查处理工作，按照要求提供相关资料和样品，不得拒绝。任何单位或者个人不得阻挠、干涉食品安全事故的调查处理。

9.3　食品安全事件应急

通俗地讲，应急就是在发生大的事件时马上采取行动。食品安全事件具有突发性、普遍性和非常性的特点，影响区域广，涉及人员多，如果没有高效的应急机制，事件一旦发生，规律难以掌握，局势难以控制，本质难断，其损失难以估量。处理突发性食品安全事件的能力是政府执政能力的重要表现。目前，建立处理食品安全突发事件的应急机制已经成为国际惯例。一般来说，处理突发性事件的手段包括建立法律法规体系、完善机构体系，健全信息收集、处理和传播机制，建立预设方案等。"非典"（非典型性肺炎）事件的爆发表明，建立包括食品安全的公共卫生突发事件应急机制势在必行。

9.3.1　国外公共安全应急概况

联合国 1989 年召开了"国际减灾十年计划联合国大会"，提出从 1989 年到 1998 年，联合国要在减灾方面采取一定的行动，让所有的成员国来参加，减少人类的自然灾害等各种灾害的损失。1999 年，联合国召开了国际减灾防灾战略大会，把"联合国减灾十年计划"改成"联合国减灾防灾战略"。首先，联合国提倡要增加公众风险和危机认识。就是通过联合国各种各样的项目告诉老百姓，从自然和环境上，各种各样的自然灾害和危机随时威胁着我们现代社会。其次，联合国特别强调要加强政府的职责。为了减少老百姓以及各种社会经济活动所带来的风险和危机，政府必须在政策上给予支持。最后，通过协作伙伴关系建立防范危机的网络。也就是说政府、老百姓、民间能够相互合作，形成一个防止危机的网络，促进各个地区抗御各种各样灾害和各种危机，鼓励不同层次的老百姓或者公众参与。

从发达国家的情况来看，越是发达的国家，越是注重对公共安全事件的管理。为严格地规范在紧急状态时期政府行使紧急权力，大多数国家在宪法中规定了紧急状态制度，赋予政府采取紧急措施的权力。与此同时，为了矫枉过正，保护公民的基本权利，还制定统一的紧急状态法以规范政府与民众之间的关系。为了及时、迅速和有效地采取行动，很多国家成立了专门的机构，明确责任主体，并建立了机构之间和中央与地方政府之间的协调机制。发达国家还通过现代信息技术、多层次的监测网络，快速识别安全紧急事件。

清华大学的顾林生博士将国外的一些公共安全保障与应急管理机制概括为 8 点。

① 构建应急管理体系，促进应急管理体制的改革。

② 完善保障公共安全的法制体系建设，明确政府、企业和公民的职责。如加拿大的《联邦政府应急事件法案》中就规定，灾害发生后的自救和复原，是法律赋予每个公民的职责，各个家庭也有义务在 72h 内做好自救工作，并强调受灾人员之间要相互做好互救工作。

③ 提倡综合风险管理，建立立足于基层的以人为本的早期预警系统。即找到身边存在的风险，对风险进行预警、预测。

④ 完善落实应急管理的规划、预案，建立应急平台体系，形成一个公共安全空间布局。只有通过规划，人们才能了解所在地区有哪些风险，有哪些灾害，根据这些风险、灾害，采取怎样的措施，包括建立各种各样的避难场所，更重要的是防灾设施，以及加强这个方面的教育等。在预案中，规定某个社区哪些不够、哪些够。就是在应急的时候，哪些资源不够，不够怎么办？向上级政府要，还是自己进行补充，或是自己和旁边的社区共用。

⑤ 政府各部门全面参与应急管理，重视应急处置的能力建设。在世界上各国的政府中，防灾减灾应急管理不只是防灾减灾部门，它是针对所有的部门，就是所有政府的员工当发生重大灾害或者突发性事件后，都能够应对，都能够在各自所在的地区进行应急处置。

⑥ 广泛动员社会力量，促进全民参与应急管理。国民的参与主要是建立安全社区，建立安全社区有各种各样的做法。比如在欧洲国家，特别是英国伦敦，有一些教会和慈善组织以及基金会发起的社区运动，叫社区睦邻组织运动，就是一旦发生灾害，相互互救。丹麦就采取"邻里手腕制度"，由社区、警方和全体居民共同确保社区安全。美国采用社区应急事态反应队，就是美国互助性的社区应急救援组织，这个服务队有一定的技能，能够在发生灾害后，第一时间、第一线采取应急的措施。

⑦ 加强公共沟通，提高国民安全文化教育，提高灾害互助关爱精神。国外是通过制定各种网络，编写各种小手册等方式进行沟通。文化教育分两种：一种是学校教育；一种是社会教育。学校教育尽量把各种各样的防灾减灾应急管理等纳入教育体系，开设各种课程。社会教育分两种：一种是企业单位，它从单位的生产、组织、经营的角度进行安全教育；另一种就是一般的社区教育。

⑧ 建立应急避难场所，提高灾民的避难成功率。

9.3.2 我国食品安全事故应急

为了建立健全应对食品安全事故的运行机制，有效预防、积极应对食品安全事故，高效组织应急处置工作，最大限度地减少食品安全事故的危害，保障公众健康与生命安全，维护正常的社会经济秩序，我国编制了《国家食品安全事故应急预案》，并要求全国各地根据当地具体情况编制适合本地区的食品安全应急预案。

（1）事故应急处置原则

《国家食品安全事故应急预案》将食品安全事故分为四级，即特别重大食品安全事故、重大食品安全事故、较大食品安全事故和一般食品安全事故，相应将应急分为Ⅰ、Ⅱ、Ⅲ、Ⅳ四级响应，并要求对食品安全事故的应急处置遵循以下原则。

① 以人为本，减少危害。把保障公众健康和生命安全作为应急处置的首要任务，最大限度减少食品安全事故造成的人员伤亡和健康损害。

② 统一领导，分级负责。按照"统一领导、综合协调、分类管理、分级负责、属地管理为主"的应急管理体制，建立快速反应、协同应对的食品安全事故应急机制。

③ 科学评估，依法处置。有效使用食品安全风险监测、评估和预警等科学手段；充分发挥专业队伍的作用，提高应对食品安全事故的水平和能力。

④ 居安思危，预防为主。坚持预防与应急相结合，常态与非常态相结合，做好应急准备，落实各项防范措施，防患于未然。建立健全日常管理制度，加强食品安全风险监测、评估和预警；加强宣教培训，提高公众自我防范和应对食品安全事故的意识和能力。

（2）应急组织机构及职责

① 应急机制启动。食品安全事故发生后，食品药品监督管理局依法组织对事故进行分析评估，核定事故级别。特别重大食品安全事故，由国家食品药品监督管理总局会同国务院食品安全委员会办公室向国务院提出启动Ⅰ级响应的建议，经国务院批准后，成立国家特别重大食品安全事故应急处置指挥部（以下简称指挥部），统一领导和指挥事故应急处置工作；重大（Ⅱ级响应）、较大（Ⅲ级响应）、一般食品安全事故（Ⅳ级响应），分别由事故所在地省、市、县级人民政府组织成立相应应急处置指挥机构，统一组织开展本行政区域事故应急处置工作。

② 指挥部的职责及设置。指挥部负责统一领导事故应急处置工作；研究重大应急决策和部署；组织发布事故的重要信息；审议批准指挥部办公室提交的应急处置工作报告；应急处置的其他工作。

指挥部成员单位根据事故的性质和应急处置工作的需要确定，国家级指挥部成员主要包括卫生部、农业部、商务部、工商总局、质检总局、食品药品监管局、铁道部、粮食局、中央宣传部、教育部、工业和信息化部、公安部、监察部、民政部、财政部、环境保护部、交通运输部、海关总署、旅游局、新闻办、民航局和食品安全办等部门以及相关行业协会组织。当事故涉及国外、港澳台时，增加外交部、港澳办、台办等部门为成员单位。

由国家食品药品监督管理总局、食品安全办等有关部门人员组成指挥部办公室。指挥部办公室承担指挥部的日常工作，主要负责贯彻落实指挥部的各项部署，组织实施事故应急处置工作；检查督促相关地区和部门做好各项应急处置工作，及时有效地控制事故，防止事态蔓延扩大；研究协调解决事故应急处理工作中的具体问题；向国务院、指挥部及其成员单位报告、通报事故应急处置的工作情况；组织信息发布。指挥部办公室建立会商、发文、信息发布和督查等制度，确保快速反应、高效处置。

各成员单位在指挥部统一领导下开展工作，加强对事故发生地人民政府有关部门工作的督促、指导，积极参与应急救援工作。

③ 工作组设置及职责。根据事故处置需要，指挥部可下设若干工作组，分别开展相关工作。各工作组在指挥部的统一指挥下开展工作，并随时向指挥部办公室报告工作开展情况。

a. 事故调查组。由国家食品药品监督管理总局牵头，会同公安部、监察部及相关部门负责调查事故发生原因，评估事故影响，尽快查明致病原因，作出调查结论，提出事故防范意见；对涉嫌犯罪的，由公安部负责，督促、指导涉案地公安机关立案侦办，查清事实，依法追究刑事责任；对监管部门及其他机关工作人员的失职、渎职等行为进行调查。根据实际需要，事故调查组可以设置在事故发生地或派出部分人员赴现场开展事故调查。

b. 危害控制组。由事故发生环节的具体监管职能部门牵头，会同相关监管部门监督、指导事故发生地政府职能部门召回、下架、封存有关食品、原料、食品添加剂及食品相关产品，严格控制流通渠道，防止危害蔓延扩大。

c. 医疗救治组。由卫生计生委负责，结合事故调查组的调查情况，制订最佳救治方案，指导事故发生地卫生计生委对健康受到危害的人员进行医疗救治。

d. 检测评估组。由国家食品药品监督管理总局牵头，提出检测方案和要求，组织实施相关检测，综合分析各方检测数据，查找事故原因和评估事故发展趋势，预测事故后果，为制订现场抢救方案和采取控制措施提供参考。检测评估结果要及时报告指挥部办公室。

e. 维护稳定组。由公安部牵头，指导事故发生地人民政府公安机关加强治安管理，维护社会稳定。

f. 新闻宣传组。由中央宣传部牵头，会同新闻办、国家食品药品监督管理总局等部门组织事故处置宣传报道和舆论引导，并配合相关部门做好信息发布工作。

g. 专家组。指挥部成立由有关方面专家组成的专家组，负责对事故进行分析评估，为应急响应的调整和解除以及应急处置工作提供决策建议，必要时参与应急处置。

④ 应急处置专业技术机构。医疗、疾病预防控制以及各有关部门的食品安全相关技术机构作为食品安全事故应急处置专业技术机构，应当在卫生计生委及有关食品安全监管部门组织领导下开展应急处置相关工作。

(3) 应急保障

① 信息保障。国家食品药品监督管理总局会同国务院有关监管部门建立国家统一的食品安全信息网络体系，包含食品安全监测、事故报告与通报、食品安全事故隐患预警等内容；建立健全医疗救治信息网络，实现信息共享。国家食品药品监督管理总局负责食品安全信息网络体系的统一管理。

有关部门应当设立信息报告和举报电话，畅通信息报告渠道，确保食品安全事故的及时报告与相关信息的及时收集。

② 医疗保障。国家食品药品监督管理总局建立功能完善、反应灵敏、运转协调、持续发展的医疗救治体系，在食品安全事故造成人员伤害时迅速开展医疗救治。

③ 人员及技术保障。应急处置专业技术机构要结合本机构职责开展专业技术人员食品安全事故应急处置能力培训，加强应急处置力量建设，提高快速应对能力和技

术水平。健全专家队伍，为事故核实、级别核定、事故隐患预警及应急响应等相关技术工作提供人才保障。国务院有关部门加强食品安全事故监测、预警、预防和应急处置等技术研发，促进国内外交流与合作，为食品安全事故应急处置提供技术保障。

④ 物资与经费保障。食品安全事故应急处置所需设施、设备和物资的储备与调用应当得到保障；使用储备物资后须及时补充；食品安全事故应急处置、产品抽样及检验等所需经费应当列入年度财政预算，保障应急资金。

⑤ 社会动员保障。根据食品安全事故应急处置的需要，动员和组织社会力量协助参与应急处置，必要时依法调用企业及个人物资。在动用社会力量或企业、个人物资进行应急处置后，应当及时归还或给予补偿。

⑥ 宣教培训。国务院有关部门应当加强对食品安全专业人员、食品生产经营者及广大消费者的食品安全知识宣传、教育与培训，促进专业人员掌握食品安全相关工作技能，增强食品生产经营者的责任意识，提高消费者的风险意识和防范能力。

(4) 监测预警、报告与评估

① 监测预警。国家食品药品监督管理总局会同国务院有关部门根据国家食品安全风险监测工作需要，在综合利用现有监测机构能力的基础上，制定和实施加强国家食品安全风险监测能力建设规划，建立覆盖全国的食源性疾病、食品污染和食品中有害因素监测体系。国家食品药品监督管理总局根据食品安全风险监测结果，对食品安全状况进行综合分析，对可能具有较高程度安全风险的食品，提出并公布食品安全风险警示信息。

有关监管部门发现食品安全隐患或问题，应及时通报国家食品药品监督管理总局和有关方面，依法及时采取有效控制措施。

② 事故报告

a. 事故信息来源。食品安全事故发生单位与引发食品安全事故的食品生产经营单位报告的信息；医疗机构报告的信息；食品安全相关技术机构的监测和分析结果；经核实的公众举报信息；经核实的媒体披露与报道信息；世界卫生组织等国际机构、其他国家和地区通报我国的信息。

b. 报告主体和时限。食品生产经营者发现其生产经营的食品造成或者可能造成公众健康损害的情况和信息，应当在2h内向所在地县级食品药品监督管理局和负责本单位食品安全监管工作的有关部门报告。发生可能与食品有关的急性群体性健康损害的单位，应当在2h内向所在地县级食品药品监督管理局和有关监管部门报告。接收食品安全事故病人治疗的单位，应当按照国家食品药品监督管理总局有关规定及时向所在地县级食品药品监督管理局和有关监管部门报告。食品安全相关技术机构、有关社会团体及个人发现食品安全事故相关情况，应当及时向县级食品药品监督管理局和有关监管部门报告或举报。有关监管部门发现食品安全事故或接到食品安全事故报告或举报，应当立即通报同级食品药品监督管理局和其他有关部门，经初步核实后，要继续收集相关信息，并及时将有关情况进一步向食品药品监督管理局和其他有关监管部门通报。经初步核实为食品安全事故且需要启动应急响应的，食品药品监督管理局应当按规定向本级人民政府及上级食品药品监督管理局报告；必要时，可直接向国家食品药品监督管理总局报告。

c. 报告内容。食品生产经营者、医疗、技术机构和社会团体、个人向卫生行政部门和有关监管部门报告疑似食品安全事故信息时，应当包括事故发生时间、地点和人数等基本情况。有关监管部门报告食品安全事故信息时，应当包括事故发生单位、时间、地点、危害程度、伤亡人数、事故报告单位信息（含报告时间、报告单位联系人员及联系方式）、已采取措施、事故简要经过等内容；并随时通报或者补报工作进展。

d. 事故评估。有关监管部门应当按有关规定及时向食品药品监督管理局提供相关信息和资料，由食品药品监督管理局统一组织协调开展食品安全事故评估。食品安全事故评估是为核定食品安全事故级别和确定应采取的措施而进行的评估。评估内容包括：污染食品可能导致的健康损害及所涉及的范围，是否已造成健康损害后果及严重程度；事故的影响范围及严重程度；事故发展蔓延趋势。

(5) 应急响应

① 分级响应。根据食品安全事故分级情况，食品安全事故应急响应分为Ⅰ级、Ⅱ级、Ⅲ级和Ⅳ级响应。核定为特别重大食品安全事故，报经国务院批准并宣布启动Ⅰ级响应后，指挥部立即成立运行，组织开展应急处置。重大、较大、一般食品安全事故分别由事故发生地的省、市、县人民政府启动相应级别响应，成立食品安全事故应急处置指挥机构进行处置。必要时上级人民政府派出工作组指导、协助事故应急处置工作。

启动食品安全事故Ⅰ级响应期间，指挥部成员单位在指挥部的统一指挥与调度下，按相应职责做好事故应急处置相关工作。事发地省级人民政府按照指挥部的统一部署，组织协调地市级、县级人民政府全力开展应急处置，并及时报告相关工作进展情况。事故发生单位按照相应的处置方案开展先期处置，并配合食品药品监督管理局及有关部门做好食品安全事故的应急处置。

食源性疾病中涉及传染病疫情的，按照《中华人民共和国传染病防治法》和《国家突发公共卫生事件应急预案》等相关规定开展疫情防控和应急处置。

② 应急处置措施。事故发生后，根据事故性质、特点和危害程度，立即组织有关部门，依照有关规定采取下列应急处置措施，以最大限度减轻事故危害。

卫生计生委有效利用医疗资源，组织指导医疗机构开展食品安全事故患者的救治。食品药品监督管理部门及时组织疾病预防控制机构开展流行病学调查与检测，相关部门及时组织检验机构开展抽样检验，尽快查找食品安全事故发生的原因。对涉嫌犯罪的，公安机关及时介入，开展相关违法犯罪行为侦破工作。食品监管部门应当依法强制性就地或异地封存事故相关食品及原料和被污染的食品用工具及用具，待食品药品监督管理局查明导致食品安全事故的原因后，责令食品生产经营者彻底清洗消毒被污染的食品用工具及用具，消除污染。对确认受到有毒有害物质污染的相关食品及原料，食品监管部门应当依法责令生产经营者召回、停止经营及进出口并销毁。检验后确认未被污染的应当予以解封。及时组织研判事故发展态势，并向事故可能蔓延到的地方人民政府通报信息，提醒做好应对准备。事故可能影响到国（境）外时，及时协调有关涉外部门做好相关通报工作。

③ 检测分析评估。应急处置专业技术机构应当对引发食品安全事故的相关危险因素及时进行检测，专家组对检测数据进行综合分析和评估，分析事故发展趋势、预测事故后果，为制订事故调查和现场处置方案提供参考。有关部门对食品安全事故相

关危险因素消除或控制，事故中伤病人员救治，现场、受污染食品控制，食品与环境，次生、衍生事故隐患消除等情况进行分析评估。

④ 响应级别调整及终止。在食品安全事故处置过程中，要遵循事故发生发展的客观规律，结合实际情况和防控工作需要，根据评估结果及时调整应急响应级别，直至响应终止。

a. 级别提升。当事故进一步加重，影响和危害扩大，并有蔓延趋势，情况复杂难以控制时，应当及时提升响应级别。当学校或托幼机构、全国性或区域性重要活动期间发生食品安全事故时，可相应提高响应级别，加大应急处置力度，确保迅速、有效控制食品安全事故，维护社会稳定。

b. 级别降低。事故危害得到有效控制，且经研判认为事故危害降低到原级别评估标准以下或无进一步扩散趋势的，可降低应急响应级别。

c. 响应终止。当食品安全事故得到控制，并达到以下两项要求，经分析评估认为可解除响应的，应当及时终止响应：

——食品安全事故伤病员全部得到救治，原患者病情稳定 24h 以上，且无新的急性病症患者出现，食源性感染性疾病在末例患者后经过最长潜伏期无新病例出现；

——现场、受污染食品得以有效控制，食品与环境污染得到有效清理并符合相关标准，次生、衍生事故隐患消除。

d. 响应级别调整及终止程序。指挥部组织对事故进行分析评估论证。评估认为符合级别调整条件的，指挥部提出调整应急响应级别建议，报同级人民政府批准后实施。应急响应级别调整后，事故相关地区人民政府应当结合调整后级别采取相应措施。评估认为符合响应终止条件时，指挥部提出终止响应的建议，报同级人民政府批准后实施。

上级人民政府有关部门应当根据下级人民政府有关部门的请求，及时组织专家为食品安全事故响应级别调整和终止的分析论证提供技术支持与指导。

⑤ 信息发布。事故信息发布由指挥部或其办公室统一组织，采取召开新闻发布会、发布新闻通稿等多种形式向社会发布，做好宣传报道和舆论引导。

（6）后期处置

① 善后处置。事发地人民政府及有关部门要积极稳妥、深入细致地做好善后处置工作，消除事故影响，恢复正常秩序。完善相关政策，促进行业健康发展。食品安全事故发生后，保险机构应当及时开展应急救援人员保险受理和受灾人员保险理赔工作。造成食品安全事故的责任单位和责任人应当按照有关规定对受害人给予赔偿，承担受害人后续治疗及保障等相关费用。

② 奖励。对在食品安全事故应急管理和处置工作中作出突出贡献的先进集体和个人，应当给予表彰和奖励。

③ 责任追究。对迟报、谎报、瞒报和漏报食品安全事故重要情况或者应急管理工作中有其他失职、渎职行为的，依法追究有关责任单位或责任人的责任；构成犯罪的，依法追究刑事责任。

④ 总结。食品安全事故善后处置工作结束后，食品药品监督管理局应当组织有关部门及时对食品安全事故和应急处置工作进行总结，分析事故原因和影响因素，评估应急处置工作开展情况和效果，提出对类似事故的防范和处置建议，完成总结报告。

9.4 食品召回

9.4.1 食品召回概述

(1) 产品召回的概念

召回（recall）原意为"收回"。召回是产品的逆向流动，属于特殊性质的逆向物流，它不同于"退回"。退回是购买者（包括消费者和经销商）要求将所购买的产品返还给销售者（包括生产商、经销商），购买者处于主动地位，而召回则是产品销售者要求购买者把其所购买的产品返还给销售者，销售者处于主动地位。销售者这样做的原因在于发现其所销售的产品存在缺陷。

因此，产品召回（product recall）是指生产商或经销商将已经送到批发商、零售商或最终用户手上的产品收回，并同意予以更换、赔偿的一种积极有效的补救措施，消除缺陷产品的危害风险。产品召回的典型原因是所售出的产品被发现存在缺陷。产品召回制度就是针对已经流入市场的缺陷产品而建立的。所谓缺陷产品（defective product，flaw product），是指因产品设计上的失误或生产线某环节上出现的错误而产生的，大批量危及消费者人身、财产安全或危害环境的产品。

缺陷产品召回制度，最早出现在美国，1966年制定的《国家交通与机动车安全法》中明确规定汽车制造商有义务召回缺陷汽车。此后，在多项产品安全和公共健康的立法中引入了缺陷产品召回制度，使其应用到可能对公众造成伤害的主要产品领域，特别是食品。目前实行产品召回制度的国家还有日本、韩国、加拿大、英国和澳大利亚等国。2004年10月，我国也出台了《缺陷汽车产品召回管理规定》，首次实行了汽车召回制度。自这项制度实施之后，众多汽车厂家纷纷对其旗下的缺陷汽车实施召回。

(2) 食品召回的概念

世界各国在加强食品安全监管中，都非常重视和建立食品召回制度，利用有效的召回手段，来杜绝和防止不安全食品或者缺陷食品的生产和流通。美国、加拿大、英国、澳大利亚和新西兰不仅较早建立了食品召回体系，并且在实施过程中不断加以完善，有力地保障了国家的食品安全。为了加强食品安全监管，避免和减少不安全食品的危害，保护消费者的身体健康和生命安全，2007年我国国家质量监督检验检疫总局根据《中华人民共和国产品质量法》、《中华人民共和国食品卫生法》、《国务院关于加强食品等产品安全监督管理的特别规定》等法律法规，制定《食品召回管理规定》，在我国开始实施食品召回制度，这是我国首次以国家的名义发布食品召回相关办法。我国2009年颁布的《食品安全法》第53条明确指出"国家建立食品召回制度"，从此我国食品召回被纳入了国家法律体系。

食品召回从属于产品召回。我国制定的《食品召回管理规定》将食品召回（food recall）定义为：食品生产者按照规定程序，对由其生产原因造成的某一批次或类别的不安全食品，通过换货、退货、补充或修正消费说明等方式，及时消除或减少食品安全危害的活动。

严格来讲，实施召回制度的食品不应该仅限于不安全食品，而应该包括所有"缺陷食品"，即除了不安全食品外，有其他缺陷的食品，如标签、标识、说明等不规范的食品、质量不合格食品（指除卫生指标以外的其他质量指标不符合标准要求的食品）等也应该实施召回制度。从《食品安全法实施条例》的第 33 条规定——"对因标签、标识或者说明书不符合食品安全标准而被召回的食品，……"——即可说明这一点。

（3）实现食品召回的前提条件

食品召回是食品生产经营者的行为，不论是生产经营者自愿召回还是强制召回，其前提是生产经营者要知道该食品现在的所在，否则召回是无法实现的。因此，要实现食品召回，就必须完善食品信息制度和追溯制度，保证生产经营者随时明确其所销售食品的去向。

因此，我国《食品召回管理规定》第 8 条规定："食品生产者应当建立完善的产品质量安全档案和相关管理制度，应当准确记录并保存生产环节中的原辅料采购、生产加工、贮运、销售以及产品标识等信息，保存消费者投诉、食源性疾病事故、食品污染事故记录，以及食品危害纠纷信息等档案。"

（4）实施食品召回制度的意义

实施食品召回制度可以有效地使市场上的缺陷食品及时被收回，消除缺陷食品所带来的健康风险，保护消费者的健康与合法权益，维护企业信誉，保持公众信任。

① 维护消费者的合法权益。食以安为先，食品召回作为一种事前积极预防措施，可以有效避免缺陷食品对消费者造成的损害，维护消费者合法权益。

② 营造良好的食品市场秩序。实施食品召回制度，可以警示生产商、销售商注重食品质量，自觉树立食品质量意识，遵守相关规定，有效地提高食品质量，减少缺陷食品流入市场，达到营造良好食品市场氛围的目标。

③ 为企业创造一个健康发展的环境。食品召回制度的目的是保护消费者，从短期看，会对企业产生一定的负面影响，但从长远来看，召回制度对企业是有利的，它不但将可能发生的复杂的、麻烦的经济纠纷简化，将可能发生的更大数额的赔偿降低，而且赢得了消费者的信赖，维护了企业的良好形象。

9.4.2　发达国家的食品召回制度概况

（1）美国的食品召回制度概况

① 实施主体与法律依据。美国的产品召回制度是在政府行政部门的主导下进行的。负责监管食品召回的是农业部食品安全检疫局（FSIS）、食品和药物管理局（FDA）。FSIS 主要负责监督肉、禽和蛋类产品质量和缺陷产品的召回，FDA 主要负责 FSIS 管辖以外的产品即肉、禽和蛋类制品以外食品的召回。美国食品召回的法律依据主要是《联邦肉产品检验法》（FMIA）、《禽产品检验法》（PPIA）、《食品、药品及化妆品法》（FDCA）以及《消费者产品安全法》（CPSA）。FSIS 和 FDA 是在法律的授权下监管食品市场，召回缺陷食品。

② 食品召回的分级。美国 FSIS 和 FDA 对缺陷食品可能引起的损害进行分级并以此作为依据确定食品召回的级别。美国的食品召回有三级：第一级是最严重的，消费者食用了这类产品肯定会危害身体健康甚至导致死亡；第二级是危害较轻的，消费者食用后可能不利于身体健康；第三级是一般不会有危害的，消费者食用这类食品不

会引起任何不利于健康的后果，比如贴错产品标签、产品标识有错误或未能充分反映产品内容等。召回可以在批发层、用户层（学校、医院、宾馆和饭店）、零售层，也可能在消费者层面。

③ 食品召回的步骤。一种是企业得知产品存在缺陷，主动从市场上撤下食品；另一种是 FSIS 或 FDA 要求企业召回食品。无论哪种情况，召回都是在 FSIS 或 FDA 的监督下进行，FSIS 和 FDA 在食品召回中发挥着关键作用。美国的食品召回遵循着严格的法律程序，其主要步骤如下。

a. 企业报告。食品的生产商、进口商或经销商在发现其生产、经销或进口的食品存在关系到大众安全问题时，如食用该食品会对消费者的身体造成严重的损害、有产生损害的可能以及食品不符合相关规定等，应在掌握情况的 24h 内向 FSIS 或 FDA 提交问题报告。如果 FSIS 或 FDA 得到举报，或通过诉讼案件等获悉食品质量存在问题，要求企业予以说明，企业也必须提交书面报告。企业提交报告并不表示一定召回产品，是否属于需要召回的缺陷产品，由 FSIS 或 FDA 专家委员会来判断，取决于对危害的评估结果。

b. FSIS 或 FDA 的评估报告。在收到企业的报告后，FSIS 或 FDA 要迅速对食品是否存在缺陷、食品的缺陷等级进行评估。还要根据食品上市的时间长短、进入市场的数量多少、流通的方式及消费群体等资料，评估造成危害的严重程度。FSIS 或 FDA 的评估意见经企业认可，形成最终的评估报告。但是 FSIS 或 FDA 的评估意见并不需要企业同意。

c. 制订召回计划。FSIS 或 FDA 的评估报告如果认定食品存在缺陷并应召回，企业一方面应立即停止该食品的生产、进口或销售，通知零售商从货柜上撤下该食品；另一方面根据食品的缺陷等级、进入市场的方式、销售的区域以及流通中的数量和已经销售的数量等，制订缺陷食品的召回计划。

d. 实施召回计划。企业制订的缺陷食品召回计划经 FSIS 或 FDA 认可后即可实施。首先由 FSIS 或 FDA 在自己的网站上或向新闻媒体发布召回新闻，然后由企业通过大众媒体向广大消费者、各级经销商公布经 FSIS 或 FDA 审查过的、详细的食品召回公告。最后在 FSIS 或 FDA 的监督下，企业召回缺陷食品，对缺陷食品采取补救措施或予以销毁，并同时对消费者进行补偿。当 FSIS 或 FDA 认为企业已采取了积极有效的措施，缺陷食品对大众的危害风险降到了最低，召回结束。企业自身发现食品存在潜在风险，且还没有造成严重危害，如果主动向 FSIS 或 FDA 提出报告，愿意召回缺陷食品并制订出切实有效的召回计划，FSIS 或 FDA 将简化召回程序，不作缺陷食品的危害评估报告，也不再发布召回新闻。

(2) 加拿大食品召回制度的概况

① 实施主体。食品召回由加拿大食品检验局食品召回办公室决策和执行。该办公室有 8 名经验丰富的食品召回专家，在召回项目经理的领导下工作。召回项目经理向办公室主任负责和汇报工作，办公室主任根据专家和经理的报告最终做出是否召回的决定。此外，为科学和及时地完成食品召回工作，加拿大食品检验局与加拿大卫生部、加拿大公共卫生健康机构以及产业、地方和国际伙伴建立了长期合作机制。

② 食品召回步骤。加拿大食品召回程序从触发启动到最终完成要经历五个步骤，分别是：调查确认危害性存在，确定风险管理战略，实施召回并在必要时进行新闻发

布，核实召回工作的有效性和持续跟踪检测。

③ 食品召回分级。加拿大将食品召回按危险性和紧迫性分为三级。一级召回是对很可能引起严重的健康问题，有时甚至可能致命的违规产品的召回。这一级别召回的决策和检验过程均力求迅速，同时往往伴有政府公布的公众安全警告。二级召回的违规产品可能引起暂时性健康问题，而引起严重健康问题的可能性非常小。在这种情况下，食品检验局可以酌情决定是否发布公众安全警告。三级召回的违规产品对消费者健康没有什么影响，一般只是标签或者包装等出现问题，所以不用发布公众安全警告。

④ 食品召回的执行。加拿大食品召回工作由政府与企业共同完成。政府的主要任务是决定、通知和核实企业实施召回，而企业是制订召回方案和实施召回行动的主体。加拿大食品召回一般采用企业自动召回的非强制方式。但是在企业不配合加拿大食品检验局工作，而违规产品对消费者和社会造成不利影响或者威胁时，加拿大政府有权将产品强制召回，强制召回的命令由主管部长下达。

(3) 澳大利亚食品召回制度的概况

① 实施主体与法律依据。澳大利亚的食品召回由澳新食品标准局（FSANZ）主导进行。在 FSANZ 设有专门的食品召回协调员，各州和领地也设有州或领地的召回协调员。一旦展开召回，发起召回的食品生产商、批发商、分销商、进口商就被称为责任人。责任人、州或领地协调员、FSANZ 协调员构成澳大利亚食品召回中最基本的人员组成。澳大利亚的食品召回主要依据《澳新食品标准法典》和《贸易行为法案》的相关规定。

② 食品召回的分级。澳大利亚依据产品的销售渠道和销售范围将食品召回分为贸易召回和消费者召回两个水平。贸易召回指的是将产品从产品的分配中心和批发商那里收回。消费者召回是涉及产品生产和分配所有环节的召回，涉及范围广，包括消费者拥有的任何受影响的产品。

③ 食品召回目标和步骤。任何一次食品召回都需要达到以下三个主要目标：第一，停止受影响产品（怀疑存在缺陷的所有产品）的分配和销售；第二，将问题通知有关管理部门（所有召回）和公众（仅消费者召回）；第三，快速高效地从市场撤走任何具有潜在不安全性的产品。为实现这三个主要目标，FSANZ 要求责任人在每一次召回中做好以下几个关键步骤：建立召回委员会；进行风险评估；决定召回水平；决定召回中应通知的人；决定通知和收回产品的方式；公布召回报告。这些步骤都应由责任人发起并负责安排执行，必要时可以得到 FSANZ 及州或领地协调官员的帮助，也可以雇佣食品召回问题专家或咨询代理机构的工作人员帮助完成。

9.4.3 我国食品召回制度

(1) 我国食品召回的主体及其职责

我国食品召回的主体有两种：一种是实施主体；另一种是监督主体。

① 食品召回实施主体及其职责。我国《食品安全法》和《食品召回管理规定》规定，食品召回的实施主体为食品生产者。

《食品安全法》第 53 条规定：食品生产者发现其生产的食品不符合食品安全标准，应当立即停止生产，召回已经上市销售的食品，通知相关生产经营者和消费者，并记录召回和通知情况。食品生产者应当对召回的食品采取补救、无害化处理、销毁等措施，并将食品召回和处理情况向县级以上质量监督部门报告。

从保护消费者权益的角度来讲，食品经销者不仅应在"发现其经营的食品不符合食品安全标准，应当立即停止经营，通知相关生产经营者和消费者，并记录停止经营和通知情况"，也应该承担食品召回实施任务。主要原因有二：一是在目前情况下，食品生产者除了知道从生产厂家购货者外，以后的食品流向很可能不知道；二是消费者将所购买的召回食品退还给经销商最方便，特别当食品生产者在外地或国外时。因此，先由食品经销者召回其所销售的召回食品，然后再由经销者将召回食品返还给生产者。

② 食品召回监督主体及其职责。国家食品药品监督管理总局在职权范围内统一组织、协调全国食品召回的监督管理工作。省、自治区和直辖市食品药品监督管理局在本行政区域内依法组织开展食品召回的监督管理工作。食品生产经营者未召回或者停止经营不符合食品安全标准的食品的，县级以上食品药品监督管理局可以责令其召回或者停止经营。

(2) 我国食品召回的分类

① 根据决定食品召回主体的不同，将食品召回分为企业主动召回和政府责令召回两类。

企业主动召回是指食品生产者确认其所生产销售的食品存在安全隐患，属于缺陷食品时，主动停止生产和销售，并通知有关销售者停止销售，通知消费者停止消费，并将其召回。食品经营者发现其经营的食品为缺陷食品时，应当立即停止经营，通知相关生产经营者和消费者，并记录停止经营和通知情况。

政府责令召回则是指国家监督管理部门责令食品生产者召回其所生产销售的缺陷食品。一般在存在下列情况之一时，政府责令召回：

食品生产者故意隐瞒食品安全危害，或者食品生产者应当主动召回而不采取召回行动的；

由于食品生产者的过错造成食品安全危害扩大或再度发生的；

国家监督抽查中发现食品生产者生产的食品存在安全隐患，可能对人体健康和生命安全造成损害的。

② 根据食品安全危害的严重程度，将食品召回分为三级。

一级召回包括已经或可能诱发食品污染、食源性疾病等对人体健康造成严重危害甚至死亡的，或者流通范围广、社会影响大的不安全食品的召回。

二级召回包括已经或可能引发食品污染、食源性疾病等对人体健康造成危害，危害程度一般或流通范围较小、社会影响较小的不安全食品的召回。

三级召回包括已经或可能引发食品污染、食源性疾病等对人体健康造成危害，危害程度轻微的，或者是含有对特定人群可能引发健康危害的成分而在食品标签和说明书上未予以标识，或标识不全、不明确的食品的召回。

(3) 食品安全危害调查和评估

判定食品是否属于应召回食品，应当进行食品安全危害调查和食品安全危害评估。《食品召回管理规定》的规定如下。

① 食品安全危害调查的主要内容包括：是否符合食品安全法律、法规或标准的

安全要求；是否含有非食品用原辅料、添加非食品用化学物质或者将非食品当作食品；食品的主要消费人群的构成及比例；可能存在安全危害的食品数量、批次或类别及其流通区域和范围。

② 食品安全危害评估的主要内容包括：该食品引发的食品污染、食源性疾病或对人体健康造成的危害，或引发上述危害的可能性；不安全食品对主要消费人群的危害影响；危害的严重和紧急程度；危害发生的短期和长期后果。

（4）食品召回程序

① 暂停生产或销售。《食品召回管理规定》第 19 条和第 20 条的规定："确认食品属于应当召回的不安全食品的，食品生产者应当立即停止生产和销售不安全食品。""自确认食品属于应当召回的不安全食品之日起，一级召回应当在 1 日内，二级召回应当在 2 日内，三级召回应当在 3 日内，通知有关销售者停止销售，通知消费者停止消费。"这一规定笔者认为欠妥。应该是食品生产者获知其生产的食品可能存在缺陷或接到监督管理部门的食品安全危害调查书面通知时，应立即暂停该食品的生产和销售，启动确认程序，并通知该产品的销售者和消费者暂停销售和消费；食品经营者发现其经营的食品存在缺陷时，应当立即暂停销售，等待生产者和有关方面对缺陷食品的确认，并通知相关生产经营者和消费者，暂停生产、销售和消费，以避免扩大损失或造成伤害。

② 缺陷食品确认。即判定食品是否属于缺陷食品。《食品召回管理规定》规定缺陷食品的确认工作由食品生产者实施，"食品生产者接到通知后未进行食品安全危害调查和评估，或者经调查和评估确认不属于不安全食品的，所在地的省级质监部门应当组织专家委员会进行食品安全危害调查和食品安全危害评估，并做出认定。"从目前实际情况来看，这一规定有些欠妥，一是目前大多数食品生产者不具备开展这一工作的条件和能力；二是人为拖延时间。最好是由有关监督管理部门或第三方开展确认工作，并将确认结果通报相关食品生产经营者及监督管理部门。这样既客观、确认结果易被大众接受，又可节约时间，尽快让有关方面了解实际情况。

③ 启动召回。经确认该食品确实存在缺陷，需要实施召回的，食品生产经营者应立即通知相关方面，停止该食品的生产经营并召回该食品。为了做好召回工作，食品生产者通过所在地的食品药品监督管理局向省级食品药品监督管理局提交食品召回计划。食品召回计划主要内容包括：停止生产缺陷食品的情况；通知销售者停止销售缺陷食品的情况；通知消费者停止消费缺陷食品的情况；食品安全危害的种类、产生的原因、可能受影响的人群、严重和紧急程度；召回措施的内容，包括实施组织、联系方式以及召回的具体措施、范围和时限等；召回的预期效果；召回食品后的处理措施。

④ 召回实施。即负责缺陷食品召回的单位按计划对缺陷食品进行召回，做好并保存召回记录。记录主要内容包括食品召回的批次、数量、比例、原因、结果等。定期或不定期向食品药品监督管理局提交食品召回阶段性进展报告。

⑤ 缺陷食品处置。对召回的缺陷食品要根据具体情况进行及时处理。原则上对有危害风险的食品应予以销毁；对有质量问题，但无危害风险的食品可作为动物饲料；对无质量问题、无危害风险，只是存在如标签、标识、说明等方面问题的食品，通过更正后可以重新销售。

⑥ 召回评估与监督。食品药品监督管理局应当在规定的职权范围内对食品生产

经营者召回进展情况和召回食品的后处理过程进行监督。负责缺陷食品召回的单位在按计划完成召回工作后，及时向食品药品监督管理局提交召回总结报告，食品药品监督管理局组织专家委员会对召回总结报告进行审查，对召回效果进行评估，并书面通知食品生产者审查结论；责令召回的，应当上报国家食品药品监督管理总局备案。审查认为召回未达到预期效果的，要求继续或再次进行食品召回。

⑦ 召回总结。不论是食品生产经营者，还是食品药品监督管理局，在一次食品召回结束后，均应总结经验，汲取教训，并根据具体情况提出改进措施，避免同类问题再次发生。

9.5　食品安全事件法律责任

食品安全事件法律责任是法律责任的一种。为了确保食品质量与安全，我国《食品安全法》、《刑法》等法律法规均规定，不论是食品及相关产品生产经营者，还是食品质量与安全监督管理者，以及其他涉及食品质量与安全问题的组织、机构或个人均应承担相应的法律责任。

9.5.1　食品安全事件法律责任的概念与特点

(1) 法律责任的定义

法律责任是指因违反了法定义务或契约义务，或不当行使法律权利、权力所产生的，由行为人承担的不利后果。就其性质而言，法律责任的方式可以分为补偿性方式和制裁性方式。可见，法律责任是一种由特定法律事实所引起的对损害予以补偿、强制履行或接受惩罚的特殊义务，亦是由于违反第一性义务而引起的第二性义务。

(2) 法律责任的特点

① 法律责任首先表示一种因违反法律上的义务（包括违约等）关系而形成的责任关系，它是以法律义务（第一性义务）的存在为前提的。

② 法律责任还表示为一种责任方式，即承担不利后果，体现了法律的强制性。

③ 法律责任具有内在逻辑性，即存在前因与后果的逻辑关系；法律责任的大小与违法程度相适应。

④ 法律责任的认定和追究是由国家机关或部门强制实施的，任何个人或无权单位不能确认和追究法律责任。

(3) 食品安全事件法律责任的概念

食品安全事件法律责任是指公民、法人或其他有违反国家有关食品安全的法律、法规的行为者而应承担的不利法律后果。从本质上讲，食品安全事件法律责任是国家对违反法定义务，超越法定权利或者滥用权利的行为所作的否定性法律评价，是国家以强制力保证主体作出的一定行为或不作一定行为，补偿或救济受到侵害或损害的社会利益和法定权利，恢复被破坏的法律秩序的手段。

(4) 食品安全事件法律责任的特征

食品安全事件责任具有复合性的特征。因为，食品安全事件的发生不仅会造成特定主体的生命、健康、财产的损害，同时也是对整个社会秩序和国家管理秩序的破坏。所以，在食品安全事件的处理中，既涉及致害者对受害人的经济补偿，还涉及监督管理部门对其进行行政制裁,情况严重、危害较大构成犯罪的还须承担刑事责任。这样,在某一食品安全事件的个案中,对具体的违法行为人而言,可能是民事、行政和刑事责任并行承担。食品安全事件处理中责任形式的多样性,以及具体裁定归属的复杂性,增加了其处理的难度。

9.5.2 食品安全事件责任构成要件

法律责任的构成要件是指构成法律责任必须具备的各种条件或必须符合的标准,它是国家机关要求行为人承担法律责任时进行分析、判断的标准。根据违法行为的一般特点,法律责任的构成要件主要包括:责任主体、主观过错、违法行为或违约行为、损害事实和因果关系五个方面。

(1) 责任主体

责任主体是法律责任构成的必备条件。责任主体是指因违反法律、违约或法律规定的事由而承担法律责任的人,包括自然人、法人和其他社会组织。食品安全事件的法律责任主体包括两大类:食品安全事件行为人和政府及食品监管部门、组织和个人。违法、违约首先是一种行为,没有行为就没有违法或违约,而行为是由人的意志支配的活动,因此,实施违法或违约必须有行为人。

① 食品安全事件行为人。主要包括在中华人民共和国境内从事食品、食品添加剂、食品相关产品生产经营活动者,开办有公共食堂的学校、建筑施工单位和业主单位,以及从事食品质量与安全检测检验、风险评估、认证等的机构或个人。即在其工作或活动中,若违反国家有关法律法规,直接或间接导致食品安全事件的单位(机构)或个人,均应承担相应的法律责任。

② 政府及食品监管部门、组织和个人。除各级政府和国家规定各级食品质量与安全监督管理部门外,还包括食品行业协会、新闻媒体、社会团体、基层群众性自治组织及个人。即在从事有关食品质量与安全监督、管理过程中,若违反国家有关法律法规,均应承担相应的法律责任。

(2) 违法(约)行为

违法行为或违约行为在法律责任的构成中居于重要地位,是法律责任的核心构成要素。违法行为或违约行为包括作为和不作为两种形式。

① 作为行为。是指行为人以积极的行动实施了食品安全法律法规所禁止或合同所不允许的行为。在法律法规中涉及主体的作为义务时,一般以"严禁……"、"不准……"之类的条款出现,而当事人如果实施了这些行为,即构成了作为违法行为。例如《食品安全法》第28条规定,禁止生产经营某些食品;第46条规定:不得在食品生产中使用食品添加剂以外的化学物质和其他可能危害人体健康的物质;第54条、第55条规定监督管理部门、检验机构、行业协会等不得以任何方式向消费者推介产品、作虚假广告等;第58条规定:检验机构不得出具虚假的检验报告。

② 不作为行为。是指行为人以消极的态度,在能够履行自己应尽义务的情况下不履行该义务的行为。例如《食品安全法》第27条规定:食品生产经营应当符合食品安全标准,并符合规定要求;第72条规定:县级以上卫生行政部门接到食品安全事故的报告后,应当立即会同有关农业行政、质量监督、工商行政管理、食品药品监督管理部门进行调查处理,并采取一定措施,防止或者减轻社会危害;第69条规定:

国家出入境检验检疫部门应当收集、汇总进出口食品安全信息，并及时通报相关部门、机构和企业；第58条规定：检验人应当保证出具的检验数据和结论客观、公正。

（3）主观过错

主观过错是指行为人实施违法行为或违约行为时的主观心理状态。故又将主同过错称为主观心态。

主观过错包括故意和过失两类。故意是指行为人明确自己行为的不良后果，却希望或放任其发生。过失则是行为人应当预见到自己的行为可能造成不良后果而未预见，或者已经预见而轻信不会发生或自信可以避免。应当预见或能够预见而竟没有预见称为疏忽；已经预见而轻信可以避免称为懈怠。

（4）损害事实

损害事实即受到的损失和伤害的事实，又称为行为结果，即违法行为所造成的后果。食品安全事件的行为结果不仅包括已造成人身、健康伤害或死亡，也包括可能会对人身健康产生危害，以及因为该行为导致应该发现、预防、控制的食品安全事件未能及时发现、预防、控制，误导消费者购买、食用缺陷食品等。

（5）因果关系

因果关系即违法行为与损害事实之间有必然的联系，即某一损害事实是由行为人与某一行为直接引起的，二者存在着直接的因果关系。因此，要确定法律责任，必须在认定行为人违法责任之前，首先确认行为与危害或损害结果之间的因果联系，确认意志、思想等主观方面因素与外部行为之间的因果联系，还应当区分这种因果联系是必然的还是偶然的，直接的还是间接的。直接因果关系中的联系称为直接原因，间接因果关系中的联系称为间接原因。作为损害直接原因的行为要承担责任，而作为间接原因的行为只有在法律有规定的情况下才承担法律责任。

9.5.3 食品安全事件责任的形式

根据违法行为所违反的法律的性质，法律责任有民事责任、行政责任、经济法责任、刑事责任、违宪责任和国家赔偿责任。食品安全事件法律责任的形式主要表现为行政责任、民事责任和刑事责任三种。行政责任是指因违反行政法规定或因行政法规定而应承担的法律责任。民事责任是指由于违反民事法律、违约或者由民法规定所应承担的一种法律责任。刑事责任是指行为人因其犯罪行为所必须承担的，由司法机关代表国家所确定的否定性法律后果。

（1）食品安全事件行为人的法律责任形式

食品安全事件行为人的法律责任形式有行政、刑事和民事责任三种。一是由《食品安全法》第88条规定的对事故行为人所追究的行政责任。二是由《食品安全法》第89条、《中华人民共和国刑法》第143条和第144条规定的犯罪行为人所追究的刑事责任，其刑罚有拘役、有期徒刑、无期徒刑、死刑、罚金和没收财产。三是由《民法通则》第119条和《食品安全法》第96条规定的民事赔偿责任，其赔偿项目包括医疗费、误工费、生活费、丧葬费和精神损害抚慰金等。消费者除要求赔偿损失外，还可以向生产者或者销售者要求支付价款十倍的赔偿金。

（2）政府及食品监管部门的法律责任形式

政府及食品安全监管部门的法律责任形式有行政、刑事责任两种。一是由《食品安全法》第95条规定的行政责任,具体包括记大过、降级、撤职或者开除的行政处分;其主要负责人应当引咎辞职。二是《中华人民共和国刑法》第408条规定的刑事责任,其刑罚主要有拘役和有期徒刑。《食品安全法》第98条规定:违反本法规定,构成犯罪的,依法追究刑事责任。

9.5.4　食品安全事件责任的法律适用

法律适用有广义和狭义之分。广义的法律适用是指国家机关及其工作人员、社会团体和公民实现法律规范的活动。这种意义上的法律适用一般被称为法的实施。狭义的法律适用是指国家机关及其工作人员依照其职权范围把法律规范应用于具体事项的活动,特指拥有司法权的机关及司法人员依照法定方式把法律规范应用于具体案件的活动。

对食品安全事件追究法律责任,除主要适用于有关食品安全的特别法以外,在无特别法法律规定的方面,其他法律、法规,以及民法、刑法等法律中的相关规定也适用。同时,由于食品安全问题关系到人民的重大切身利益,故国家和地方各级政府均有一些政策性的规定,在追究法律责任时,应注意其指导意义。

食品安全事件案件的法律适用,主要是指县级以上人民政府及食品安全监管部门,在其职责范围内,依照法律程序,将食品安全法适用到造成食品安全事件的具体食品生产经营者的专门活动,其法律适用的具体表现是对违法行为人处以行政处罚。对于造成严重食品安全事件的犯罪行为人,则由国家司法机关依照法律程序和管辖规定,将刑法适用到构成食品犯罪的食品生产经营者及相关人员,其法律适用的具体表现是对犯罪行为人定罪量刑处以刑罚。至于对食品安全事件行为人追究损害赔偿责任的法律适用,主要是当事人依法提起民事诉讼,由人民法院进行司法调解或依法判决。

10

食品质量与安全教育

内容提要

本章在介绍国内外食品质量与安全教育发展和现状的基础上，重点介绍我国食品质量与安全宣传教育和专业教育的目的、必要性、特点、对象和内容等。

教学目的和要求

1. 了解发达国家食品质量与安全教育的发展与现状。
2. 熟悉我国食品质量与安全教育体系。
3. 掌握食品质量与安全宣传教育的必要性、意义、对象和内容。
4. 掌握食品质量与安全专业教育的必要性、要求和内容。

重要概念与名词

食品质量与安全教育体系，食品质量与安全宣传教育，食品质量与安全专业教育。

思考题

1. 我国食品质量与安全教育体系由哪几个部分构成？各自的目的是什么？
2. 为什么要实施食品安全宣传教育？其重点对象和宣教内容是什么？
3. 你认为怎么才能搞好食品安全宣传教育工作？
4. 你认为为什么要开展食品质量与安全专业教育？
5. 你对食品质量与安全专业的前景有什么看法？
6. 你希望在校期间学到哪些知识和技术？或者说开设哪些课程？
7. 你对本校食品质量与安全专业的培养目标、培养要求和课程体系有什么意见和建议？
8. 试述学习"食品质量与安全导论"对你今后学习的指导作用和帮助。
9. 你认为《食品质量与安全导论》这本教材有哪些优缺点？你希望增删哪些内容？

10.1 我国食品质量与安全教育的发展与体系

在古代，人们就注意到食品安全问题，但由于科学技术比较落后，人们对食品安全问题的认识还只是一些感性认识和对个别现象的总结，因此，对食品安全的教育也只是根据人们的生活经验来警示人们应该注意哪些问题，尚未形成完整的理论体系，更未形成专门的食品安全教育体制。

早在 2500 年前，孔子《论语·乡党第十》中提出了"五不食"原则："鱼馁而肉败，不食。色恶，不食。臭恶，小食。失饪，不食。不时，不食。"并教育其学生注意饮食安全，这是我国文献中有关饮食安全的最早记述与警语。明代人高濂在其著的《饮食当知所损论》中也指出："凡食，色恶者勿食，味恶者勿食，失饪不食，不时不食。"忽思慧，蒙古族，公元 1314 年至公元 1320 年间，他在元宫廷任饮膳太医，负责宫廷中的饮膳调配工作，专门从事饮食营养卫生的研究，是当时有名的营养学家。忽思慧对各种营养性食物和滋补药品以及饮食卫生、食物中毒等，均有深入的研究。他编撰的《饮膳正要》（公元 1330 年，即元天历三年）一书，是我国古代第一部也是世界上最早的饮食卫生营养专著，是很有价值的科学著作，对传播和发展我国卫生保健知识，起到了重要作用。在这本书中，提醒人们在食物烹饪、贮存过程中，应防止由于饮食不洁而伤害身体健康，并第一次提出了"食物中毒"这个词，同时设计了不少治疗食物中毒的方法，现在看还是有效用的。清代医家顾仲在他的《养小记》中从饮食角度将人分为三类，其中第三类为："养生之人，务洁清，务熟食，务调和，不侈费，不尚奇；食品本多，忌品不少，有条有节，有益无损，遵生颐养，以和于身。"并赞同这种人，"日用饮食，斯为尚矣"。即教育人们要注意饮食安全。唐代开始有处理腐败变质食品的法律准则。《唐律》中记载："脯肉曾经病人，有余者速焚之，违者杖九十；若故与人食，并出卖令人病者徒一年；以故致死者，绞。"我国古代的医学书籍中也有不少关于食品安全方面的论述。

有人将我国古代的食品安全总结为如下几点：第一，古代人的食品安全意识是朴素的，不完整的，不系统的，但是有许多方面却是很符合自然科学规律的。第二，食品卫生和食品安全的规则往往都是一些习惯法，强行法的规定很少，这些习惯做法靠人们的自觉遵守来传承，也靠家庭教育、社会道德教化来实现。第三，古代食品卫生和食品安全的意识和观念先进程度与家庭的富裕程度和教育程度成正比，这些观念和行为的先进，推进着国民身体素质和心理素质的向前发展，也对中华民族的文明传承和繁荣昌盛起到了核心作用。第四，古代的食品安全和食品卫生的规则，不仅有纯生理上的作用，还有修身养性、修炼磨砺的教化功效，符合古代的万事万物皆有其道、道在自然万千之中的朴素哲学观。第五，我国古代食物和药物有时候是相通的，食疗和药疗皆为中医之绝妙疗法，食物的搭配和药物的搭配，能够达到意想不到的食品安全、卫生及营养和保健的效果。

在 20 世纪初，我国开始在医学类专业开设《卫生学》、《毒理学》、《营养学》等课程，从医学的角度进行有关营养与健康教育。到 20 世纪中期（即新中国成立后），也首先是在医学类专业开设《食品卫生学》、《食品毒理学》、《食品营养学》等课程，后来在食品、烹饪类专业也开设这类课程，进行真正意义上的食品安全教育。同时于 1957 年在原青岛商业学校开办"食品卫生与检验"专业，开始了有关食品卫生安全的检验、评价专门人才的培养。后因专业调整，该专业整体搬迁至浙江商校。1979年"食品卫生与检验"专业作为一个主干学科和特色专业转入筹建中的杭州商学院，设立本科专业并开始招生。食品卫生与检验专业汇集了农学、医学和工学类（食品科学与工程专业）相关专业的特点，它不同于农学院校兽医专业以动物保健为目的，也不同于医学院的公共卫生专业以产品监测为目的，而是以食品从原料生产到产品加工乃至贮运消费全过程的安全卫生监控为目的，旨在培养掌握一定动物医学、卫生检验、理化分析、食品加工知识和技能，从事食品卫生检验、监督、安全性研究和品质管理工作的复合型人才。

我国在基本解决食物量问题的同时，食物品质的安全越来越引起全社会的关注。尤其是我国作为 WTO 的新成员，与世界各国间的贸易日益增加，食品质量与安全关系到我国农产品、食品在国际市场上的竞争力和国际形象，成为影响农业与食品工业能否持续、健康发展和国民经济建设的关键因素。但长期以来我国食品生产、经营企业和监督管理部门具备食品质量与安全专业素质的人才极其匮乏，因此，急需食品质量与安全专门人才，以对食品在生产、流通和消费等环节进行营养分析、检测、质量控制、安全评价，健全食品行业的规范、标准，提高食品工业的质量与安全水平。针对这种情况，2001 年国家教育部根据国民经济和社会发展对食品安全的要求及食品品质管理和安全检测的专业人才缺口越来越大的现状，在普通高等教育本科专业中增设了"食品质量与安全"专业，开始培养食品质量与安全方面的高级专门人才，以保证该方向的人才需求和储备。2002 年中国第一个食品质量与安全本科专业开始招生，到 2010 年，教育部批准设立及备案食品质量与安全专业的高等学校共计 117 所，仅 2011 年招生人数就达到 6500 人。

2001 年启动的国家"十五"重大科技专项"食品安全关键技术"，已开展了农药、兽药、生物毒素、食品添加剂等多残留系统检测方法和快速筛选方法的研究和当今食品安全和环境科学领域二噁英、疯牛病、SARS 等的检测研究，把培养和建立一支 500~650 人的食品安全研究科技骨干队伍作为该专项的具体目标之一，以促进我国食品安全高级研究人才的培养。但目前我国在食品安全高端人才培养方面仍存在明显不足，有必要进一步加大"创新型、研究型、储备型高级食品安全人才"培养力度。

我国有关高校从 2003 年起开始设立食品质量与安全方向博士点，培养食品质量与安全方面的创新型研究人才。2004 年，国家食品药品监督管理局培训中心与中国农业大学就联合培养食品工程（安全与管理方向）工程硕士达成协议，并就培养模式进行了深入的探讨，形成了培养方案，从而开辟了加快培养食品安全监管高层次人才的有效途径。目前有条件的大学、研究院所已增设了食品质量与安全、农产品质量与食品安全硕士点（包括在职工程硕士）和博士点，将食品质量与安全、农产品质量与食品安全作为一个重要的学科和研究方向，以适应市场经济和社会发展对高级专业人才的需求。

同时，我国也以多种方式、多渠道开展了食品生产经营人员、监督管理人员的在职教育和全民食品质量与安全宣传教育，以提高相关在职人员和全民的食品质量与安全意识和工作能力。

经过近十年全国各方面的高度重视和共同努力，我国食品质量与安全教育体系框架已基本形成。根据教育对象和目的不同，我国食品质量与安全教育体系大致包括：公众食品安全普及教育、在职人员职业培训教育、职业技能教育（包括中等职业技能教育和高等职业技能教育）、高级专业人才教育和创新型研究人才教育等。从我国目前现有（或应具有）的教育规模来看，构成金字塔形食品质量与安全教育体系

（见图 10-1），其中公众食品安全普及教育是塔基，创新型研究人才教育是塔尖。

食品质量与安全教育的实施可根据教育对象的具体情况分别由各类学校、各级监督管理部门、企事业单位、街道办事处、村委会等负责。报刊、杂志、电视、广播、网络等各大媒体在食品质量与安全教育中具有举足轻重的作用。

食品质量与安全教育是一项长期的全民性教育。目前我国食品质量与安全教育体系还很不完善，教育资源还很有限，还需要较长时间和多方面的共同努力加以改进和提高。

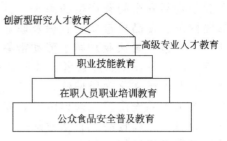

图 10-1　我国食品质量与安全教育体系

10.2　食品质量与安全宣传教育

这里所说的宣传教育包括公众普及教育和职业培训教育。开展食品安全宣传教育是构建我国食品安全保障体系的重要内容，也是各级政府和食品安全监管部门的重要职责。近年来，各地方和相关部门陆续开展了一系列行之有效的食品安全宣传教育活动，取得一定成效，积累了宝贵经验。为了进一步做好食品安全宣传教育工作，国务院食品安全委员会发布了《食品安全宣传教育工作纲要（2011～2015年）》（食安办［2011］17号）（以下简称《纲要》），对我国在"十二五"期间食品安全宣传教育工作做了部署。

10.2.1　实施食品安全宣传教育的必要性和意义

(1) 快速提高食品企业和监管部门人员素质的需要

① 快速提高食品安全监管人员的素质，以提高监管效率和保证监管质量。根据综合监督、组织协调、依法对重大事故进行查处的职能，食品安全监管人员在监管工作中，不是从事具体的、局部的或某一层面上的监管工作，而是处在一个宏观的管理地位上，对食品安全监管的政策、法律法规的制定和执行，建立食品安全检测与评价体系，分析预测食品安全形势，评估和预防可能发生的食品安全风险，建立食品安全统一标准及依法组织重大事故查处等全局性工作进行组织、协调和指导。行使这些职责对从事食品安全监管的人员的专业素质和能力提出了很高的要求，要求他们具备食品科学理论、食品安全监督管理的法律法规、食品品质控制和检验检测技术、食品安全监督管理工作的组织协调以及国际食品安全发展动态分析等知识和能力。

而我国目前虽然从事食品质量与安全监督管理的部门较多，人员队伍庞大，但总体来看人员专业文化素质普遍偏低，不能满足食品监督管理的要求，而学校培养专业人才周期较长（高校一般为4年），且毕业的学生进入工作岗位后至少还要有2～3年的工作实践才能真正胜任工作。这与当前食品安全的严峻形势，食品安全监管高质量高标准的要求和繁重的工作任务对人才的紧迫需求是极不适应的。因此，积极开展在职人员的培训，提高食品安全监管人员素质，是目前强化食品安全监管的一项十分紧迫而又重要的任务，也是做好食品安全监管工作的重要保证。

② 快速提高食品企业人员素质，从根源上预防食品安全问题的发生。食品企业是食品安全问题产生的源头，其人员的文化素质高低、食品安全卫生知识的掌握情况、食品质量安全意识及职业道德等是影响食品安全的重要因素。我国食品企业（包括餐饮业）属于劳动密集型产业，据统计，我国现有约 45 万食品生产者、288.5 万食品经营者。我国食品及餐饮业从业人员除大型企业外，大部分企业从业人员文化素质偏低，尤其是遍布全国各地的餐饮网点、作坊式食品加工点，人员食品安全卫生知识匮乏，安全卫生意识淡薄，为食品安全事件的发生埋下了隐患。所以食品、餐饮业从业人员的食品安全卫生知识培训，责任感、义务感的提高极为迫切。

(2) 提高消费者食品安全意识的需要

在一些发达国家，食品卫生和安全课程已列入国民普教体系。但我国目前食品安全教育体系尚不健全，消费者食品安全知识匮乏和安全意识的错位，导致许多消费者存在消费误区：一是只图便宜，缺乏防范意识，是导致恶性食品安全事件频发的主要原因之一；二是过度恐慌，食品消费信心易受打击。近年来，我国十分重视对国民的食品安全教育，大力普及食品安全常识和树立自我保护意识，鼓励消费者自觉参与社会监督管理。

① 提高消费者自我保护能力。宣传教育对于人们的食物和膳食选择有很大作用。通过对消费者进行食品安全教育，能够提高消费者的自我保护能力。在日常食品购买过程中，消费者对食品性状、标签了解得越多，越易于识别缺陷食品；对食品生产高新技术了解得越多，越易于选购适合自己的产品；对食品安全标志和质量保障了解得越多，越易于购买到质量合格的安全食品。

② 影响政府管理效用的程度。在任何国家，处理食品安全问题的最有力手段就是政府管理。但食品安全的监管工作是一项复杂的系统工程，从农业生产到工厂加工直至消费，监管的链条比较长，因此要搞好食品安全管理，不仅要靠政府组织，还需要全民参与。通过对消费者的食品安全教育，提高消费者的食品安全意识，及时向有关部门报告发生在身边的食品安全问题，弥补政府在管理过程中遗漏和疏忽的角落，加大政府管理的效用。

③ 规制企业生产销售行为。在市场经济条件下，消费者是产品价值实现的最终决定因素，因为消费者需求的变化会影响供求关系变化，反过来对企业的行为进行一定的规制。通过对广大消费者实施食品安全教育，使其掌握更多的食品质量与安全知识和鉴别技能，将会一方面增大消费者对安全食品的需求；另一方面使消费者更重视对假冒伪劣食品和不安全食品的识别。这样劣质食品及其生产和销售企业就会失去市场，失去生存空间，最终会被市场所淘汰。

(3) 提高新闻工作者职业道德的需要

各大媒体、网络、广告是传播食品信息的重要途径，其传播速度之快、影响面之大是其他方面无法比拟的。这在普及食品安全知识方面起到了不可磨灭的作用，但也不能否认，目前仍存在为数可观的假新闻（如 2007 年有关用废纸板制包子馅的报道）、虚假广告、不切实际的夸大宣传等。因此，有必要对新闻工作者加强食品安全知识和职业道德教育，提高其文化素养和社会责任感，提高宣传报道的真实性，减少、尽可能避免不正确的报道。

10.2.2　食品安全宣传教育的指导思想和目标

(1) 食品安全宣传教育的指导思想

《纲要》规定，食品安全宣传教育要以邓小平理论和"三个代表"重要思想为指导，深入贯彻落实科学发展观，努力践行科学监管理念，通过深入开展食品安全宣传教育活动，广泛普及食品安全法律法规和科普知识，促进公众树立科学的食品消费理念，提高食品安全意识和预防、应对风险的能力，增强食品生产经营者诚信守法的经营意识和质量安全管理水平，提高监管人员责任意识和业务素质，营造人人关心、人人维护食品安全的良好氛围。

(2) 食品安全宣传教育的工作目标

《纲要》要求，通过5年深入、扎实、持久的食品安全宣传教育活动，到2015年底，建立起比较完善的食品安全宣传教育工作机制，形成政府、企业、行业组织、专家、消费者和媒体共同参与的宣传教育网络体系，食品安全常识和法律知识得到普及，社会公众的食品安全意识和认知水平明显提高，食品生产经营者的法制观念、主体责任意识和诚信意识显著增强，食品安全监管人员岗位培训实现规范化、制度化，监管能力明显提高。食品安全宣传报道工作进一步加强，信息发布公开透明，舆论引导及时有效。

① 公众食品安全基本知识的知晓率达到80%以上。

② 各级食品安全监管人员每人每年接受不少于40h的食品安全集中专业培训。

③ 各类食品生产经营单位负责人每人每年接受不少于40h的食品安全法律法规、科学知识和行业道德伦理的集中培训；主要从业人员每人每年接受不少于40h的食品安全集中专业培训。

④ 在中小学相关课程中渗透食品安全教育内容，中小学生食品安全基本知识的知晓率达到85%以上。

⑤ 各级食品安全议事协调机构或综合协调部门协调本地报刊、广播、电视等媒体和互联网站开设食品安全专栏、专版、专题等，做到食品安全专题报道经常化。

10.2.3　食品质量与安全职业培训教育

食品质量与安全职业培训教育要因教育对象的不同实施不同的教育方式和培训教育内容。

(1) 农 (牧、渔) 民

《纲要》要求，通过集中培训、组织专家指导、开通食品安全知识热线、深入到田间地头等多种形式和途径，以传授科学种植养殖技术、规范农药、兽药等农业投入品使用为重点，向农 (牧、渔) 民、农业合作社、农业企业等推广农产品科学生产的专业知识，推进科学种植养殖，从源头上保障食品安全。

(2) 食品安全监管人员

《纲要》要求，各级食品安全监管部门要把在职人员的培训纳入年度监管工作计划。按照"分级分类培训"的原则，以提高依法行政和科学监管能力为重点，通过制作发放专业培训教材、课件，举办集中培训班等方式，对各级食品安全监督管理人员进行岗位培训。加强食品安全法律法规、标准、专业知识的学习和掌握，树立科学监管理念，提高科学监管能力和服务水平，促进严格执法、公正执法、文明执法。针对各级食品安全相关领导干部举办专题培训，增强各级领导干部的食品安全监管责任意识和业务水平。

（3）食品生产经营者

《纲要》要求，有关部门、行业组织和食品生产经营单位应建立培训制度，坚持"先培训后上岗"，定期培训食品行业从业人员。对所有食品从业人员、尤其是企业负责人和质量安全管理员以及小作坊、小摊贩、小餐饮从业人员，开展食品安全知识、法律知识以及行业道德伦理的宣传教育。有针对性地开展食品安全标准、管理和专业知识宣传和培训，增强食品生产经营者的法制意识、诚信意识、首责意识和从业素质。对生产加工从业人员、尤其是企业负责人和食品安全管理员，重点培训食品原料采购使用、食品添加剂使用、良好生产规范、生产环节质量控制等专业知识；对餐饮服务从业者，重点培训食品原料采购、贮存、烹调方面的卫生安全知识，以及专业操作规范要求、食物中毒处置等知识；对食品运输流通从业人员，重点培训各类食品贮存、运输的卫生安全知识，以及禁止违法添加非食用物质和滥用添加剂的规定等。

（4）教育工作者和中小学生

教育工作者要学习食品原料、贮藏、制作、烹调等食品安全基本常识，并通过多种形式引导学生了解食品安全基本常识，让学生从小培养良好的生活和饮食习惯，树立食品安全意识，增强辨别假冒伪劣食品的自我保护能力。

（5）集中供餐用餐单位及责任人

针对集中供餐用餐中食品安全的特点，开展宣传教育活动，增强集中供餐用餐单位负责人的食品安全责任意识，强化从业人员食品安全意识，提高集体用餐者食品安全自我保护意识。

（6）媒体工作者

《纲要》要求，要加强与媒体的沟通交流。各地每年要定期组织针对本地报刊、广播、电视、互联网等各类媒体负责人、高级采编人员和记者的食品安全专题研讨会或座谈会，重点分析社会广泛关注的食品安全案例，普及食品安全科学常识，交流探讨对食品安全问题的认识，提高媒体科学认知食品安全风险、科学报道食品安全问题的能力。

此外，对媒体、有关认证机构、质检机构等可能涉及食品生产经营或食品安全事件报道、调查、处理的负责人及工作人员要加强职业道德、诚信意识、实事求是的工作作风等方面的教育。

10.2.4 食品质量与安全消费宣传教育

对普通消费者，食品质量与安全宣传教育的具体内容主要包括如下几个方面。

（1）食品安全相关基础知识

① 食品标志。食品标志是国家为保护消费者而实行的食品标签，消费者应了解"QS"、绿色食品、有机食品和无公害食品等标志的大致含义。

② 转基因食品。关于转基因食品的安全性目前科学界尚无定论，但是消费者应有知情权，了解两方面的观点（特别是转基因食品可能存在的负面作用），将有助于消费者对转基因食品作出理性的判断与选择。

③ 食品原料与加工。消费者并不需要详细了解食品生产过程，但有必要了解食品本身的安全性和食品相互作用可能产生的危害，食品在贮藏过程中可能发生的变化，烹饪不当可能产生的安全问题等。

④ 食品添加剂。由于一般消费者不了解食品添加剂的相关知识和食品添加剂使用要求，从而出现对因食品添加剂的不合理使用导致的食品安全问题产生误解，再加上有关媒体的不当宣传，误认为添加食品添加剂的食品都是不安全的，以致出现"谈食品添加剂色变"的不正常现象。因此，对消费者进行有关食品添加剂的知识教育，使其理解按有关规定和法规要求使用食品添加剂的食品是安全的。

(2) 伪劣食品鉴别知识

要求每一名消费者都成为食品鉴别专家是不可能的，但对消费者进行适当的食品鉴别知识培训是非常必要的。这样，一方面使消费者的自我保护能力增强了；另一方面使伪劣食品的生产者不得不寻找更隐蔽的手段，增加造伪成本，起到了间接的制约作用。伪劣食品鉴别知识的教育重点应是与居民生活密切相关的粮食、畜禽、调味品和乳品等类别，对于其他食品的鉴别，则可以专家咨询的形式提供服务。

(3) 食品安全的维权法律意识

由于传统观念的缘故，我国消费者遇到食品安全问题时，除了少部分人会向媒体、消协和行政管理部门反映，或者直接与经营者交涉外，更多的人会选择沉默。这样做不仅没有维护自身权益，而且使不安全食品在市场继续销售，使更多的人蒙受损失。因此，通过政府主导的食品安全教育，强化消费者的维权法律意识，也将推动食品安全问题得到解决。

(4) 食品安全危机处理知识

食品安全危机处理包含两层意思，其一是在发生食源性疾病、食物中毒后的应急护理；其二就是及时向主管部门上报。虽然从法律角度讲，上报这一责任主要应由事发单位和医疗部门负责，但是群众的上报往往会更加及时。

10.2.5 食品安全宣传教育的工作原则、实施方式和组织保障

(1) 食品安全宣传教育的工作原则

食品安全宣传教育应遵循如下工作原则。

① 围绕中心，服务大局。紧紧围绕党和国家的中心工作，落实食品安全宣传教育各项任务，维护改革发展稳定的大局。

② 以人为本，注重实效。贴近实际、贴近生活、贴近群众，努力从广大人民群众的需要出发，抓住与人民群众日常生活关系密切、社会广泛关注的食品安全问题，开展宣传教育活动。

③ 因地制宜，形式多样。根据不同宣传教育对象的特点，积极开展试点，不断总结经验，逐步完善推广。结合实际，整合资源，探索行之有效的方式方法和灵活多样的运作机制，利用多种途径，采取征文比赛、知识竞赛、开辟媒体专栏、举办展览、制作公益广告、制作专题节目、讲座答疑、问卷调查、网上交流等多种方式，面向全社会开展多层次的食品安全宣传教育活动，提高工作的针对性和有效性。

④ 正面宣传为主，加强舆论引导。积极构建网络宣传平台，充分发挥新闻媒体作用，把握舆论导向，加大舆论宣传力度。建立食品安全问题突发事件应对机制，及

时发布食品安全方面的权威信息，积极有效地引导社会舆论，维护国家经济安全和社会公共利益，维护企业合法权益和广大消费者的切身利益。

⑤ 围绕宣传主题，打造活动平台。各地要制订食品安全宣传教育计划，并列入日常工作安排。根据不同时期工作重点、不同对象，有所侧重地开展阶段性主题宣传教育活动，开辟活动阵地。坚持日常宣传教育与集中宣传教育的有机结合，特别要做好元旦、春节和黄金周等重要节假日期间的食品安全宣传教育工作。

(2) 食品安全宣传教育的方式和要求

关于食品安全宣传教育，《纲要》要求，各地区、各有关部门要贴近实际、贴近生活、贴近群众，抓住与群众生活密切相关、社会舆论普遍关注的食品安全问题，通过多种形式、角度和途径，开展有针对性的宣传教育和培训活动。

① 开展"食品安全宣传周"主题宣传活动。确定每年 6 月的第三周为"食品安全宣传周"，在全国范围内集中开展形式多样、内容丰富、声势浩大的食品安全主题宣传活动，通过报刊、广播、电视、互联网等各种媒体进行集中报道。

② 开展"食品安全进社区"活动。编印发放食品安全宣传材料，制作张贴宣传海报。充分发挥城镇街道和居委会的作用，积极推进社区建立食品安全宣传橱窗和展板，定期开展群众性食品安全专题宣传教育活动，促进食品安全社区建设。

③ 开展"食品安全进农村"活动。将食品安全宣教工作融入文化、科技、卫生"三下乡"活动内容。充分发挥农村基层组织作用，积极推进乡镇、村庄建立食品安全宣传橱窗，采用张贴宣传画、举办知识讲座等群众喜闻乐见的形式，普及食品安全常识，提示农业生产中常见的食品安全隐患，促进社会主义新农村建设。

④ 开展"食品安全进校园"活动。各级教育行政部门将食品安全宣传教育列入工作计划，组织编写食品安全知识相关教学材料，通过多种形式开展食品安全宣传教育，普及食品安全知识；推进大学的食品安全相关学科建设，强化食品安全专业教育。通过夏令营、冬令营、知识竞赛、演讲比赛、征文比赛等多种形式的课外活动，开展食品安全科普宣传。

⑤ 编辑出版科普读物和音像制品。编印相关系列图书、挂图、音像制品，指导协调制作有关电影、电视、广播和动漫作品，采用多种形式出版发行。聘请若干社会评价正面的知名人士担任食品安全形象大使，参与各种宣传教育活动。

⑥ 刊播公益广告。组织拍摄食品安全公益广告，在报刊、电视、广播、互联网等各类媒体安排重要版面、时段刊播，在社区、农村、企业、学校以及机场、车站、市场、公园等公共场所广泛张贴，并在公共汽车、地铁列车、民航班机等运输工具上播放。

⑦ 充分利用各级媒体。各地区、各有关部门要依法建立食品安全信息发布制度，通过新闻发布会、专题访谈、媒体吹风会等形式，充分利用各级主流媒体和较具影响的都市类媒体等，大力宣传党和政府加强食品安全工作的方针政策和工作部署及各有关方面开展食品安全治理整顿、规范企业生产经营行为、提高食品行业自律能力、加强食品安全监管和执法、推进食品行业诚信体系建设、建立健全食品安全监管长效机制等方面的重大进展和显著成效。坚持日常宣传与集中宣传有机结合，特别要组织好元旦、春节、中秋、国庆等重要节假日期间的食品安全宣传教育活动。

⑧ 办好食品安全网站。各地区、各有关部门要以政府网站和部门网站为载体，

开设食品安全宣教栏目和窗口，加强与公众间的食品安全信息沟通交流，宣传重大食品安全举措及成效，及时准确地公布监督检查、风险评估和风险预警等食品安全信息。有条件的地区和部门可单独开办食品安全网站。

⑨ 抓好监督执法信息公开。各地区、各有关部门要不断增强食品安全监管工作透明度，通过新闻发言人制度、政府网站、媒体等，及时公开相关信息，主动宣传食品安全监管执法工作，公布监督检查结果，公示"黑名单"，充分展示政府严格监管的措施和成效。建立健全食品安全信息发布沟通协调机制，统一发布重大案件查处情况和重要专项活动工作信息。

⑩ 高效研判处置食品安全舆情。各地区、各有关部门要建立食品安全舆情监测制度，对媒体报道和互联网社区、论坛、博客、微博、新闻评论、即时通讯等信息实施监测，及时发现社会舆论关注的热点问题，尽快发布核实处置的权威信息，特别是对冠以致癌、致命、毒药等名称的食品安全信息，要及时组织专家解疑释惑，消除公众疑虑，正确引导舆论。

⑪ 开展典型案例警示教育。各地区、各有关部门要注意收集整理、深入剖析典型案例，通过编写案例分析材料和拍摄电影、电视专题片等方式，对各类食品生产经营者，包括小作坊、小摊贩、小餐饮从业人员，大力开展警示教育，揭露不法分子的违法违规行为，宣传对不法分子的严厉惩处，展示政府坚决打击食品安全违法犯罪行为的决心和有力措施。

⑫ 积极宣传正面典型。各地区、各有关部门对监管执法先进集体或个人，以及诚信守法经营的优秀企业等正面典型，要协调主流权威媒体积极宣传报道，发挥典型榜样作用，弘扬依法监管正气，展现我国食品行业诚信守法经营的正面形象。对其中成绩突出、影响广泛的优秀典型和事迹，国务院食品安全委员会办公室将协调有关方面予以宣传表彰。

（3）食品安全宣传教育的组织保障

为了做好十二五期间的食品安全宣传教育工作，《纲要》要求如下。

① 强化组织领导和政策保障。各地区、各有关部门要以科学发展观为指导，采取有效措施，切实做好食品安全宣传教育工作。要依据本《纲要》，结合实际制订本地区、本部门食品安全宣传教育纲要或年度工作计划，有计划、有重点地统筹安排食品安全宣教活动。切实保障食品安全宣教工作所需经费，加强食品安全宣教工作队伍和能力建设。

② 动员社会各界积极参与。要组织动员社会团体、行业组织、企事业单位等各类社会力量，积极参与食品安全宣传教育活动，充分发挥他们在科普、宣传、教育、培训等方面的作用，形成政府、媒体、企业、行业组织、专家、消费者共同参与的食品安全宣传教育工作格局。

③ 建立健全媒体联络机制。报刊、广播、电视、互联网等各类媒体是开展食品安全宣教工作的主要平台，各地区、各有关部门要健全与各类媒体的沟通联络机制，高度重视并充分发挥媒体的作用，与媒体保持积极有效互动，加大正面宣传报道力度，为食品安全工作营造良好舆论氛围。

④ 加强督促检查和考核评价。将食品安全宣教工作考核评价纳入食品安全综合评价体系，加强督促检查，确保各项工作落到实处、收到实效。适时开展食品安全宣

教先进单位和先进个人评选、表彰、奖励活动，树立先进典型，推动食品安全宣传教育工作扎实开展。倡导、鼓励开拓创新，积极推动开展食品安全宣传教育示范点创建活动。

10.2.6 公众食品安全教育的模式

为了有效地对公众普及食品安全教育，夏明等（2007）提出了"一心二辅三通道"的公众食品安全教育模式，即政府的核心作用，食品生产企业和行业协会的辅助作用，媒体、社区和学校宣传教育的通道作用。"一心二辅三通道"的公众食品安全教育模式示意见图10-2。

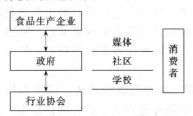

图10-2 "一心二辅三通道"的公众
食品安全教育模式示意

（1）政府发挥核心作用

如果仅依靠公众自我寻求相关食品安全知识，一是缺乏获得有关知识的意识；二是缺乏获得有关知识的渠道；三是获得知识的成本也较高。因此必须以政府为核心，对公众实施食品安全教育。

① 政府掌握的信息最多、最权威。食品安全教育的核心与实质就是将有关于食品安全的信息传递给公众，同时帮助其掌握相关信息，政府掌握该信息最多、最全，而且消费者比较信任那些具有权威性的信息发布主体（政府部门）。

② 政府对教育负有责任。面向公众的食品安全教育，应该属于公共义务教育。无论是消费者，还是食品生产销售企业，或是其他的社会团体都没有成为该公共义务教育实施主体的责任。换言之，政府应该为公共义务教育"买单"。

③ 政府具有联动其他各类组织的领导力。大量研究表明，政府解决全社会食品安全问题的成本最低。在目前食品安全管理体系尚不健全的条件下，政府可以调动企业、行业协会、媒体、基层社区和学校的力量，提高政府管理的效用，保障人民群众的生命和健康安全。

（2）企业和协会起辅助作用

在许多时候，企业在推广产品的同时，也顺带向公众普及食品安全知识，这虽然不是企业推广宣传的首要目的，但如果从实施社会责任的角度来考虑的话，企业通过对食品安全知识的宣传，既获得了社会美誉，又保护了自身的利益，同时也压制了劣质产品的市场空间，从而实现企业、社会和消费者的多赢。

然而企业的商业行为有时也有负面影响，比如向公众灌输如"纯天然"、"高科技"、"不含添加剂"之类有偏颇的食品安全知识，或在宣传自身的同时损害了其他合格企业的形象，形成不正当竞争。这就需要行业协会从保护行业利益，促进行业发展的目的出发，来规范宣教内容，帮助公众形成对这些商业行为的正确认识。

（3）媒体、社区和学校成为实施"模式"的通道

① 媒体是普及食品安全教育的重要手段。特别是现代化媒体，如手机短信、热线电话等互动交流的形式，扩大了消费者的参与面与学习的积极性。但媒体出于新闻效应的需要，通常更乐于报道负面的、具有轰动效果的食品安全事件，从而使公众对食品安全更加怀疑。因此，一方面要求媒体在传播食品信息时必须做到客观、科学、

准确，另一方面也需要其他公众教育手段的辅助。

② 社区的经常性宣传教育、集中培训就是一个很好的辅助手段。社区面向群众，贴近生活，可以定期出宣传海报，宣传打假、维权等方面的有关知识，提高居民的自我保护意识。另外，社区便于组织退休职工、老年人和家庭主妇参加食品安全知识培训，因为这部分消费者虽然生活经验丰富，但是相对较为节俭，乐于购买低价商品，因而食品安全问题也较突出。

③ 学校也是食品安全教育的主要阵地。将食品安全知识教育列入健康课程授课内容，引导学生形成科学、安全、合理的饮食习惯，提高食品安全意识和防范能力。学生在接受了食品安全知识之后，又可以充当食品安全的宣传员，在家庭和社区普及。更要利用好高校相关学科师资的优势，与媒体、社区、政府、协会联系，积极参与，当好食品安全教育参谋。

10.3 食品质量与安全专业教育

10.3.1 食品质量与安全专业人才培养的必要性和特点

(1) 食品质量与安全专业人才培养的必要性

① 频繁发生的食品质量与安全问题呼唤专门人才来控制、消除食品安全隐患。虽然我国设置有食品科学与工程、卫生检验等专门培养有关食品专业人才的专业，但时至今日，我国食品生产经营、食品监督管理、食品质量检验等部门的从业人员中，真正接受过相关专业教育的人员很少，有的企业和部门甚至没有一个接受过有关食品专业教育的人员。

② 食品质量与安全问题的复杂性与综合性要求高级专门人才来研究。食品质量与安全问题不仅种类繁多，且新的食品安全问题还在不断产生，而且食品质量与安全问题产生的原因、途径更为复杂多样，这就要求具有广博专业知识和技能的人才来研究这一问题。

③ 科学应对国际贸易技术壁垒需要食品质量与安全专门人才。我国加入 WTO 后，食品工业和进出口贸易面临严峻挑战。长期以来，农业生态环境的恶化、农药、化肥、抗生素的不科学使用，直接危及食品的安全性，使食品安全问题成为我国国际贸易中最重要的技术壁垒之一，严重影响我国对外贸易和经济发展，损害了我国的声誉。面对此严峻形势，要使我国食品对外贸易持续、健康、稳定发展，打破外国针对我国的技术壁垒，不仅需要掌握相关科学知识、技术、方法和法规的专业人才，充实到产前、产中、产后及流通的各个领域和环节，从根本上解决食品质量与安全问题，而且需要这类人才充实对外贸易战线，以科学应对技术壁垒。

④ 食品质量与安全法制及标准化建设需要食品质量与安全高级专门人才。食品质量与安全的立法、执法、司法等活动要求具有一定食品质量与安全专业知识和技能的高级人才。目前，在我国既懂法律，又懂食品质量与安全的人才奇缺。在食品安全问题的防范中，如何制定法律，如何规范执法，如何确立政府管理质量安全中的权利和职责，如何建立规范统一的食品安全信用评价管理制度、食品安全预警机制和安全责任与保障机制等等，都需要食品质量与安全专业人才参与来解决。

(2) 食品质量与安全专业人才培养的特点

食品质量与安全专业最基本的特点是综合性或复合性。主要体现在如下几个方面。

① 食品质量与安全涉及领域的宽广性。食品质量与安全是一项"从农田到餐桌"的系统工程，它与农业（包括农、林、牧、渔）、食品加工业、餐饮业（包括公共食堂）、流通业（包括运输、贮存、销售）及食品消费有着直接关系。此外，化肥、农药、兽药、饲料、饲料添加剂、食品添加剂、食品加工机械设备、食品包装等生产加工业也与食品质量与安全有密切关系。任何行业或部门或环节的工作不到位，都有可能影响到食品的质量与安全。

② 食品质量与安全涉及学科的多元性。食品质量与安全问题有些产生于技术性原因，而有些则产生于职业道德与管理原因。因此，要预防和解决食品质量与安全问题，一方面要运用化学、物理学、生物学、预防医学、工程学、农艺学、经济学等学科的知识；另一方面则要运用法学、管理学、论理学（职业道德）等学科的知识。

③ 对学生素质和能力要求的多样性。预防和解决食品质量与安全问题既需要技术方面的知识和能力，如食品生产、加工、检验、包装、防腐保鲜等知识和技能；又需要管理方面的知识和能力，如熟悉国家有关法律法规、标准和政策，并能自觉遵守和严格执行；良好的人际交往能力和习惯；企业管理和行政管理知识和能力；良好的心理素质和职业道德等。

④ 学生就业方向的广泛性。正是由于食品质量与安全涉及面宽广、监督管理部门多，从而也为学生的就业提供了广泛的选择机会。也就是说，食品质量与安全专业的学生既可以在农业、食品加工业、餐饮业、流通业从事有关技术指导和管理工作，又可以在农业、卫生、工商、质检、食品药品监督管理、海关等部门从事有关食品质量与安全的监督管理工作。除此之外，要预防和解决食品质量与安全问题，科学研究是不可缺少的，因此，学生毕业后去科研单位就业也是必然的。食品质量与安全是一个复杂的系统工程，从人才需要层次方面来看，也是多元的，既需要有较高学术水平、具有科研能力的研究者，也需要具有较高技术开发、指导和监督能力的技术管理者，更需要具有较强动手能力的一线操作者。这就是说，要求从食品质量与安全本科毕业的学生，一方面参加更高层次的再学习、深造，造就一批高水平科研人才；另一方面还需要在高、中等职业学校从事食品质量与安全的教学工作，培养更多的懂得食品质量与安全理论知识和操作技能的劳动者。

综上所述，食品质量与安全专业是一个涉及化学、物理学、生物学、预防医学、工程学、农艺学、经济学、管理学、法学、伦理学等学科，面向农业、食品加工业、餐饮业、流通业、监督管理部门等领域，培养既具有宽广、深厚理论知识，熟练操作技能和分析解决问题与创新能力，又懂得有关法律法规和政策，并具有良好道德修养的技术与管理应用型高等专门人才的综合性专业。

(3) 我国食品质量与安全本科教育现状

自 2001 年国家批准增设食品质量与安全专业以来，至 2010 年，全国已有 117 所高等院校开设食品质量与安全专业，其中农业类院校 37 所，理工类院校 28 所，工商类院校 8 所，师范类院校 9 所，医药类院校 6 所，水产类院校 5 所，综合类院校 24 所。

2007 年对全国本专业分布情况的调查结果如表 10-1 所示。至 2007 年该专业人数规模大都集中在 100～300 人之间，占总数的 82％以上，规模超过 500 人的占 8.7％，

详见图 10-3。招收学生数量呈直线上升（见图 10-4），2010 年全国本专业招生达 6500
人，是 2003 年的 26 倍多，2010 年被调查的 38 所高校中，反映招生情况好（呈上升
趋势）的占 63％，不好的占 3％，没变的占 34％。

表 10-1　我国食品质量与安全分布情况

学校类别	学校数量	所占比例/%	分布地区		人才培养类型	
农业	30	34.1	华东 29 所	学位	工学 83.3%	
工业	20	22.7	中南 24 所		理学 16.7%	
财经	7	8.0	东北 12 所		应用型 58.3%	
师范	6	6.8	华北 12 所		复合型 13.9%	
医学	4	4.5	西北 6 所		应用型/复合型	
综合	21	23.9	西南 5 所		27.8%	
合计	88	100	88		100	

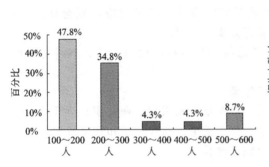

图 10-3　23 所高校本专业在校生规模

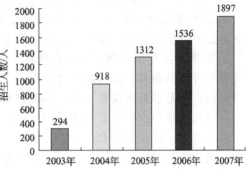

图 10-4　23 所高校本专业招生趋势

10.3.2　食品质量与安全专业本科教育规范

　　2011 年 5 月 20～21 日，教育部高等学校食品与营养科学教学指导委员会食品质
量与安全专业工作委员会在宁夏银川召开了"全国高等院校食品质量与安全专业暨教
材建设研讨会"，专题讨论了《食品质量与安全专业规范》，该规范（2011 年修订稿）
对我国食品质量与安全专业本科教育的有关事项作了具体规定。

　　（1）食品质量与安全专业本科教育的培养目标

　　本专业旨在培养德、智、体全面发展，掌握化学、生物学、食品科学、管理学等方
面的基本理论、知识和技能，具备较强的创新精神和实践能力，知识面宽，综合素质
高，能在相关企业、科研机构、检验机构、监督管理部门等企事业单位从事分析检测、
质量控制、企业管理、安全评价、生产和经营及科学研究等方面工作的应用型人才。

　　（2）食品质量与安全专业本科教育的培养要求

　　具有扎实的数学、化学、生物学等学科的自然科学知识，系统掌握食品在生产、
加工、流通、销售、消费等过程中的品质控制、安全管理、法规标准、风险评估、检
测技术等知识和技能以及进行科学研究的方法。

　　毕业生应获得以下几方面的知识和能力：

　　① 掌握数学、化学和生物学等基础学科的基本理论和知识；

　　② 掌握食品科学的基本理论和基本技术；掌握食品营养与卫生、毒理学的基本

理论；掌握食品分析检测方法的原理与技术；掌握食品质量与安全控制和管理的基本理论和基本方法；熟悉国内国际食品标准与法规；

③ 具有食品质量与安全检测、评价、控制、溯源预警、标准和法规制定、认证、监管等方面的知识和能力；

④ 能综合运用外语和计算机等手段获取科技信息及进行文献检索；

⑤ 树立社会主义核心价值观，遵守职业道德规范。

(3) 食品质量与安全专业本科教育的培养规格

食品质量与安全专业的培养规格应根据各个高校的自身实际情况和条件来定，研究主导型、教学研究型和教学主导型大学所培养的人才规格应有不同或有不同侧重面的质量要求。不同类型的高校人才培养的规格如下。

① 研究主导型大学——重点培养食品质量与安全学科学术型、学术与应用复合型高层次人才。本科是通识教育基础上的宽口径专业教育。

② 教学研究型大学——重点培养食品质量与安全学科学术与应用复合型人才。本科是以通识教育为主或通识教育与专业教育并重的教育。

③ 教学主导型大学——重点培养食品质量与安全学科应用型人才。本科是通识与专业并重的教育，是一种专才教育。

(4) 食品质量与安全专业本科教育知识体系

食品质量与安全专业应学习的知识体系（包括基础知识和专业知识）列于表10-2中。专业知识板块包括农业科学、食品科学、营养卫生、检验科学和管理科学5大方面，包含18个知识领域，其中14个为专业核心课程。

表 10-2　食品质量与安全专业应学习的知识体系

基础科目	专业知识板块	主干专业科目（理论教学学分）
高等数学 无机与分析化学 有机化学 物理化学 生物化学[①] 外语 计算机 人体生理概论	农业科学	食品原料生产安全控制（2学分）
	食品科学	食品化学（FC）[①]（2～2.5学分） 食品工艺学（FT）[①]（2～2.5学分） 食品微生物学（FM）[①]（2.5学分） 食品工程原理（FM）[①]（2.5～3学分）
	营养卫生	食品营养学（FN）[①]（2学分） 食品卫生学（FH）[①]（1.5～2学分） 食品毒理学（FTC）[①]（2学分） 食品添加剂（FA）[①]（1.5～2学分） 食品安全风险评估（1学分）
	检验科学	食品感官评定（FSE）（1.5～2学分） 食品理化分析（FPCA）[①]（2学分） 现代仪器分析（MIA）[①]（1.5学分） 食品微生物检验学（MDF）[①]（1学分） 动植物食品检疫学（1.5学分）
	管理科学	食品标准与法规（FSL）[①]（2学分） 食品质量管理学（FQM）[①]（2学分） 食品安全监督管理（SMFS）[①]（包括食品安全应急管理、食品安全溯源技术等）（2学分）

①为专业核心课程。

食品质量与安全专业的课程及学分见表 10-3。

表 10-3 食品质量与安全专业课程及学分

通识教育 42~48学分	通识教育 基础课程 42~48学分	必修	马克思主义理论课、思想品德教育课等	12~14学分
			军事理论和形势与政策	2学分
			外语	12学分
			计算机信息技术课程	4~6学分
			体育	4学分
		选修	文学艺术、人文社科、经济管理类等素质教育课程	8~10学分
专业教育 82.5~88学分	学科基础课程 35.5~39.5学分	学科基础平台 课程 26.5~29学分	高等数学Ⅱ	8学分
			概率和线性代数	4学分
			无机及有机分析	4~4.5学分
			有机化学	3~4学分
			物理化学	3学分
			生物化学	3~4学分
			人体生理概论	1.5学分
		专业基础课程 9~10.5学分	食品化学	2~2.5学分
			食品微生物学	2.5学分
			食品工艺学	2~2.5学分
			食品工程原理	2.5~3学分
	专业领域课程 47~48.5学分	专业核心课程 17.5~18.5学分	营养卫生类课程	7~8学分
			检验科学类课程	4.5学分
			管理科学类课程	6学分
		专业选修课程 29.5~30学分	农业科学、营养卫生、检验科学类选修课程	7.5~8学分
			各大类食品加工类课程	10学分
			机械设备类课程	2学分
			其他(如包装、贮运)	10学分
实验实践 37.5学分	军事训练、课程实验、专业综合实验、实习、社会实践(调查)、毕业论文			37.5学分
创新能力培养 就业与创业教育	课外科技研究活动、科技竞赛、社团活动、职业发展与就业创业指导等			不作规定

本专业的最低应修学分为 162~173.5 学分,其中通识教育课程学分为 42~48 学分,学科基础课程学分为 35.5~39.5 学分,专业核心课程学分为 26.5~29 学分,实验实践教学学分为 37.5 学分,实验实践环节学分占总学分的 23%~21.5%;实践环节不占课内学时;课内总学时为 1992~2176;创新能力培养和就业等教育的学分本专业规范不作规定。

各高校可在满足表 10-3 中对各课程学分要求的基础上根据自身实际情况对课程学分进行调整,若是研究主导型大学,可增加通识教育课程学分和学科基础课程学分,并可增加宽口径教育的课程;若是教学研究型大学,可增加专业领域课程的学分,并可增多专业选修课程;若是教学主导型大学,可增加专业领域课程的学分,并增加实验实践课程学分。此外,在不超过 180 学分的条件下,可依据自身的优势,开设具有特色的课程,形成该专业的自有特点。

参 考 文 献

[1] 周慧秋，侯金华．关于我国粮食安全的几点思考．哈尔滨商业大学学报（社会科学版），2005，（2）：14-16.

[2] 胡新宇．论国家粮食安全的含义与标准．商业时代，2005，（18）：78.

[3] 游承俐，孙学权．对我国食用农产品质量安全问题的探讨．西南农业学报，2004，17（17）：216-220.

[4] 周全霞．试论中国食品安全之史记．社会科学家，2007，（4）：17-22.

[5] 陈宗道等．食品质量管理．北京：中国农业大学出版社，2003.

[6] 魏益民，徐俊，安道昌等．论食品安全学的理论基础与技术体系．中国工程科学，2007，29（3）：6-10.

[7] 林荣瑞（台湾）．品质管理．福建：厦门大学出版社，1996.

[8] 史海根，王建明．2000～2009年全国重大食物中毒情况分析．中国农村卫生事业管理，2011，8（31）：835-838.

[9] 栾金水等．二噁英污染及其对人体的危害．粮食与油脂 2001，（4）：32-33.

[10] 张星联，唐晓纯．我国食品安全问题产生的原因及对策．食品科技，2005，24（5）：1-5.

[11] 梁玲，张来振，刘淑梅等．2006～2011年连云港市蔬菜农药残留情况分析．现代农业科技，2012，3：212-213.

[12] 刘亚洲．浅析转基因食品的特点和安全性．硅谷，2008，（10）：172-172.

[13] 刘芳，秦秀蓉．苏丹红及其加入食品中的危害．时代教育，2008，（3）：226-227.

[14] 庞璐，张哲，徐进．2006-2010年我国食源性疾病暴发简介．中国食品卫生杂志，2011，23（6）：560-563.

[15] 李羡筠．瘦肉精的毒性和致突变性研究进展．广西医科大学学报，2009，26（4）：653-655.

[16] 李博，李里特．贮藏、烹调加工与食品安全．营养健康新观察，2003，（1）：13-15.

[17] 邱祝强，谢如鹤，林朝朋．广州地区生鲜农产品销售物流安全现状分析．广东农业科学，2007，（7）：125-127.

[18] 丁晓雯，沈立荣．食品安全导论．北京：中国林业出版社，2008.

[19] 陈辉．食品安全概论．北京：中国轻工业出版社，2011.

[20] 朱云龙，刘颜，马京洁．论餐饮食品安全管理．扬州大学烹饪学报，2010，（4）：56-61

[21] 艾志录，鲁茂林．食品标准与法规．南京：东南大学出版社，2006.

[22] 尤玉如，张拥军，刘士旺．食品安全与质量控制．北京：中国轻工业出版社，2008.

[23] 丁宏伟，丁红洁．我国食品安全法律体系的构建．粮油食品科技，2011，19（4）：57-60.

[24] 钱玉华，陈东周．我国食品安全法律体系建设现状及对策．中外医疗，2009，（3）：134-135.

[25] 车振明．食品安全与检测．北京：中国轻工业出版社，2007.

[26] 赵丹宇，郑云雁，李晓瑜．国际食品法典应用指南．北京：中国标准出版社，2002.

[27] 刁恩杰．食品安全与质量管理学．北京：化学工业出版社，2008.

[28] 包大跃．食品安全危害与控制．北京：化学工业出版社，2006.

[29] 曾庆孝．GMP与现代食品工厂设计．北京：化学工业出版社，2006.

[30] 钱和，王文捷．HACCP原理与实施．北京：中国轻工业出版社，2009.

[31] 欧阳喜辉．食品质量安全认证指南．北京：中国轻工业出版社，2003.

[32] 沈明浩，滕建文．食品加工安全控制．北京：中国林业出版社，2008.

[33] 顾祖维．现代毒理学概论．北京：化学工业出版社，2005.

[34] 杨洁彬等．食品安全性．北京：中国轻工业出版，1999.

[35] 曾庆祝，冯力更．食品安全保障技术．北京：中国商业出版社，2008.

[36] 刘宁，沈明浩．食品毒理学．北京：中国轻工业出版社，2007.

[37] 车振明．食品安全与检测．北京：中国轻工业出版社，2010.

[38] 张拥军，刘士旺．食品安全与质量控制．北京：中国轻工业出版社，2010.

[39] 李洪斌．浅谈食品检验检测体系的现状及对策．中国新技术新产品，2012.（7）：252.

[40] 关莉莉．浅谈我国食品检验检测体系存在的问题及对策．华章，2011.（25）：313.

[41] 康丽榕，郑燕燕．浅谈我国食品检验技术存在的主要问题．科技信息，2010.（4）：41.

[42]　郑冰，苏淑娴．完善我国食品检验检测体系的思考．安徽农学通报，2010.16（9）：209，89.

[43]　张秉奎．绿色食品认证与管理．青海农牧业，2009.（2）：31-33.

[44]　赵雅玲，王殿华．发达国家有机食品认证管理及对我国的启示．对外经贸实务，2012.（5）：22-24.

[45]　魏益民．论国家食品安全控制体系及其相互关系．中国食物与营养，2008.（9）：9-11.

[46]　罗天雄，吴传兵．农药残留控制研究现状与展望现代农业科技，2006.（2）：37-38.

[47]　谢宝林．茶园农药残留控制浅谈．广西植保，2007.20（4）：35-36.

[48]　王岱峰．浅谈农药残留的控制．辽宁农业科学，2003.（3）：35.

[49]　屈家新，韩庆春，黄延政等．鲜叶清洗加工工艺对茶叶品质影响的研究中国茶叶加工，2009.（2）：26-27.

[50]　袁玉伟，王静，林桓等．冷冻干燥和热风烘干对菠菜中农药残留的影响．食品与发酵工业，2008.34（4）：99-103.

[51]　谢惠波，李仕钦，李丽等．蔬菜中农药残留量的测定及去除方法研究．现代预防医学，2005.32（9）：1160-1161.

[52]　张宇，张秀竹，兰耀程．试论无公害苹果的病虫害防治技术．农林科技，2012.（11）：347.

[53]　潘福斌．RFID技术在安全食品供应链中的应用研究．物流与采购研究，2009.（32）：42-45.

[54]　叶平．关于食品安全信息与风险监测评估的探讨．中国质量技术监督，2009.（5）：55-57.

[55]　马懿，林靖，李晨等．国内外农产品溯源系统研究现状综述．科技资讯，2011.（27）：158-158.

[56]　叶存杰．基于NET的食品安全预警系统研究．科学技术与工程，2007.7（2）：258-260.

[57]　张玉学．基于本体的食品安全信息整合模型．硅谷，2009.（15）：103-104.

[58]　李春艳，周德翼．可追溯系统在农产品供应链中的运作机制分析．湖北农业科学，2010.49（4）：1004-1007.

[59]　查华．论消费者获取食品安全信息的基本渠道．法制与社会，2009.（27）：219，221.

[60]　张婷婷．浅谈食品安全信息网络系统的构建．中国食品，2009.（17）：66-67.

[61]　黄晓娟，刘北林．食品安全风险预警指标体系设计研究．哈尔滨商业大学学报（自然科学版），2008.24（5）：621-623，629.

[62]　周蕾．食品安全信息不对称与政府管制问题探讨．现代商贸工业，2011.23（10）：261-262.

[63]　高艳莉．食品安全信息管理体制改进研究．商业时代，2010.（24）：107-108.

[64]　潘春华，朱同林，张明武等．食品安全信息预警系统的研究与设计．农业工程学报，2010.26（增刊1）：329-333.

[65]　唐晓纯，苟变丽．食品安全预警体系框架构建研究．食品科学，2005.26（12）：246-250.

[66]　孙卫平，李国昌，张玉彬等．食品安全智能化预警系统研究．河北工业科技，2010.27（5）：314-316，320.

[67]　翁道磊，徐术平，王道斌等．食品追溯系统自动识别方法．重庆工学院学报（自然科学版），2008.22（5）：85-87，126.

[68]　郭跃进．试论权威规范的食品安全信息发布制度的建立．中国工商管理研究，2011.（9）：33-35.

[69]　林晶．完善食品安全信息公开制度的建议．中国医药导报，2010.7（12）：193-194.

[70]　罗艳，谭红，何锦林等．我国食品安全预警体系的现状、问题和对策．食品工程，2010.（4）：3-5，9.

[71]　田金琴，丁红胜．无公害枸杞果产品质量溯源系统的设计．安徽农业科学，2011.39（20）：12590-12592.

[72]　李磊，周昇昇．中国食品安全信息交流平台的建立现状分析．食品工业，2011.（12）：78-82.

[73]　用友．从食品安全问题谈连锁餐饮行业信息化建设．信息与电脑，2011.（7）：80-83.

[74]　晏绍庆，康俊生，秦玉青等．国内外食品安全信息预报预警系统的建设现状．现代食品科技，2007.23（12）：63-66.

[75]　赵彦．基于RFID技术的电子商务追溯体系的研究．技术应用，2011.（05）：58-59.

[76]　李珂．建立我国食品质量安全可追溯标签制度刍议．四川理工学院学报（社会科版），2009.24（3）：46-48.

[77]　孙百灵．流通环节食品安全信息及其处理分析（上）．前沿探讨，2011.（24）：17-19.

[78]　李红，何坪华，刘华楠等．美国政府食品安全信息披露机制与经验启示．世界农业，2006.（4）：4-7.

[79]　郭林宇，李祥洲，戚亚梅等．农产品质量安全信息监测与管理研究．农产品质量与安全，2011.（5）：53-56.

[80]　陈宏．浅议食品安全信息网络系统的建立．中国新技术新产品，2009．(9)：22-23．

[81]　周胜林，吕继红．食品安全信息传播的功能与规律．当代传播，2008．(6)：32-34．

[82]　赵学刚．食品安全信息供给的政府义务及其实现路径．中国行政管理，2011．(7)：38-42．

[83]　鲍长生．食品安全信息管理体制研究．现代管理科学，2010．(5)：57-58，84．

[84]　许建军，高胜普．食品安全预警数据分析体系构建研究．中国食品学报，2011.11 (2)：169-172．

[85]　殷俊峰，陶运来，刘铁兵等．食品可追溯系统建设之初探．安徽农业科学，2008.36 (27)：11985-11987，11994．

[86]　陈华．食品质量溯源系统的现状及发展建议．湖南农业科学，2010．(21)：87-89．

[87]　彭述辉，陈艺勤，吴则人等．溯源系统在食品安全信息管理中的应用及发展．农业科技通讯，2009．(6)：28-31．

[88]　高云峰，任萃文．我国畜产品质量安全溯源体系研究现状．饲料博览，2011．(4)：42-44．

[89]　周游，朱秋蓉．我国食品安全信息规制体系的结构性缺陷及补救．经济特区，2011．(12)：285-287．

[90]　刘鑫．中国食品安全信息披露体制效率提升问题探析．江苏大学学报（社会科学版），2012.14 (1)：89-92．

[91]　东方齐民．国家食品安全事故应急预案——亡羊补牢．中国食品，2011．(22)：1-1．

[92]　唐晓纯，张吟，齐思媛等．国内外食品召回数据分析与比较研究．食品科学，2011.32 (17)：388-395．

[93]　孙敏．基于企业失信成本视角的食品安全问题研究．浙江工商大学学报，2012．(1)：44-51．

[94]　杨冬冬．论我国食品安全监管体系的完善．法制与社会，2011．(34)：203-204．

[95]　张舒．论我国食品召回制度的构建与完善．安徽工业大学学报（社会科学版），2009.26 (1)：19-20．

[96]　石东霞．食品安全应急预案的建立与实施．食品安全导刊，2007．(2)：48-49．

[97]　张博源，刘亮．我国实施食品召回制度的可行性分析．求实，2011．(1)：81-82．

[98]　丁海俊．我国食品召回制度实施中存在问题及应对措施．滨州职业学院学报，2010.7 (2)：78-80．

[99]　曹湘宁，肖湘雄．中国食品安全事故频发的原因及对策．经济研究导刊，2011．(28)：119-120．

[100]　于海涛，张甦，于文双等．发达国家食品召回制度与管理经验探析．中外企业家，2011．(16)：66-67．

[101]　时生命．国外如何召回食品．烹调知识，2011．(34)：28-29

[102]　李洁．建立和实施食品安全应急准备响应机制．企业标准化，2007．(11)：63-65．

[103]　张曼．论我国食品召回法律制度及其完善．时代金融（下旬），2011．(12)：115-116．

[104]　左睿．如何建立和实施食品安全应急准备响应机制．世界标准化与质量管理，2006．(6)：54-57．

[105]　宋英华．食品安全应急管理体系建设研究．武汉理工大学学报，2009.31 (6)：161-164．

[106]　王海萍．食品供应链召回制度的体系框架．社会科学家，2011．(8)：122-124．

[107]　左嫒．试论我国食品召回法律制度的完善．重庆与世界（学术版），2011.28 (2)：21-23，31．

[108]　刘俊英．完善我国食品召回制度的法学思考．法制与经济（中旬刊），2011．(1)：53，56．

[109]　林立波．我国不安全食品召回管理体系初探．中国检验检疫，2009．(11)：14-15．

[110]　熊宇，贾靖．我国食品安全事故的成因分析及监管举措．重庆师范大学学报（哲学社会科学版），2011．(4)：118-123．

[111]　蒋先进，陈晴．我国食品安全应急管理体系构建研究——基于中美比较的思考．长江大学学报（社会科学版），2011.34 (11)：38-40．

[112]　高萌．我国政府食品安全监管体系的问题及对策建议．改革与开放，2012．(2)：9．

[113]　夏明，管婧婧．公众教育—提升食品安全的有效途径．农产品加工·学刊，2007．(2)：73-75．

[114]　魏碧娜，马少宁，郑韵芳等．开设食品安全专业的必要性调查．卫生职业教育，2006.24 (9)：119-120．

[115]　许喜林，吴晖，石英等．食品质量与安全专业课程体系建设的探讨．现代食品科技，2007.23 (11)：98-100．

[116]　王素芳，方东生，胡传来．医学院校开办食品质量与安全专业课程体系建设的思考．安徽医药，2005.9 (1)：59-60．

[117]　高永清，吴小勇，胡坤等．医药院校食品质量与安全专业培养方案的构建．医学教育探索，2007．(12)：1006-1007，1154．

[118]　吕巍．民以食为天，食以我为先——透视食品质量与安全专业．招生考试通讯：高考版，2006．(2)：16-17．

[119] 李世敏. 美国食品安全教育体系及其特点. 中国食物与营养, 2006. (11): 11-14.

[120] 彭海兰, 刘伟. 食品安全教育的中外比较. 世界农业, 2006. (11): 56-59.

[121] 田野. 量"体"定制食品安全人才. 农产品质量周刊, 2006. (12): 15.

[122] 胡坤, 高永清, 方少瑛等. 我校食品质量与安全专业建设的几点思考. 广东药学院学报, 2007. 23 (4): 445-447.

[123] 罗莉萍, 王刘刘. 新形势下加强食品质量与安全类专业实践性教学环节的思考. 安徽农业科学, 2007. 35 (5): 1486-1487.

[124] 肖贵平, 郑宝东. 新形势下食品质量与安全专业人才培养和课程设置的思考. 福建轻纺, 2007. (7): 1-5.

[125] 励建荣, 邓少平, 顾振宇等. 我国食品质量与安全专业人才教育模式的电教与实践. 中国食品学报, 2004. 4 (4): 109-112.

[126] 李书国, 陈辉, 李雪梅等. 食品质量与安全本科专业知识结构和课程体系的构建. 高等农业教育, 2004. 3 (3): 69-71.

[127] 安广杰. 食品质量与安全专业课程体系设置的思考. 中国轻工教育, 2007. (2): 60-62.

[128] 周全霞. 试论中国食品安全之史记. 社会科学家, 2007. (4): 17-22.

[129] 赵建春. 浅析食品安全知识的国民教育问题. 科技信息, 2007. (21): 3-4.

[130] 侯玉泽, 李松彪, 李进敏. 关于食品质量与安全专业课程体系的研究. 中国校外教育, 2007. (9): 125.

[131] 李秋娟, 汤以良, 徐平等. 创建医学高等院校食品质量与安全实验教学模式. 实验室科学, 2007. (3): 38-40.

[132] 白艳红, 赵电波. "食品质量与安全"教学与素质教育相结合的探索. 中国轻工教育, 2006. (4): 58-60.

[133] 李书国, 李雪梅, 陈辉等. 我国食品安全教育体系的构建. 中国食物与营养, 2005. (5): 14-16.

[134] 李书国, 李雪梅, 陈辉等. 食品安全之内涵及我国食品安全教育体系的构建. 食品与药品, 2005. 7 (12A): 22-26.

[135] 王仕平, 杜波, 张睿梅. 对我国食品安全教育的探讨. 中国食物与营养, 2010. (3): 17-20.

[136] 曾庆宏. 日本食品物流的信息追踪系统. 中国食品工业, 2003. (8): 36-38.

[137] 王彬辉. 食品安全事故认定与法律处理. 长沙: 湖南人民出版社, 2005.

后记

为了提高本书使用效果，对使用本书提如下几点建议。

1. 导论性课程教学内容包括专业引导和知识引导两个方面，故本课程教学（即本教材的使用）最好安排在大学一年级进行。

2. 本书第 10 章第 3 节食品质量与安全专业教育教学，应结合本校食品质量与安全专业的培养计划进行。

3. 食品质量与安全相关技术的发展日新月异，国家监督管理体制及食品质量与安全管理体系还在不断探索、改革，国家相关法律法规、规章制度、标准、规范的制（修）订在加速进行，因此，在组织教学时，要随时更新教材相关内容。

4. 2013 年我国食品安全监督管理体制发生了较大的改变，导致改革后的监管部门、分工和职责与现行《食品安全法》等规范性文件存在不一致情况，因此，在本书使用中应加以注意。